高等职业教育“互联网+”新形态一体化教材

工程力学简明教程

主　编　李剑光　徐　皓
副主编　王艳春　朱伶俐　秦　婉
参　编　王沙沙　刘巨栋　陈妙婷
　　　　孟磊松
主　审　孟庆东

机械工业出版社

本书共3篇，第1篇静力学，主要包括静力学基础与物体的受力分析、平面特殊力系、平面任意力系、空间力系；第2篇材料力学，主要包括拉伸与压缩、剪切与挤压的实用计算、扭转、弯曲内力与应力、梁的弯曲变形、组合变形、点的应力状态与强度理论、动荷问题、压杆稳定；第3篇运动学与动力学基础，主要包括点的运动与质点动力分析、刚体基本运动时的运动与动力分析、点与刚体的复合运动分析基础。

本书可作为高等职业院校工科类专业力学课程教材，也可供相关工程技术人员参考。

本书配有电子课件、习题详解等配套资源，并以二维码形式链接了视频资源，学生用手机扫码即可观看，有助于学习理解相关知识。使用本书作为教材的教师可登录机械工业出版社教育服务网 www.cmpedu.com 注册后免费下载相应资源。咨询电话：010-88379375。

图书在版编目（CIP）数据

工程力学简明教程/李剑光，徐皓主编. —北京：机械工业出版社，2021.9（2023.3重印）

高等职业教育“互联网+”新形态一体化教材

ISBN 978-7-111-68804-4

Ⅰ.①工…　Ⅱ.①李…②徐…　Ⅲ.①工程力学-高等职业教育-教材　Ⅳ.①TB12

中国版本图书馆CIP数据核字（2021）第150314号

机械工业出版社（北京市百万庄大街22号　邮政编码100037）
策划编辑：刘良超　责任编辑：刘良超
责任校对：刘雅娜　封面设计：鞠　杨
责任印制：单爱军
北京虎彩文化传播有限公司印刷
2023年3月第1版第2次印刷
184mm×260mm · 17.5印张 · 423千字
标准书号：ISBN 978-7-111-68804-4
定价：49.80元

电话服务	网络服务
客服电话：010-88361066	机 工 官 网：www.cmpbook.com
010-88379833	机 工 官 博：weibo.com/cmp1952
010-68326294	金 书 网：www.golden-book.com
封底无防伪标均为盗版	机工教育服务网：www.cmpedu.com

前　言

工程力学是高等职业院校工科类专业必修的一门重要专业基础课，在人才培养中占有十分重要的地位。本书是编者结合多年课程教学改革实践经验，依据人才培养要求及学生特点编写而成的。

本书在编写过程中遵循了理论教学以"应用"为主，加强了实用性内容，突出了理论和实践相结合，使内容尽量体现"宽、浅、用、新"，在结构和叙述方式上遵循由浅入深、循序渐进的认知规律。书中标记"*""**"号的内容为难度渐进的选学内容，教师在教学过程中可根据实际情况取舍，以适应不同专业不同学时（32~64 学时）的课程。

本书将静力学、材料力学、运动力学与动力学基础的主要内容进行精选，优化组合，使工程力学成为一门完整系统的综合化课程，旨在培养学生力学分析和工程计算的能力。

本书共 3 篇，第 1 篇静力学，主要包括静力学基础与物体的受力分析、平面特殊力系、平面任意力系、空间力系；第 2 篇材料力学，主要包括拉伸与压缩、剪切与挤压的实用计算、扭转、弯曲内力与应力、梁的弯曲变形、组合变形、点的应力状态与强度理论、动荷问题、压杆稳定；第 3 篇运动学与动力学基础，主要包括点的运动与质点动力分析、刚体基本运动时的运动与动力分析、点与刚体的复合运动分析基础。

本书配有电子课件、习题详解等配套资源，并以二维码形式链接了视频资源，学生用手机扫码即可观看，有助于学习理解相关知识。

本书由青岛科技大学李剑光、重庆工程职业技术学院徐皓担任主编，青岛科技大学王艳春、烟台南山学院朱伶俐、青岛海洋技师学院秦婉担任副主编，桂林橡胶设计院有限公司王沙沙、青岛市技师学院刘巨栋、青岛科技大学陈妙婷、青岛市建筑设计研究集团股份有限公司孟磊松参与了本书编写。具体编写分工为：徐皓编写第 1 章~第 4 章，王艳春编写第 5 章~第 8 章，朱伶俐编写第 12 章和附录 A~C，李剑光编写第 9 章~第 11 章、第 13 章，刘巨栋编写第 14 章，秦婉与王沙沙合编第 15 章，陈妙婷与王沙沙合编第 16 章，孟磊松编写附录 D、E，书中与二维码关联的素材和资源由李剑光制作。

青岛科技大学孟庆东审阅了本书并提出了宝贵意见，在此表示衷心感谢！

由于编者的水平有限，书中难免有不足之处，恳请广大读者批评指正。

编　者

二维码索引

（续）

目　录

绪论

力学是研究物体机械运动规律的科学。力是使物体产生位移和变形的原因。世界充满着物质，有形的固体、无形的气体，都是力学的研究对象。力学发展史，就是人类从自然现象和生产活动中认识和应用物体机械运动规律的历史，人类历史有多久，力学的历史就有多久。

力学是一门既古老又有永恒活力的学科。它所阐述的规律带有普遍性，是一门基础科学，由于它直接服务于工程，所以又是一门技术科学，是各技术工程学科的重要理论基础，是沟通自然科学基础理论与工程实践的桥梁。

力学不仅有着悠久而辉煌的历史，而且随着工程技术的进步，力学也同样在迅速发展。近几十年来，力学研究的对象、涉及的领域、研究的手段都发生了深刻的变化，力学用来解决工程实际问题的能力得到了极大提高。力学在研究自然界物质运动普遍规律的同时，不断地应用其成果，服务于工程，促进工程技术的进步，反之，工程技术进步的要求，不断地向力学工作者提出新的问题。在解决这些问题的同时，力学自身也不断地得到丰富和发展，新的分支层出不穷。计算机技术和计算力学的发展，给力学（尤其是应用力学）带来了更加蓬勃的生机，使力学与工程结合、为工程服务的能力得到了极大增强。可以预言，在未来的科技发展中，力学仍将展示出永恒与旺盛的生命力，并产生巨大的影响。

工程力学是一门研究物体机械运动规律以及构件强度、刚度和稳定性等计算原理的科学。工程力学是工程技术的基础课程，是将力学原理应用于有实际意义的工程系统的科学。

通过学习本课程，学生应初步学会分析和解决生产实际中的力学问题，并为学习后续课程做好准备。另外，随着现代科学技术的发展，力学与其他学科相互渗透，形成了许多交叉学科，它们也都是以工程力学为基础的。由此可见，学习工程力学，也有助于学习其他的基础理论，掌握新的科学技术。

因为工程力学的研究方法遵循着辩证唯物主义认识论的方法，故学习本课程，有助于学生培养辩证唯物主义的世界观和正确分析问题与解决问题的能力，为以后参加生产实践和从事科学研究打下良好的基础。

1. 工程力学课程的内容与任务

工程力学是一门包含广泛内容的学科，本书所研究的内容仅为静力学、材料力学、运动和动力学基础三部分。其中，静力学、运动和动力学基础属于理论力学的研究范畴。

理论力学是研究物体机械运动一般规律的科学。所谓机械运动是指物体在空间的位置随时间的变化而改变，是宇宙间物质运动的一种最简单、最低级的形式。例如，天体的运行、水的流动、机器的运转等都是机械运动。当物体相对地球处于静止或做匀速直线运动时，称物体处于平衡状态。如在地面上静止的房屋、桥梁，在直线轨道上匀速行驶的火车等都是处于平衡状态。显然，平衡是物体机械运动的一种特殊状态。研究物体在外力作用下的平衡问题，属于理论力学中的静力学研究内容。

如果作用于物体的力系不满足平衡条件，物体的运动状态将发生改变。物体在不平衡力系作用下的运动规律，以及物体所受作用力与运动之间的关系，则属于理论力学中运动和动力学的研究内容。

材料力学是研究组成机器、设备或结构的零件（在工程中称为构件）在外力作用下发生变形和破坏的规律。利用这些规律性的认识，去解决怎样保证构件在外力作用下不发生破坏或产生过大的变形及保证其稳定性等问题。

2. 工程力学课程研究问题的一般方法

工程力学研究解决问题的一般方法，可归纳为：

1）选择有关的研究系统。

2）对系统进行抽象简化，建立力学模型，其中包括几何形状、材料性能、载荷及约束等真实情况的理想化和简化。

3）将力学原理应用于理想模型，进行分析、推理，得出结论。

4）进行尽可能真实的实验验证或将问题退化至简单情况并与已知结论相比较。

5）验证比较后，若得出的结论不能满意，则需要重新考虑关于系统特性的假设，建立不同的模型，进行分析，以期取得进展。

概括地说，工程力学的研究方法是从对事物的观察、实践和科学实验出发，经过分析、综合归纳和抽象化，建立起力学模型，总结出力学的最基本的概念和规律；从基本规律出发，利用数学推理演绎，得出具有物理意义与实用意义的结论和定理，构成力学理论，然后再回到实践中去验证理论的正确性，并在更高的水平上指导实践，同时从这个过程中获得新的材料、新的认识，再进一步完善和发展工程力学。

3. 工程力学的学习方法

（1）联系实际　不同学科由于研究对象的不同而有不同的研究方法，但是通过实践而发现真理，是所有科学技术发展的正确途径。工程力学来源于人类长期的生活实践、生产实践和科学实验，并且广泛应用于各类工程实践之中。解决任何问题都是为了指导实践，所以不管得到的结论如何完善，都必须放到实践中去检验，只有通过实践检验的结论才可以称为真理。工程力学可谓“是将力学原理应用于有实际意义的工程系统的科学”，因此，联系工程实际来学习工程力学是非常必要的。

（2）善于总结　要将所学的知识融会贯通，必须抓住其精髓，这就要求具备善于总结的本领。将书读薄是做学问的一种基本方法，这种基本方法就是将知识要点总结提炼出来，内化为自己的知识。工程力学是现代工程技术的理论基础，它的定律和结论被广泛应用于各种工程技术中。各种机械、设备和结构的设计，机器的自动调节和振动的研究，航天技术等，都要以工程力学的理论为基础。另外，对于工程实际中出现的各种力学现象，也需要利用工程力学的知识去认识，必要时加以利用或消除。所以要学好工程力学，更要注重总结归纳能力的培养，要善于从复杂的事物中总结出符合实际的简化结果。

（3）勤于思考　工程力学是根据工程实践的需要而发展起来的一门学科，内容比较丰富、精深。它的主要任务是培养学生把物体抽象为力学模型的能力、总结归纳、分析问题与解决问题的能力等。学习工程力学，应在理解其基本概念和基本理论的基础上，学会应用所学的定理和公式去解决具体问题。因为工程力学的概念、公理和定律是来自实践的，其中有的是在生活和生产实践中与人们形影不离的，因而它们并不是抽象的和难以理解的，但是人们已有的一些感性认识，有的可能是片面的，有的可能甚至是一种错觉，这就要求在学习工程力学的过程中，勤于思考，深刻理解基本概念和基本原理，克服片面，避免主观臆断，不断提高自己的理论水平。

第1篇　静　力　学

静力学是研究物体在力系作用下平衡规律的一门科学（以运动速度远小于光速的宏观物体为研究对象）。平衡是指物体相对于地面保持静止或做匀速直线运动的状态。力系是指作用于同一物体上的一群力。物体处于平衡状态时，作用于该物体上的力系则为平衡力系。

静力学的主要内容：对物体进行受力分析；力系的简化和等效；力系作用下的平衡条件。

静力学的研究目的：

1）解决涉及平衡时机械运动的较为复杂的工程问题。工程中的实际问题有些可以直接应用静力学的基本理论解决，有些则需要用静力学结合其他学科知识共同解决。所以学习静力学可以解决工程实际问题或为解决工程实际问题打下一定的基础。

2）静力学研究力学中最普遍和最基本的规律。工科专业的众多课程，如各种力学课程（材料力学、流体力学、弹性力学、断裂力学等）以及其他课程，都要以静力学为基础。例如，只有对构件进行外力分析后，才能运用材料力学的理论进行构件的强度、刚度和稳定性计算。所以，静力学是一系列后续课程的重要基础。

第1章 静力学基础与物体的受力分析

本章简单介绍静力学基本概念和公理，工程中常见的约束和约束反力及物体的受力分析。本章是工程力学以及工程设计计算的基础，是本课程中最重要的章节之一。

1.1 静力学基本概念

1. 力的概念

力的概念是人们在长期生产生活实践中逐渐形成的。当远古人类在使用工具时，由肌肉的张弛，形成了力的体验，产生了感性认识。随着时间推移和更多人的经验总结，人们逐渐认识到：物体运动状态的改变和物体的变形都是力的作用结果。从而，由感性到理性逐步建立了力的概念，也即，力是物体间的相互机械作用，力对物体的作用效应有两种：一种是使物体运动状态发生改变，称为运动效应或外效应；另一种是使物体形状或尺寸发生改变，称为变形效应或内效应。

在国际单位制中，以“N”作为力的单位符号，称为［牛］。有时也以“kN”作为力的单位符号，称为［千牛］。

实践表明，作用在物体上的力对物体的效应取决于三个要素，即力的大小、方向和作用点，因而，力是定位矢量。可以用一个矢量来表示力的三要素，如图1-1所示。这个矢量的长度（AB）按一定的比例尺表示力的大小，矢量的方向表示力的方向，矢量的始端（点A）表示力的作用点，矢量AB所在的直线（图1-1中的虚线）表示力的作用线。

2. 集中力和分布力

作用于物体上某一点处的力称为集中力，如图1-1所示的$\boldsymbol{F}$力。

物体之间相互接触时，其接触处多数情况下并不是一个点，而是一个面。因此，无论是施力物体还是受力物体，其接触处所受的力都是作用在接触面上的，这种分布在一定面积或长度上的力称为分布力，其大小用载荷集度表示。例如，水坝中的水对坝体的压力是作用在一定面积上的分布力，其大小用面积集度表示，单位为N/m^2或kN/m^2。而分布在狭长面积或体积上的力可看作线分布力，其集度单位为N/m或kN/m。图1-2表示在梁AB上沿长度方向作用着向下的均匀线分布力，其集度为$q=2kN/m$。当然，分布力也分为各种情形，如均匀分布、线性分布和随机分布等，图1-2展示的只是均布力。

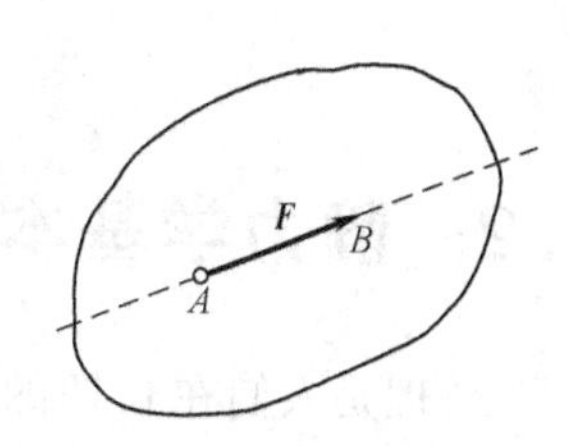

图1-1 力的三要素

3. 平衡的概念

物体相对于地面静止或做匀速直线运动的状态为平衡。例如静止的机器基座、桥梁、楼宇；在直线轨道上匀速前进的列车或滑块，都处于平衡状态。

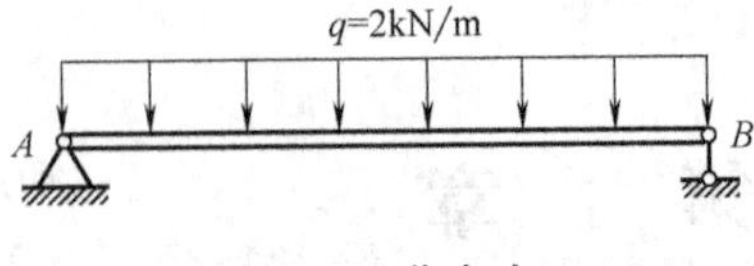

图 1-2 分布力

4. 力系、平衡力系、等效力系、合力的概念

作用于一个物体上的若干个力称为力系。如果作用于物体上的力系使物体处于平衡状态，则称该力系为平衡力系。如果作用于物体上的力系可以用另一个力系代替，而不改变原力系对物体所产生的效应，则称这两个力系互为等效力系。如果一个力与一个力系等效，则称这个力为该力系的合力，而该力系中的每一个力称为合力的分力。

5. 刚体的概念

力对物体的作用效应，除使物体的运动状态发生改变外，还使物体发生形变。正常情况下，工程上的机械零件和结构构件在力的作用下发生的变形是很微小的，甚至只有用专门的测微仪器才能测量出来。这种微小的变形在研究力对物体的外效应（运动效应）时影响极小，可以忽略。此时可将其视为不变形。我们把在受力后形状和大小保持不变的物体称为刚体。然而，当形变在所研究的问题中处于主导地位时，即使形变量很小，也不能将其视为刚体。例如，建筑工地上常见的塔式起重机（图 1-3a），为使其具有足够的承载能力，对零部件及整体进行结构设计以确定其几何形状和尺寸时，就必须考虑其变形，不能把它们看作刚体。但是，为确保塔式起重机在各种工作状态下都不发生倾覆，计算所需的配重 $\boldsymbol{W}_1$ 时，整个塔式起重机又可以视为刚体（图 1-3b）。事实上，在后续的材料力学有关杆件变形的求解中，我们总是先将研究对象视为刚体利用静力学知识进行计算，再将研究对象视为变形体对强度和刚度进行计算。

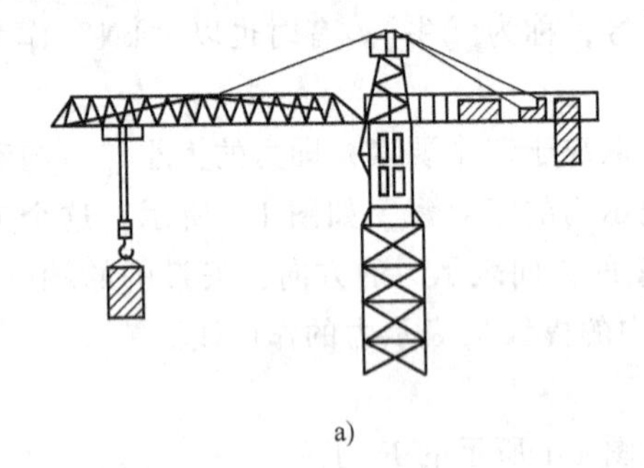

a)

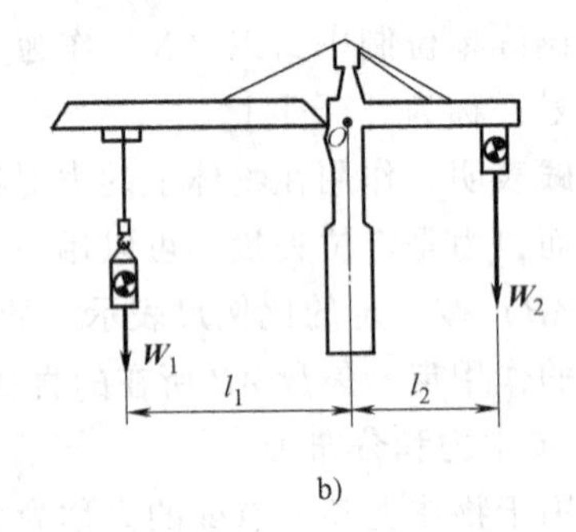

b)

图 1-3 塔式起重机

1.2 静力学基本公理

塔式起重机

公理是人们在长期的生产和生活实践中总结出来无须证明的规律和命题。经典力学中，静力学具有下述公理：

公理 1：二力平衡公理

作用在刚体上的两个力，使刚体处于平衡的必要和充分条件是：这两个力的大小相等，方向相反，且作用在同一直线上。如图 1-4 所示，即

$$F_1 = -F_2 \tag{1-1}$$

二力平衡公理总结了作用在刚体上最简单的力系平衡时所必须满足的条件。它对刚体来说既必要又充分；但对非刚体，却是不充分的。如绳索受两个等值、反向的拉力作用可以平衡，而受两个等值、反向的压力作用就不平衡，因为其不能承受压力。

工程上将只受两个力作用而处于平衡的物体称为二力体。二力体在工程中是很常见的，如图 1-5a 所示简易起重机中的 BC 杆（图 1-5b）。

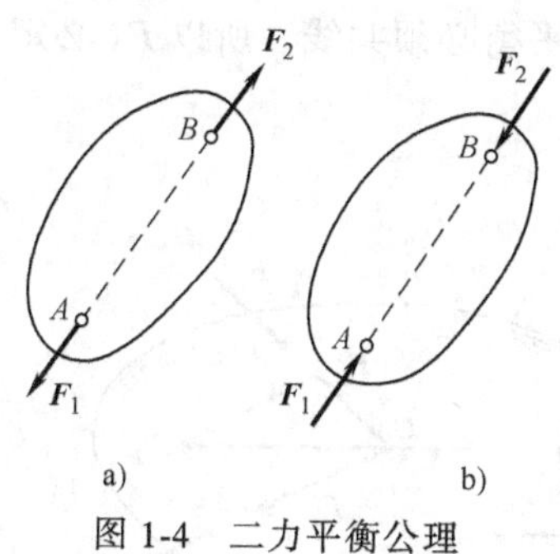

图 1-4　二力平衡公理

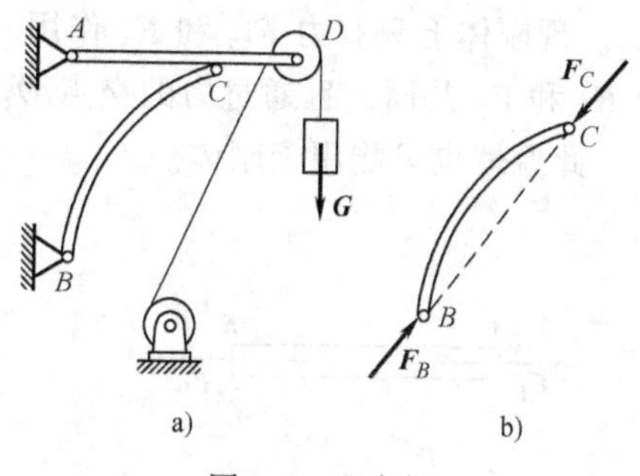

图 1-5　二力杆

公理 2：力的平行四边形法则

作用在物体上同一点的两个力 F_1 和 F_2 可以合成为一个合力 F_R。合力的作用点也在该点，合力的大小和方向，由这两个力为邻边所构成的平行四边形的对角线矢量 F_R 确定。如图 1-6 所示，如果将原来的两个力 F_1 和 F_2 称为分力，此法则可简述为合力 F_R 等于两分力的矢量和。即

$$F_R = F_1 + F_2 \tag{1-2}$$

这个公理总结了最简单的力系的合成方法，它是其他复杂力系合成和简化的基础，按照矢量加法法则，也可以退化为三角形法则。

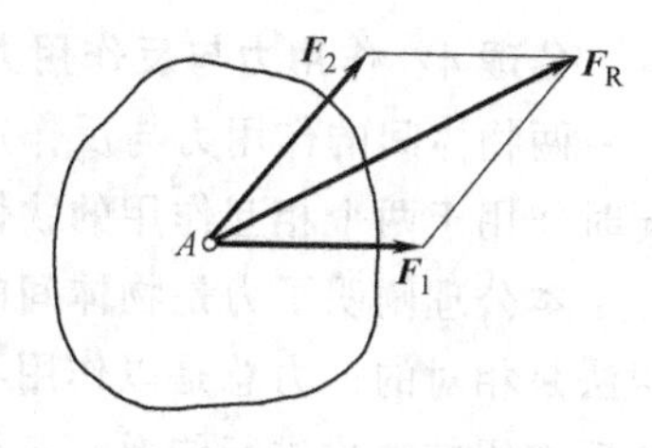

图 1-6　力的平行四边形法则

公理 3：加减平衡力系原理

在已知力系上加上或减去任意的平衡力系，并不改变原力系对刚体的作用效应。

这个公理的正确性也是很明显的，因为平衡力系对于刚体的平衡或运动状态没有影响。这个公理是力系简化的依据之一。

由公理 2 和公理 3 可以导出两个推论。

推论 Ⅰ：力的可传性

作用于刚体上某点的力，可沿着它的作用线移到刚体内任一点，并不改变该力对刚体的作用效应。此原理只适用于刚体。如图 1-7a 所示，刚体受两个等值、反向、共线的拉力 $F_A = -F_B$ 作用平衡，依据力的可传性，将二力分别沿作用线移动成图 1-7b 所示受两个压力作用的平衡。但对变形体（假如图 1-7 中杆 AB 是绳索），则力的可传性不成立。因图 1-7a 中杆 AB 受拉产生伸长变形，而图 1-7b 中杆 AB 受压产生压缩变形，二者截然不同。使用力的可传性时必须要抓住前提，即刚体。

可见，对刚体来说，力的作用点已不是决定力的作用效果的要素，它可用力的作用线代替，即力的三要素是：力的大小、方向和作用线。作用于刚体上的力可以沿其作用线移动，

这种矢量称为滑移矢量。

推论Ⅱ：三力平衡汇交定理

作用于刚体上三个相互平衡的力，若其中两个力的作用线汇交于一点，则此三力必在同一平面内，且第三个力的作用线通过汇交点。

证明：如图1-8所示，在刚体的A、B、C三点上，作用三个相互平衡的力$\boldsymbol{F}_1$、$\boldsymbol{F}_2$、$\boldsymbol{F}_3$。根据力的可传性，将力$\boldsymbol{F}_1$和$\boldsymbol{F}_2$移到汇交点O，然后根据力的平行四边形规则，得合力$\boldsymbol{F}_{12}$。现刚体上只有力$\boldsymbol{F}_{12}$和$\boldsymbol{F}_3$作用。由于$\boldsymbol{F}_{12}$和$\boldsymbol{F}_3$两个力平衡必须共线，所以$\boldsymbol{F}_3$必定与力$\boldsymbol{F}_1$和$\boldsymbol{F}_2$共面，且通过力的交点O。于是定理得到证明。

此原理也只能用于刚体。

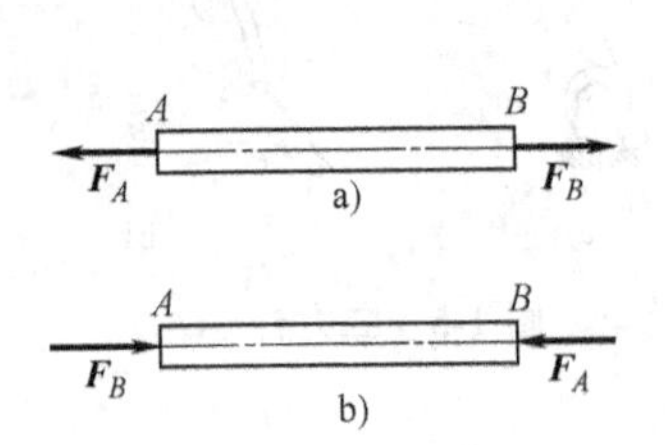

图1-7 力的可传性原理

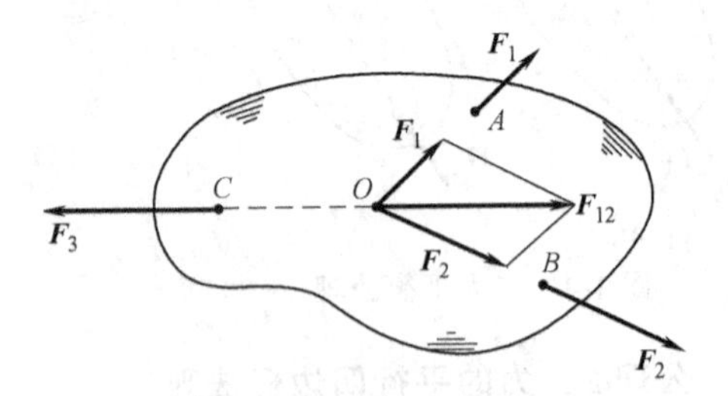

图1-8 三力平衡汇交定理

公理4：作用力与反作用力定律

两物体间的作用力与反作用力必定等值、反向、共线，分别同时作用于两个相互作用的物体上。

本公理阐明了力是物体间的相互作用，其中作用与反作用的叫法是相对的，力总是以作用与反作用的形式存在的，且以作用与反作用的方式进行传递。表示的时候常用一个相同的字母，但一个带撇号，一个不带。

这里应该注意二力平衡公理和作用与反作用公理之间的区别，前者说的是作用在同一物体上两个力的平衡条件，后者却是描述两物体间相互作用的关系，如图1-9所示。

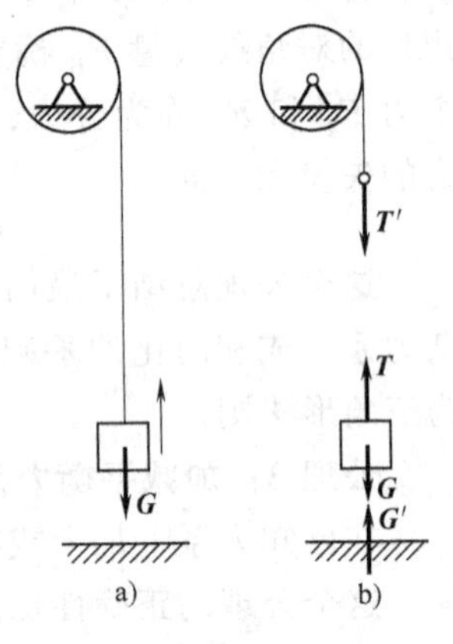

图1-9 作用力与反作用力

静力学的全部理论都可以由上述公理推证而得到，如前述的推论Ⅰ和推论Ⅱ。

1.3 约束与约束反力

1.3.1 主动力和约束反力

作用在物体上的力可以根据其来源分为主动力和约束反力。工程上把能使物体产生某种形式的运动或运动趋势的力称为主动力（又称为载荷），通常是已知的。常见的主动力有重力、磁力、流体压力、弹簧的弹力和某些作用于物体上的已知力。

物体在主动力的作用下，其运动大多受到某些限制。对物体运动起限制作用的其他物

$$F_1=-F_2 \tag{1-1}$$

二力平衡公理总结了作用在刚体上最简单的力系平衡时所必须满足的条件。它对刚体来说既必要又充分；但对非刚体，却是不充分的。如绳索受两个等值、反向的拉力作用可以平衡，而受两个等值、反向的压力作用就不平衡，因为其不能承受压力。

工程上将只受两个力作用而处于平衡的物体称为二力体。二力体在工程中是很常见的，如图 1-5a 所示简易起重机中的 BC 杆（图 1-5b）。

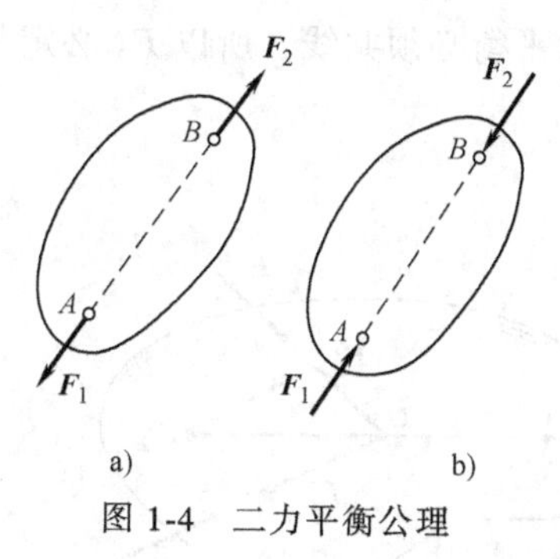

图 1-4　二力平衡公理

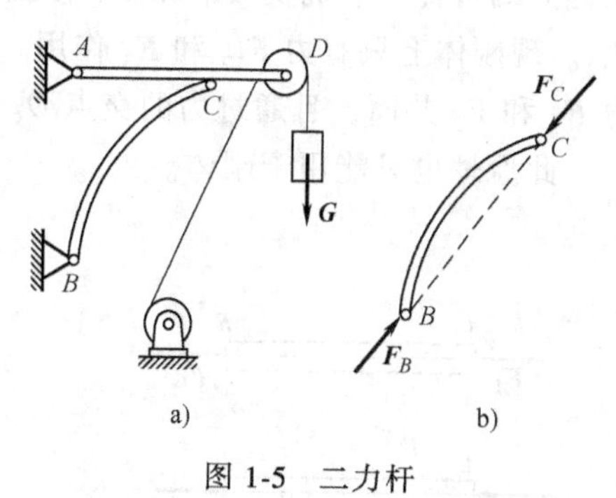

图 1-5　二力杆

公理 2：力的平行四边形法则

作用在物体上同一点的两个力 $\boldsymbol{F}_1$ 和 $\boldsymbol{F}_2$ 可以合成为一个合力 $\boldsymbol{F}_{\mathrm{R}}$。合力的作用点也在该点，合力的大小和方向，由这两个力为邻边所构成的平行四边形的对角线矢量 $\boldsymbol{F}_{\mathrm{R}}$ 确定。如图 1-6 所示，如果将原来的两个力 $\boldsymbol{F}_1$ 和 $\boldsymbol{F}_2$ 称为分力，此法则可简述为合力 $\boldsymbol{F}_{\mathrm{R}}$ 等于两分力的矢量和。即

$$\boldsymbol{F}_{\mathrm{R}}=\boldsymbol{F}_1+\boldsymbol{F}_2 \tag{1-2}$$

这个公理总结了最简单的力系的合成方法，它是其他复杂力系合成和简化的基础，按照矢量加法法则，也可以退化为三角形法则。

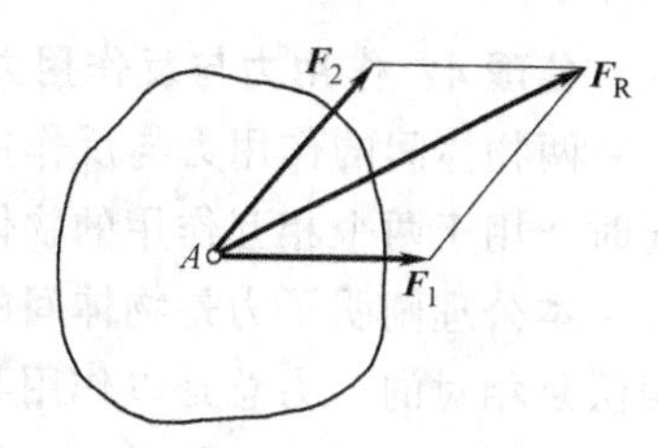

图 1-6　力的平行四边形法则

公理 3：加减平衡力系原理

在已知力系上加上或减去任意的平衡力系，并不改变原力系对刚体的作用效应。

这个公理的正确性也是很明显的，因为平衡力系对于刚体的平衡或运动状态没有影响。这个公理是力系简化的依据之一。

由公理 2 和公理 3 可以导出两个推论。

推论 Ⅰ：力的可传性

作用于刚体上某点的力，可沿着它的作用线移到刚体内任一点，并不改变该力对刚体的作用效应。此原理只适用于刚体。如图 1-7a 所示，刚体受两个等值、反向、共线的拉力 $\boldsymbol{F}_A=-\boldsymbol{F}_B$ 作用平衡，依据力的可传性，将二力分别沿作用线移动成图 1-7b 所示受两个压力作用的平衡。但对变形体（假如图 1-7 中杆 AB 是绳索），则力的可传性不成立。因图 1-7a 中杆 AB 受拉产生伸长变形，而图 1-7b 中杆 AB 受压产生压缩变形，二者截然不同。使用力的可传性时必须要抓住前提，即刚体。

可见，对刚体来说，力的作用点已不是决定力的作用效果的要素，它可用力的作用线代替，即力的三要素是：力的大小、方向和作用线。作用于刚体上的力可以沿其作用线移动，

这种矢量称为滑移矢量。

推论Ⅱ：三力平衡汇交定理

作用于刚体上三个相互平衡的力，若其中两个力的作用线汇交于一点，则此三力必在同一平面内，且第三个力的作用线通过汇交点。

证明： 如图1-8所示，在刚体的A、B、C三点上，作用三个相互平衡的力$\boldsymbol{F}_1$、$\boldsymbol{F}_2$、$\boldsymbol{F}_3$。根据力的可传性，将力$\boldsymbol{F}_1$和$\boldsymbol{F}_2$移到汇交点O，然后根据力的平行四边形规则，得合力$\boldsymbol{F}_{12}$。现刚体上只有力$\boldsymbol{F}_{12}$和$\boldsymbol{F}_3$作用。由于$\boldsymbol{F}_{12}$和$\boldsymbol{F}_3$两个力平衡必须共线，所以$\boldsymbol{F}_3$必定与力$\boldsymbol{F}_1$和$\boldsymbol{F}_2$共面，且通过力的交点O。于是定理得到证明。

此原理也只能用于刚体。

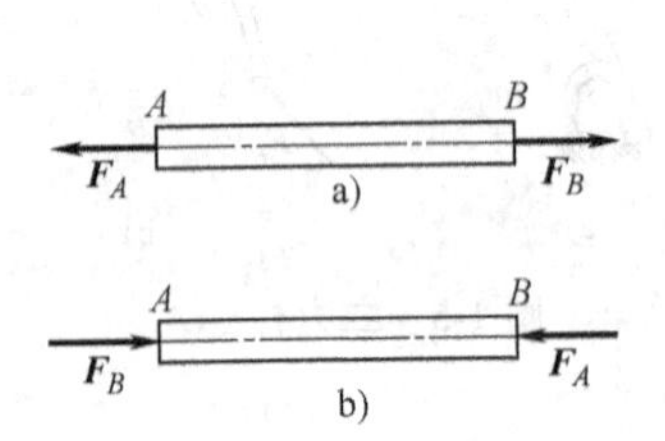

图1-7　力的可传性原理

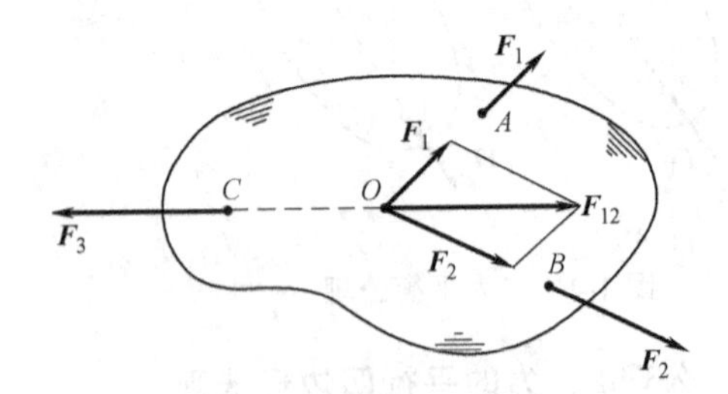

图1-8　三力平衡汇交定理

公理4：作用力与反作用力定律

两物体间的作用力与反作用力必定等值、反向、共线，分别同时作用于两个相互作用的物体上。

本公理阐明了力是物体间的相互作用，其中作用与反作用的叫法是相对的，力总是以作用与反作用的形式存在的，且以作用与反作用的方式进行传递。表示的时候常用一个相同的字母，但一个带撇号，一个不带。

这里应该注意二力平衡公理和作用与反作用公理之间的区别，前者说的是作用在同一物体上两个力的平衡条件，后者却是描述两物体间相互作用的关系，如图1-9所示。

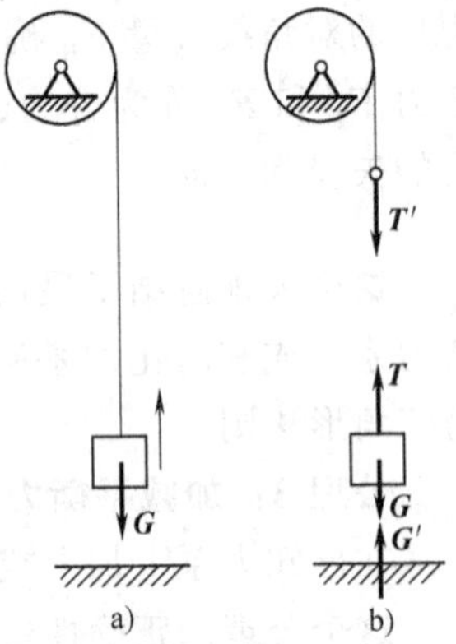

图1-9　作用力与反作用力

静力学的全部理论都可以由上述公理推证而得到，如前述的推论Ⅰ和推论Ⅱ。

1.3　约束与约束反力

1.3.1　主动力和约束反力

作用在物体上的力可以根据其来源分为主动力和约束反力。工程上把能使物体产生某种形式的运动或运动趋势的力称为主动力（又称为载荷），通常是已知的。常见的主动力有重力、磁力、流体压力、弹簧的弹力和某些作用于物体上的已知力。

物体在主动力的作用下，其运动大多受到某些限制。对物体运动起限制作用的其他物体，称为约束物，简称为约束。被限制的物体称为被约束物体。如放置于桌面上的电脑键盘，由于桌面的限制不能掉下来，桌面就是约束（物），键盘就是被约束物体。约束作用于被约束物体上的力称为约束反力，简称为反力。如桌面对键盘的支承力就是约束反力。显然，约束反力是由于有了主动力的作用才被动引起的，所以约束反力是被动力。约束（物）通过约束反力来实现被约束物体的运动限制，所以约束反力的方向总是与其阻止的运动方向相反。至于约束反力的大小，则需要通过后续章节中的平衡条件求出。

1.3.2　常见的约束形式和约束反力

下面介绍几种工程中常见的约束形式以及对应的约束反力。

1. 柔性约束

由绳索、皮带、胶带、链条或传动带等柔性物体构成的约束称为柔性约束。由于柔性物体本身只能受拉，不能受压，因此，柔性约束对物体的约束反力，必沿着柔性物体的轴线方向，作用于连接点处，并背离被约束物体。这类约束通常用 $\boldsymbol{F}_{\mathrm{T}}$ 或 $\boldsymbol{T}$ 表示。如图 1-10a 所示的用绳子悬吊一重物 $\boldsymbol{G}$，绳子对重物 $\boldsymbol{G}$ 的约束反力为 $\boldsymbol{F}'_{\mathrm{T}}$；图 1-10b 所示的传动带对带轮的约束反力为 $\boldsymbol{F}_{\mathrm{T1}}$（$\boldsymbol{F}'_{\mathrm{T1}}$）和 $\boldsymbol{F}_{\mathrm{T2}}$（$\boldsymbol{F}'_{\mathrm{T2}}$）。

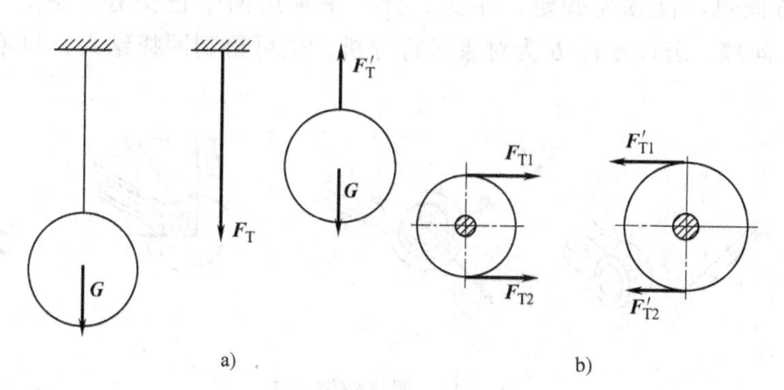

图 1-10　柔性约束

2. 光滑接触面约束

当物体与平面或曲面接触时，如果摩擦力很小可忽略不计，就可以认为接触面是“光滑”的。光滑接触面约束只能阻止物体在接触点处沿公法线方向的位移（图 1-11a），不能限制物体沿接触面切线方向的位移。所以，光滑接触面对物体的约束反力，作用在接触处。方向沿接触面的公法线，并指向被约束物体，通常用符号 $\boldsymbol{F}_{\mathrm{N}}$ 表示。

如果两物体在一个点或沿一条线相接触，且摩擦力可以略去不计，也可视为光滑接触面。

如图 1-11b 所示，一圆球（或圆柱）O 放置在光滑圆球（或圆柱）A 上，则 A 对 O 就构成约束。图 1-11c 所示的一对齿轮的轮齿是光滑线接触。它们的约束反力 $\boldsymbol{F}_{\mathrm{N}}$ 作用在接触点（或接触线），$\boldsymbol{F}_{\mathrm{N}}$ 应沿接触点（或接触线）的公法线，并指向受力物体。

3. 光滑圆柱铰链约束

将两零件 A、B 开销孔，用圆柱形销钉 C 把它们连接起来，如图 1-12a 所示。如果销钉和圆孔是光滑的，且销钉与圆孔之间有微小的间隙，那么销钉只限制两零件的相对移动，而

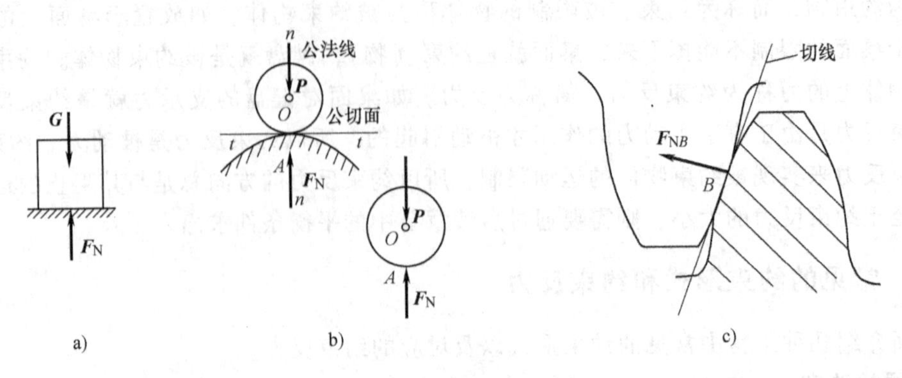

图 1-11 光滑接触面约束

不限制两零件的相对转动，如图 1-12b 所示。具有这种特点的约束称为铰。图 1-12d 所示为其简化图。由图可见，销钉与零件 *A*、*B* 相接触，实际上是与两个光滑圆柱面相内切。按照光滑面约束反力的特点，以零件 *A* 为例，销钉给 *A* 的约束反力 F_R 应沿销钉与圆孔的接触点 *K* 的公法线，即沿孔的半径方向（图 1-12b）。但因不同位置时，接触点 *K* 一般不能预先确定，故反力的方向也不能预先确定。在受力分析中常用两个正交分力 $\boldsymbol{F}_x$、$\boldsymbol{F}_y$ 来表示，如图 1-12c 所示。同理，若以零件 *B* 为对象进行分析，也可得到同样结果，只不过与上述力的方向相反。

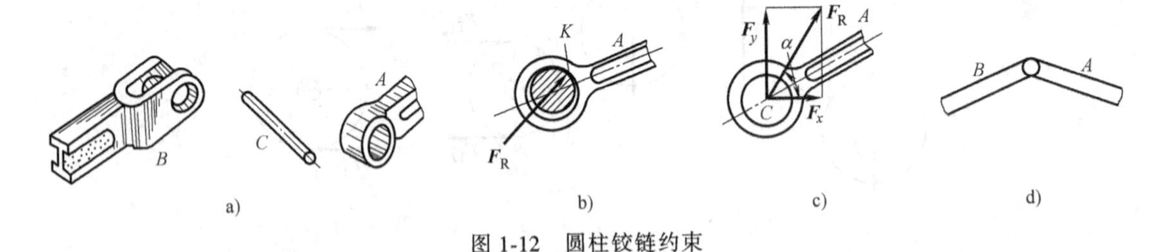

图 1-12 圆柱铰链约束

4. 圆柱销铰支座约束

圆柱销铰约束

将构件连接在机器的基座或固定壁面上的装置称为支座。用圆柱销钉将构件与底座连接起来，构成圆柱销铰支座约束。如图 1-13a 所示，钢桥架 *A*、*B* 端用铰支座支承。根据铰支座与支承面的连接方式不同，分成固定铰支座和活动铰支座。

1）固定铰支座。如图 1-13a 所示，钢桥架 *A* 端的铰支座为固定铰支座。

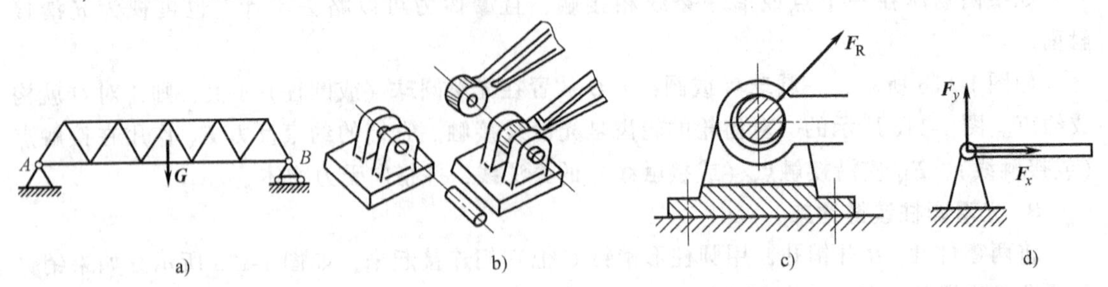

图 1-13 固定铰支座

其结构如图 1-13b 所示。它可用地脚螺栓将底座与固定支承面连接起来，如图 1-13c 所示。其约束反力与铰约束反力有相同的特征，所以也可用两个通过铰心的大小和方向未知的正交分力 $\boldsymbol{F}_x$、$\boldsymbol{F}_y$ 来表示。固定铰支座的简图如图 1-13d 所示。

2）活动铰支座。如图 1-13a 所示，钢桥架 B 端的铰支座为活动铰支座（或辊轴支座）。其结构如图 1-14a 所示。活动铰支座的简图如图 1-14b 所示。

活动铰支座不能限制沿接触面的运动，仅限制垂直于接触面的运动。故这种约束只有一个约束反力，如图 1-14c 所示。

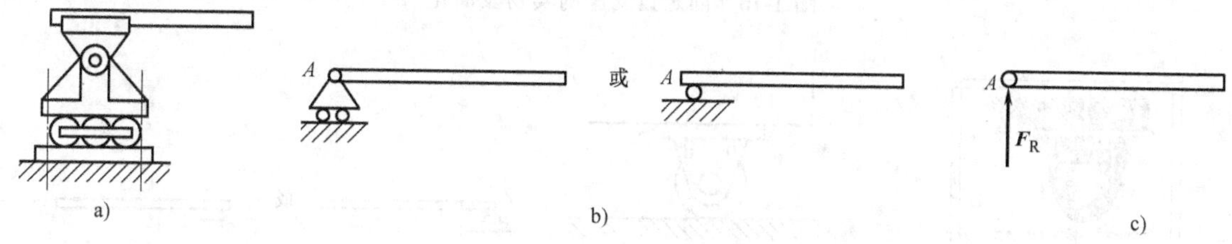

图 1-14　活动铰支座

5. 向心轴承（径向轴承）

活动铰支座

向心轴承约束是工程中常用的轴支承形式，图 1-15 所示为向心轴承的示意图。轴可以在孔内任意转动，也可以沿孔的中心线移动；但是，轴承阻碍着轴沿径向向外的位移。忽略摩擦力，当轴和轴承在某点 A 光滑接触时，轴承对轴的约束反力 $\boldsymbol{F}_A$ 作用在接触点 A 上，且沿公法线指向轴心。

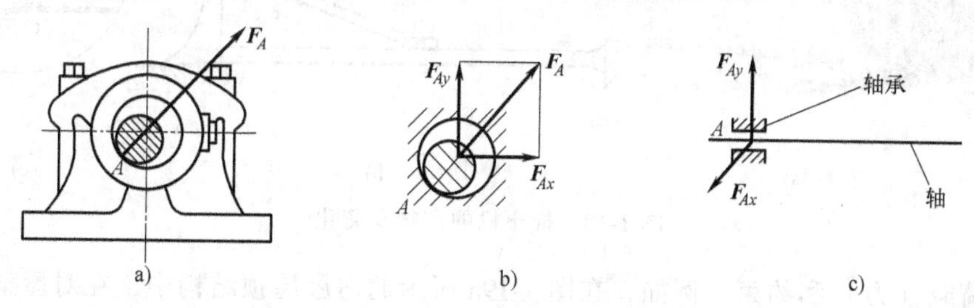

图 1-15　向心轴承示意图

除以上几种比较简单的常见约束外，还有球轴承、固定端等形式的约束，将在后续章节作介绍。

1.3.3　工程实物与模型的对应

图 1-16a 所示为一种固定铰支座的实物图，图 1-16b 所示为构件与支座连接示意图，图 1-16c 所示为简化模型。

图 1-17a 所示为一种活动铰支座的实物图，图 1-17b 所示为活动铰支座的示意图，图 1-17c 所示为简化模型。

图 1-18a 所示为推土机的实物图。推土机刀架的 AB 杆可简化为二力杆，图 1-18b 所示为刀架的简化模型图。二力杆只能阻止物体上与之连接的一点（A 点）沿二力杆中心线、指向（或背离）二力杆的运动，其约束反力如图 1-18c 所示。

对于任何一个实际问题，在抽象为力学模型和作计算简图时，一般须从三个方面简化，

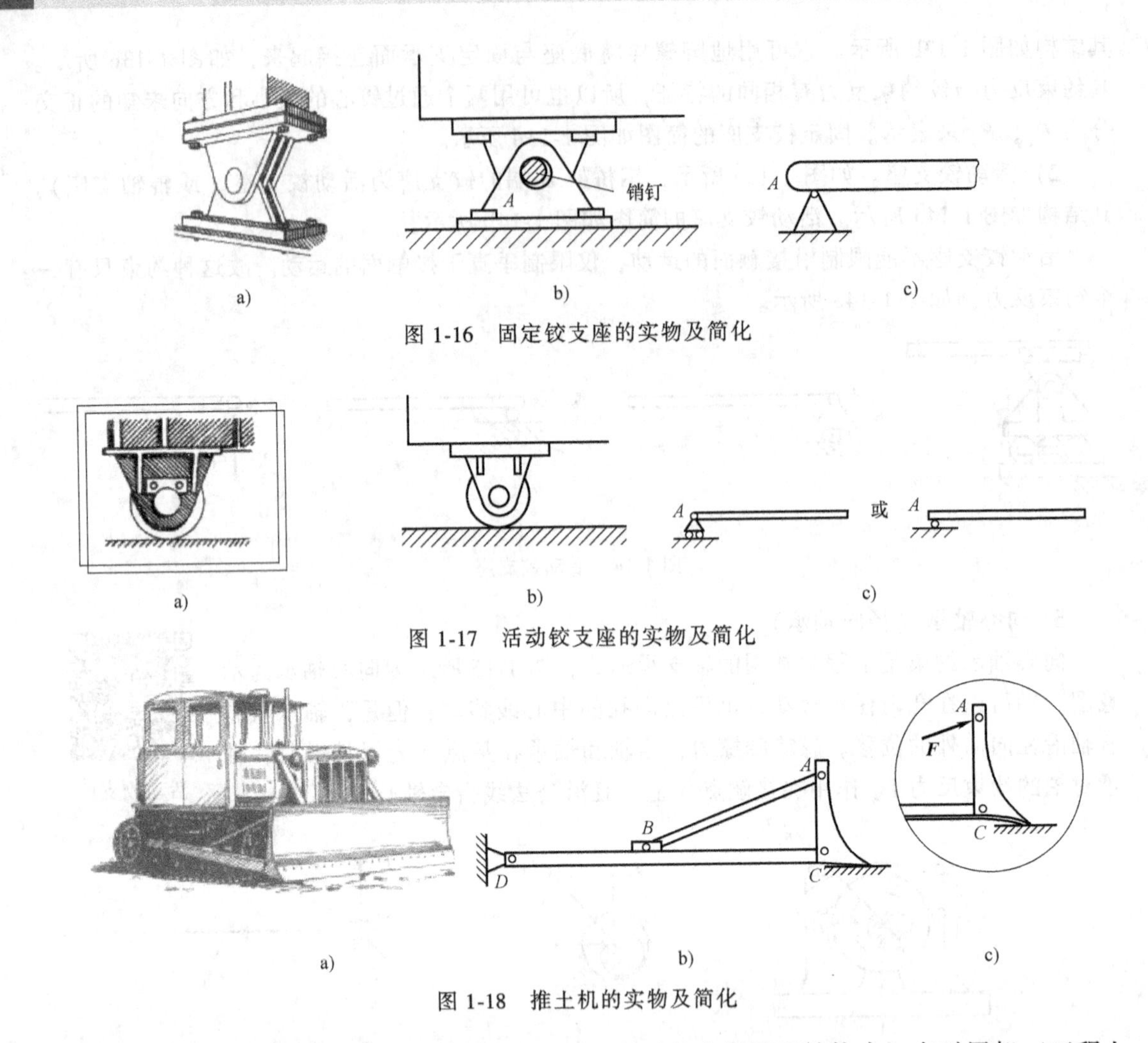

图 1-16 固定铰支座的实物及简化

图 1-17 活动铰支座的实物及简化

图 1-18 推土机的实物及简化

即尺寸、荷载（力）和约束。例如，在图 1-19a 所示的房屋屋顶结构中，在对屋架（工程上称为桁架）进行力学分析时，考虑到屋架各杆件断面的尺寸远比长度小，因而可用杆件中线代表杆件。各相交杆件之间可能用榫接、铆接或其他形式连接，但在分析时，可近似地将杆件之间的连接看作铰接。屋顶的荷载由桁条传至檩子，再由檩子传至屋架，非常接近于集中力，其大小等于两桁架之间和两檩子之间屋顶的荷载。屋架一般用螺栓固定（或直接搁置）于支承墙上。在计算时，一端可简化为固定铰支座，一端可简化为活动铰支座。最后

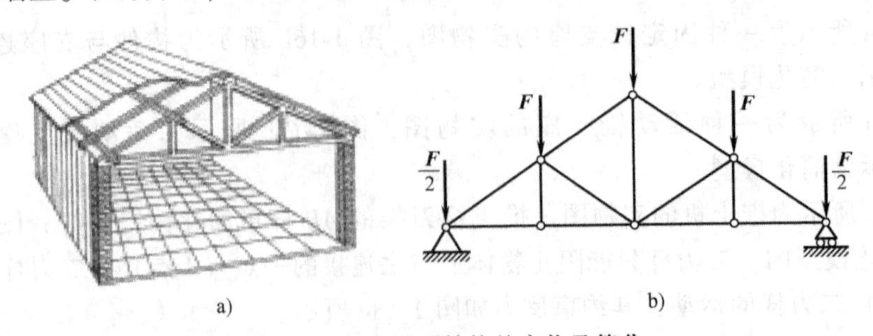

图 1-19 房屋屋顶结构的实物及简化

就得到如图 1-19b 所示的屋架的计算简图。这样简化后求得的结果，对小型结构已能满足工程要求，对大型结构则可作为初步设计的依据。

图 1-20a 所示为自卸载重汽车的实物图。在进行分析时，首先应将原机构抽象成为力学模型，画出计算简图。例如，对于自卸载重汽车的翻斗，由于翻斗对称，故可简化成平面图形。再由翻斗可绕与底盘连接处 A 转动，故此处可简化为固定铰支座。液压举升缸则可简化为二力杆。于是得到翻斗的计算简图如图 1-20b 所示。

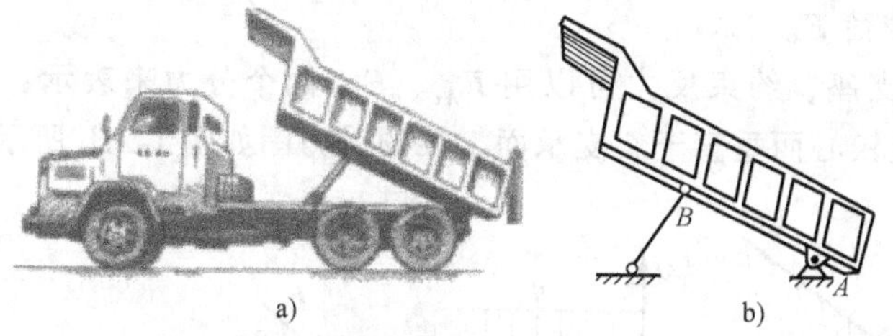

图 1-20　自卸载重汽车的实物及简化

液压自卸车

1.4　物体的受力分析与受力图

受力分析就是研究某个指定物体所受到的力（包括主动力和约束反力），并分析这些力的三要素。将这些力全部画在图上，该物体称为研究对象，所画出的这些力的图形称为受力图。所以，受力分析的结果，体现在受力图上。画受力图的一般步骤为：

（1）单独画研究对象轮廓　根据所研究的问题首先要确定何者为研究对象。研究对象是受力物，周围的其他物体是施力物。受力图上画的力来自施力物。为清楚起见，一般需将研究对象的轮廓单独画出，并在该图上画出它受到的全部外力。

（2）画主动力　主动力常为已知或可测定的，按已知条件画在研究对象上即可。

（3）画约束反力　约束反力是受力分析的主要内容。研究对象往往同时受到多个约束。为了不漏画约束反力，应先判明存在几处约束；为了不画错约束反力，应按各约束的特性确定约束反力的方向，不要主观臆测。

对物体进行受力分析，即恰当地选取分离体并正确地画出受力图，是解决力学问题的基础，它在工程力学课程的学习中和工程实际中都极为重要。若受力分析错误，则据此所做的进一步计算必将出现错误的结果。因此，必须准确、熟练地画出受力图。在画受力图时还必须注意以下几点：

1）物体系统中若有二力构件，分析物体系统受力时，应先找出二力构件，然后依次画出与二力构件相连构件的受力图，这样画出的受力图可得到简化。

2）当分析两物体间相互的作用力时，应遵循作用力与反作用力定律。作用力的方向一旦假定，则反作用力的方向应与之相反。

3）研究由多个物体组成的物体系统（简称物系）时，应区分系统外力与内力。物系以外的物体对物系的作用力称为系统外力，物系内各部分之间的相互作用力称为系统内力。同一个力可能由内力转化为外力（或相反）。例如，将汽车与拖车这个物系作为研究对象时，汽车与拖车之间的一对拉力是内力，受力图上不必画出；当以拖车为研究对象时，汽车对它的拉力是系统外力，应当画在拖车的受力图上。

下面举例说明物体受力分析和画受力图的方法。

例 1-1 简支梁 AB 如图 1-21a 所示。A 端为固定铰支座，B 端为活动铰支座，并放在倾角为 α 的支承斜面上，在 AC 段受到垂直于梁的均布载荷 q 的作用，梁在 D 点又受到与梁成倾角 β 的载荷 $\boldsymbol{F}$ 的作用，梁的自重不计。试画出梁 AB 的受力图。

解： 画出梁 AC 的轮廓。

画主动力。有均布载荷 q 和集中载荷 $\boldsymbol{F}$。

画约束反力。梁在 A 端为固定铰支座，约束反力可以用 $\boldsymbol{F}_{Ax}$、$\boldsymbol{F}_{Ay}$ 两个分力来表示；B 端为活动铰支座，其约束反力 $\boldsymbol{F}_{\mathrm{N}}$ 通过铰心而垂直于斜支承面。梁的受力图如图 1-21b 所示。

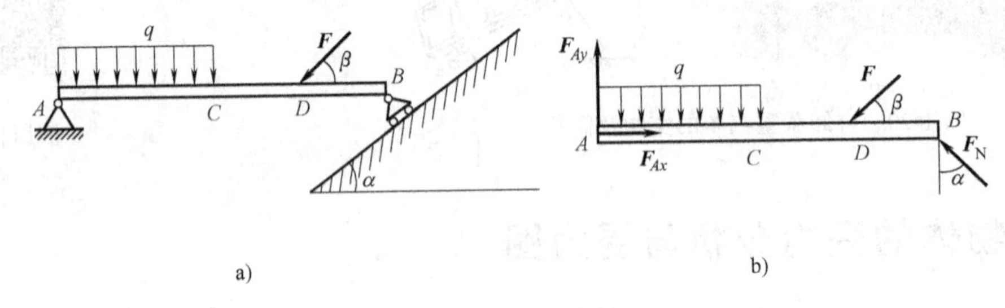

图 1-21 例 1-1 图

例 1-2 如图 1-22a 所示，水平梁 AB 用斜杆 CD 支承，A、C、D 三处均为光滑铰连接。均质梁 AB 重为 $\boldsymbol{G}_1$，其上放置一重为 $\boldsymbol{G}_2$ 的电动机。不计 CD 杆的自重。试分别画出斜杆 CD、横梁 AB（包括电动机）及整体的受力图。

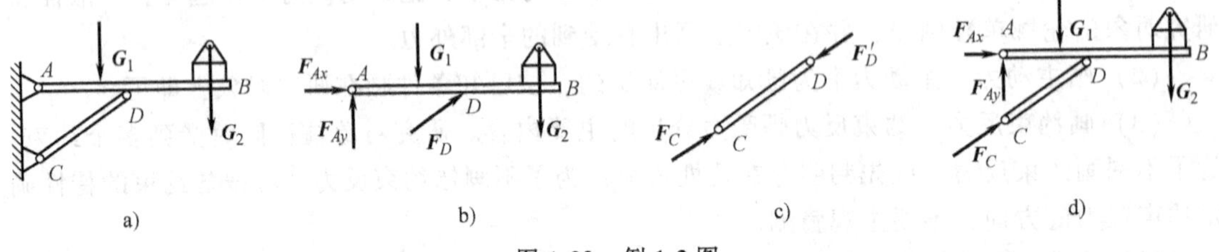

图 1-22 例 1-2 图

解：

1）确定研究对象，分别以水平梁 AB、斜杆 CD 为研究对象。

2）画出研究对象受力图。水平梁 AB 受的主动力为 $\boldsymbol{G}_1$、$\boldsymbol{G}_2$；A 处为固定铰支座，约束反力过铰 A 的中心，方向未知，可用两个正交分力 $\boldsymbol{F}_{Ax}$ 和 $\boldsymbol{F}_{Ay}$ 表示。D 处为圆柱铰，CD 杆为二力杆（设为受压的二力杆），给梁 AB 在 D 点一个斜支反力 $\boldsymbol{F}_D$，如图 1-22b 所示。斜杆 CD 是二力杆，作用于点 C、D 的二力 $\boldsymbol{F}_C$、$\boldsymbol{F}'_D$大小等值、方向相反，作用线在一条直线上。CD 杆受力如图 1-22c 所示。

3）取整体为研究对象，并画其受力图。画整体受力图时，不必将 D 处的约束反力画上，因为它属于内力。整体的受力图如图 1-22d 所示。

例 1-3 如图 1-23a 所示的三铰拱桥，由左右两拱铰接而成。设各拱自重不计，在拱 AC 上作用载荷 $\boldsymbol{F}$。试分别画出拱 AC、BC 及整体的受力图。

解：此题与上题一样，是物体系统的平衡问题，需分别对各个物体及整体进行受力分析。

1）分析拱 BC 的受力。拱 BC 受有铰 C 和固定铰支座 B 的约束，其约束反力在 C、B 处各有 x 和 y 方向的约束反力。但由于拱 BC 自重不计，也无其他主动力作用，所以在 C 和 B 处各只有一个约束反力 $\boldsymbol{F}_C$ 和 $\boldsymbol{F}_B$，故拱 BC 为二力构件。根据二力平衡原理，拱 BC 在两力 $\boldsymbol{F}_C$ 和 $\boldsymbol{F}_B$ 作用下处于平衡，其 $\boldsymbol{F}_C$ 和 $\boldsymbol{F}_B$ 二力的作用线应沿 C、B 两铰心的连线。至于力的指向，一般由平衡条件来确定。此处若假设拱 BC 受压力，则画出 BC 杆的受力如图 1-23b 所示。

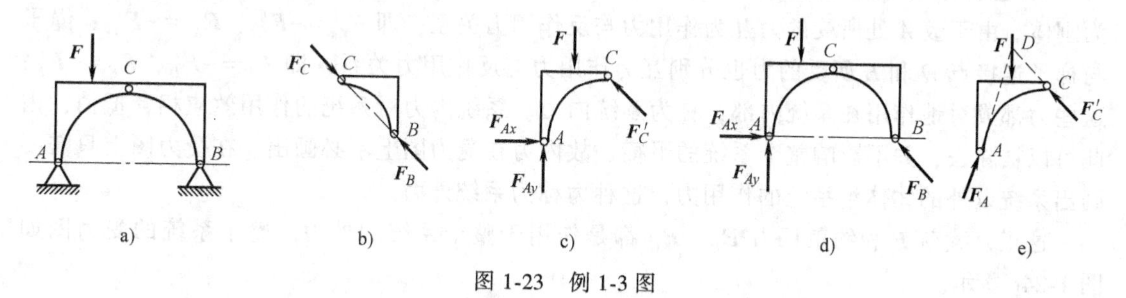

图 1-23　例 1-3 图

2）取拱 AC 为研究对象。由于自重不计，因此主动力只有载荷 $\boldsymbol{F}$。铰 C 处给拱 AC 的约束反力 $\boldsymbol{F}'_C$，根据作用力和反作用力定律，$\boldsymbol{F}_C$ 与 $\boldsymbol{F}'_C$ 等值、反向、共线，可表示为 $\boldsymbol{F}_C=-\boldsymbol{F}'_C$。拱 AC 在 A 处受有固定铰支座给它的约束反力，由于方向未定，可用两个大小未知的正交分力 $\boldsymbol{F}_{Ax}$ 和 $\boldsymbol{F}_{Ay}$ 来表示。此时拱 AC 的受力图如图 1-23c 所示。

3）取整体为研究对象。先画出主动力，只有载荷 $\boldsymbol{F}$，再画出 A 处约束反力 $\boldsymbol{F}_{Ax}$ 和 $\boldsymbol{F}_{Ay}$，B 处约束反力 $\boldsymbol{F}_B$，画出整体受力图如图 1-23d 所示。

4）讨论。再进一步分析可知，由于拱 AC 在 $\boldsymbol{F}$、$\boldsymbol{F}_A$ 及 $\boldsymbol{F}_B$ 三个力作用下平衡，故也可以根据三力平衡汇交定理，确定铰 A 处约束反力 $\boldsymbol{F}_A$ 的方向。点 D 为力 $\boldsymbol{F}$ 和 $\boldsymbol{F}'_C$ 作用线的交点，当拱 AC 平衡时，约束反力 $\boldsymbol{F}_A$ 的作用线必然通过点 D（图 1-23e）；至于 $\boldsymbol{F}_A$ 的指向，暂且假定如图 1-23e 所示，以后由平衡条件确定。

例 1-4　如图 1-24a 所示梯子，梯子的两个部分 AB 和 AC 在点 A 处铰接，又在 D、E 两点处用水平绳连接。梯子放在光滑水平面上，若其自重不计，但在 AB 的中点 H 处作用一铅直载荷 $\boldsymbol{F}$。试分别画出绳子 DE 和梯子的 AB、AC 部分以及整个系统的受力图。

解：1）绳子 DE 的受力分析。绳子两端 D、E 分别受到梯子对它的拉力 $\boldsymbol{F}_D$、$\boldsymbol{F}_E$ 的作用

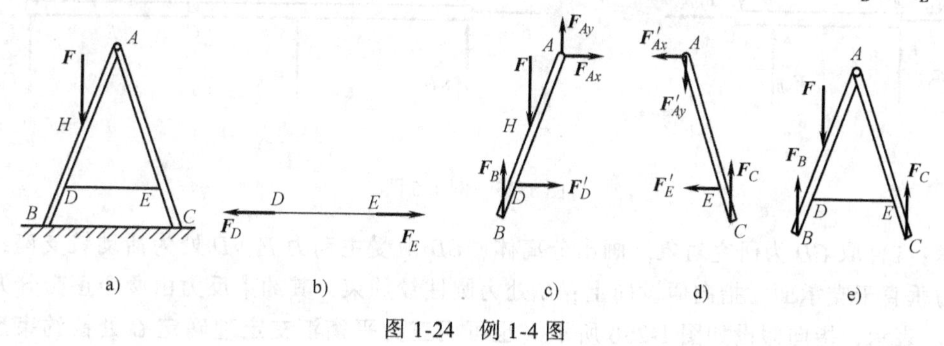

图 1-24　例 1-4 图

(图 1-24b)。

2）梯子 AB 部分的受力分析。它在 H 处受载荷 $\boldsymbol{F}$ 的作用，在铰 A 处受到 AC 部分给它的约束反力 $\boldsymbol{F}_{Ax}$ 和 $\boldsymbol{F}_{Ay}$。在点 D 处受绳子对它的拉力 $\boldsymbol{F}'_D$，$\boldsymbol{F}'_D$是 $\boldsymbol{F}_D$ 的反作用力。在点 B 处受光滑地面对它的法向反力 $\boldsymbol{F}_B$。梯子 AB 部分的受力图如图 1-24c 所示。

3）梯子 AC 部分的受力分析。在铰 A 处受到 AB 部分对它的约束反力 $\boldsymbol{F}'_{Ax}$和 $\boldsymbol{F}'_{Ay}$，$\boldsymbol{F}'_{Ax}$和 $\boldsymbol{F}'_{Ay}$分别是 $\boldsymbol{F}_{Ax}$ 和 $\boldsymbol{F}_{Ay}$ 的反作用力。在点 E 处受到绳子对它的拉力 $\boldsymbol{F}'_E$，$\boldsymbol{F}'_E$是 $\boldsymbol{F}_E$ 的反作用力。在 C 处受到光滑地面对它的法向反力 $\boldsymbol{F}_C$。梯子 AC 部分的受力图如图 1-24d 所示。

4）整体系统的受力分析。当选整体系统作为研究对象时，可以把平衡的整个结构刚化为刚体。由于铰 A 处所受的力互为作用力与反作用力关系，即 $\boldsymbol{F}_{Ax}=-\boldsymbol{F}'_{Ax}$，$\boldsymbol{F}_{Ay}=-\boldsymbol{F}'_{Ay}$；绳子与梯子连接点 D 和 E 所受的力也分别互为作用力与反作用力关系，即 $\boldsymbol{F}_D=-\boldsymbol{F}'_D$，$\boldsymbol{F}_E=-\boldsymbol{F}'_E$；这些力都成对地作用在系统内部，称为系统内力。系统内力对系统的作用效应相互抵消，因此可以被除去，并不影响整个系统的平衡，故内力在受力图上不必画出。在受力图上只需要画出系统以外的物体给系统的作用力，这种力称为系统外力。

这里，载荷 $\boldsymbol{F}$ 和约束反力 $\boldsymbol{F}_B$、$\boldsymbol{F}_C$ 都是作用于整个系统的外力。整个系统的受力图如图 1-24e 所示。

应该指出，内力与外力的区分不是绝对的。例如，当把梯子的 AB 部分作为研究对象时，$\boldsymbol{F}_B$、$\boldsymbol{F}_{Ax}$、$\boldsymbol{F}_{Ay}$、$\boldsymbol{F}'_D$和 $\boldsymbol{F}$ 均属于外力，但取整体为研究对象时，$\boldsymbol{F}_{Ax}$、$\boldsymbol{F}_{Ay}$、$\boldsymbol{F}'_D$又成为内力。可见，内力与外力的区分，只有相对于某一确定的研究对象才有意义。

***例 1-5** 如图 1-25a 所示，梁 AC 和 CD 用铰 C 连接，并支承在三个支座上，A 处为固定铰支座，B、D 处为活动铰支座，梁所受外力为 $\boldsymbol{F}$，试画出梁 AC、CD 及整梁 AD 的受力图。

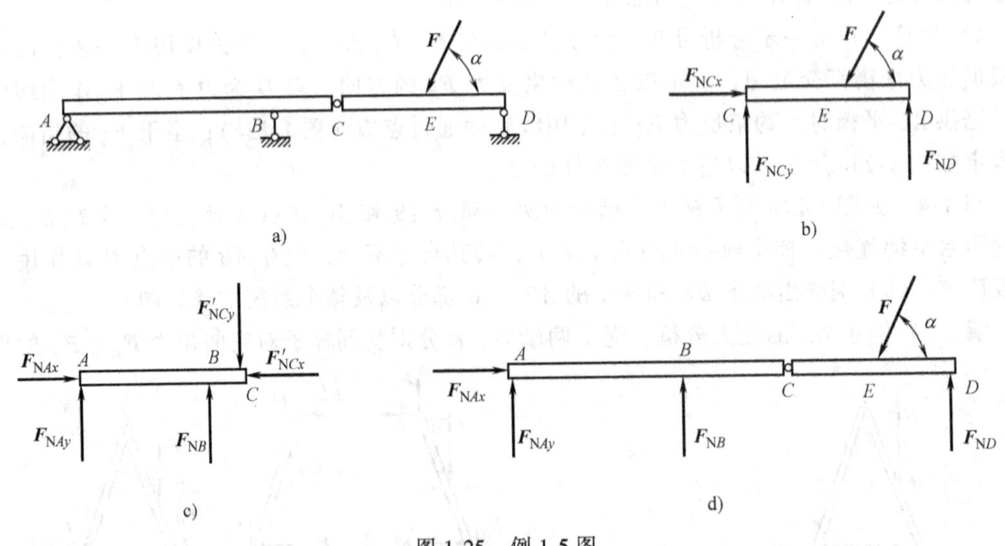

图 1-25 例 1-5 图

解： 1）取 CD 为研究对象。画出分离体，CD 上受主动力 $\boldsymbol{F}$，D 处为活动铰支座，其约束反力垂直于支承面，指向假设向上；C 处为圆柱铰约束，其约束反力由两个正交分力 $\boldsymbol{F}_{NCx}$ 和 $\boldsymbol{F}_{NCy}$ 表示，指向假设如图 1-25b 所示（也可用三力平衡汇交定理确定 C 处铰约束反力的方向）。

2）取 AC 梁为研究对象。画出分离体，A 处为固定铰支座，其约束反力可用两正交分力 $\boldsymbol{F}_{NAx}$ 与 $\boldsymbol{F}_{NAy}$ 表示，箭头指向假设方向；B 处为活动铰支座，其约束反力 $\boldsymbol{F}_{NB}$ 垂直于支承面，指向假设向上；C 处为圆柱铰，其约束反力 $\boldsymbol{F}'_{NCx}$ 和 $\boldsymbol{F}'_{NCy}$，与作用在 CD 梁上的 $\boldsymbol{F}_{NCx}$ 与 $\boldsymbol{F}_{NCy}$ 是作用力与反作用力的关系。AC 梁的受力图如图 1-25c 所示。

3）取整个系统为研究对象。画出分离体，其受力图如图 1-25d 所示，此时不必将 C 处的约束反力画上，因为它属于内力。A、B、D 三处的约束反力同前。

***例 1-6**　图 1-26a 所示为建设铁路所用的某型架桥机正在架设预应力梁。试画出预应力梁（自重为 $\boldsymbol{W}_1$）、三角架（自重为 $\boldsymbol{W}_2$）、架桥机（自重为 $\boldsymbol{W}$）及整体（设平衡重为 $\boldsymbol{W}_4$）的受力图。

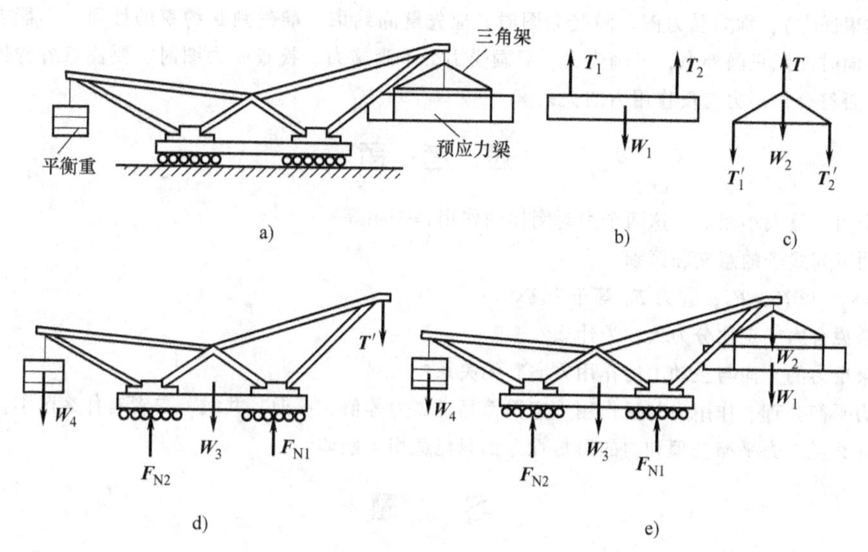

图 1-26　例 1-6 图

解：1）预应力梁的受力图。单独画出预应力梁（图 1-26b）。设梁静止吊在三角架上，梁上主动力有重力 $\boldsymbol{W}_1$，约束反力有钢丝绳的拉力 $\boldsymbol{T}_1$、$\boldsymbol{T}_2$。

2）三角架的受力图。单独画出三角架（图 1-26c）。这里主动力有重力 $\boldsymbol{W}_2$ 及钢丝绳拉力 $\boldsymbol{T}'_1$、$\boldsymbol{T}'_2$。约束反力有上面钢丝绳的拉力 $\boldsymbol{T}$。

3）架桥机的受力图。单独画出架桥机（图 1-26d）。主动力有架桥机自重 $\boldsymbol{W}_3$、平衡重 $\boldsymbol{W}_4$ 及钢丝绳拉力 $\boldsymbol{T}'$。约束反力有前、后轮组的约束反力 $\boldsymbol{F}_{N1}$ 与 $\boldsymbol{F}_{N2}$。

4）整体受力图。单独画出整体轮廓。先画主动力 $\boldsymbol{W}_1$、$\boldsymbol{W}_2$、$\boldsymbol{W}_3$、$\boldsymbol{W}_4$（图 1-26e），再画出约束反力 $\boldsymbol{F}_{N1}$ 与 $\boldsymbol{F}_{N2}$。

本章小结

本章介绍了静力学的基本概念及公理；约束的概念及工程中常见的约束，并介绍了对物体进行受力分析的方法和步骤。

（1）基本概念　静力学研究力的性质和作用在刚体上的力系的简化及力系平衡的规律。

1）力：力是物体之间的相互作用，它不能脱离物体而存在，力对物体的作用效果取决于力的大小、方向和作用点，称为力的三要素。

2）刚体：受力而不变形的物体。为使问题简化，在研究物体的运动或平衡规律时，刚体是对客观实际物体经抽象得出的力学模型。

（2）静力学公理　阐明了力的基本性质，二力平衡公理是最基本的力系平衡条件；加减力系平衡原理是力系等效代换与简化的理论基础；力的平行四边形法则表明了力的矢量运算规律；作用力与反作用力定律揭示了力的存在形式与力在物系内部的传递方式。二力平衡公理和力的可传性仅适用于刚体。

（3）约束和约束反力　约束是指对非自由的物体的某些位移起限制作用的周围物体；约束反力是约束对被约束物体的作用力，约束反力的方向总是与约束所能阻止的物体的运动方向相反。例如柔性约束只能承受沿柔索的拉力，并沿柔索方向背离物体；光滑面约束只能承受位于接触点的法向压力，指向物体；铰约束能限制物体沿垂直于销钉轴线方向的移动，方向不能确定，通常用两个正交分力确定。

（4）受力图　研究对象就是被解除了约束的物体，即分离体，在分离体上画出它所受的全部力（包括主动力和约束反力），称为受力图。画受力图时，应先解除约束，准确判断约束的性质，不能多画、少画和错画力。同时注意只画外力，不画内力；只画受力，不画施力。检查受力图时，要注意各物体之间的相互作用力是否符合作用力与反作用力的关系。

思考题

1. 两个力矢量大小相等，这两个力对刚体的作用是否相等？

2. 说明下列式子的意义和区别。

①$F_1=F_2$　②$\boldsymbol{F}_1=\boldsymbol{F}_2$；③力 $\boldsymbol{F}_1$ 等于力 $\boldsymbol{F}_2$。

3. 能否说合力一定比分力大？为什么？

4. 约束反力的方向与主动力的作用方向有无关系？

5. 二力平衡公理、作用力与反作用力定律都是说二力等值、反向、共线，二者有什么区别？

6. 为什么说二力平衡公理和力的可传性等都只能适用于刚体？

习　题

1-1　根据图 1-27 所示各物体所受约束的特点，分析约束并画出它们的受力图。设各接触面均为光滑面，未画重力的物体表示重量不计。

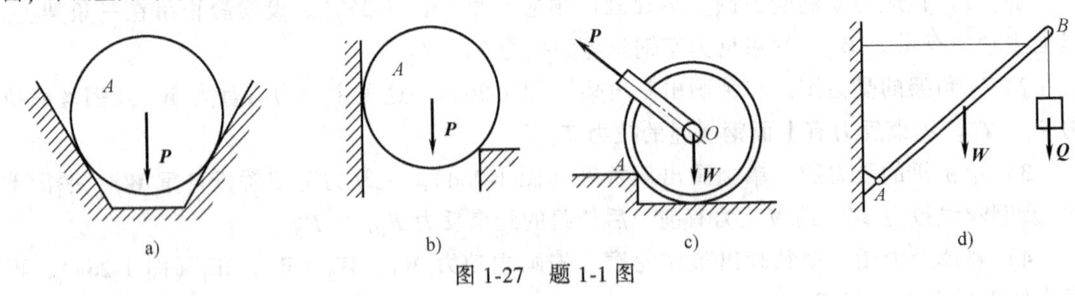

图 1-27　题 1-1 图

1-2　画出图 1-28 所示系统中的各构件及整体受力图。设各接触面均为光滑面，未画重力的物体表示重量不计。

1-3　画出图 1-29 所示系统中的各构件及整体受力图。设各接触面均为光滑面，未画重力的物体表示重量不计。

1-4　简易起重机如图 1-30 所示，梁 *ABC* 一端用铰固定在墙上，另一端装有滑轮并用杆 *CE* 支承，梁上 *B* 处固定一卷扬机 *D*，钢索经定滑轮 *C* 起吊重物 *H*。不计梁、杆、滑轮的自重，试画出重物 *H*、杆 *CE*、滑轮、销钉 C、横梁 ABC、横梁及整体系统的受力图。

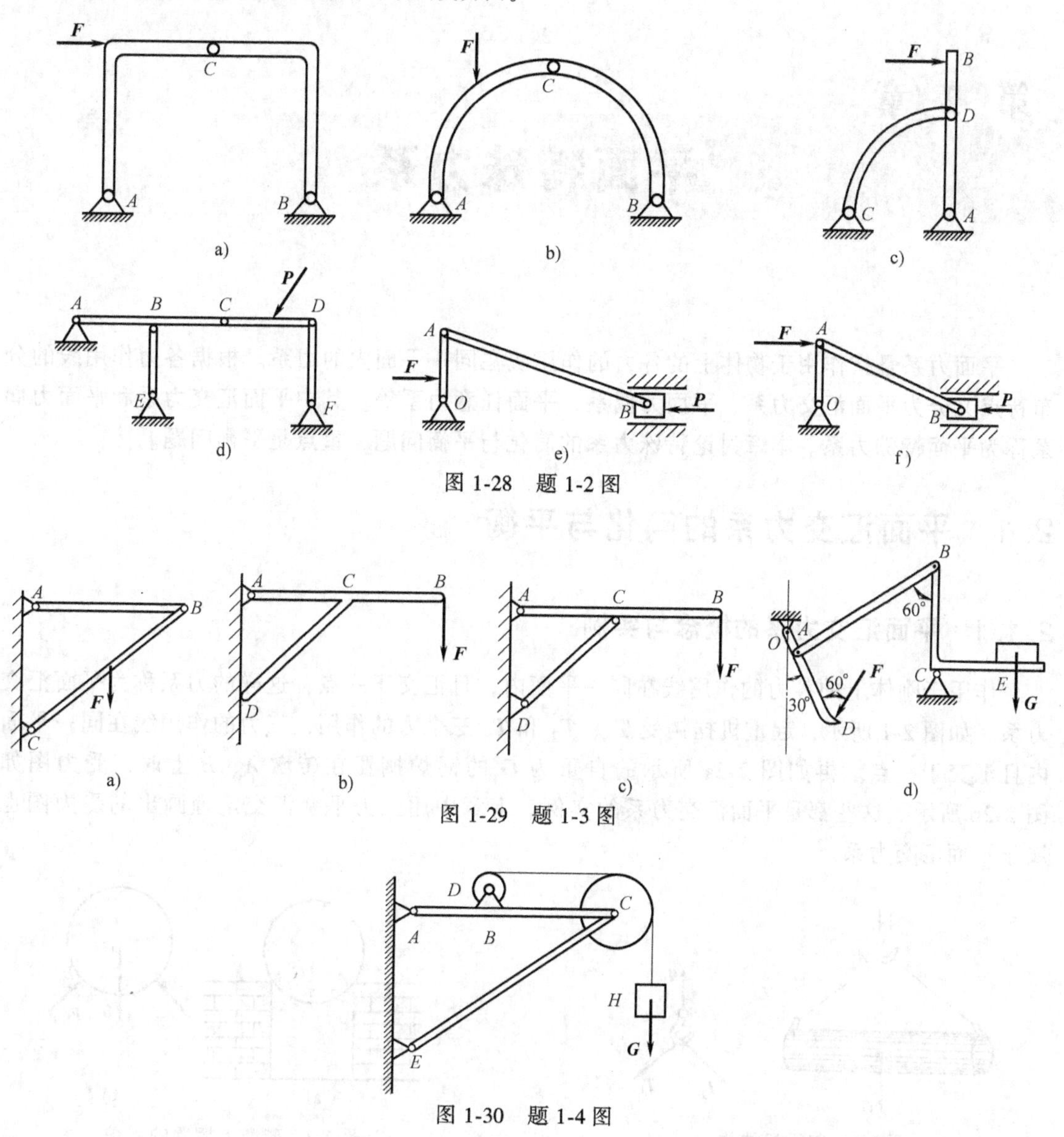

图 1-28　题 1-2 图

图 1-29　题 1-3 图

图 1-30　题 1-4 图

第 2 章

平面特殊力系

平面力系是指作用于物体上的各力的作用线在同一平面内的力系。根据各力作用线的分布特点又分为平面汇交力系、平面力偶系、平面任意力系等。其中平面汇交力系和平面力偶系称为平面特殊力系。本章讨论特殊力系的简化与平衡问题，重点是平衡问题。

2.1 平面汇交力系的简化与平衡

2.1.1 平面汇交力系的概念与实例

作用于刚体上的各力的作用线在同一平面内，且汇交于一点，这样的力系称为平面汇交力系。如图 2-1 所示，起重机挂钩受 $\boldsymbol{T}_1$、$\boldsymbol{T}_2$ 和 $\boldsymbol{T}_3$ 三个力的作用，三力的作用线在同一平面内且汇交于一点。再如图 2-2a 所示的自重为 $\boldsymbol{G}$ 的锅炉搁置在砖墩 A、B 上时，受力图如图 2-2b 所示。这些都是平面汇交力系的实例。上章中用三力平衡汇交定理画出的受力图也属于平面汇交力系。

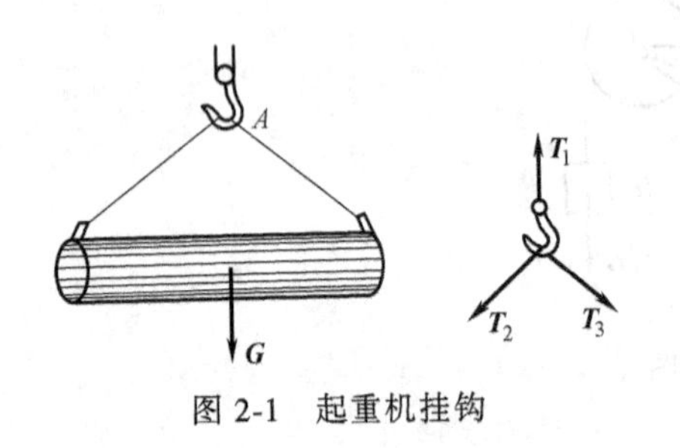

图 2-1 起重机挂钩

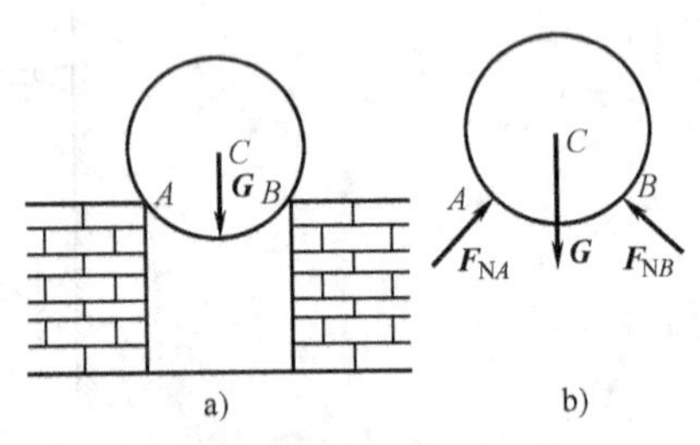

图 2-2 砖墩上搁置的锅炉

2.1.2 平面汇交力系的简化

1. 平面汇交力系简化（合成）的几何法

（1）两汇交力合成的三角形法则　设力 $\boldsymbol{F}_1$ 与 $\boldsymbol{F}_2$ 作用于某刚体上的 A 点，则由前述可知，以 $\boldsymbol{F}_1$、$\boldsymbol{F}_2$ 为邻边作平行四边形，其对角线即为它们的合力 $\boldsymbol{F}_R$，并记作 $\boldsymbol{F}_R=\boldsymbol{F}_1+\boldsymbol{F}_2$，如图 2-3a 所示。

为简便起见，作图时可省略 AC 与 DC，直接将 $\boldsymbol{F}_2$ 连在 $\boldsymbol{F}_1$ 末端，通过三角形 ABD 即可求得合力 $\boldsymbol{F}_R$，如图 2-3b 所示。此法就称为求两汇交力合成的三角形法则。按一定比例作图，可直接量得合力 $\boldsymbol{F}_R$ 的近似值，也可按三角形的边角关系求出合力 $\boldsymbol{F}_R$ 的大小和方位角。

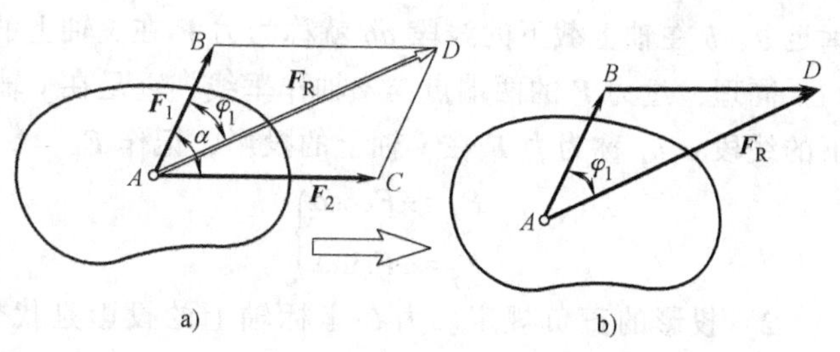

图 2-3　两汇交力合成

（2）多汇交力合成的力多边形法则　如果刚体上作用有 $\boldsymbol{F}_1$、$\boldsymbol{F}_2$、…、$\boldsymbol{F}_n$ 共 n 个力组成的平面汇交力系。为简单起见，图 2-4a 中只画出了三个力。欲求此力系的合力，使用力三角形法则。先从任一点 A 起画出力 $\boldsymbol{F}_1$ 和 $\boldsymbol{F}_2$ 的力三角形 ABC，求出它们的合力 $\boldsymbol{F}_{R1}$，再画出 $\boldsymbol{F}_{R1}$ 和 $\boldsymbol{F}_3$ 的力三角形 ACD，求出 $\boldsymbol{F}_{R1}$ 和 $\boldsymbol{F}_3$ 这两力的合力 $\boldsymbol{F}_{R2}$，就是整个平面汇交力系的合力 $\boldsymbol{F}_R$（$\boldsymbol{F}_R=\boldsymbol{F}_{R2}$），如图 2-4b 所示。由作图过程略加分析可知，若我们的目的只是求合力 $\boldsymbol{F}_R$ 的大小和方向，中间合力，图中力矢 AC 可不必画出，而只需将力矢由 $\boldsymbol{F}_1$ 开始，沿同一环绕方向，首尾相接地顺次画出各力 $\boldsymbol{F}_1$、$\boldsymbol{F}_2$、$\boldsymbol{F}_3$ 的力矢 AB、BC 和 CD，形成一个由 $\boldsymbol{F}_1$、$\boldsymbol{F}_2$、$\boldsymbol{F}_3$ 组成的不封闭的多边形，最后自第一个力的始端引向最后一个力的末端作一力矢 $\boldsymbol{F}_{R2}$ 封闭该多边形。此“封闭边”就是力系的合力，不难看出，该平面汇交力系的合力为 $\boldsymbol{F}_{R2}$（$\boldsymbol{F}_{R2}=\boldsymbol{F}_R$）。这种用力多边形求汇交力系合力的方法，通常称为力多边形法则。事实上，三角形法则也是力多边形法则在两个力时的情况。这种利用几何作图的方法将汇交力系简化的方法，称为几何法。

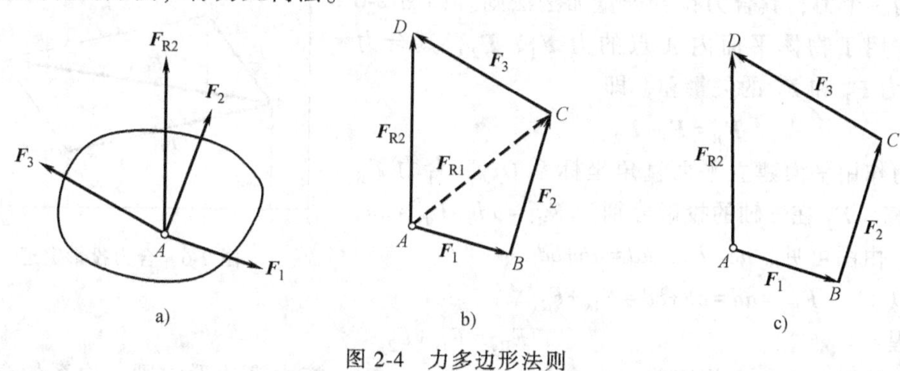

图 2-4　力多边形法则

若采用矢量加法的定义，则可简写为

$$\boldsymbol{F}_R=\boldsymbol{F}_1+\boldsymbol{F}_2+\cdots+\boldsymbol{F}_n=\sum_{i=1}^{n}\boldsymbol{F}_i\ (\text{可简写为}\sum\boldsymbol{F}) \tag{2-1}$$

应用几何法解题时，必须恰当地选择力的比例尺，求解精度取决于作图精度。

2. 平面汇交力系简化的解析法

解析法的基础是力在坐标轴上的投影，它是利用平面汇交力系在直角坐标轴上的投影来求力系合力的一种方法。

（1）力在坐标轴上的投影

1）投影的概念。如图 2-5 所示，设已知力 $\boldsymbol{F}$ 作用于物体平面内的 A 点，方向由 A 点指向 B 点，且与水平线夹角为 α。设想用一束垂直于坐标轴的光线照射力，会在轴上留下影子。例如，把 x 轴作为投影屏幕，光线照射，相当于过力 $\boldsymbol{F}$ 的两端点 A、B 向 x 轴作垂线，

垂足 a、b 在轴上截下的线段 ab 就称为力 $\boldsymbol{F}$ 在 x 轴上的投影，记作 F_x。

同理，过力 $\boldsymbol{F}$ 的两端点向 y 轴作垂线，垂足在 y 轴上截下的线段 a_1b_1 称为力 $\boldsymbol{F}$ 在 y 轴上的投影，记作 F_y。

$$\left.\begin{aligned}F_x&=\pm F\cos\alpha\\F_y&=\pm F\sin\alpha\end{aligned}\right\}\tag{2-2}$$

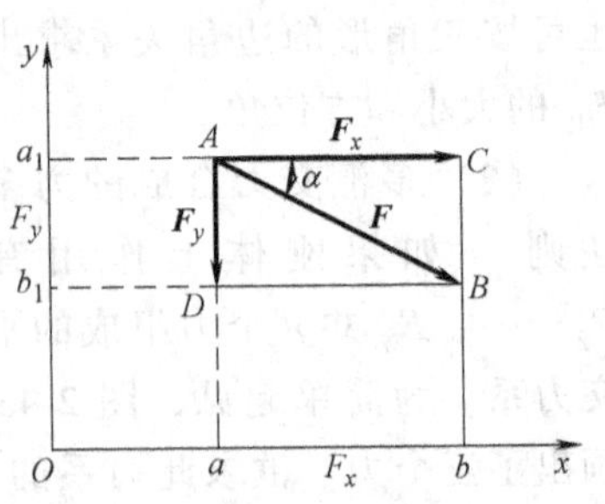

图 2-5 力在坐标轴上的投影

2）投影的正负规定。力在坐标轴上的投影是代数量，其正负规定为：若投影 ab（或 a_1b_1）的指向与坐标轴正方向一致，则力在该轴上的投影为正，反之为负。

若已知力 $\boldsymbol{F}$ 与 x 轴的夹角为 α，则力 $\boldsymbol{F}$ 在 x 轴、y 轴的投影表示为式（2-2）。投影的过程相当于是把矢量的力数字化的过程。

（2）已知投影求作用力　由已知力求投影的方法可推知，若已知一个力的两个正交投影 $\boldsymbol{F}_x$、$\boldsymbol{F}_y$，则这个力 $\boldsymbol{F}$ 的大小和方向为：

$$F=\sqrt{F_x^2+F_y^2},\tan\alpha=\left|\frac{F_y}{F_x}\right|\tag{2-3}$$

式中　α——力 $\boldsymbol{F}$ 与 x 轴所夹的锐角。

（3）合力投影定理　由力的平行四边形法则可知，作用于物体平面内一点的两个力可以合成为一个力，其合力符合矢量加法法则。如图 2-6 所示，作用于物体平面内 A 点的力 $\boldsymbol{F}_1$、$\boldsymbol{F}_2$，其合力 $\boldsymbol{F}_R$ 等于力 $\boldsymbol{F}_1$ 和 $\boldsymbol{F}_2$ 的矢量和，即

$$\boldsymbol{F}_R=\boldsymbol{F}_1+\boldsymbol{F}_2$$

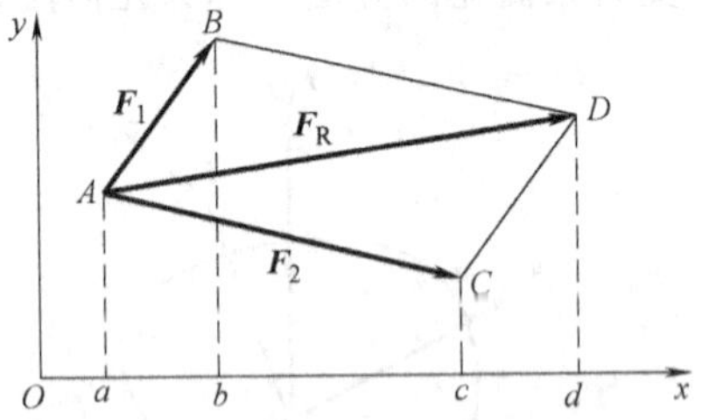

图 2-6　合力投影定理

在力作用平面建立平面直角坐标系 Oxy，合力 $\boldsymbol{F}_R$ 和分力 $\boldsymbol{F}_1$、$\boldsymbol{F}_2$ 在 x 轴的投影分别为 $F_{Rx}=ad$，$F_{1x}=ab$，$F_{2x}=ac$。由图可见，$ac=bd$，$ad=ab+bd$。

所以　　$F_{Rx}=ad=ab+bd=F_{1x}+F_{2x}$

同理　　$F_{Ry}=F_{1y}+F_{2y}$

若物体平面上一点作用着 n 个力 $\boldsymbol{F}_1$、$\boldsymbol{F}_2$、…、$\boldsymbol{F}_n$，按力多边形法则，力系的合力等于各分力矢量的矢量和，即

$$\boldsymbol{F}_R=\boldsymbol{F}_1+\boldsymbol{F}_2+\cdots+\boldsymbol{F}_n=\sum_{i=1}^{n}\boldsymbol{F}_i$$

或简写成 $\boldsymbol{F}_R=\sum\boldsymbol{F}$

则合力的投影：

$$\left.\begin{aligned}F_{Rx}&=F_{1x}+F_{2x}+\cdots+F_{nx}=\sum F_x\\F_{Ry}&=F_{1y}+F_{2y}+\cdots+F_{ny}=\sum F_y\end{aligned}\right\}\tag{2-4}$$

式（2-4）表明，力系合力在某一轴上的投影等于各分力在同一轴上投影的代数和。此即为合力投影定理。式中的 $\sum F_x$ 是求和式 $\sum\limits_{i=1}^{n}\boldsymbol{F}_{ix}$ 的简便表示法，本书中的求和式均采用这种简便表示法。

2.1.3　平面汇交力系的合成

若刚体平面内作用力 $\boldsymbol{F}_1$、$\boldsymbol{F}_2$、…、$\boldsymbol{F}_n$，的作用线交于一点，得到作用于一点的汇交力系。由前述可知，平面汇交力系总可以合成为一个合力，其合力在坐标轴上的投影等于各分力投影的代数和。即 $F_{Rx}=\sum F_x$，$F_{Ry}=\sum F_y$。则其合力 $\boldsymbol{F}_R$ 的大小和方向分别为

$$F_R=\sqrt{(\sum F_x)^2+(\sum F_y)^2},\tan\alpha=\left|\frac{\sum F_y}{\sum F_x}\right| \tag{2-5}$$

式中　α——合力 $\boldsymbol{F}_R$ 与 x 轴所夹的锐角。

2.1.4　平面汇交力系的平衡

1. 平面汇交力系平衡的几何条件（几何法）

由于平面汇交力系的合成结果为一合力，显然平面汇交力系平衡的充要条件是该力系的合力等于零，即

$$\boldsymbol{F}_R=\sum \boldsymbol{F}=0 \tag{2-6}$$

在平衡情形下，力多边形中最后一力的终点与第一力的起点重合，此时的力多边形称为自行封闭的力多边形。于是，可得如下结论：平面汇交力系平衡的充要条件是该力系的力多边形自行封闭，这就是平面汇交力系平衡的几何条件。

求解平面汇交力系的平衡问题时可用图解法，即按比例先画出封闭的力多边形，然后用直尺和量角器在图上量得所需求的未知量，也可根据图形的几何关系，用三角公式计算出所要求的未知量。

然而，在工程实际计算中，几何法精度对人员要求很高，应用并不广泛，本书下面例题中重点应用精度更高的解析法。

2. 平面汇交力系平衡的解析条件（解析法）

由平面汇交力系平衡的必要与充分条件是力系的合力为零，即

$$F_R=\sqrt{(\sum F_x)^2+(\sum F_y)^2}=0$$

即

$$\left.\begin{aligned}\sum F_x=0\\ \sum F_y=0\end{aligned}\right\} \tag{2-7}$$

式（2-7）表示平面汇交力系平衡的解析条件是力系中各力在两个坐标轴上投影的代数和均为零。此式也称为平面汇交力系的平衡方程。

应用平衡方程时，由于坐标轴是可以任意选取的，因而可列出无数个平衡方程，但是其独立的平衡方程只有两个。因此对于一个平面汇交力系，只能求解出两个未知量。

例 2-1　图 2-7a 所示支架由杆 AB、BC 组成，A、B、C 处均为圆柱销铰，在铰 B 上悬挂一重物 $G=5\text{kN}$，杆件自重不计，试求杆件 AB、BC 所受的力。

解： 1）受力分析。由于杆件 AB、BC 的自重不计，且杆两端均为铰约束，故均为二力杆件，杆件两端受力必沿杆件的轴线。根据作用力与反作用力关系，两杆的 B 端对于销 B 有反作用力 $\boldsymbol{F}_1$、$\boldsymbol{F}_2$，销 B 同时受重物 $\boldsymbol{G}$ 的作用。

2）确定研究对象。以销 B 为研究对象，取分离体画受力图（图 2-7b）。

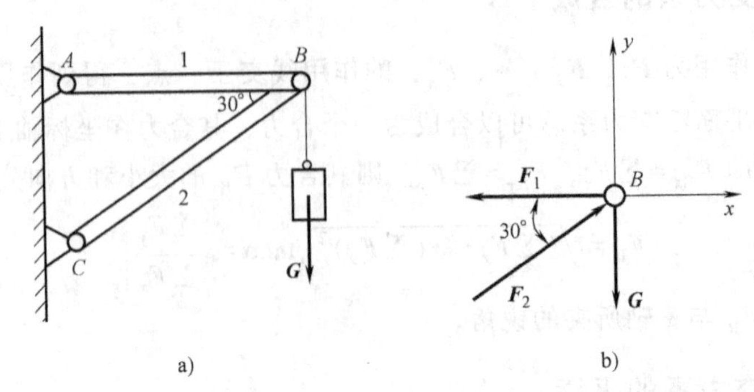

图 2-7　例 2-1 图

3）建立坐标系，列平衡方程求解

$$\sum F_y = 0 \qquad F_2\sin30° - G = 0$$

$$F_2 = 2G = 10\text{kN}$$

$$\sum F_x = 0 \qquad -F_1 + F_2\cos30° = 0$$

$$F_1 = F_2\cos30° \approx 8.66\text{kN}$$

即 AB 杆所受的力为拉力，$F_1 \approx 8.66\text{kN}$；$BC$ 杆所受的力为压力，$F_2 = 10\text{kN}$。

2.2　平面力偶系的简化与平衡

本节将讨论力对物体作用产生转动效果的度量——力矩和力偶。

2.2.1　力对点之矩

1. 力对点之矩的概念

实践经验表明，力对刚体的作用效应不仅可以使刚体移动，还可以使刚体转动。转动效应可用力对点之矩来度量。

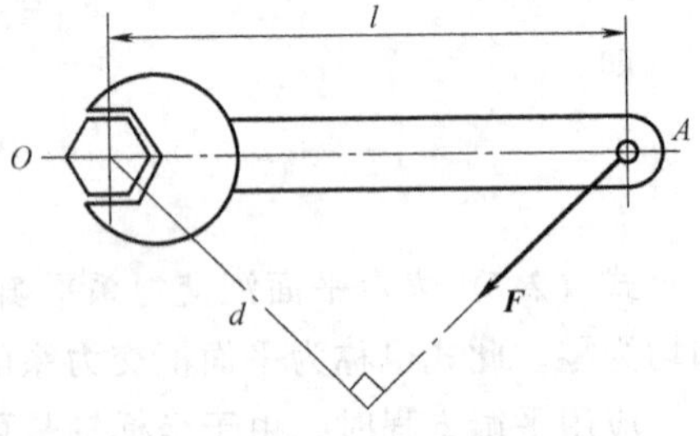

图 2-8　扳手拧螺栓

人们用扳手拧螺栓时，使螺栓产生转动效应，如图 2-8 所示。由经验可知，加在扳手上的力离螺栓中心越远，拧动螺栓就越省力；反之则越费力。这就是说，作用在扳手上的力 $\boldsymbol{F}$ 使扳手绕支点 O 的转动效应不仅与力的大小 F 成正比，而且与支点 O 到力的作用线的垂直距离 d 成正比。因此，规定 F 与 d 的乘积作为力 $\boldsymbol{F}$ 使物体绕支点 O 转动效应的量度，称为力 $\boldsymbol{F}$ 对 O 点之矩，简称力矩，用符号 $M_O(\boldsymbol{F})$ 表示，在写法上，既有取矩点，又有取矩力，比物理里用来表示力矩的 M 更为规范。

$$M_O(\boldsymbol{F}) = \pm Fd \tag{2-8}$$

O 点称为矩心。力 $\boldsymbol{F}$ 的作用线到矩心 O 的垂直距离 d 称为力臂。力 $\boldsymbol{F}$ 使扳手绕矩心 O 有两种不同的方向，产生两种不同的作用效果：或者拧紧，或者松开。通常规定逆时针方向的力矩为正，顺时针方向的力矩为负。力矩的单位在国际单位制中用牛·米（N·m）或千牛·米（kN·m）表示。

综上所述，平面内的力对点之矩可定义如下：

力对点之矩是一个代数量，它的绝对值等于力的大小与力臂的乘积。它的正负规定如下：力使物体绕矩心沿逆时针方向转动时为正，反之为负。

2. 力对点之矩的性质

1）力对点之矩不仅与力的大小有关，而且与矩心的位置有关，同一个力，因矩心的位置不同，其力矩的大小和正负都可能不同。

2）力对点之矩不因力的作用点沿其作用线的移动而改变，因为此时力的大小、力臂的长短和绕矩心的转向都未改变。

3）力对点之矩在下列情况下等于零：力等于零或者力的作用线通过矩心，即力臂等于零。

3. 合力矩定理

在计算力系的合力对某点 O 之矩时，常用到所谓的合力矩定理：平面汇交力系的合力 $\boldsymbol{F}_{\mathrm{R}}$ 对某点 O 之矩等于各分力（$\boldsymbol{F}_1$、$\boldsymbol{F}_2$、…、$\boldsymbol{F}_n$）对同一点之矩的代数和。即

$$M_O(\boldsymbol{F}_{\mathrm{R}})=M_O(\boldsymbol{F}_1)+M_O(\boldsymbol{F}_2)+\cdots+M_O(\boldsymbol{F}_n)=\sum M_O(\boldsymbol{F}_i)$$

$$M_O(\boldsymbol{F}_{\mathrm{R}})=\sum_{i=1}^{n} M_O(\boldsymbol{F}_i) \tag{2-9}$$

式（2-9）即为合力矩定理：力系合力对所在平面内任意点的矩等于力系中各力对同一点之矩的代数和。

合力矩定理建立了合力对点之矩与分力对同一点之矩的关系。该定理也可运用于有合力的其他力系。

由此可知，求平面力对某点之矩，一般采用以下两种方法：

1）用力和力臂的乘积求力矩。这种方法的关键是确定力臂 d。需要注意的是，力臂 d 是矩心到力作用线的垂直距离，即力臂一定要垂直于力的作用线。

2）用合力矩定理求力矩。工程实际中，当力臂 d 的几何关系较复杂，不易确定时，可将作用力正交分解为两个分力，然后应用合力矩定理求原力对矩心的力矩。

例 2-2　$F=150\text{N}$ 的力按图 2-9 所示三种情况作用在扳手的一端，试分别求三种情况下力 $\boldsymbol{F}$ 对 O 点之矩。

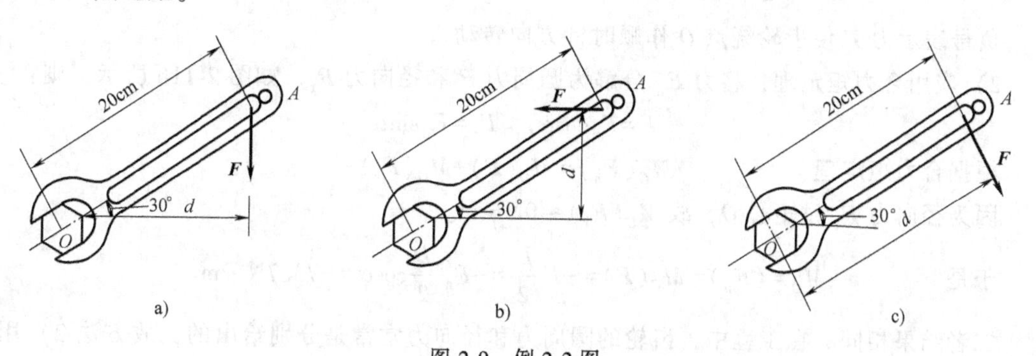

图 2-9　例 2-2 图

解：由（2-8）式分别计算三种情况下力 $\boldsymbol{F}$ 对 O 点之矩如下：

a）$M_O(\boldsymbol{F})=-Fd=-150\times0.20\text{N}\cdot\text{m}\times\cos30°=-25.98\text{N}\cdot\text{m}$

b）$M_O(\boldsymbol{F})=Fd=150\times0.20\text{N}\cdot\text{m}\times\sin30°=15\text{N}\cdot\text{m}$

c）$M_O(\boldsymbol{F})=-Fd=-150\times0.20\text{N}\cdot\text{m}=-30\text{N}\cdot\text{m}$

比较上述三种情况，同样大小的力，同一个作用点，力臂长者力矩大，显然，情况 c）的力矩最大，力 $\boldsymbol{F}$ 使扳手转动的效应也最大。

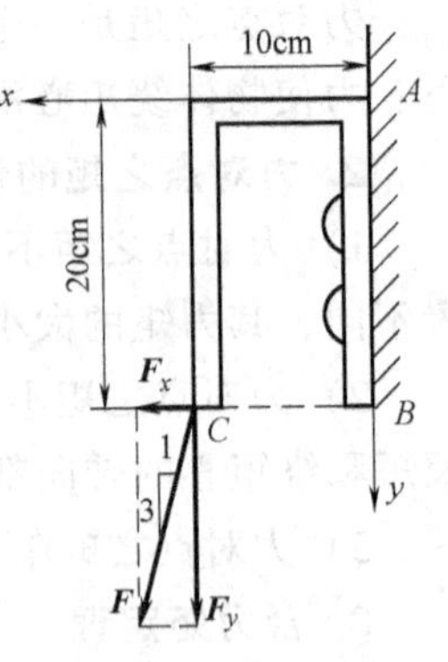

图 2-10 例 2-3 图

例 2-3 力 $\boldsymbol{F}$ 作用于托架上点 C，试求出这个力对点 A 的矩。已知 $F=50\text{N}$，方向如图 2-10 所示。

解：本题若直接根据力矩的定义式求力 $\boldsymbol{F}$ 对 A 点之矩，显然其力臂的计算很麻烦。但利用合力矩定理求解却十分便捷。

建坐标系 Axy，力 $\boldsymbol{F}$ 作用点 C 的坐标是 $x=10\text{cm}=0.1\text{m}$，$y=20\text{cm}=0.2\text{m}$。力 F 在坐标轴上的分力为：

$$F_x=50\times\frac{1}{\sqrt{1^2+3^2}}\text{N}=5\sqrt{10}\text{N}\quad F_y=50\times\frac{3}{\sqrt{1^2+3^2}}\text{N}=15\sqrt{10}\text{N}$$

由合力矩定理求得：

$$M_A(\boldsymbol{F})=M_A(\boldsymbol{F}_x)+M_A(\boldsymbol{F}_y)=0.1\times15\sqrt{10}\text{N}\cdot\text{m}-0.2\times5\sqrt{10}\text{N}\cdot\text{m}\approx1.58\text{N}\cdot\text{m}$$

例 2-4 如图 2-11a 所示，一齿轮受到与它相啮合的另一齿轮的作用力 $F_n=980\text{N}$，压力角为 20°，节圆直径 $D=0.16\text{m}$，试求力 $\boldsymbol{F}_n$ 对齿轮轴心 O 之矩。

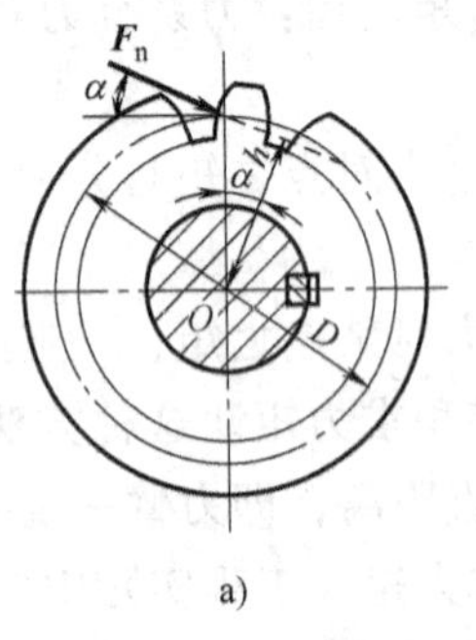

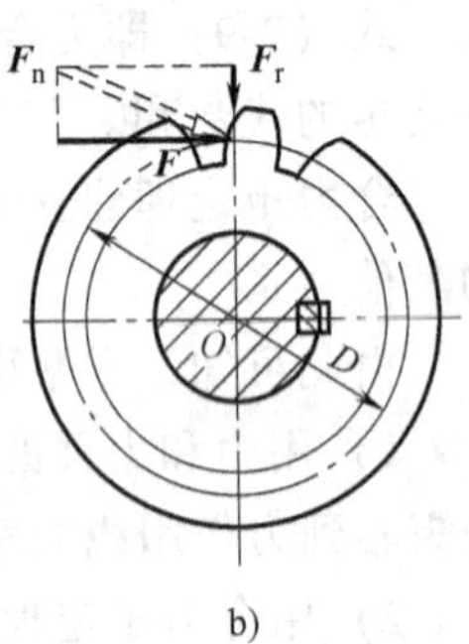

图 2-11 例 2-4 图

解：1）应用力矩的计算公式首先求得力臂，设力臂用 h 表示，则：

$$h=\frac{D}{2}\cos\alpha$$

由式（2-9）得力 $\boldsymbol{F}$ 对点 O 之矩：

$$M_O(\boldsymbol{F}_n)=-F_nh=-F_n\frac{D}{2}\cos\alpha=-73.7\text{N}\cdot\text{m}$$

负号表示力 $\boldsymbol{F}$ 使齿轮绕点 O 作顺时针方向转动。

2）应用合力矩定理，将力 $\boldsymbol{F}_n$ 分解为圆周力 $\boldsymbol{F}$ 和径向力 $\boldsymbol{F}_r$，如图 2-11b 所示，则：

$$F=F_n\cos\alpha,\quad F_r=F_n\sin\alpha$$

根据合力矩定理 $M_O(\boldsymbol{F}_n)=M_O(\boldsymbol{F})+M_O(\boldsymbol{F}_r)$

因为径向力 $\boldsymbol{F}_r$ 过矩心 O，故 $M_O(\boldsymbol{F}_r)\approx0\text{N}\cdot\text{m}$。

于是 $$M_O=(\boldsymbol{F}_n)=M_O(\boldsymbol{F})=-F\frac{D}{2}=-F_n\frac{D}{2}\cos\alpha=-73.7\text{N}\cdot\text{m}$$

二者结果相同，在工程中，齿轮的圆周力和径向力常常是分别给出的，故方法 2）用得较为普遍。另外，在计算力矩时，若力臂的大小不易求得时，也常用合力矩定理。

2.2.2　平面力偶系

1. 力偶

（1）力偶的概念　在实际生活和生产实践中，人们用两手转动方向盘驾驶汽车（图 2-12a）；钳工用两只手转动丝锥柄在工件上攻螺纹（图 2-12b）。显然，这是在方向盘等物体上，作用了一对等值反向的平行力，它们将使物体产生转动效应。这种由大小相等、方向相反（非共线）的平行力组成的力系，称为力偶，记作（$\boldsymbol{F}$，$\boldsymbol{F'}$），如图 2-12 所示。力偶中两力之间的垂直距离称为力偶臂，一般用 d 或 h 表示，力偶所在的平面称为力偶的作用面。可见，力偶是一对特殊的力，力偶对物体作用仅产生转动效应。

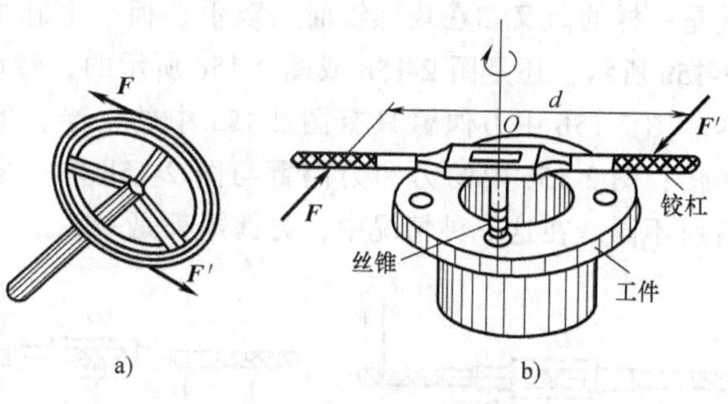

图 2-12　力偶的实例

力偶不能合成为一个力，也不能用一个力来等效替换，显然力偶也不能用一个力来平衡，而且力偶与力对物体产生的作用效果也不同。因此，力和力偶是力学中的两个基本量。

（2）力偶的度量——力偶矩　力偶对物体的转动效应随着力 $\boldsymbol{F}$ 的大小或力偶臂 d 的长短而变化。因此，可以用二者的乘积并加以适当的正负号所得的物理量来度量。将乘积 $\pm Fd$ 称为力偶矩，记作 $M(\boldsymbol{F},\boldsymbol{F'})$ 或 M，即

$$M(\boldsymbol{F},\boldsymbol{F'}) = M = \pm Fd \tag{2-10}$$

力偶矩的正负号规定与力矩相同（图 2-13）。力偶矩的单位与力矩所用的单位一样。

（3）力偶的性质　综上所述，可以得出如下性质：

1）任一力偶可以在它的作用面内任意移动，而不改变它对刚体作用的外效应。或者说力偶对刚体的作用与力偶在其作用面内的位置无关。

2）只要保持力偶矩的大小和力偶的转向不变，可以同时改变力偶中力的大小和力偶臂的长短，而不改变力偶对刚体的作用。

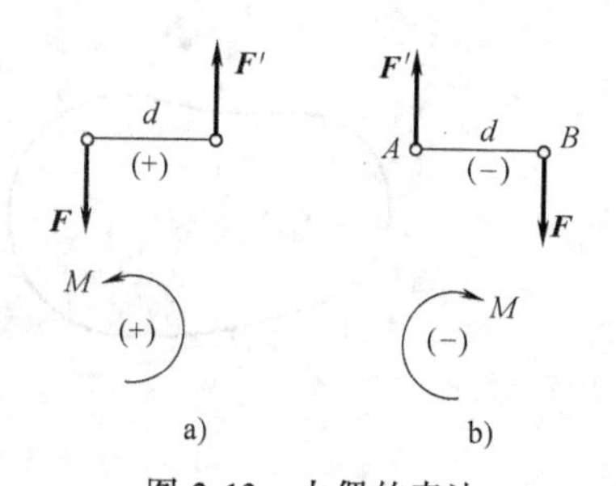

图 2-13　力偶的表达

3）力偶在任何轴上的投影恒等于零。

由此可见，力偶臂和力的大小都不是力偶的特征量，只有力偶矩才是力偶作用的唯一量度，常用图 2-13 所示的带箭头的弧线来表示力偶及其转向，M 为力偶矩。

2. 平面力偶系

（1）平面力偶系的概念　设在刚体某平面上作用有多个力偶，则该力系称为平面力偶系。图 2-16a 所示的平面上作用有两个力偶 M_1 和 M_2，则视为由两个同平面力偶组成的平面力偶系。

（2）平面力偶系的等效　力偶的等效定理：在同平面内的两个力偶，如果力偶矩的大

小相等，转向相同，则两个力偶等效。

这一定理的正确性是我们在实践中所熟悉的。例如，在汽车转弯时，司机用双手转动方向盘（图 2-14），不管两手用力是 $\boldsymbol{F}_1$、$\boldsymbol{F}'_1$或是 $\boldsymbol{F}_2$、$\boldsymbol{F}'_2$，只要力的大小不变，力偶矩就相同（因已知力偶臂不变），转动方向盘的效果就是一样的。又如在攻螺纹时，双手在扳手上施加的力无论是如图 2-15a 所示，还是图 2-15b 或图 2-15c 所示的，转动扳手的效果都一样。图 2-15b 中力偶臂只有图 2-15a 中的一半，但力的大小增大为两倍；图 2-15c 中的力和力偶臂与图 2-15b 中一样，只是力的位置有所不同。在这三种情况中，力偶矩都是$-Fd$。

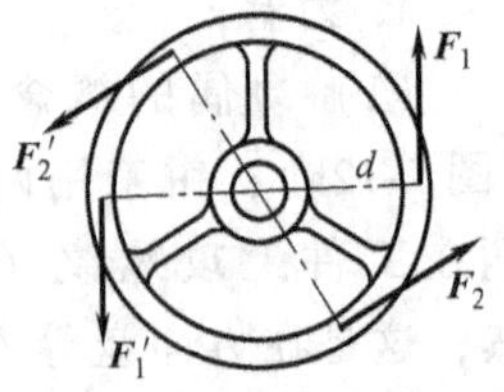

图 2-14　方向盘

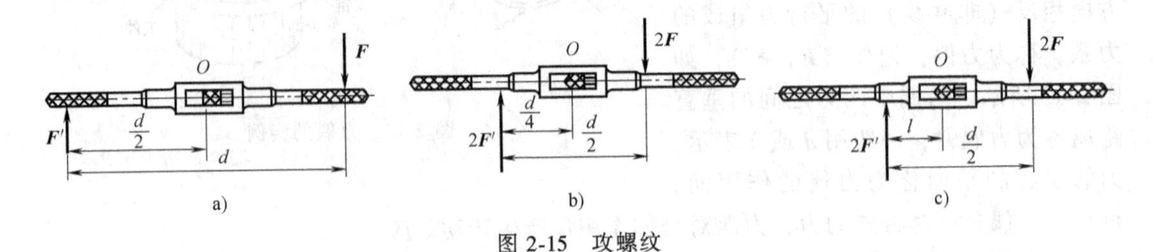

图 2-15　攻螺纹

3. 平面力偶系的合成和平衡条件

（1）平面力偶系的合成　设在刚体某平面上有平面力偶系，如图 2-16a 所示，已知平面上有两个力偶 M_1 和 M_2 作用，现求其合成的结果。

在平面上任取一线段 $AB=d$ 当作公共力偶臂，并把每一个力偶化为一组作用在 A、B 两点的反向平行力，如图 2-16b 所示。根据力偶的等效条件，有：

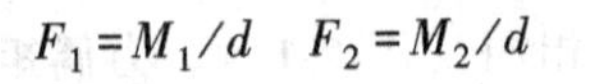

$$F_1=M_1/d \quad F_2=M_2/d$$

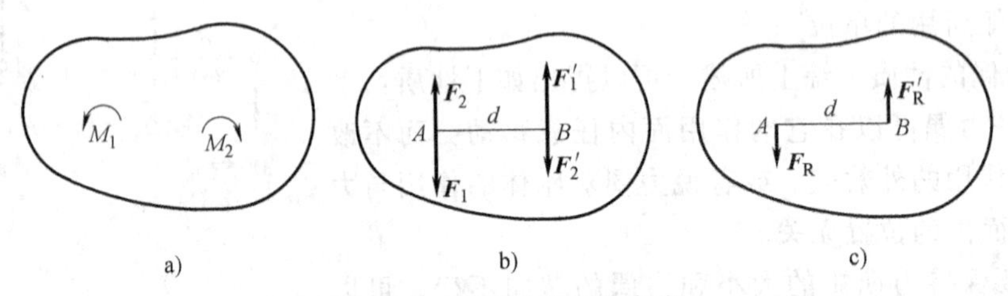

图 2-16　平面力偶系的合成

于是，A、B 两点各得一组共线力系，如设 $F_1>F_2$，则得其合力各为 $\boldsymbol{F}_{\mathrm{R}}$ 和 $\boldsymbol{F}'_{\mathrm{R}}$，如图 2-16c 所示，且有

$$\boldsymbol{F}_{\mathrm{R}}=\boldsymbol{F}_1+\boldsymbol{F}_2$$

$$M=\boldsymbol{F}_{\mathrm{R}}d=(\boldsymbol{F}_1+\boldsymbol{F}_2)d=M_1+M_2$$

若在刚体上有若干力偶作用，采用上述方法叠加，可得合力偶矩为：

$$M=M_1+M_2+\cdots+M_n=\sum M \tag{2-11}$$

平面力偶系可合成为一合力偶，合力偶矩为各分力偶矩的代数和。

（2）平面力偶系的平衡条件　如图 2-16a 所示的具有两个力偶的平面力偶系，如果合力偶矩 $M=0$，因 $M=F_{\mathrm{R}}d$ 中，d 不为零，故 F_{R} 应为零，可知原力偶系处于平衡。反过来说，若原力偶系处于平衡，则 F_R 必须为零，否则原力偶系合成一力偶，不能平衡。推广到任意个力偶的平面力偶系，若该力偶系处于平衡时，合力偶的矩等于零。由此可见，平面力偶系平衡的必要和充分条件是，所有各个力偶矩的代数和等于零，即

$$\sum M_i = 0 \tag{2-12}$$

例 2-5　图 2-17a 所示的水平梁 AB，长 $l = 5\text{m}$，受一顺时针方向的力偶作用，其力偶矩的大小 $M = 100\ \text{kN}\cdot\text{m}$。试求支座 A、B 的反力。

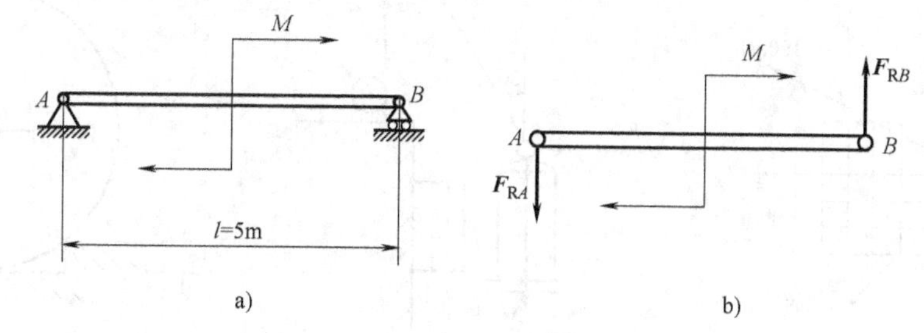

图 2-17　例 2-5 图

解：梁 AB 受有一顺时针方向的主动力偶。在活动铰支座 B 处产生支反力 $\boldsymbol{F}_{RB}$，其作用线沿铅垂方向，A 处为固定铰支座，产生支反力 $\boldsymbol{F}_{RA}$，方向尚不确定。但是，根据力偶只能由力偶来平衡，所以 $\boldsymbol{F}_{RA}$ 和 $\boldsymbol{F}_{RB}$ 必组成一约束反力偶来与主动力偶平衡。因此，$\boldsymbol{F}_{RA}$ 的作用线也沿铅垂方向，它们的指向假设如图 2-17b 所示，列平衡方程求解

$$\sum M_i = 0 \quad 5F_{RB} - M = 0$$

$$F_{RB} = M/5 = 20\text{kN}$$

因此，$F_{RA} = F_{RB} = 20\text{kN}$，指向与实际相符。

本 章 小 结

在上一章对物体进行受力分析，准确地画出受力图的基础上，本章研究了两个简单特殊力系——平面汇交力系和平面力偶系的简化与平衡问题，它们是研究复杂力系的基础。

主要内容有：平面汇交力系的简化、力的投影、平衡方程、力矩、力偶的概念、力偶的性质等。重点是利用两个简单力系的平衡方程对作用在物体上的未知外力（力偶）进行计算。

思 考 题

1. 什么是力在坐标轴上的投影？它是矢量还是标量？

2. 平面汇交力系的平衡方程是 $\sum F_x = 0$ 和 $\sum F_y = 0$，其中 $\sum F_x = 0$ 的含义是什么？

3. 什么是力矩？为什么要引出力矩的概念？力矩的符号怎样记？$M_A(\boldsymbol{F})$ 和 $M_B(\boldsymbol{F})$ 的含义有何不同？

4. 什么是合力矩定理？有何用处？

5. 什么是力偶？它对物体作用能产生什么效应？

6. 什么是力偶矩？怎样计算？单位是什么？

习 题

2-1　试求图 2-18 中各力在直角坐标轴上的投影。

2-2 图 2-19 所示化工厂起吊反应器时，为了不致破坏栏杆，施加水平拉力 $\boldsymbol{F}$，使反应器与栏杆相离开。已知此时牵引绳与铅垂线的夹角为 30°，反应器重量 G 为 30kN。试求水平拉力 $\boldsymbol{F}$ 的大小和绳子的拉力 $\boldsymbol{F}_T$。

2-3 图 2-20 所示压路机碾子重 $G=20\text{kN}$，半径 $r=60\text{cm}$。求碾子刚能越过高 $h=8\text{cm}$ 的石块所需水平力 F 的最小值。

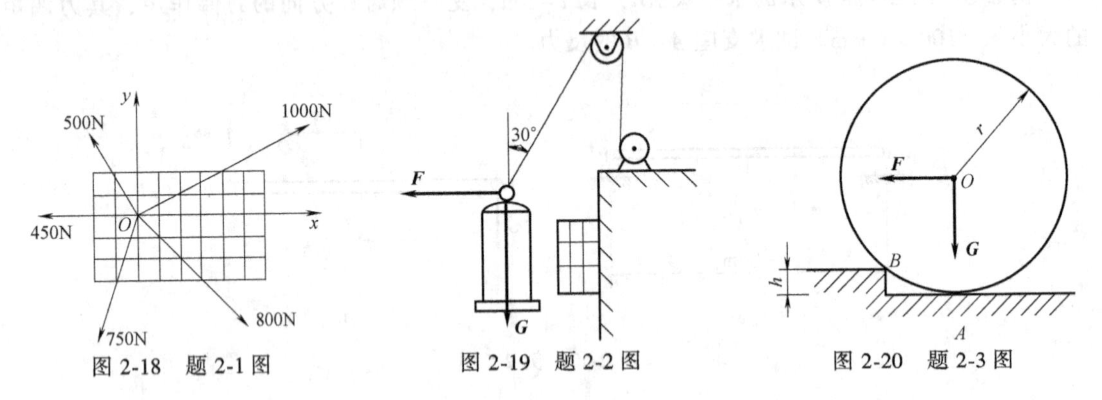

图 2-18 题 2-1 图　　图 2-19 题 2-2 图　　图 2-20 题 2-3 图

2-4 如图 2-21 所示，绳索 AB 悬挂一动滑轮 O，滑轮 O 吊一重量未知的重物 M，C 端挂一重物 $G=80\text{N}$。当平衡时，试求重物 M 的重量。

2-5 如图 2-22 所示，重为 G 的球体放在倾角为 30°的光滑斜面上，并用绳 AB 系住，AB 与斜面平行，试求绳 AB 的拉力 $\boldsymbol{F}$ 及球体对斜面的压力 $\boldsymbol{F}_N$。

*2-6 如图 2-23 所示，起重机架可借绕过滑轮 B 的绳索将重 $G=20\text{kN}$ 的物体吊起，滑轮用不计自重的杆 AB 和 BC 支承。不计滑轮的尺寸及其中的摩擦，当物体处于平衡状态时，试求拉杆 AB 和撑杆 BC 所受的力。

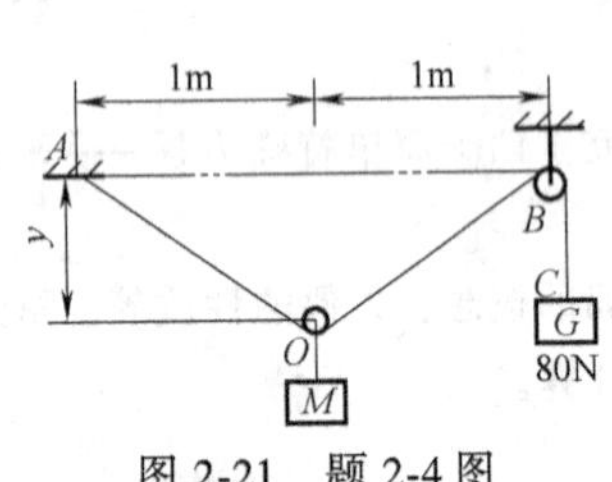

图 2-21 题 2-4 图

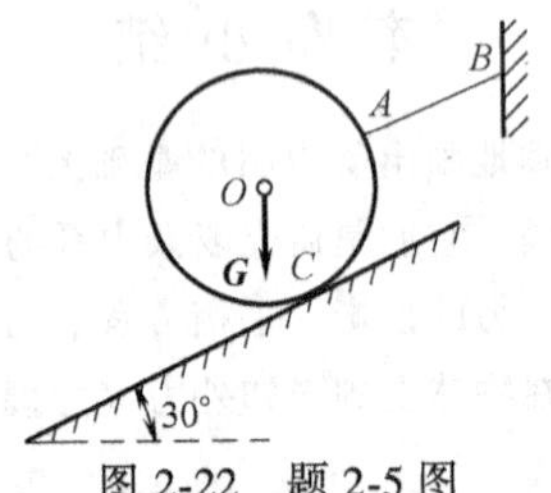

图 2-22 题 2-5 图

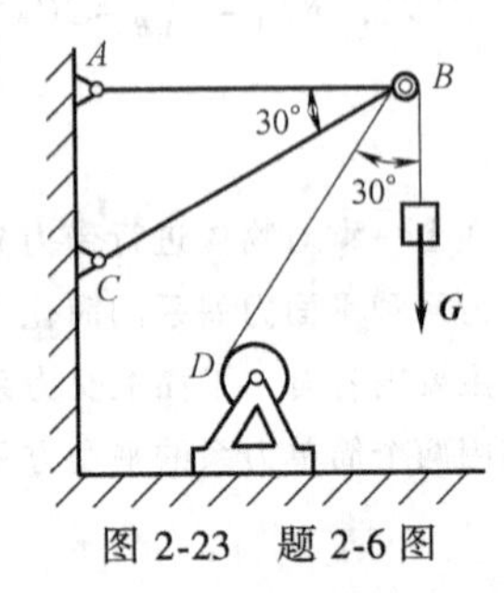

图 2-23 题 2-6 图

2-7 图 2-24 所示每条绳索所能承受的最大拉力为 80N。求块体保持图中所示的位置时块体最大的重量 G 和保持平衡时的角度 θ。

*2-8 图 2-25 所示混凝土弯管的重量为 2000N，弯管的重心在 G 点。求为了支承弯管，绳索 BC 和 BD 的拉力。

*2-9 图 2-26 所示为了支承质量为 12kg 的交通信号灯，求绳索 AB 和 AC 的拉力。

2-10 图 2-27 所示结构由一条 1.2m 长的绳索和重量为 50N 的块体 D 组成。绳索通过两个小滑轮固定，在 A 点的销钉上。当 $s=0.45\text{m}$ 时，系统处于平衡状态，求悬空块体 B 的重量。

2-11 图 2-28 所示为一拔桩装置。在木桩的点 A 上系一绳，将绳的另一端固定在点 C，在绳的点 B 系另一绳 BE，将它的另一端固定在点

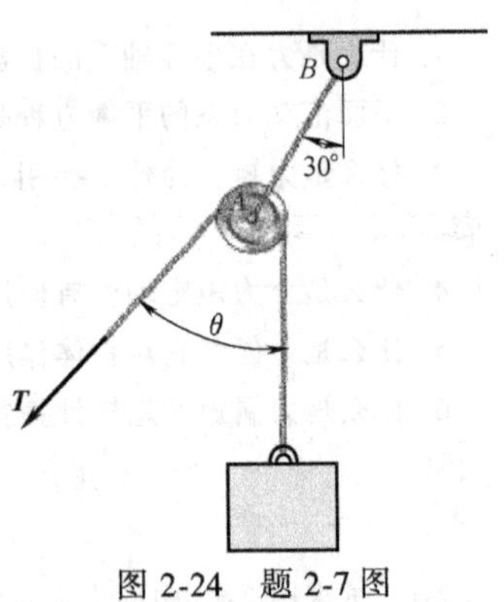

图 2-24 题 2-7 图

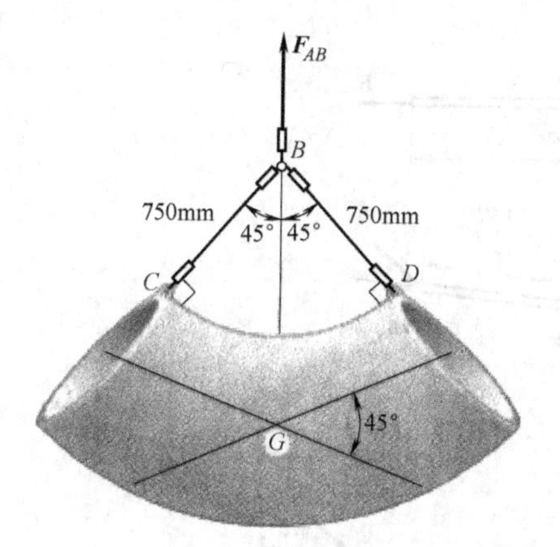

图 2-25　题 2-8 图

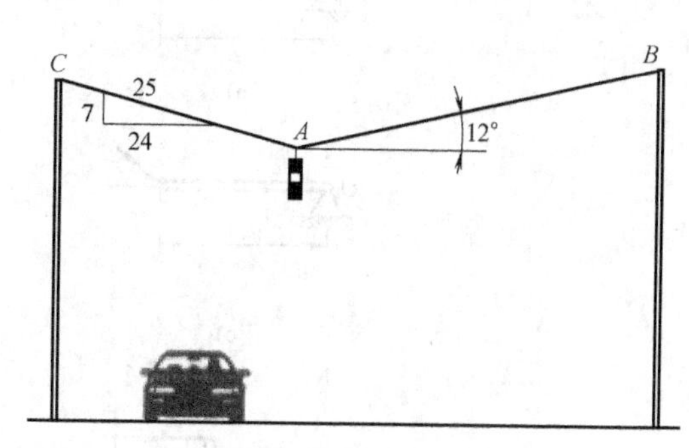

图 2-26　题 2-9 图

E。然后在绳的点 D 用力向下拉，并使绳的 BD 段水平，AB 段铅直；DE 段与水平线，CB 段与铅直线间成等角 $\alpha=0.1\text{rad}$（当 α 很小时，$\tan\alpha\approx\alpha$）。向下拉力 $F=800\text{N}$，求绳 AB 作用于桩上的拉力。

2-12　图 2-29 所示升降吊索用来提升重量为 5000N 的集装箱，集装箱的重心在 G 点。如果每根绳索最大允许拉力为 5kN，求每根绳索 AB 和 AC 的拉力，以及用来吊升的绳索 AB 和 AC 的最短长度。

2-13　图 2-30 所示压榨机 ABC，在铰 A 处作用水平力 $\boldsymbol{F}$，在点 B 为固定铰，由于水平力 $\boldsymbol{F}$ 的作用使 C 块与墙壁光滑接触，压榨机尺寸如图所示，试求物体 D 所受的压力。

2-14　试求图 2-31 所示各力对 O 点之矩。

2-15　如图 2-32 所示，用手拔钉子拔不出来。为什么用钉锤就能较省力地拔出来呢？如果在柄上加力为 50N，问拔钉子的力有多大？

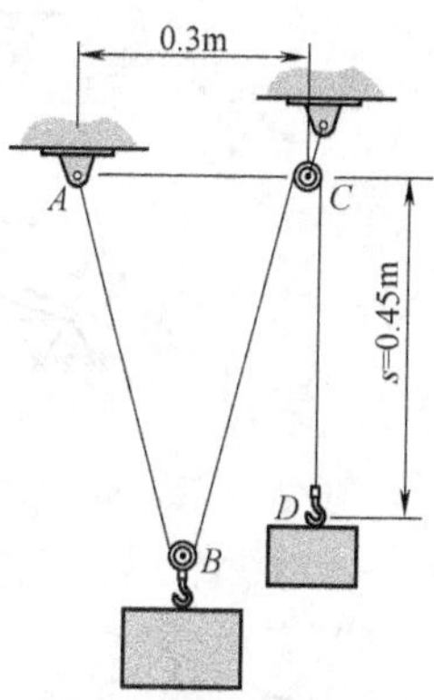

图 2-27　题 2-10 图

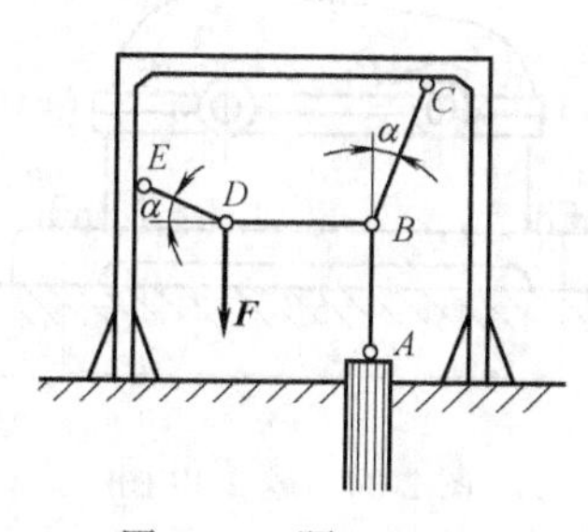

图 2-28　题 2-11 图

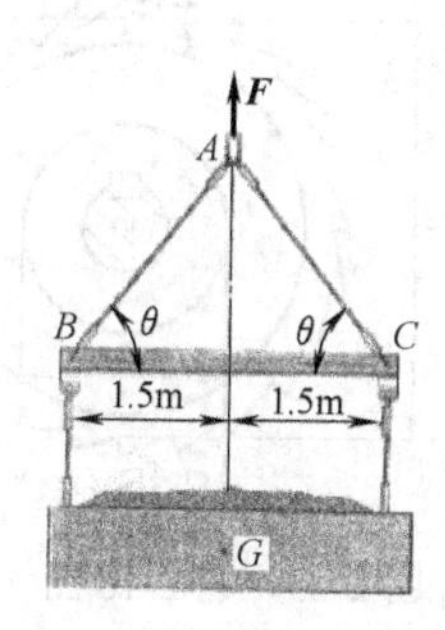

图 2-29　题 2-12 图

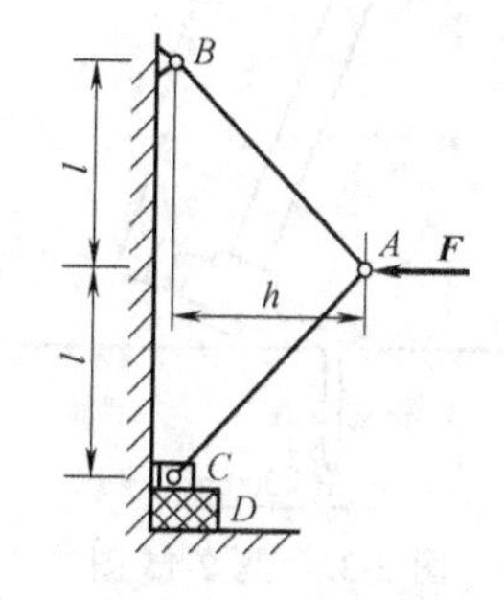

图 2-30　题 2-13 图

*2-16　图 2-33 所示起重机中的棘轮机构用于防止齿轮倒转，鼓轮直径 $d_1=32\text{cm}$，棘轮节圆直径 $d=50\text{cm}$。棘爪位置的两个尺寸 $a=6\text{cm}$，$h=3\text{cm}$，起吊重物 $G=5\text{kN}$，不计棘爪自重及摩擦，试求棘爪尖端所受的压力。

2-17　图 2-34 所示平行轴减速箱，受的力可视为都在图示平面内，减速箱的输入轴 Ⅰ 上作用一力偶，其矩为 $M_1=500\text{N}\cdot\text{m}$；输出轴上 Ⅱ 作用一反力偶，其矩为 $M_2=2\text{kN}\cdot\text{m}$，设 AB 间距离 $l=1\text{m}$，不计减速箱重量。试求螺栓 A、B 及支承面所受的力。

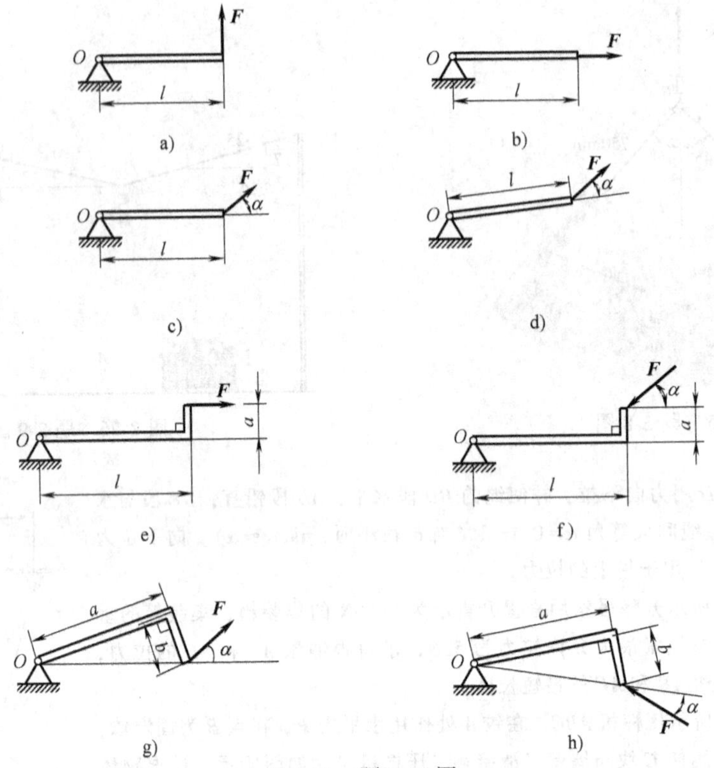

图 2-31　题 2-14 图

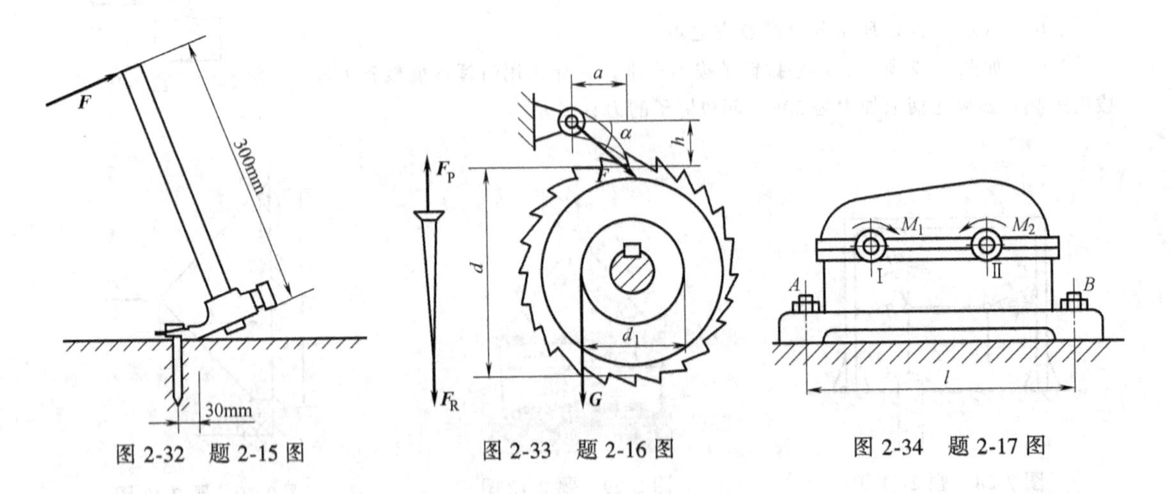

图 2-32　题 2-15 图　　图 2-33　题 2-16 图　　图 2-34　题 2-17 图

第3章 平面任意力系

平面任意力系是指各力的作用线在同一平面内且任意分布的力系。例如图 3-1 所示的曲柄连杆机构，受有压力 $\boldsymbol{F}_{\mathrm{P}}$、力偶 M 以及约束反力 $\boldsymbol{F}_{Ax}$、$\boldsymbol{F}_{Ay}$ 和 $\boldsymbol{F}_{\mathrm{N}}$ 的作用，这些力构成了平面任意力系。又如图 3-2 所示的起重机，也受到同一平面内任意力系的作用。有些物体所受的力并不在同一平面内，但只要所受的力对称于某一平面，这种情况，可以把这些力简化到对称面内，并作为对称面内的平面任意力系来处理。例如图 3-3 中沿直线行驶的汽车，它所受到的重力 $\boldsymbol{W}$、空气阻力 $\boldsymbol{F}$ 和地面对前后轮的约束反力的合力 $\boldsymbol{F}_{\mathrm{R}A}$、$\boldsymbol{F}_{\mathrm{R}B}$ 都可简化到汽车纵向对称平面内，组成一平面任意力系。由于平面任意力系（又称为平面一般力系）在工程中最为常见，而分析和解决平面任意力系问题的方法又具有普遍性，故在工程计算中占有极重要的地位。

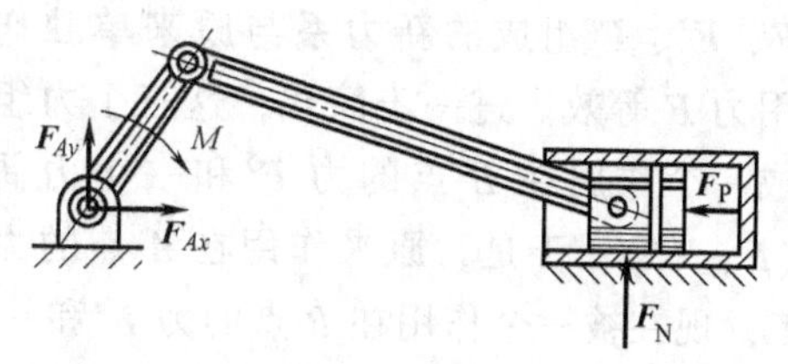

图 3-1　曲柄连杆机构

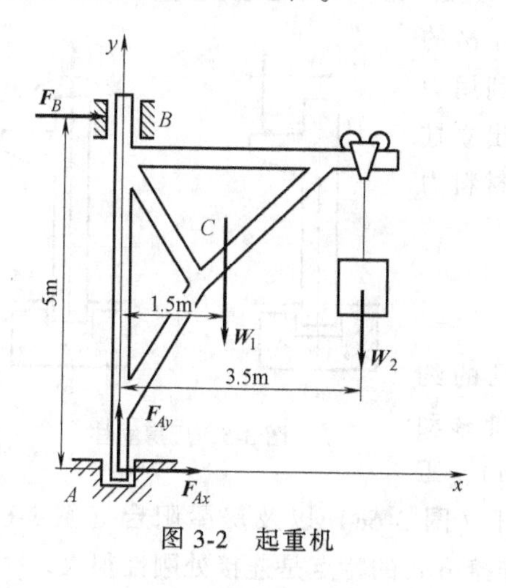

图 3-2　起重机

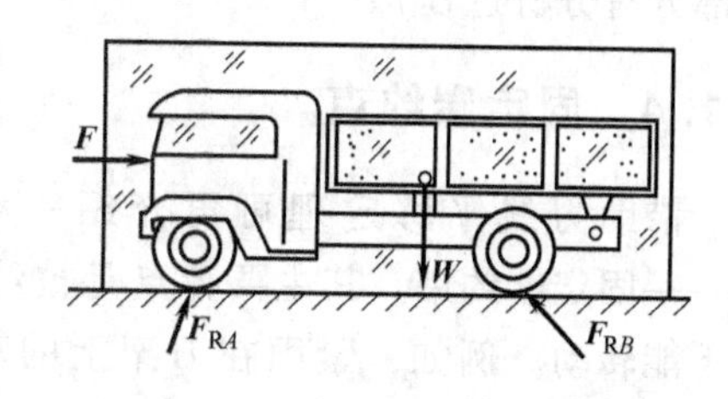

图 3-3　沿直线行驶的汽车

3.1　力线平移定理

在分析或求解力学问题时，有时希望将作用于物体上某些力，从其原位置平行移到另一新位置，获得一些特殊的效果，仅仅依靠力的可传性是不够的，为此需研究力线平移规律。

3.1.1 力线平移规律

可以把原作用在刚体上点 A 的力 $\boldsymbol{F}$ 平行移到体内任一新的点 B，但必须同时附加一个力偶，这个附加力偶的力偶矩等于原来的力 $\boldsymbol{F}$ 对新点 B 的矩，这个规律称为力线平移定理。

3.1.2 定理的证明

图 3-4a 中力 $\boldsymbol{F}$ 作用于刚体上 A 点。在刚体上任取一点 B，并在 B 点加上两个等值、反向的力 $\boldsymbol{F}'$ 和 $\boldsymbol{F}''$，使它们与力 $\boldsymbol{F}$ 平行，且有 $\boldsymbol{F}'=-\boldsymbol{F}''=\boldsymbol{F}$，如图 3-4b 所示。显然，按照加减平衡力系原理，三个力 $\boldsymbol{F}$、$\boldsymbol{F}'$、$\boldsymbol{F}''$组成的新力系与原来单独作用力 $\boldsymbol{F}$ 等效。进一步简化，这三个力组成一个作用在 B 点的力 $\boldsymbol{F}'$ 和一个力偶（$\boldsymbol{F}$，$\boldsymbol{F}''$）。于是，原来作用在 A 点的力 $\boldsymbol{F}$，现在被一个作用在 B 点的力 $\boldsymbol{F}'$和一个力偶（$\boldsymbol{F}$，$\boldsymbol{F}''$）等效替换。也就是说，可以把作用于点 A 的力 $\boldsymbol{F}$ 平移到 B 点，但必须同时附加一个相应的力偶，这个力偶称为附加力偶，如图 3-4c 所示。显然，附加力偶的力偶矩为

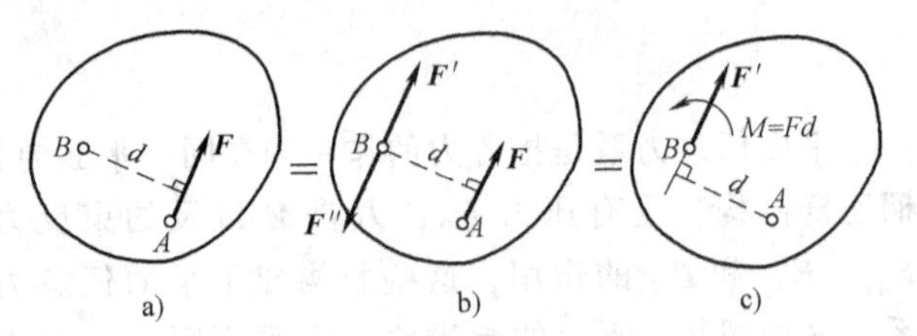

图 3-4 力线平移定理

$$M=Fd$$

3.1.3 定理的意义

力线平移定理是力系向一点简化的理论依据，而且还可以分析和解决许多工程实际问题。例如图 3-5 所示的厂房立柱，受到行车传来的力 $\boldsymbol{F}$ 的作用。可以看出，力 $\boldsymbol{F}$ 的作用线偏离于立柱轴线，利用力线平移定理将力 $\boldsymbol{F}$ 平移到中心线 O 处，很容易分析出立柱在偏心力 $\boldsymbol{F}$ 的作用下要产生拉伸和弯曲两种变形（材料力学部分有分析过程）。

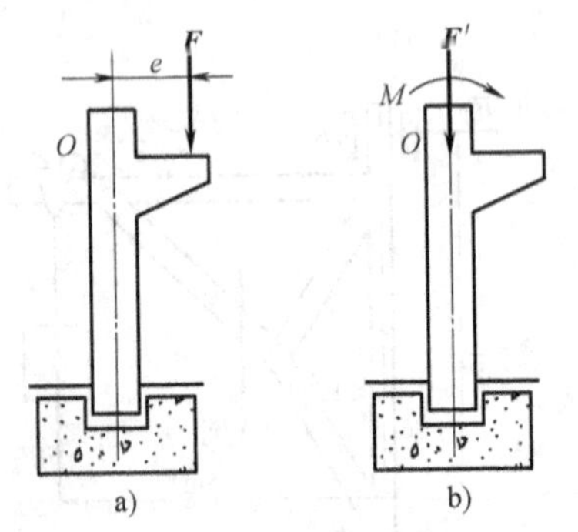

图 3-5 厂房立柱

3.1.4 固定端约束

借助力线平移定理可再介绍一种工程中常见的约束——固定端约束。其主要特点是被约束对象既不能移动也不能转动。例如，紧固在刀架上的车刀（图 3-6a），工件被夹持在卡盘上（图 3-6b）和埋入地面的电线杆（图 3-6c）以及房屋阳台（图 3-6d）等，都受到这种约束。称为固定端约束。这类物体连接方式的特点是连接处刚性很大。

现以图 3-7 为例，说明固定端约束反力所共有的特点。

固定端既限制物体向任何方向移动，又限制绕任何轴转动。例如图 3-7a 中 AB 杆的 A 端在墙内固定牢靠，在任意已知力或力偶的作用下，A 端受到墙的杂乱分布的约束反力系组成平面任意力系作用（图 3-7b）。应用平面力系简化理论，将这一分布约束反力系向固定端 A 点简化得到一个力 $\boldsymbol{F}_{RA}$ 和一个力偶 M_A。一般情况下，这个力的大小和方向均为未知量，可

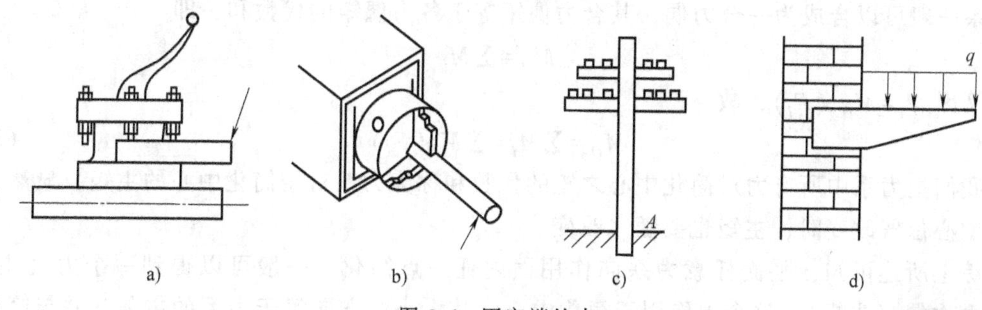

图 3-6　固定端约束

用两个正交的分力来代替。于是，在平面力系情况下，固定端 A 处的约束反力作用可简化为两个约束反力 $\boldsymbol{F}_{Ax}$、$\boldsymbol{F}_{Ay}$ 和一个力偶矩为 M_A 的约束反力偶，如图 3-7c 所示。

固定端约束

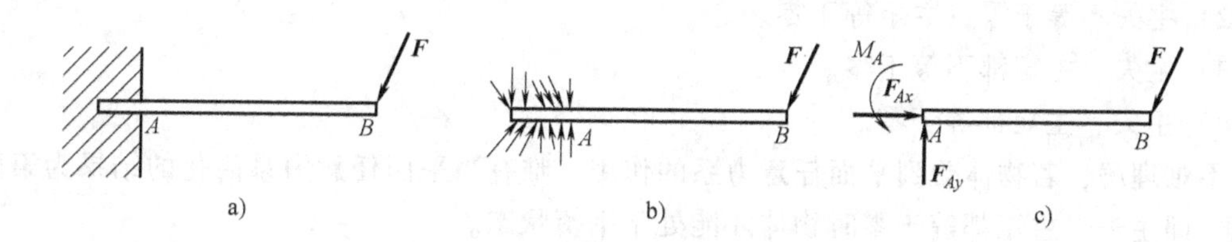

图 3-7　固定端约束反力

3.2　平面任意力系的简化与平衡

3.2.1　平面任意力系向平面内一点的简化

现在应用力线平移的理论来讨论平面任意力系的简化问题。

设刚体上作用有 n 个力 $\boldsymbol{F}_1$、$\boldsymbol{F}_2$……$\boldsymbol{F}_n$ 组成的平面任意力系，如图 3-8a 所示。在力系所在平面内任取点 O 作为简化中心，由力线平移定理将力系中各力向 O 点平移，如图 3-8b 所示，得到作用于简化中心 O 点的平面汇交力系 $\boldsymbol{F}'_1$、$\boldsymbol{F}'_2$……$\boldsymbol{F}'_n$和附加平面力偶系，其矩分别为 M_1、M_2……M_n。

由平面汇交力系理论可知，作用于简化中心 O 的平面汇交力系可合成为一个力 $\boldsymbol{F}'_{\mathrm{R}}$，其作用线过 O 点，合矢量

$$\boldsymbol{F}'_{\mathrm{R}} = \sum \boldsymbol{F}'_i$$

又因 $\boldsymbol{F}_i = \boldsymbol{F}'_i$，故

$$\boldsymbol{F}'_{\mathrm{R}} = \sum \boldsymbol{F}_i \tag{3-1}$$

我们把原力系的矢量和称为主矢，显然，它与简化中心的位置无关。

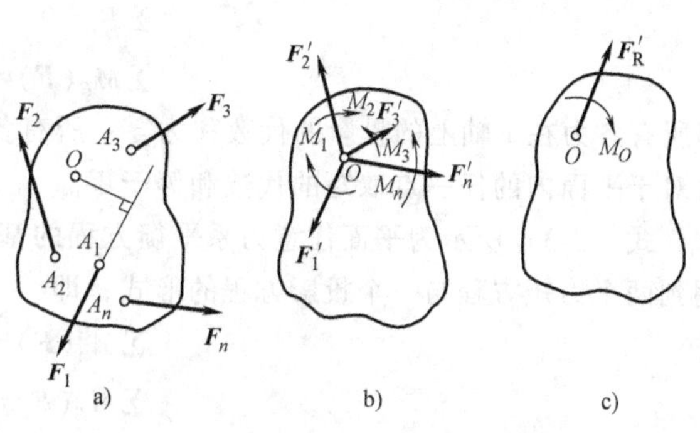

图 3-8　平面任意力系的简化

由平面力偶系理论可知，附加平面

力偶系一般可以合成为一合力偶，其合力偶矩等于各力偶矩的代数和，即

$$M_O=\sum M_i$$

又因 $M_i=M_O(\boldsymbol{F}_i)$，故

$$M_O=\sum M_i=\sum M_O(\boldsymbol{F}_i) \tag{3-2}$$

我们把力系中所有力对简化中心之矩的代数和称为力系对于简化中心的主矩。显然，当简化中心位置改变时，主矩也要随之改变。

综上所述可知，平面任意力系向作用面内任一点简化，一般可以得到一个力（主矢）和一个力偶（主矩）。这个力作用于简化中心，其大小、方向等于力系的主矢，并与简化中心的位置无关；这个力偶的力偶矩等于原力系对简化中心的主矩，其大小、转向与简化中心的位置有关，如图 3-8c 所示。

平面任意力系简化的最终结果，有四种可能：

1）主矢等于零；主矩不等于零。

2）主矢不等于零；主矩等于零。

3）主矢、主矩都不等于零。

4）主矢、主矩都等于零。

不难理解，若物体受到平面任意力系的作用，唯有当平面任意力系简化的结果为第四种情况，即主矢、主矩都等于零时物体才能处于平衡状态。

3.2.2 平面任意力系的平衡条件和平衡方程

1. 平面任意力系的平衡条件

由以上的讨论知，当平面任意力系简化的结果主矢、主矩都等于零时，物体才能处于平衡状态。于是得出平面任意力系的平衡条件，具体就是 $\boldsymbol{F}_R=0$ 且 $M_O=0$。当同时满足这两个要求时，平面任意力系不可能合成一个合力，又不能合成一个力偶，既不允许物体移动，又不允许物体转动，必定处于平衡。

2. 平面任意力系的平衡方程

由式（2-7）可知，欲使 $\boldsymbol{F}_R=0$，必须 $\sum F_x=0$ 及 $\sum F_y=0$，又由式（2-12）得知，欲使 $M_O=0$，必有 $\sum M_O(\boldsymbol{F}_i)=0$，因此，满足平面任意力系的平衡条件的方程式为

$$\left.\begin{aligned}\sum F_x&=0\\ \sum F_y&=0\\ \sum M_O(\boldsymbol{F})&=0\end{aligned}\right\} \tag{3-3}$$

即所有各力在 x 轴上的投影的代数和为零；所有各力在 y 轴上的投影的代数和为零；所有各力对于平面内的任一点取矩的代数和等于零。

式（3-3）所示为平面任意力系平衡方程的基本方程。也可以写成其他的形式，如也常用到两个力矩方程与一个投影方程的形式，即

$$\left.\begin{aligned}\sum M_A(\boldsymbol{F})&=0\\ \sum M_B(\boldsymbol{F})&=0\\ \sum F_x&=0\end{aligned}\right\} \tag{3-4}$$

此式又称为二矩式，其中 A、B 两点的连线不得垂直于 x 轴。

以上一矩式、二矩式为两组不同形式的平衡方程，其中每一组都是平面任意力系平衡的必要和充分条件。解题时灵活选用不同形式的平衡方程，有助于简化静力学求解未知量的计算过程。

由式（3-3）或式（3-4）平面任意力系的平衡方程，可以解出平面任意力系中的三个未知量。求解时，一般可按下列步骤进行：

1）选定研究对象，取分离体，作出受力图。

2）建立坐标系。应使坐标轴的方位尽量与较多的力（尤其是未知力）成平行或垂直，以使各力的投影计算简化。在列力矩式时，力矩中心应尽量选在未知力的交点上，以简化力矩的计算。

3）列出平衡方程式，求解未知力。

3.2.3　平面任意力系平衡方程的应用

例 3-1　起重机的水平梁 AB，A 端以铰固定，B 端用拉杆 BC 拉住，如图 3-9a 所示。梁重 $G_1=4\text{kN}$，载荷重 $G_2=10\text{kN}$。梁的尺寸如图所示。试求拉杆的拉力和铰 A 的约束反力。

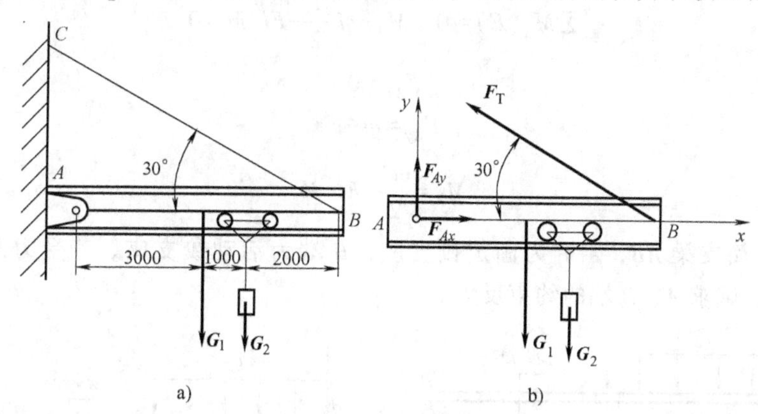

图 3-9　例 3-1 图

解：取梁 AB 为研究对象。梁 AB 除受已知力 $\boldsymbol{G}_1$ 和 $\boldsymbol{G}_2$ 外，还受有未知的拉杆 BC 的拉力 $\boldsymbol{F}_\text{T}$。因 BC 为二力杆，故拉力 $\boldsymbol{F}_\text{T}$ 沿连线 BC。铰 A 处有约束反力，因方向不确定，故分解为两个分力 $\boldsymbol{F}_{Ax}$ 和 $\boldsymbol{F}_{Ay}$。

取坐标轴 Axy，如图 3-9b 所示，应用平衡方程的基本形式，有

$$\sum \boldsymbol{F}_x=0\quad \boldsymbol{F}_{Ax}-\boldsymbol{F}_\text{T}\cos30°=0 \tag{1}$$

$$\sum \boldsymbol{F}_y=0\quad \boldsymbol{F}_{Ay}+\boldsymbol{F}_\text{T}\sin30°-\boldsymbol{G}_1-\boldsymbol{G}_2=0 \tag{2}$$

$$\sum M_A(\boldsymbol{F})=0\quad \boldsymbol{F}_\text{T}\times6\times\sin30°-\boldsymbol{G}_1\times3-\boldsymbol{G}_2\times4=0 \tag{3}$$

由式（3）可得 $\boldsymbol{F}_\text{T}=17.33\text{kN}$，把 $\boldsymbol{F}_\text{T}$ 值代入式（1）及（2），可得 $\boldsymbol{F}_{Ax}=15.01\text{kN}$，$\boldsymbol{F}_{Ay}=5.33\text{kN}$。

例 3-2　梁 AB 一端固定、一端自由，如图 3-10a 所示。梁上作用有均布载荷，载荷集度为 q。在梁的自由端还受有集中力 $\boldsymbol{F}$ 和力偶矩为 M 的力偶作用，梁的长度为 l，试求固定端 A 处的约束反力。

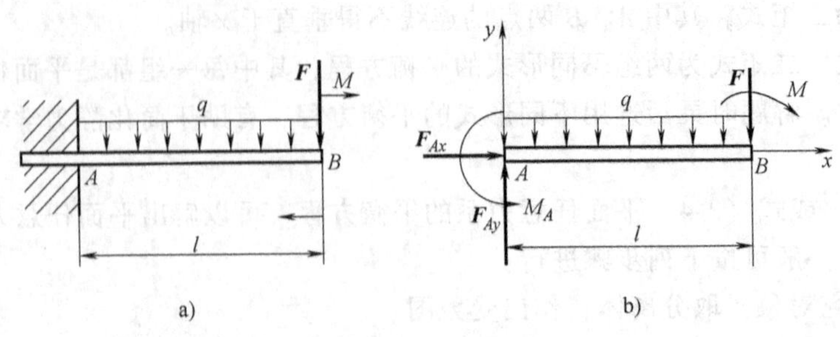

图 3-10 例 3-2 图

解： 1）取梁 AB 为研究对象并画出受力图，如图 3-10b 所示。

2）列平衡方程并求解。注意均布载荷集度是单位长度上受的力，均布载荷简化结果为一合力，其大小等于 q 与均布载荷作用段长度的乘积，合力作用点在均布载荷作用段的中点。

$$\sum F_x = 0 \quad F_{Ax} = 0$$

$$\sum F_y = 0 \quad F_{Ay} - ql - F = 0$$

$$\sum M_A(\boldsymbol{F}) = 0 \quad M_A - ql\frac{l}{2} - Fl - M = 0$$

解得

$$F_{Ax} = 0$$

$$F_{Ay} = ql + F$$

$$M_A = \frac{ql^2}{2} + Fl + M$$

* **例 3-3** 简支梁 AB，A 端为固定铰支座，B 端为活动铰支座。若受力及几何尺寸如图 3-11a 所示，试求 A、B 端的约束反力。

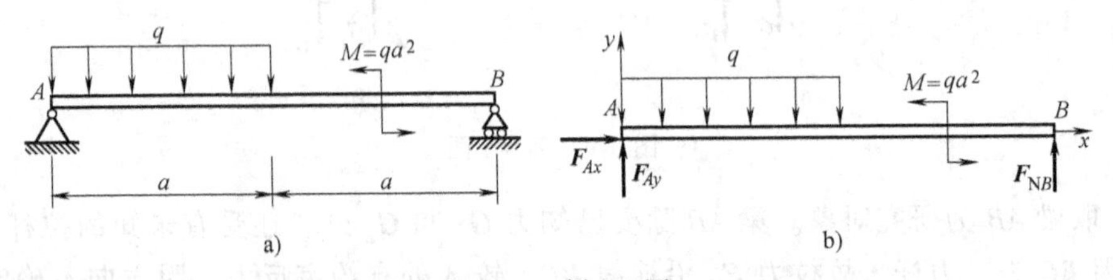

图 3-11 例 3-3 图

解： 1）选梁 AB 为研究对象，作用在它上的主动力有均布荷载 q、力偶矩为 M，约束反力为固定铰支座 A 端的 $\boldsymbol{F}_{Ax}$、$\boldsymbol{F}_{Ay}$ 两个分力、滚动支座 B 端的铅垂向上的法向力 $\boldsymbol{F}_{NB}$（方向先假设），受力图如图 3-11b 所示。

2）建立坐标系，列平衡方程。

$$\sum M_A(\boldsymbol{F}) = 0$$

$$F_{NB} \times 2a + M - \frac{1}{2}qa^2 = 0 \tag{a}$$

$$\sum F_x = 0$$

$$F_{Ax} = 0 \tag{b}$$

$$\sum F_y = 0$$

$$F_{Ay} + F_{NB} - qa = 0 \quad \text{(c)}$$

由式（a）、式（b）和式（c）解得 A、B 端的约束反力为

$$F_{NB} = -\frac{qa}{4}$$（负号说明原假设方向与实际方向相反）

$$F_{Ax} = 0$$

$$F_{Ay} = \frac{5qa}{4}$$

例 3-4　塔式起重机如图 3-12 所示。机架重 $G = 700\text{kN}$，作用线通过塔架的中心。最大起重量 $G_1 = 200\text{kN}$，最大悬臂长为 12m，轨道 AB 的间距为 4m。平衡块重 $\boldsymbol{G}_2$ 到机身中心线距离为 6m。试问：

1）保证起重机在满载和空载时都不致翻倒，求平衡块的重量 $\boldsymbol{G}_2$ 应为多少？

2）当平衡块重 $\boldsymbol{G}_2 = 180\text{kN}$ 时，求满载时 A、B 给起重机轮子的反力？

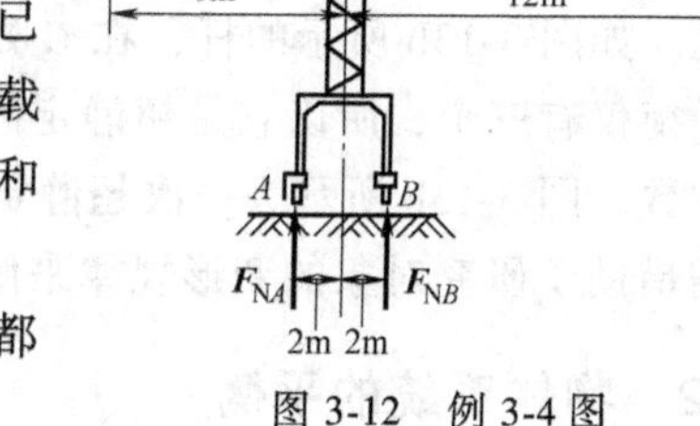

图 3-12　例 3-4 图

解：1）取整个起重机为研究对象：起重机受有已知力为机架的重力 $\boldsymbol{G}$ 和载荷的重力，满载为 $\boldsymbol{G}_1$，空载为零；受有未知力为轨道对起重机的约束反力 $\boldsymbol{F}_{NA}$ 和 $\boldsymbol{F}_{NB}$，平衡块的重力 $\boldsymbol{G}_2$。

列出平衡方程：为了保证起重机在满载和空载时都不致翻到，显然应分两种情况研究。

当满载时，为了使起重机不致绕 B 点翻倒，力系必须满足平衡方程 $\sum M_B(\boldsymbol{F}) = 0$。在临界情况下，$F_{NA} = 0$，这时可求出所允许的最小值 $G_{2\min}$。

$$\sum M_B(\boldsymbol{F}) = 0,\ G_{2\min}(6+2) + G\times 2 - G_1(12-2) = 0$$

解得 $G_{2\min} = 75\text{kN}$。

当空载时，$\boldsymbol{G}_1 = 0$。为使起重机不致绕 A 点翻倒，力系必须满足平衡方程 $\sum M_A(\boldsymbol{F}) = 0$。在临界情况下，$F_{NB} = 0$，这时可求出 $\boldsymbol{G}_2$ 所允许的最大值 $G_{2\max}$。

$$\sum M_A(\boldsymbol{F}) = 0,\ G_{2\max}(6-2) - G\times 2 = 0$$

解得 $G_{2\max} = 350\text{kN}$。

2）起重机实际工作时不允许处于极限状态，为了使起重机不致翻倒，平衡块的重量应为

$$75\text{kN} < G_2 < 350\text{kN}$$

当取定平衡块 $G_2 = 180\ \text{kN}$，欲求此起重机满载时导轨对轮子的约束反力 $\boldsymbol{F}_{NA}$ 和 $\boldsymbol{F}_{NB}$。这时，起重机在 $\boldsymbol{G}$、$\boldsymbol{G}_2$、$\boldsymbol{W}$ 和 $\boldsymbol{F}_{NA}$、$\boldsymbol{F}_{NB}$ 作用下处于平衡。应用平面平行力系的平衡方程式，有

$$\sum M_A(\boldsymbol{F}) = 0,\ G_2(6-2) - G\times 2 - G_1(12+2) + F_{NB}\times 4 = 0 \quad (1)$$

$$\sum \boldsymbol{F}_y = 0,\ F_{NA} + F_{NB} - G - G_2 - G_1 = 0 \quad (2)$$

由式（1）解得 $F_{NB} = \dfrac{14G_1 + 2G - 4G_2}{4} = 870\text{kN}$。

代入式（2）解得 $F_{NA}=G_1+G_2+G-F_{NB}=210\text{kN}$。

3.3 静定、超静定问题与物体系统的平衡

3.3.1 静定和超静定问题

在前面所研究过的各种力系中，对应每一种力系都有一定数目的独立的平衡方程。例如：平面汇交力系有两个，平面任意力系有三个，平面平行力系有两个。因此，当研究刚体在某种力系作用下处于平衡时，若问题中需求的未知量的数目等于该力系独立平衡方程的数目，则全部未知量可由静力学平衡方程求得，这类平衡问题称为静定问题。前面所研究的例题都是静定问题，图 3-13a 表示的水平杆 AB 的平衡问题也是静定问题。但如果问题中需求的未知量的数目大于该力系独立平衡方程的数目，只用静力学平衡方程不能求出全部未知量，这类平衡问题称为超静定问题，或称为静不定问题。如图 3-13b 所示的杆，在 C 处增加了一个活动铰支座，则未知量数目有四个，而独立的平衡仅有三个，所以它是超静定问题。而总未知量数与独立的平衡方程总数之差称为超静定次数。图 3-13b 所示为一次超静定问题，或称一次静不定问题。这类问题静力学无法求解，需借助于研究对象的变形规律来解决，将在材料力学中研究。

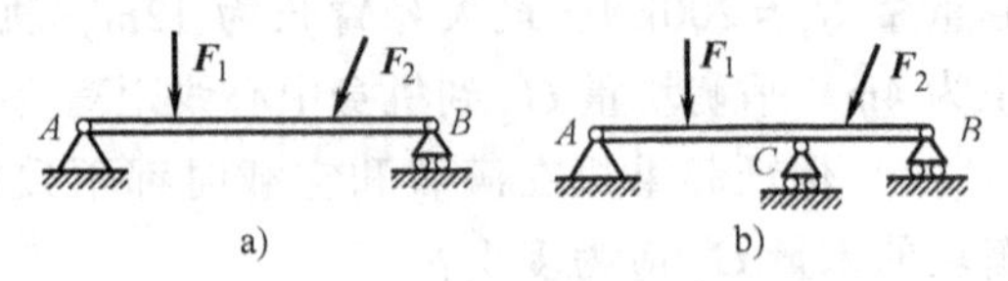

图 3-13　静定与超静定问题

3.3.2 物体系统的平衡

前面我们讨论的都是单个物体的平衡问题。但工程实际中的机械和结构都是由若干个物体通过适当的约束方式组成的系统，力学上称为物体系统，简称物系。研究物体系统的平衡问题，不仅要求解整个系统所受的未知力，还需要求出系统内部物体之间的相互作用的未知力。我们把系统外的物体作用在系统上的力称为系统外力，把系统内部各部分之间的相互作用力称为系统内力。因为系统内部与外部是相对而言的，因此系统的内力和外力也是相对的，要根据所选择的研究对象来决定。

在求解静定的物体系统的平衡问题时，要根据具体问题的已知条件、待求未知量及系统结构的形式来恰当地选取两个（或多个）研究对象。一般情况下，可以先选取整体结构为研究对象；也可以先选取受力情况比较简单的某部分系统或某物体为研究对象，求出该部分或该物体所受到的未知量。然后再选取其他部分或整体结构为研究对象，直至求出所有需求的未知量。总的原则是：使每一个平衡方程中未知量的数目尽量减少，最好是只含一个未知量，可避免求解联立方程。

例 3-5　图 3-14a 所示的“4”字形构架，它由 AB、CD 和 AC 杆用销钉连接而成，B 端插入地面，在 D 端有一铅垂向下的作用力 $\boldsymbol{F}$。已知 $F=10\text{kN}$，$l=1\text{m}$，若各杆重不计，求地面的约束反力、AC 杆的内力及销钉 E 处相互作用的力。

解：这是一物体系统的平衡问题。先取整个构架为研究对象，分析并画整体受力图。在 D 端受有一铅垂向下的力 $\boldsymbol{F}$，在固定端 B 处受有约束反力 $\boldsymbol{F}_{Bx}$ 及 $\boldsymbol{F}_{By}$ 和一个约束反力偶 M_B

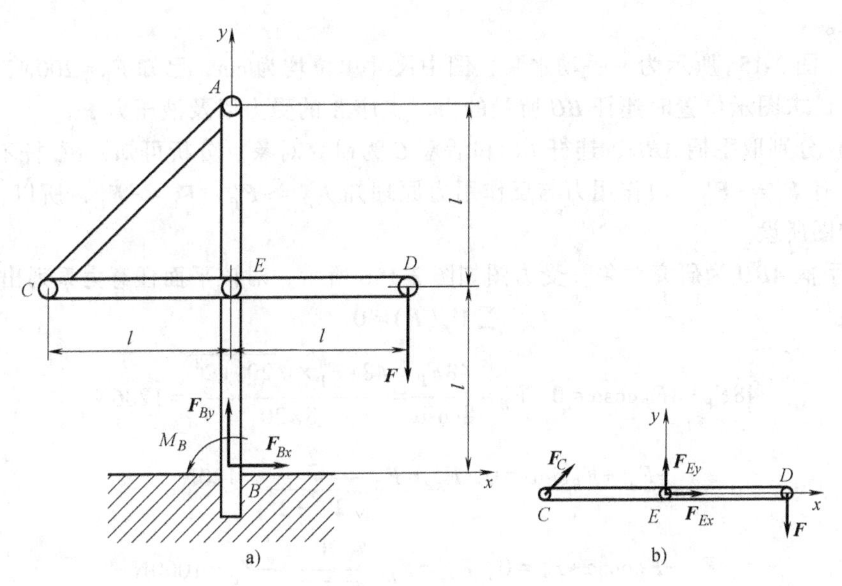

图 3-14　例 3-5 图

(画整体受力图时，A、C、E 处为系统内约束反力，不必画出)。这样构架在 $\boldsymbol{F}$、$\boldsymbol{F}_{Bx}$、$\boldsymbol{F}_{By}$ 和 M_B 的作用下构成平面任意力系。由于处于平衡状态，故满足平衡方程。

取坐标系 Bxy，如图 3-14a 所示。列平衡方程：

$$\sum F_x = 0,\ F_{Bx} = 0$$

$$\sum F_y = 0,\ F_{By} - F = 0,\ F = 10\text{kN}$$

$$\sum M_B(\boldsymbol{F}) = 0, M_A - F \times ED = 0, M_A = 10\text{kN}\cdot\text{m}$$

欲求系统的内力，就需要对所求内力的物体解除相互约束，选取恰当的部分作为研究对象，并在解除约束的地方画出所受约束反力。这时，在整个系统中不画出的内力，在新的研究对象中就变成了必须画出的外力。本题需要求 AC 杆的内力及销钉 E 处相互作用的力，于是就在 C、E 处解除了杆件之间的相互约束。显然，可取 CD 杆为研究对象。

在 CD 杆被解除 C、E 处的约束后，分别画出所受的约束反力。因为 AC 杆为二力杆，故在 C 处所受的约束反力 $\boldsymbol{F}_C$ 的方向是沿 AC 杆轴线并先假设为拉力；因为 E 处是用销钉连接的，故在 E 处所受的约束反力方向不能确定，而用两个分力 $\boldsymbol{F}_{Ex}$、$\boldsymbol{F}_{Ey}$ 表示，如图 3-14b 所示。

取坐标系 Exy，列平衡方程，有：

$$\sum M_E(\boldsymbol{F}) = 0, -P \times 1 - F_C \times 1 \times \sin 45° = 0$$

$$F_C = -\sqrt{2}P = -14.14\text{kN}$$

$$\sum F_y = 0,\ F_{Ey} - P + F_C \sin 45° = 0$$

$$\sum F_x = 0,\ F_{Ex} + F_C \cos 45° = 0$$

$$F_{Ex} = -\frac{\sqrt{2}}{2}F_C = -\frac{\sqrt{2}}{2} \times (-14.14)\text{kN} = 10\text{kN}$$

$F_C = -14.14\text{kN}$，说明在 CD 杆的 C 处，受到 AC 杆约束反力的实际指向与假设相反，因而 AC 杆的内力是压力。而在 CD 杆的 E 处，通过销钉受到 AB 杆的约束反力，$\boldsymbol{F}_{Ex}$、$\boldsymbol{F}_{Ey}$ 都

与实际一致。

例 3-6 图 3-15a 所示为一手动水泵，图中尺寸单位均为 cm。已知 $F_P=200N$，不计各构件的自重，试求图示位置时连杆 BC 所受的力、支座 A 的受力以及液压力 $\boldsymbol{F}_Q$。

解： 1）分别取手柄 ABD、连杆 BC 和活塞 C 为研究对象。分析可知，BC 杆不计自重时为二力杆，有 $\boldsymbol{F}'_C=-\boldsymbol{F}'_B$。由作用力与反作用力原理知 $\boldsymbol{F}_B=-\boldsymbol{F}'_B$，$\boldsymbol{F}_C=-\boldsymbol{F}'_C$，所以，$\boldsymbol{F}_B=\boldsymbol{F}_C$，各力方向如图所设。

2）以手柄 ABD 为研究对象，受力图如图 3-15b 所示，对该平面任意力系列出平衡方程

$$\sum M_A(\boldsymbol{F})=0$$

$$48F_P-8F_B\cos\alpha=0,\ F_B=\frac{48F_P}{8\cos\alpha}=\frac{48\times F_P\times\sqrt{20^2+2^2}}{8\times20}=1206N$$

$$-F_{Ax}+F_B\sin\alpha=0,\ F_{Ax}=F_B\frac{2}{\sqrt{20^2+2^2}}=120N$$

$$F_{Ay}-F_B\cos\alpha+F_P=0,\ F_{Ay}=F_B\frac{20}{\sqrt{20^2+2^2}}-F_P=1000N$$

3）取连杆 BC 为研究对象。受力图如图 3-15c 所示。对二力杆 BC，结合作用力与反作用力定律，有

$$\sum F_y=0$$

$$F'_B=F'_C=F_B=1206N$$

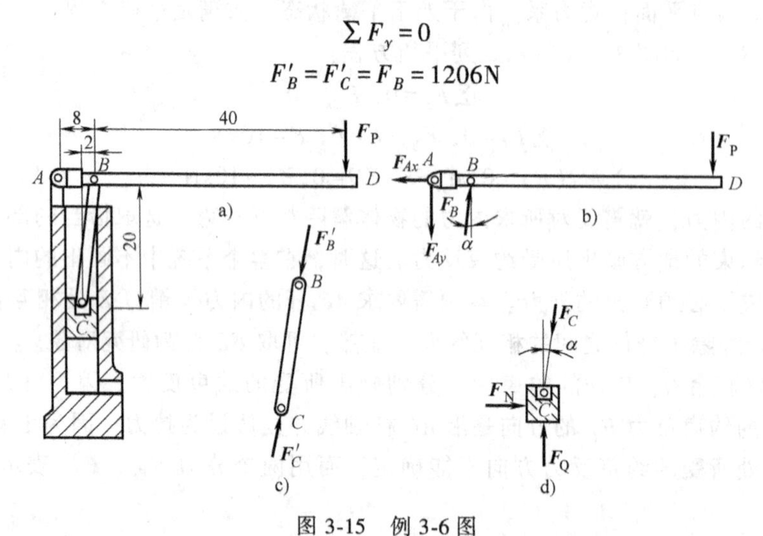

图 3-15 例 3-6 图

4）取活塞 C 为研究对象。由受力图（图 3-15d）可知这是一个平面汇交力系的平衡问题，列出平衡方程

$$\sum F_y=0$$

$$F_Q-F_C\cos\alpha=0$$

因为 $F'_C=F_C$

于是
$$F_Q=F_C\cos\alpha=\left(1200\times\frac{20}{\sqrt{20^2+2^2}}\right)N=1200N$$

** **例 3-7** 图 3-16a 所示的曲柄 OA 上作用一矩为 $M=500N\cdot m$ 的力偶，已知 $a=0.1m$，

$l=0.5\text{m}$，$\varphi=30°$。求当机构平衡时，作用在滑块 D 上的水平力 $\boldsymbol{F}$ 的值。

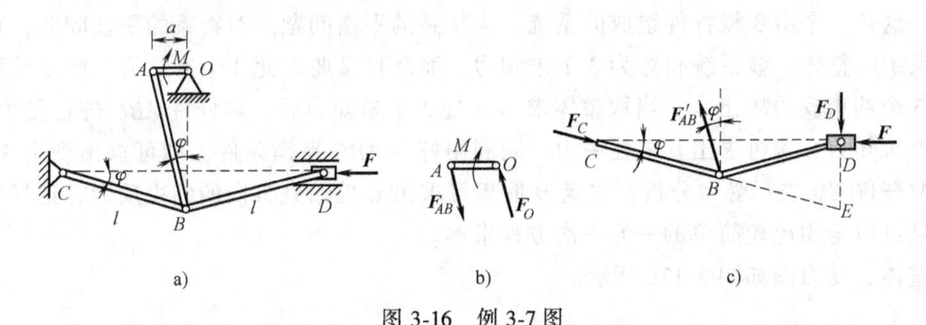

图 3-16　例 3-7 图

解：本题属于典型的物体系统平衡问题，需要考虑整体和局部平衡的关系，选研究对象时要优先考虑已知力和所求力所在的构件，同时注意系统中的二力构件。

首先以曲柄 OA 为研究对象，其受力如图 3-16b 所示。注意到杆 AB 为二力杆，其力的作用线沿 AB 方向。根据平面力偶系的平衡条件，铰 O 处必有一约束反力 $\boldsymbol{F}_O$，同 $\boldsymbol{F}_{AB}$ 形成一力偶，以与外力偶 M 平衡，故列平衡方程为

$$\sum M_O(\boldsymbol{F})=0,\ F_{AB}a\cos\varphi-M=0 \tag{a}$$

于是得

$$F_{AB}=\frac{M}{a\cos\varphi} \tag{b}$$

再取包含杆 CB、BD 和滑块 D 的半个整体为研究对象，其受力如图 3-16c 所示。考虑到杆 CB 为二力杆，故 C 处的约束反力 $\boldsymbol{F}_C$ 沿 CB 方向。为简化计算，将各力对 $\boldsymbol{F}_C$ 和 $\boldsymbol{F}_D$ 的交点 E 取矩，得

$$\sum M_E(\boldsymbol{F})=0,\ F\times2l\sin\varphi-F'_{AB}l\cos^2\varphi+F'_{AB}l\sin^2\varphi=0 \tag{c}$$

其中 $F'_{AB}=F_{AB}$。

由式（b）得

$$F=\frac{F_{AB}\cos2\varphi}{2\sin\varphi}=\frac{M}{a}\cot2\varphi=2886.8\text{N}$$

本题中巧妙地利用未知力的交点作为取矩点，使得第二个取矩方程大幅度简化。

****例 3-8**　图 3-17a 所示构架中各杆自重为 30N/m，载荷 $G=1000\text{N}$。求固定端 A 处及

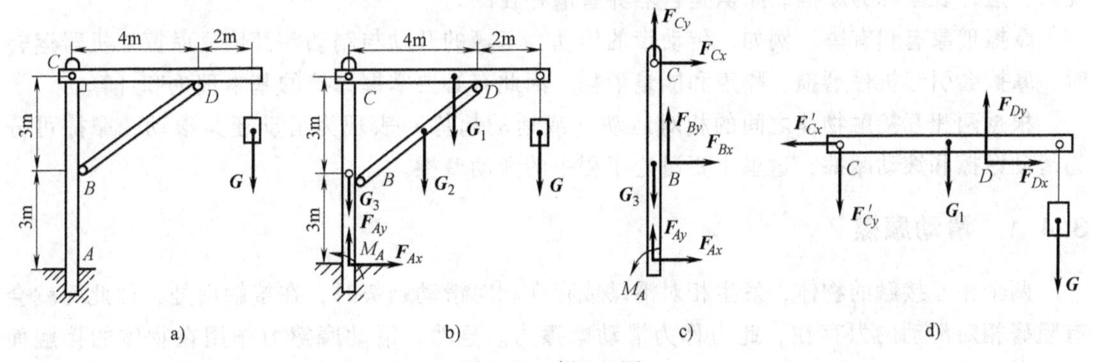

图 3-17　例 3-8 图

B、C 铰处的约束反力。

解：这是一个由 3 根杆件组成的系统，为物系的平衡问题。对物系的平衡问题，首先分析的是系统的整体。该系统整体为 3 个未知力，而题目又要求此 3 个未知力，所以可取整体把 A 处 3 个约束反力求出来。当取整体求出 A 处 3 个未知力后，对杆件 ABC 进行受力分析，还有 4 个未知力，若再求出其中任一力，则利用杆件 ABC 平衡条件，则可求出剩余 3 个力。为此再取杆件 CD 进行受力分析，对点 D 取矩可求出 C 处铅直方向的约束反力，这样问题即可解，且可以全用比较简单的一元一次方程求解。

取整体，受力图如图 3-17b 所示。

由

$$\sum F_x=0\ ,\ F_{Ax}=0$$
$$\sum F_y=0\ ,\ F_{Ay}-G-G_1-G_2-G_3=0$$
$$\sum M_A(\boldsymbol{F})=0\ ,\ M_A-2G_2-3G_3-6G=0$$

上式中，杆重 $G_1=G_3=30\times6\text{N}=180\text{N}$，$G_2=30\times5\text{N}=150\text{N}$。

分别依次解得 $F_{Ax}=0$，$F_{Ay}=1510\text{N}$，$M_A=6840\text{N}\cdot\text{m}$。

其次取 CD 杆，受力图如图 3-17d 所示。

由

$$\sum M_D(\boldsymbol{F})=0,\ 4F'_{Cy}+G_1-2G=0$$

解得

$$F'_{Cy}=455\text{N}$$

最后取 ABC 杆，受力图如图 3-17c 所示。

由

$$\sum M_C(\boldsymbol{F})=0, M_A+6\times F_{Ax}+3\times F_{Bx}=0$$
$$\sum F_x=0,\ F_{Ax}+F_{Bx}+F_{Cx}=0$$
$$\sum F_y=0, F_{Ay}+F_{By}+F_{Cy}-G_3=0$$

分别依次解得 ABC 杆上所受的各力（由读者完成）。

3.4 摩擦

当两相互接触的物体有相对运动或相对运动趋势时，两物体间会产生阻碍其相互运动的现象，这种现象称为摩擦。摩擦是自然界普遍存在的。

摩擦现象有利有弊。例如，传动带的传动、车辆的开动与制动等都依靠摩擦。机器运转时，摩擦会引起机件磨损、噪声和能量消耗。因此有必要掌握摩擦的基本理论和计算。

根据两相互接触物体之间的相对运动（或运动趋势）表现为滑动还是滚动，摩擦可分为滑动摩擦和滚动摩擦，这里主要讨论工程中的滑动摩擦。

3.4.1 滑动摩擦

两个相互接触的物体，发生相对滑动或存在相对滑动趋势时，在接触面处，彼此间就会有阻碍相对滑动的力存在，此力称为滑动摩擦力。显然，滑动摩擦力作用在物体的接触面处，其方向沿接触面的切线方向并与物体相对滑动或相对滑动趋势方向相反。按两接触物体间的相对滑动是否存在，滑动摩擦力又可分为静滑动摩擦力、最大静摩擦力和动滑动摩擦力。

1. 静滑动摩擦定律

下面通过如图3-18所示的简单实验，来分析滑动摩擦力的特征。

在水平桌面上放一重 $\boldsymbol{G}$ 的物块，用一根绕过滑轮的绳子系住，绳子的另一端挂一砝码盘。若不计绳重和滑轮的摩擦，物块平衡时，绳对物块的拉力 $\boldsymbol{T}$ 的大小就等于砝码及砝码盘重量的总和。拉力 $\boldsymbol{T}$ 使物块产生向右的滑动趋势，而桌面对物块的摩擦力 $\boldsymbol{F}$ 阻碍物块向右滑动。当拉力 $\boldsymbol{T}$ 不超过某一限度时，物块静止。此时的摩擦力称为静滑动摩擦力，简称为静摩擦力，通常情况下，静摩擦力用 $\boldsymbol{F}_{\mathrm{f}}$（或 $\boldsymbol{F}_{\mathrm{s}}$）表示。由于此时物体仍处于平衡状态，故 $\boldsymbol{F}_{\mathrm{f}}$ 可由平衡条件（$\sum \boldsymbol{F}_x=0$）确定。可知静摩擦力与拉力大小相等，即 $F_{\mathrm{f}}=T$；若拉力 $\boldsymbol{T}$ 逐渐增大，物块的滑动趋势随之逐渐增强，静摩擦力 $\boldsymbol{F}_{\mathrm{f}}$ 也相应增大。

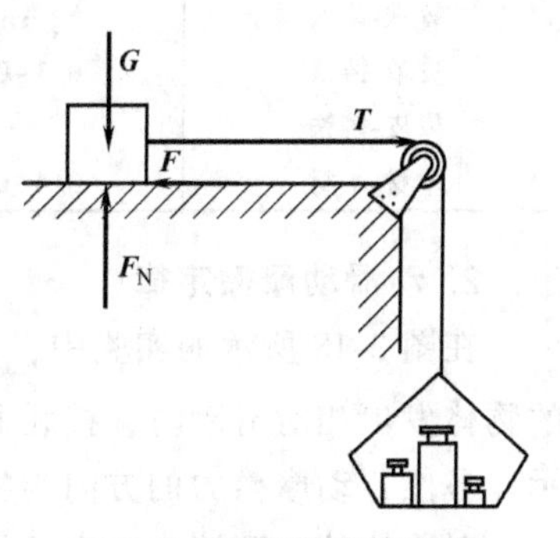

图3-18　静滑动摩擦实验

由此可见，静摩擦力具有约束反力的性质，其大小取决于主动力，是一个不固定的值。然而，静摩擦力又与一般的约束反力不同，不能随主动力的增大而无限增大，当拉力大到某一值时，物块处于将动未动的状态（称为临界平衡状态），静摩擦力也达到了极限值，该值称为最大静滑动摩擦力，简称最大静摩擦力，记作 $\boldsymbol{F}_{\mathrm{fmax}}$。此时，只要主动力 $\boldsymbol{T}$ 再增加，物块即开始滑动。这说明，静摩擦力是一种有限的约束反力，即 $0 \leqslant \boldsymbol{F}_{\mathrm{f}} \leqslant \boldsymbol{F}_{\mathrm{fmax}}$。

当物体处于临界平衡状态时，摩擦力达到最大值 $\boldsymbol{F}_{\mathrm{fmax}}$。大量实验证明，最大静摩擦力 $\boldsymbol{F}_{\mathrm{fmax}}$ 的大小与两物体间的正压力（即法向压力）成正比，即

$$F_{\mathrm{fmax}}=f_{\mathrm{s}} F_{\mathrm{N}} \tag{3-5}$$

这就是静滑动摩擦定律（又称为最大静摩擦力定律），是工程中常用的近似理论。式中的 f_{s}（或 f）称为静滑动摩擦系数，简称静摩擦系数 f_{s}，其大小主要取决于接触面的材料及表面状况（表面粗糙度、温度、湿度等），其值可由实验测定，如钢与钢之间的静滑动摩擦系数为0.10~0.15。工程中常用材料的摩擦系数可由工程手册中查得。表3-1列出了几种常用材料的滑动摩擦系数。

表3-1　几种常用材料的滑动摩擦系数

材料名称	静摩擦系数		动摩擦系数	
	无润滑	有润滑	无润滑	有润滑
钢-钢	0.15	0.1~0.12	0.15	0.05~0.1
钢-软钢	—	—	0.2	0.1~0.2
钢-铸铁	0.3	—	0.18	0.05~0.15
钢-青铜	0.15	0.1~0.15	0.15	0.1~0.15
软钢-铸铁	0.2	—	0.18	0.05~0.15
软钢-青铜	0.2	—	0.18	0.07~0.15
铸铁-青铜	—	—	0.15~0.2	0.07~0.15

（续）

材料名称	静摩擦系数		动摩擦系数	
	无润滑	有润滑	无润滑	有润滑
青铜-青铜	—	0.1	0.2	0.07~0.1
铸铁-铸铁	—	0.18	0.15	0.07~0.12
皮革-铸铁	0.3~0.5	0.15	0.6	0.15
橡皮-铸铁	—	—	0.8	0.5
木材-木材	0.4~0.6	0.1	0.2~0.5	0.07~0.15

2. 动滑动摩擦定律

在图 3-18 所示的实验中，当 $\boldsymbol{T}$ 的值超过 $\boldsymbol{F}_{fmax}$ 时，物体就开始滑动了。当两个相互接触的物体发生相对滑动时，接触面间的摩擦力称为动滑动摩擦力，简称为动摩擦力，用 $\boldsymbol{F}_d$ 表示。显然，动摩擦力的方向与物体相对滑动的方向相反。

对物体的动摩擦力，也已由大量实验证明，动摩擦力的大小也与物体间的正压力 $\boldsymbol{F}$ 成正比。即

$$F_d = f_d F_N \tag{3-6}$$

式（3-6）即动滑动摩擦定律。式中比例系数 f_d 称为动滑动摩擦系数，简称动摩擦系数。它除了与接触面的材料以及表面状况等有关外，还与物体相对滑动速度的大小有关，随速度的增大而减小。但当速度变化不大时，一般不考虑速度的影响，将 f_d 视为常数。动摩擦系数 f_d 一般小于静摩擦系数 f_s（表 3-1），但在精度要求不高时，可近似地认为二者相等。

综上所述，滑动摩擦力分为三种情况：

1）物体相对静止时（只有相对滑动趋势），根据其具体平衡条件计算。

2）物体处于临界平衡状态时（只有相对滑动趋势），$F_s = F_{fmax} = f_s F_N$。

3）物体有相对滑动时，$F = F_d = f_d F_N$。

可见，在求摩擦力时，首先要分清物体处于哪种情况，然后选用相应的方法计算。

在机器中，往往用降低接触表面的表面粗糙度或加入润滑剂等方法，使动摩擦系数降低，以减小摩擦和磨损。

3. 摩擦角和自锁

（1）摩擦角的概念　当物体受外力作用而产生相对滑动趋势时，如果我们将物体所受到的法向反力 $\boldsymbol{F}_N$、静摩擦力 $\boldsymbol{F}_f$ 合成为一力 $\boldsymbol{F}_{Rf}$，如图 3-19a 所示，则力 $\boldsymbol{F}_{Rf}$ 称为全约束反力。

当静摩擦力达到最大值，即 $F_{fmax} = f_s F_N$ 时，F_{fmax} 力与 $\boldsymbol{F}_N$ 之间的夹角 φ 达到最大值 φ_m，如图 3-19b 所示，φ_m 称为摩擦角。

它与静摩擦系数的关系是：

$$\tan\varphi_m = \frac{F_{fmax}}{F_N} = \frac{f_s F_N}{F_N} = f_s \tag{3-7}$$

式（3-7）表示摩擦角的正切值等于静摩擦系数，故摩擦角也是反映物体间摩擦性质的物理量。

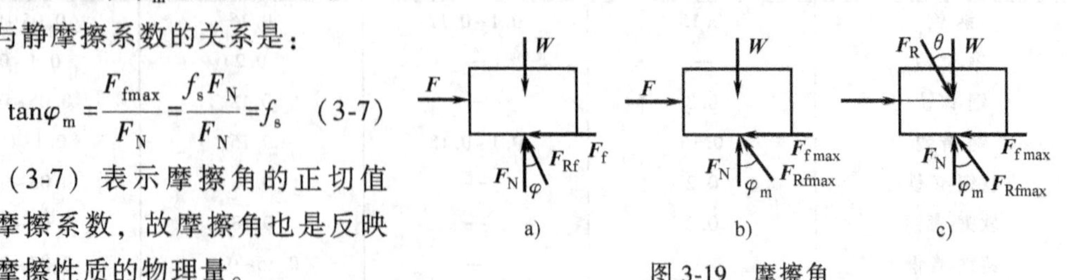

图 3-19　摩擦角

(2) 自锁现象　摩擦角的概念在工程中具有广泛应用。如果主动力的合力 $\boldsymbol{F}_R$（图 3-19c）所示的作用线在摩擦角内，则不论 $\boldsymbol{F}_R$ 的数值为多大，物体总处于平衡状态，这种现象在工程上称为“自锁”。

$$\theta<\varphi_m \tag{3-8}$$

式中　θ——主动力合力 $\boldsymbol{F}_R$ 的作用线与法线之间的夹角。

当 $\theta<\varphi_m$ 时，物体处于平衡状态，也就是“自锁”。当 $\theta>\varphi_m$ 时，物体不平衡。工程上经常利用这一原理，设计一些机构和夹具，使它自动卡住；或设计一些机构，保证其不卡住。

应用摩擦角的概念可以来测定静摩擦系数。如图 3-20 所示，物块放在一倾角可以改变的斜面上，当物块平衡时，全约束反力 $\boldsymbol{F}_R$ 应铅垂向上与物块的重力 $\boldsymbol{W}$ 相平衡。此时 $\boldsymbol{F}_R$ 与斜面法线之间的夹角 θ 等于斜面的倾角 θ。如果改变斜角 θ，直至物块处于将动未动的临界状态，此时量出的 θ 角就是物块与斜面间的摩擦角的最大值 φ_m。这样就可按式（3-7）算出静摩擦系数。该装置可用来测定织物的静摩擦系数。

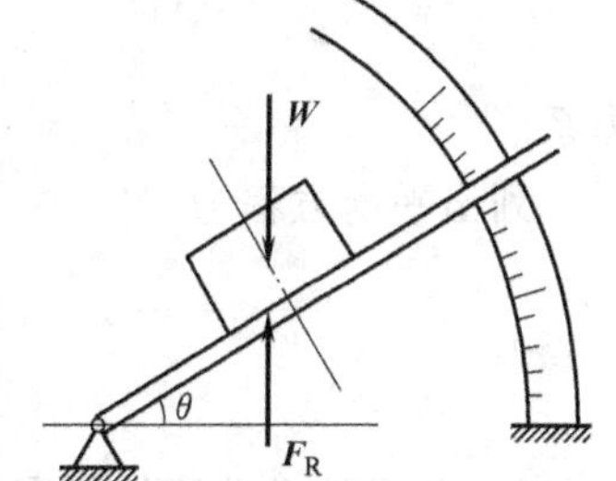

图 3-20　静摩擦系数的测定

3.4.2　考虑摩擦的平衡问题

考虑具有摩擦时的物体或物系的平衡问题，在解题步骤上与前面讨论的平衡问题基本相同，也是用平衡方程来解决，只是在受力分析中必须考虑摩擦力的存在。

这里要严格区分物体是处于一般的平衡状态还是临界的平衡状态。在一般平衡状态下，摩擦力 $\boldsymbol{F}_f$ 由平衡条件确定。大小应满足 $F_f \leqslant F_{max}$ 的条件，方向与相对滑动趋势的方向相反。

工程中最常遇到的是临界平衡状态计算，此时摩擦力为最大值 F_{fmax}，应该满足 $F=F_{fmax}$ 的关系式。故要补充方程 $F_{fmax}=f_s F_N$ 进行求解。

在求解此类问题应注意以下几点：

1）列方程时，要用到摩擦关系式，摩擦力的方向不能假设，摩擦力的方向恒与物体的相对滑动趋势方向相反。

2）考虑摩擦的平衡问题，其解常为一个范围。

3）为了避免解不等式，可先考虑临界平衡状态，即 $F_s=f_s F_N$，或 $\varphi=\varphi_m$，再对解得的结果进行讨论。

4）当系统有多处存在摩擦，有多种可能的运动趋势时，应注意作逐一判别。

例 3-9　如图 3-21a 所示，用绳拉重 $\boldsymbol{G}=500\text{N}$ 的物体，物体与地面的摩擦系数 $f_s=0.2$，绳与水平面间的夹角 $\alpha=30°$，试求：1）当物体处于平衡，且拉力 $F_T=100\text{N}$ 时，摩擦力 $\boldsymbol{F}_f$ 的大小；2）如使物体产生滑动，求拉力 $\boldsymbol{F}_T$ 的最小值 $\boldsymbol{F}_{Tmin}$。

解：1）对物体进行受力分析，它受拉力 $\boldsymbol{F}_T$、重力 $\boldsymbol{G}$、法向约束反力 $\boldsymbol{F}_N$ 和滑动摩擦力 $\boldsymbol{F}_f$ 作用，由于在主动力作用下，物体相对地面有向右滑动的趋势，所以 $\boldsymbol{F}_f$ 的方向应向左，受力如图 3-20b 所示。

以水平方向为 x 轴，铅垂方向为 y 轴，若不考虑物体的尺寸，则组成一个平面汇交

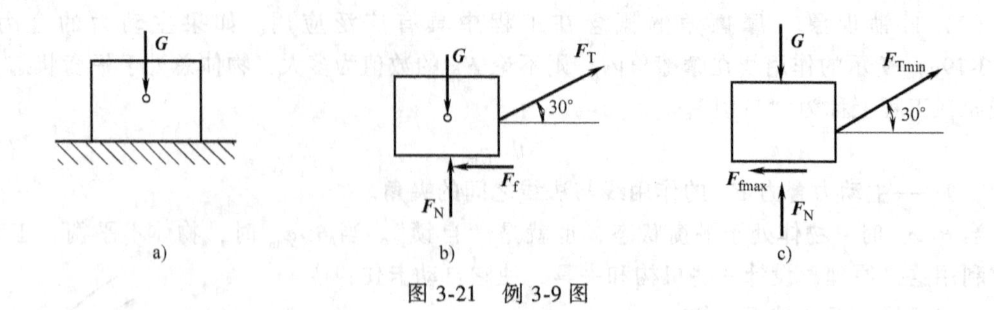

图 3-21 例 3-9 图

力系。

列出平衡方程为

$$\sum F_x=0, F_T\cos\alpha-F_f=0$$

$$F_f=F_T\cos\alpha=100\times0.867\text{N}=86.7\text{N}$$

2）为求拉动此物体所需的最小拉力 $\boldsymbol{F}_{Tmin}$，则考虑物体处于将要滑动但未滑动的临界状态，这时的滑动摩擦力达到最大值。受力分析和前面类似，只需将 $\boldsymbol{F}_f$ 改为 $\boldsymbol{F}_{fmax}$ 即可。受力图如图 3-20c 所示。列出平衡方程为

$$\sum F_x=0, F_{Tmin}\cos\alpha-F_{fmax}=0 \tag{a}$$

$$\sum F_y=0, F_{Tmin}\sin\alpha-G-F_N=0 \tag{b}$$

$$F_{fmax}=f_sF_N$$

联立求解得

$$F_{Tmin}=\frac{f_sG}{\cos\alpha+f_s\sin\alpha}=\frac{0.2\times500}{\cos30°+0.2\times\sin30°}\text{N}=103\text{N}$$

例 3-10 图 3-22a 所示为小型起重机的制动器。已知制动器摩擦块 C 与滑轮表面间的滑动摩擦系数为 f_s，作用在滑轮上力偶的力偶矩为 M，A 和 O 分别是铰支座和轴承，滑轮半径为 r，求制动滑轮所必需的最小力 $\boldsymbol{F}_{min}$。

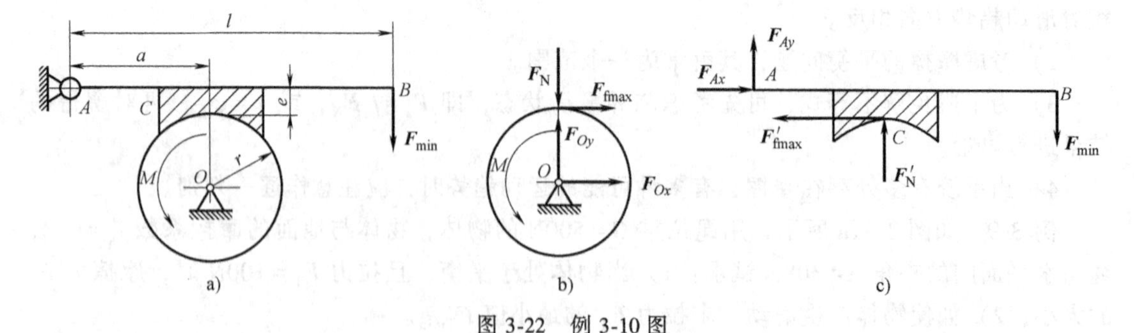

图 3-22 例 3-10 图

解： 当滑轮刚刚能停止转动时，$\boldsymbol{F}$ 力的值最小，而制动块与滑轮之间的滑动摩擦力将达到最大值。以滑轮为研究对象，受力分析后有法向反力 $\boldsymbol{F}_N$、外力偶 M、摩擦力 $\boldsymbol{F}_{fmax}$ 及轴承 O 处的约束反力 $\boldsymbol{F}_{Ox}$、$\boldsymbol{F}_{Oy}$；受力图如图 3-22b 所示。列出一个力矩平衡方程

$$\sum M_B(\boldsymbol{F})=0, M-F_{\text{fmax}}r=0 \quad \text{(a)}$$

由此解得 $F_{\text{fmax}}=M/r$

又因为 $F_{\text{fmax}}=f_sF_N$

故 $F_N=M/f_sr$

再以制动杆 AB 和摩擦块 C 为研究对象，画出受力图（图 3-22c），列力矩平衡方程

$$\sum M_A(\boldsymbol{F})=0, F'_Na-F'_{\text{fmax}}e-F_{\min}l=0 \quad \text{(b)}$$

由于 $F'_{\text{fmax}}=f_sF'_N$ 和 $F_N=F'_N$ （c）

联立求解可得

$$F_{\min}=\frac{M(a-f_se)}{f_srl}$$

***例 3-11**　图 3-23a 所示为砖夹，宽度为 0.25m，曲杆 AGB 与 $GCED$ 在 G 点铰接。设砖重 $P=120\text{N}$，提起砖的力 $\boldsymbol{F}$ 作用在砖夹的中心线上，砖夹与砖间的摩擦系数 $f_s=0.5$，试求距离 b 为多大才能把砖夹起。

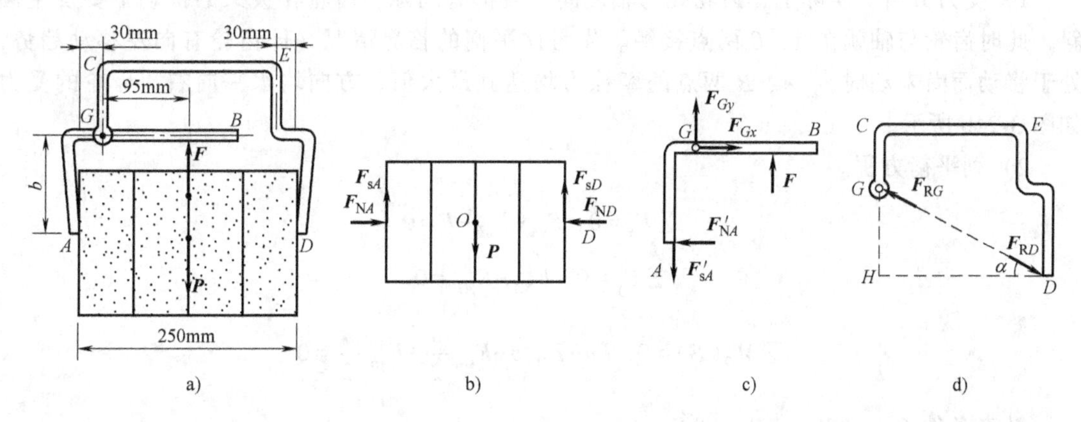

图 3-23　例 3-11 图

解：由图 3-23a 可知 $F=P$。视砖为一体，受力图如图 3-23b 所示，列平衡方程

砖夹

$\sum F_x=0$：　$F_{NA}-F_{ND}=0$

$\sum F_y=0$：　$P-F_{sA}-F_{sD}=0$

$\sum M_O(\boldsymbol{F}_i)=0$：　$F_{sA}\times125-F_{sD}\times125=0$

解得 $F_{sA}=F_{sD}=P/2$；$F_{NA}=F_{ND}$

研究曲杆 AGB，受力分析如图 3-23c 所示，由

$\sum M_G(\boldsymbol{F})=0$：　$95F+30F'_{sA}-bF'_{NA}=0$

并考虑临界状态

$$b=\frac{110F}{F'_{NA}}=\frac{110P}{F'_{NA}}=\frac{220F_{sA}}{F'_{NA}}=\frac{220F_{sA}}{F_{NA}}$$

利用滑动临界条件 $F_{sA}=f_sF_N$，得 $b\leqslant 110\text{mm}$。

** **例 3-12** 某变速机构中滑移齿轮如图 3-24a 所示。已知齿轮孔与轴间的摩擦系数为 f_s，齿轮与轴接触面的长度为 h。问拨叉（图中未画出）作用在齿轮上的 $\boldsymbol{F}$ 力到轴线的距离 a 为多大，齿轮才不会被卡住。设齿轮的重量忽略不计。

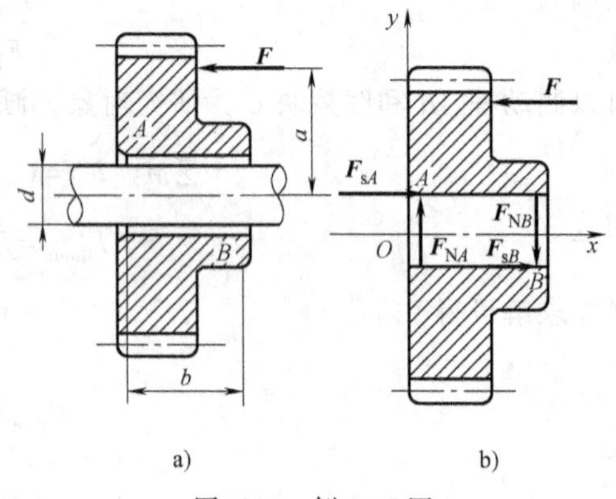

图 3-24 例 3-12 图

分析：此类问题，属于"求物体平衡范围"问题。求解这类问题，一般先假定物体处于平衡的临界状态，此时的摩擦力达到最大值，大小由最大摩擦力公式确定，方向与临界滑动的趋势方向相反。然后通过平衡方程求出对应的极值，再根据题意用不等式表示平衡的取值范围。

解：研究对象为齿轮。

1）受力分析。实际上，齿轮孔与轴之间一般都有间隙，齿轮在拨叉的推动下要发生倾斜，此时齿轮与轴就在 A、B 两点接触。先考虑平衡的临界情况（即齿轮有向左移动趋势，处于将动而尚未动时），A、B 两点的摩擦力均达到最大值，方向均水平向右。齿轮的受力如图 3-24b 所示。

2）列平衡方程。

$$\sum F_x=0,\ F_{sA}+F_{sB}-F=0$$

$$\sum F_y=0,\ F_{NA}-F_{NB}=0$$

$$\sum M_O(\boldsymbol{F})=0,\ Fa-F_{NB}b-F_{sA}\frac{d}{2}+F_{sB}\frac{d}{2}=0$$

补充条件 $F_{sA}=f_sF_{NA}$，$F_{sB}=f_sF_{NB}$

联立以上各式，可解得 $$a=\frac{b}{2f_s}$$

距离 a 取值越大，齿轮就越容易被卡住。因此，保证齿轮不被卡住的条件是

$$a<\frac{b}{2f_s}$$

本章小结

本章研究了平面任意力系的简化与平衡问题，它的基本理论和方法不仅是静力学的重点，而且在工程设计计算中也是非常重要的。

1. 力线平移定理

作用于刚体上的力，可平行移动到刚体内任意一点，但必须同时附加一个力偶，其力偶矩等于原力对新的作用点之矩。

2. 平面任意力系向平面内的简化中心 O 点简化

一般情况下，平面任意力系向平面内的简化中心 O 点简化可得到一个力和一个力偶。这个力等于该力系的主矢，即 $\boldsymbol{F}_R=\sum\boldsymbol{F}$，作用在简化中心 O。这个力偶的矩等于该力系对于点 O 的主矩，即 $M_O=\sum M_O(\boldsymbol{F})$。

3. 平面任意力系平衡

平面任意力系平衡的必要与充分条件是力系主矢和对于任一点的主矩都等于零，即 $\boldsymbol{F}_R'=\sum\boldsymbol{F}=0$，$M_O=\sum M_O(\boldsymbol{F})=0$。

4. 解析法

用解析法表示的平面任意力系平衡方程是 $\sum F_x=0$，$\sum F_y=0$，$\sum M_O(\boldsymbol{F})=0$。

平面任意力系的平衡方程还有二矩式和三矩式，应用时要注意它们的限制条件。

5. 静定与静不定的概念

力系中未知量的数目少于或等于独立平衡方程数目的问题称为静定问题。力系中未知量的数目多于独立平衡方程数目的问题称为静不定问题。

6. 物体系统的平衡问题

物系平衡问题是工程中常见的，若整个物系处于平衡，则组成物系的各个构件也都处于平衡。解决这类问题的原则是：整体平衡与部分平衡相结合，选择受力情况较简单的物体或物体系统作为研究对象，不画内力，只画外力。

7. 考虑摩擦时的平衡问题

1）静滑动摩擦力大小：在平衡状态时，$0\leqslant F_f\leqslant F_{fmax}$，由平衡方程确定；在临界状态下，$F_f=F_{fmax}=f_sF_N$。方向：始终与相对滑动趋势的方向相反，并沿接触面作用点的切向，不能随意假定。作用点：在接触面（或接触点）摩擦力的合力作用点上。

2）动滑动摩擦力 $F_d=f_dF_N$。

3）摩擦角与自锁。当静摩擦力达到最大值时，最大全约束反力 $\boldsymbol{F}_N$ 与法线的夹角 φ_m 称为摩擦角，且摩擦角的正切值等于摩擦系数，即

$$\tan\varphi_m=\frac{F_{fmax}}{F_N}=\frac{f_sF_N}{F_N}=f_s$$

当作用于物体的主动力满足一定的几何条件时，无论怎样增加主动力 $\boldsymbol{F}_R$，物体总能保持平衡的现象称为自锁。自锁的条件为 $\varphi\leqslant\varphi_m$。

思　考　题

1. 什么是平面任意力系？有何意义？试举例说明。

2. 什么是力线平移定理？有何意义？

3. 怎样将平面任意力系简化？简化结果有哪些？

4. 试从平面一般力系的平衡方程推出平面内其他力系的平衡方程。

5. 既然处处有摩擦，为什么在一般工程计算中常常不予考虑？摩擦的利弊各举一例。

6. 试判断图 3-25 所示的结构哪个是静定的，哪个是超静定的。

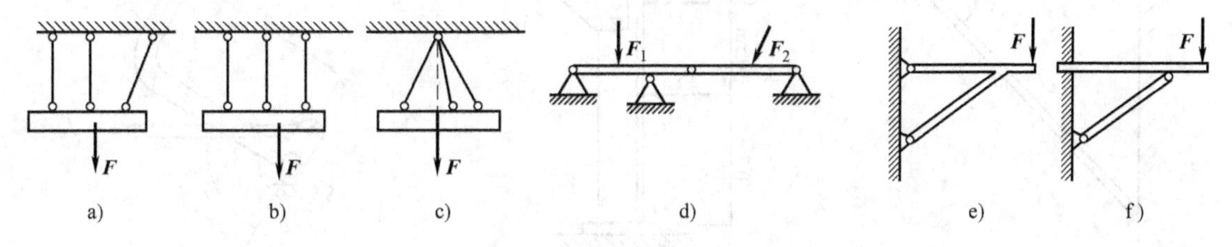

图　3-25

习　题

3-1　梁 AB 的支座如图 3-26 所示。在梁的中点作用一力 $P=20\text{kN}$，力和轴线成 45°角，若梁的重量不计，试分别求 a）和 b）两情形下的支座反力。

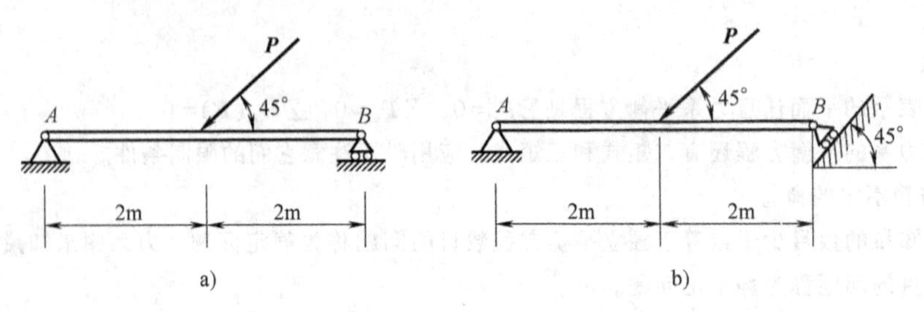

图 3-26　题 3-1 图

3-2　水平梁的支承和载荷如图 3-27 所示。已知力为 $\boldsymbol{F}$、力偶矩为 M 和均布载荷集度为 q。求支座 A 和 B 处的约束反力。

3-3　水平梁的载荷如图 3-28 所示，已知载荷集度 $q=2\text{kN/m}$，力偶矩 $M=5\text{kN}\cdot\text{m}$，$AB$ 长 $l=4\text{m}$，求固定端 A 的约束反力。

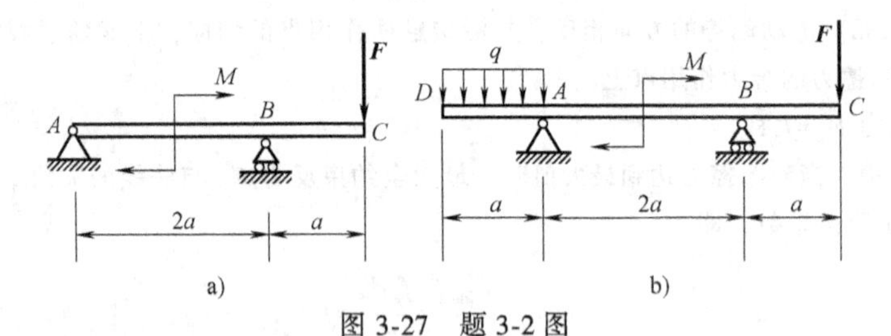

图 3-27　题 3-2 图

3-4　有一管道支架 ABC。A、B、C 处均为理想的圆柱形铰约束。已知该支架承受的两管道的重量均为 $G=4.5\text{kN}$，尺寸如图 3-29 所示。试求管架中 A 处的约束反力和 BC 杆所受的力。

3-5　立柱的 A 端是固定端，已知 $P_1=4\text{kN}$，$P_2=6\text{kN}$，$P_3=2.5\text{kN}$，力偶矩 $M=5\text{kN}\cdot\text{m}$，尺寸如图 3-30 所示。求固定端的约束反力。

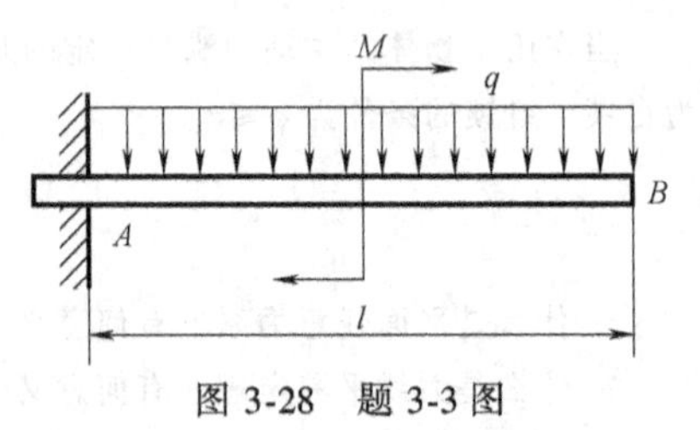

图 3-28　题 3-3 图

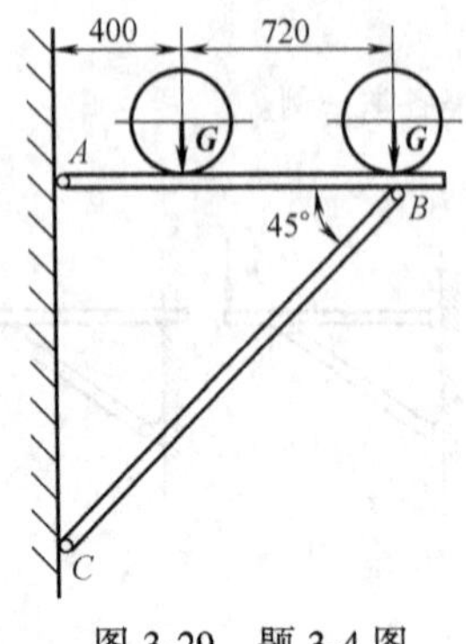

图 3-29　题 3-4 图

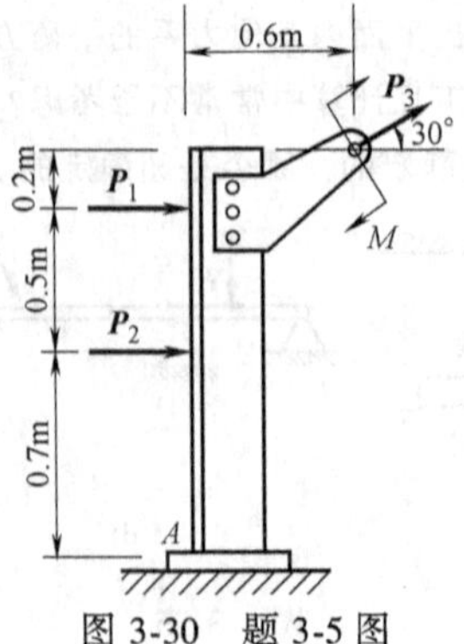

图 3-30　题 3-5 图

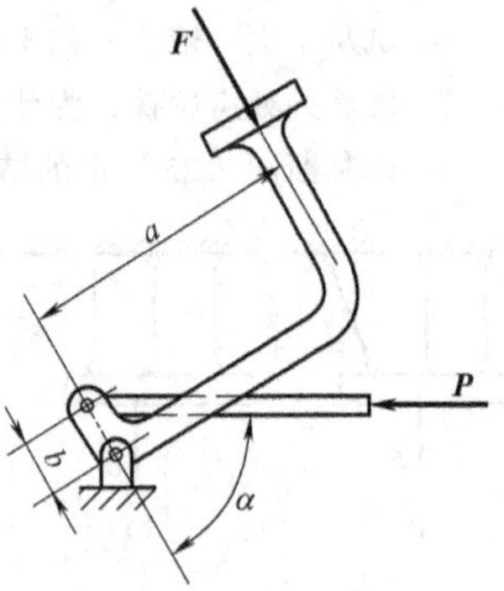

图 3-31　题 3-6 图

3-6　图 3-31 所示为汽车操纵系统的踏板装置。工作阻力 $F=1700\text{N}$，$a=380\text{mm}$，$b=50\text{mm}$，$\alpha=60°$，求司机的脚踏力 $\boldsymbol{P}$。

3-7　安装设备时常用起重扒杆，其简图如图 3-32 所示。起重摆杆 AB 重 $W_1=1.8\text{kN}$，作用在 AB 中点 C 处。提升的设备重量 $G=20\text{kN}$。试求系在起重扒杆 B 端的绳子 BD 的拉力及 A 处的约束反力。

3-8　图 3-33 所示为化工厂用的高压反应塔，高为 H，外径为 D，底部用螺栓与地基紧固连接。塔所受风力可近似简化为两段均布载荷，在离地面 H_1（m）高度以下，风力的平均强度为 p_1（N/m^2），H_2（m）上的平均强度为 p_2（N/m^2）。试求底部支承处由于风载引起的约束反力。风压按迎风曲面在垂直于风向的平面上的投影面积计算。

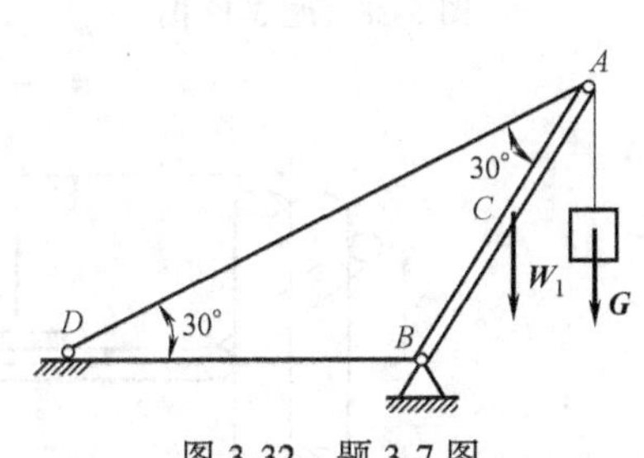

图 3-32　题 3-7 图

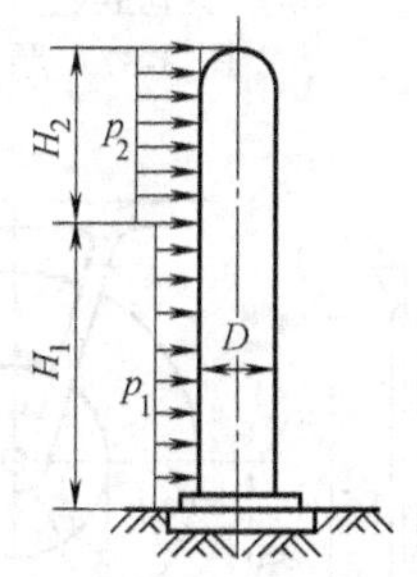

图 3-33　题 3-8 图

*3-9　组合梁 AC 及 CE 用铰在 C 处连接而成，支承情况和载荷如图 3-34 所示。已知：$l=8\text{ m}$，$P=5\text{kN}$，均布载荷集度 $q=2.5\text{kN/m}$，力偶矩 $M=5\text{kN}\cdot\text{m}$。求支座 A、B 和 E 的约束反力。

3-10　某工作台的工作原理图如图 3-35 所示。当液压筒 AB 伸缩时，可使工作台 DE 绕点 O 转动 。如工作台连工件共重 $Q=1.2\text{kN}$，重心在点 C；液压筒可近似地看成均质杆，重 $P=100\text{N}$，在图示位置时工作台 DE 成水平。已知支点 O 和 A 在同一铅直线上，且 $OB=OA=0.6\text{m}$，$OC=0.2\text{m}$。求支座 A 和 C 的约束反力。

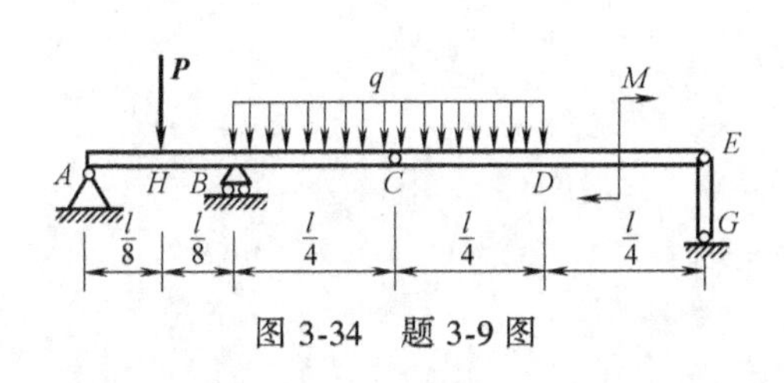

图 3-34　题 3-9 图

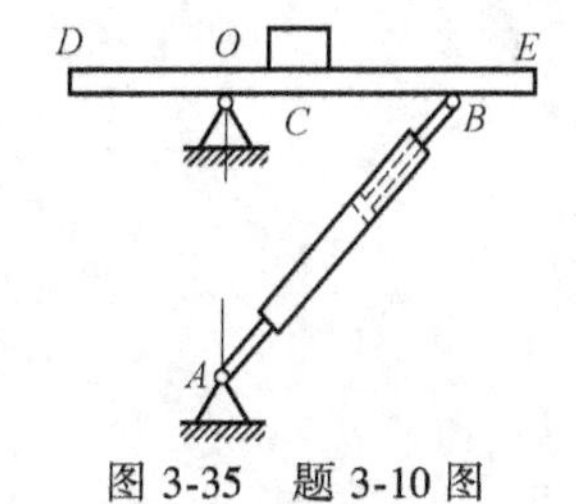

图 3-35　题 3-10 图

*3-11　如图 3-36 所示梁，AB 梁和 BC 梁用中间铰 B 连接，A 端为固定端，C 端为斜面上活动铰支座。已知 $P=20\text{kN}$，$q=5\text{kN/m}$，$\alpha=45°$，求支座 A、C 的约束反力。

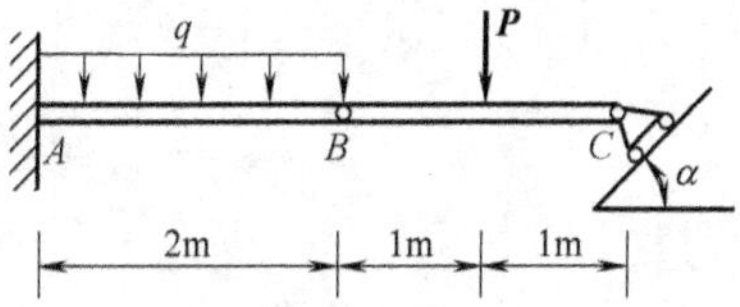

图 3-36　题 3-11 图

3-12　已知物块重 $Q=100\text{N}$，斜面的倾角 $\alpha=30°$，物块与斜面间和摩擦系数 $f=0.38$，如图 3-37 所示。求使物块沿斜面向上运动的最小力 $\boldsymbol{P}$。

3-13　梯子 AB 重为 $W=200\text{N}$，靠在光滑墙上，如图 3-38 所示。已知梯子与地面间的摩擦系数为 0.25，今有重为 650N 的人沿梯子向上爬，试问人达到最高点 A，而梯子保持平衡的最小角度 α 应为多少？

3-14　一绞车如图 3-39 所示，其鼓轮半径 $r=15\text{cm}$，制动轮半径 $R=25\text{cm}$，$a=100\text{cm}$，$b=50\text{cm}$，$c=50\text{cm}$，重物 $Q=1000\text{N}$，制动轮与制动块间摩擦系数 $f=0.5$。试求当绞车吊着重物时，为使重物不致下落，加在杆上的力 $\boldsymbol{P}$ 至少应为多少？

*3-15　修理电线工人重为 G，攀登电线杆时所用脚上套钩如图 3-40 所示，已知电线杆的直径 $d=30\mathrm{cm}$，套钩的尺寸 $b=10\mathrm{cm}$，套钩与电线杆之间的摩擦系数 $f=0.3$，套钩的重量不计，试求踏脚处到电线杆间的距离 a 为多少方能保证工人安全操作。

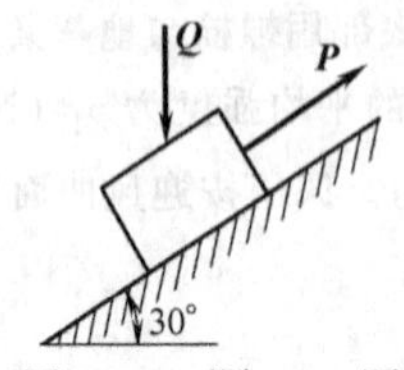

图 3-37　题 3-12 图

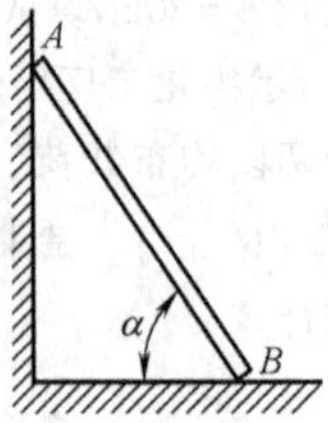

图 3-38　题 3-13 图

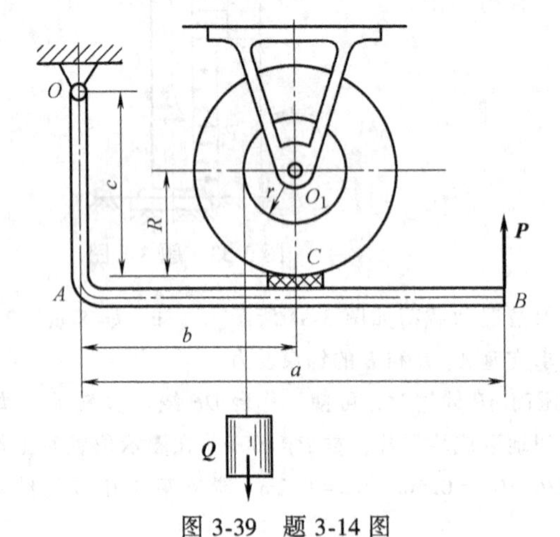

图 3-39　题 3-14 图

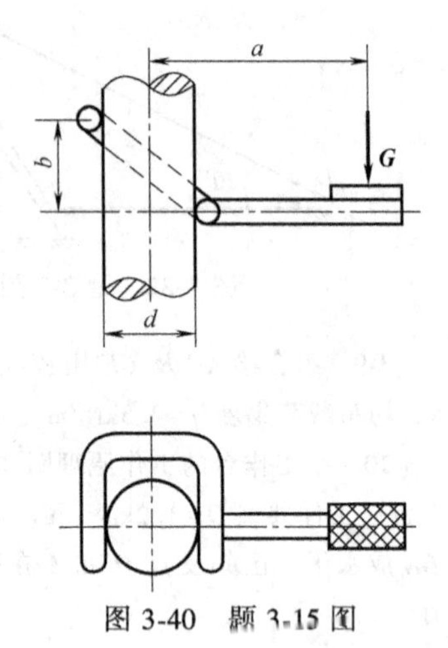

图 3-40　题 3-15 图

第 4 章 空间力系

物体上各力作用线不在同一平面内的力系，称为空间力系。按照力系中各力作用线的位置关系，空间力系又可进一步细化：空间汇交力系（各力的作用线汇交于一点的力系，如图 4-1a 中作用于节点 D 上的力系）、空间平行力系（各力的作用线彼此平行的力系，如图 4-1b 所示的简易手拖车上的力系）和空间任意力系（各力的作用线在空间任意分布的力系，也称为空间一般力系，如图 4-1c 所示的轮轴所受的力系）。本章主要研究空间任意力系的平衡以及物体的重心、形心等问题。

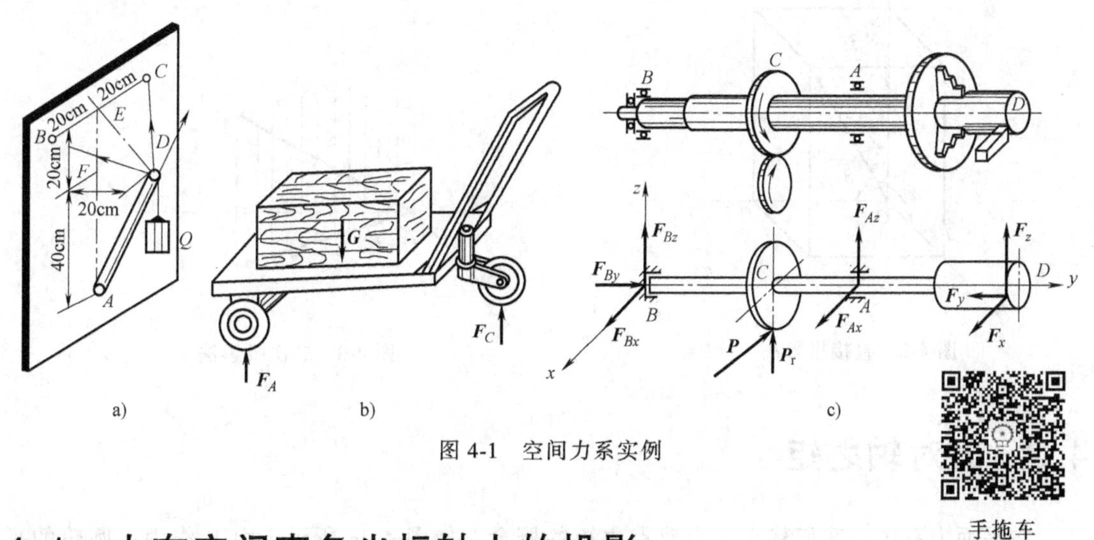

图 4-1　空间力系实例

手拖车

4.1　力在空间直角坐标轴上的投影

4.1.1　直接投影法

有一空间力 $\boldsymbol{F}$，取空间直角坐标系如图 4-2 所示。以 $\boldsymbol{F}$ 为对角线，作一正六面体，由图可知，若已知力 $\boldsymbol{F}$ 与 x、y、z 轴间的夹角分别为 α、β、γ，则力 $\boldsymbol{F}$ 在坐标轴上的投影为

$$F_x = \pm F\cos\alpha \quad F_y = \pm F\cos\beta \quad F_z = \pm F\cos\gamma \tag{4-1}$$

力在轴上的投影是代数量，符号规定为：从投影的起点到终点的方向与相应坐标轴正向一致的取正号；反之，取负号。

4.1.2 二次投影法

当力与坐标轴的夹角不是全部已知时，可采用二次投影法。设已知力 $\boldsymbol{F}$ 与 z 轴的夹角为 γ 以及 $\boldsymbol{F}$ 与 z 轴所形成的平面与 x 轴的夹角为 φ，如图 4-3 所示。可将力 $\boldsymbol{F}$ 先分解到坐标平面 xOy 上，得到力 $\boldsymbol{F}_{xy}$，然后把这个力再投影到 x、y 轴上。则力 $\boldsymbol{F}$ 在三个轴上的投影分别为

$$\begin{aligned} F_x &= F\sin\gamma\cos\varphi \\ F_y &= F\sin\gamma\sin\varphi \\ F_z &= F\cos\gamma \end{aligned} \tag{4-2}$$

反之，如果力 $\boldsymbol{F}$ 在坐标轴上的三个投影 F_x、F_y、F_z 是已知的，则可求得该力的大小和方向为

$$F=\sqrt{F_x^2+F_y^2+F_z^2} \tag{4-3}$$

$$\cos\alpha=\frac{F_x}{F} \quad \cos\beta=\frac{F_y}{F} \quad \cos\gamma=\frac{F_z}{F}$$

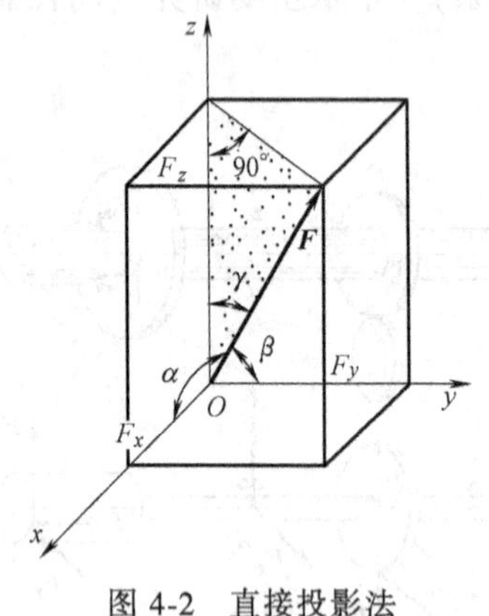

图 4-2 直接投影法

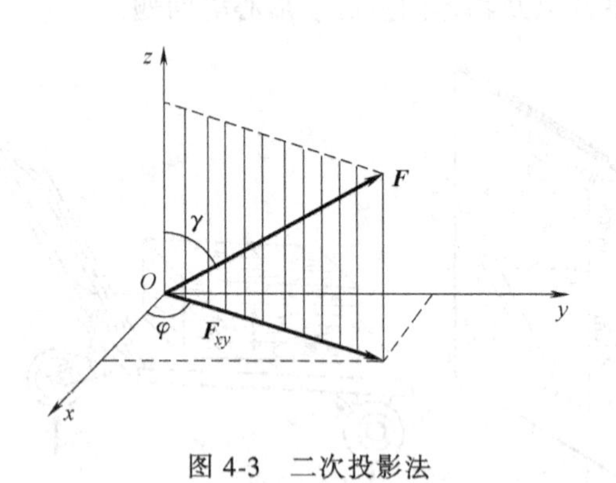

图 4-3 二次投影法

4.2 力对轴之矩

在平面力系中，我们建立了力对点之矩的概念，如图 4-4a 所示。力 $\boldsymbol{P}$ 作用在圆轮的平面内，它产生使圆轮绕 O 点转动的效应，从而建立起力对点之矩的概念，即

$$M_O(\boldsymbol{P})=Pd$$

从图 4-4b 可以看出，平面物体绕 O 点的转动，相应于在空间中物体绕通过 O 点且与该平面垂直的 z 轴的转动。我们用力对轴之矩来度量力使物体绕轴的转动效应，并用符号 $M_z(\boldsymbol{P})$ 来表示力 $\boldsymbol{P}$ 对 z 轴之矩。显然力 $\boldsymbol{P}$ 使圆轮绕 z 轴的转动效应，决定于力 $\boldsymbol{P}$ 的大小和方向，以及力的作用线与转轴 z 的垂直距离 h，这与力对点的矩是一致的，故有

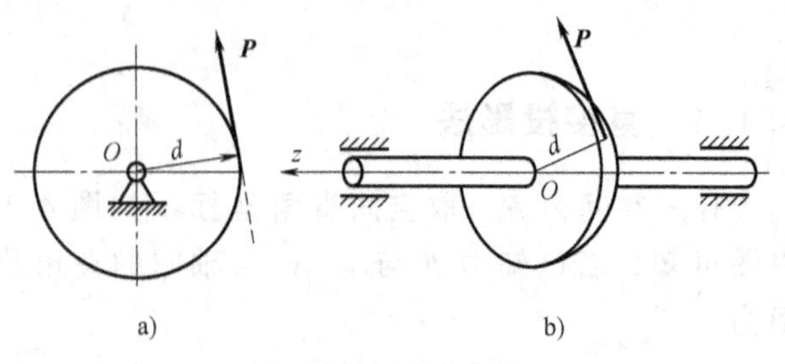

图 4-4 力对轴之矩

$$M_z(\boldsymbol{P})=\pm Pd \tag{4-4}$$

力对轴之矩的正负号通常按右手螺旋法则确定。即用右手的四指顺着力对轴之矩的方向卷曲，若大拇指的指向与转轴正向坐标相同，则取正号；反之取负号。

在空间问题中，经常会遇到力 $\boldsymbol{F}$ 和转轴 z 不相垂直的情形。例如图 4-5 所示用力 $\boldsymbol{F}$ 推门的情形，此时可把力 $\boldsymbol{F}$ 分解为平行于 z 轴的力 $\boldsymbol{F}_z$ 和垂直于 z 轴的平面内的力 $\boldsymbol{F}_{xy}$。实践证明，分力 $\boldsymbol{F}_z$ 不产生使门绕 z 轴转动的效应，该力只是试图使门沿 z 轴方向移动，只有分力 $\boldsymbol{F}_{xy}$ 方向有使门绕 z 轴转动的效应。若 $\boldsymbol{F}_{xy}$ 所在平面与 z 轴交点为 O，则力 $\boldsymbol{F}_{xy}$ 对 z 轴之矩可用它对 O 点的矩来计算。设 O 点到 $\boldsymbol{F}_{xy}$ 作用线的距离为 d，则

$$M_z(\boldsymbol{F})=M_z(\boldsymbol{F}_{xy})=M_O(\boldsymbol{F}_{xy})=\pm Fd$$

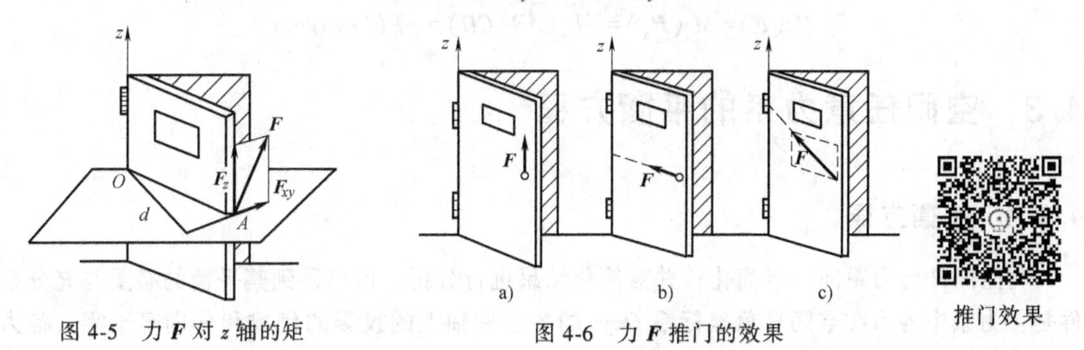

图 4-5　力 $\boldsymbol{F}$ 对 z 轴的矩　　图 4-6　力 $\boldsymbol{F}$ 推门的效果

综上分析，可得如下结论：力对某轴之矩是力使物体绕该轴转动效应的度量，其大小等于力在垂直于轴的平面上的投影对轴与平面的交点 O 点之矩。

显然，当力的作用线与转轴垂直或平行时，该力对轴之矩为零。日常生活中，开门就是一个很好的例子，当施加于门上的力的作用线与门轴平行（图 4-6a）或垂直（图 4-6b），即力与转轴共面（图 4-6c）时不能将门打开。空间力系也可以用求矢量和的方法求合力，即

$$\boldsymbol{R}=\boldsymbol{F}_1+\boldsymbol{F}_2+\cdots+\boldsymbol{F}_n=\sum\boldsymbol{F}$$

而空间力系也有合力矩定理，可以表示为

$$M_z(\boldsymbol{R})=M_z(\boldsymbol{F}_1)+M_z(\boldsymbol{F}_2)+\cdots+M_z(\boldsymbol{F}_n)=\sum M_z(\boldsymbol{F}_i)$$

即空间力系若有合力 $\boldsymbol{R}$，则合力对某轴之矩等于各分力对该轴之矩的代数和。

在实际计算力对轴之矩时，有时应用合力矩定理较为方便，即先将力按所取坐标轴进行分解，然后分别计算每一分力对这个轴之矩，最后再算出这些力矩的代数和，即为该力对该轴之矩。

例 4-1　手柄 $ABCE$ 在平面 Axy 内的 D 处作用有一个力 $\boldsymbol{F}$，如图 4-7 所示，它在垂直于 y 轴的平面内偏离铅垂线的角度为 α。如果 $CD=a$，杆 BC 平行于 x 轴，杆 CE 平行于 y 轴，AB 和 BC 的长度都等于 l。试求力 $\boldsymbol{F}$ 对 x、y 和 z 三轴之矩。

解：将力 $\boldsymbol{F}$ 沿坐标轴分解为 $\boldsymbol{F}_z$ 和 $\boldsymbol{F}_x$ 两个分力，其中 $\boldsymbol{F}=\boldsymbol{F}_x+\boldsymbol{F}_z$。根据合力矩定理，力 $\boldsymbol{F}$ 对轴之矩等于分力 $\boldsymbol{F}_x$ 和 $\boldsymbol{F}_z$ 对同一轴之矩的代数和。注意到力对平行于自身的轴之矩为零，于是有

$$M_x(\boldsymbol{F})=M_x(\boldsymbol{F}_z)=-F_z(AB+CD)=-F(l+a)\cos\alpha$$

$$M_y(\boldsymbol{F})=M_y(\boldsymbol{F}_z)=-F_zBC=-Fl\cos\alpha$$

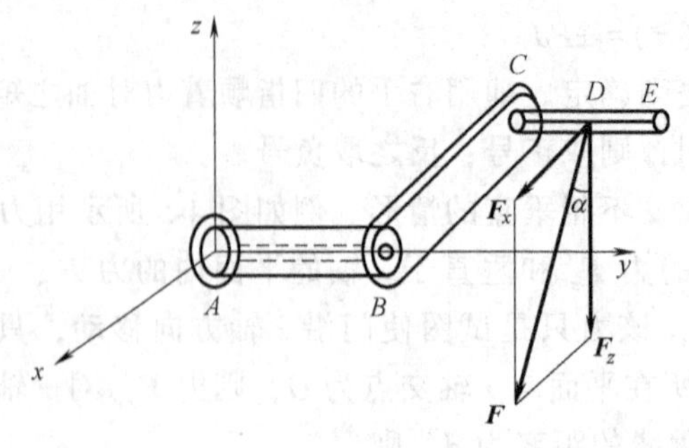

图 4-7 例 4-1 图

摇把

$$M_z(\boldsymbol{F})=M_z(\boldsymbol{F}_x)=-F_x(AB+CD)=-F(l+a)\sin\alpha$$

4.3 空间任意力系的平衡方程

4.3.1 平衡方程

将空间任意力系向一点简化，并对简化结果进行分析，可以得到其平衡的必要与充分条件是：力系中各力在空间直角坐标系 $Oxyz$ 的各坐标轴上的投影的代数和分别等于零；各力对各坐标轴之矩的代数和分别等于零。即

$$\left.\begin{aligned}\sum F_x=0,\sum F_y=0,\sum F_z=0\\\sum M_x(\boldsymbol{F})=0,\sum M_y(\boldsymbol{F})=0,\sum M_z(\boldsymbol{F})=0\end{aligned}\right\}\tag{4-5}$$

显然，空间任意力系有六个独立的平衡方程，可以求解六个未知量，它是解决空间任意力系平衡问题的基本方程。从空间任意力系的平衡方程，很容易导出空间汇交力系和空间平行力系的平衡方程。如图 4-1a 所示，铰 D 受空间汇交力系作用，选取空间汇交点 D 为坐标原点，则不论此力系是否平衡，各力的作用线都将通过原点。所以各力对 x、y 和 z 轴之矩恒等于零。因此，空间汇交力系的平衡方程仅剩下三个，即

$$\sum F_x=0,\ \sum F_y=0,\ \sum F_z=0\tag{4-6}$$

这组方程可以求解三个未知量。

例 4-2 图 4-8a 所示水平轴上装有两个凸轮，凸轮上分别作用有已知力 $P=800\text{N}$ 和未知

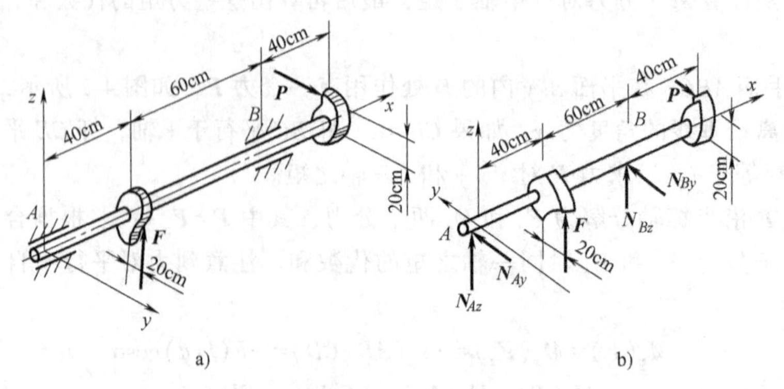

图 4-8 例 4-2 图

力 F。若轴平衡，求力 $\boldsymbol{F}$ 和轴承反力。

解：取轴 AB 为研究对象，取坐标系 $Axyz$，并画受力图，如图 4-8b 所示。由平衡方程求解如下

$$\sum M_x(\boldsymbol{F})=0,-20F+20P=0$$

$$F=P=800\text{N}$$

$$\sum M_y(\boldsymbol{F})=0,-100N_{Bz}-40F=0,$$

$$N_{Bz}=-2F/5=-320\text{N}(\text{反向})$$

$$\sum M_z(\boldsymbol{F})=0,100N_{By}-140P=0,$$

$$N_{By}=1120\text{N}$$

$$\sum F_y=0,N_{Ay}+N_{By}-P=0,$$

$$N_{By}=320\text{N}$$

$$\sum F_z=0,N_{Az}+N_{Bz}+F=0,$$

$$N_{Bz}=-480\text{N}(\text{反向})$$

*例 4-3　一曲柄传动轴上安装着带轮，如图 4-9 所示。已知带的拉力 $F_2=2F_1$，曲柄上作用的铅垂力 $F=2000\text{N}$；带轮的直径 $D=400\text{mm}$，曲柄长 $R=300\text{mm}$；两侧带与铅垂线间的夹角分别为 $\alpha=30°$ 和 $\beta=60°$；其他尺寸如图所示。试求带的拉力和径向轴承 A、B 的约束反力。

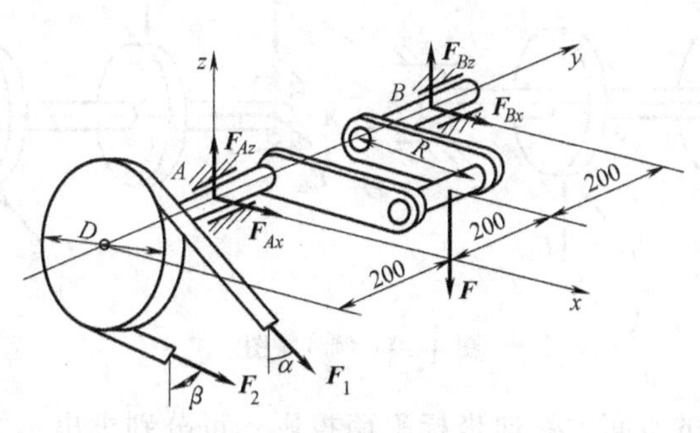

图 4-9　例 4-3 图

解：选取整个轴为研究对象。如图 4-9 所示，在轴上作用有带拉力 $\boldsymbol{F}_1$、$\boldsymbol{F}_2$；在曲柄上作用有铅垂力 $\boldsymbol{F}$，在 A、B 处作用有轴承约束反力 $\boldsymbol{F}_{Ax}$、$\boldsymbol{F}_{Az}$ 与 $\boldsymbol{F}_{Bx}$、$\boldsymbol{F}_{Bz}$，这些力构成空间任意力系。取图示坐标轴，列平衡方程为

$$\sum F_x=0,F_1\sin30°+F_2\sin60°+F_{Ax}+F_{Bx}=0$$

$$\sum F_z=0,-F_1\cos30°-F_2\cos60°-F+F_{Az}+F_{Bz}=0$$

$$\sum M_x(\boldsymbol{F}_i)=0,F_1\cos30°\times200\text{mm}+F_2\cos60°\times200\text{mm}$$

$$-F\times200\text{mm}+F_{Bz}\times400\text{mm}=0$$

$$\sum M_y(\boldsymbol{F}_i)=0,F\times300\text{mm}-(F_2-F_1)\times200\text{mm}=0$$

$$\sum M_z(\boldsymbol{F}_i)=0,F_1\sin30°\times200\text{mm}+F_2\sin60°\times200\text{mm}-F_{Bx}\times400\text{mm}=0$$

据题意还有 $F_2=2F_1$。

六个方程、六个未知量，联立解之，即得带拉力和径向轴承 A、B 的约束反力分别为

$$F_1=3000\text{N}, F_2=6000\text{N}$$
$$F_{Ax}=-1004\text{N}, F_{Az}=9317\text{N}$$
$$F_{Bx}=3348\text{N}, F_{Bz}=-1799\text{N}$$

4.3.2 空间平衡力系的平面解法

在机械工程中，常把空间的受力图投影到三个坐标平面上，画出三个视图（主视、俯视、侧视图），这样就得到三个平面力系，分别列出它们的平衡方程，同样可以解出所求的未知量。这种将空间平衡问题转化为三个平面平衡问题的讨论方法，就称为空间平衡力系的平面解法。其依据是物体空间力系作用处于静止平衡状态，那么该物体所受的空间力系在三个平面上的投影也是静止平衡的。

例 4-4 某轴结构如图 4-10a 所示，轴上装有半径分别为 r_1、r_2 的两个齿轮 C 和 D。两端为轴承约束，求轴承约束反力。

解：1）根据已知条件，画出受力图如图 4-10b 所示。A 端为推力轴承，有 x、y、z 三个方向的约束，设约束反力分别为 $\boldsymbol{F}_{Ax}$、$\boldsymbol{F}_{Ay}$、$\boldsymbol{F}_{Az}$。而 B 端为径向轴承，有 x、z 两个方向的约束，设约束反力分别为 $\boldsymbol{F}_{Bx}$、$\boldsymbol{F}_{Bz}$。

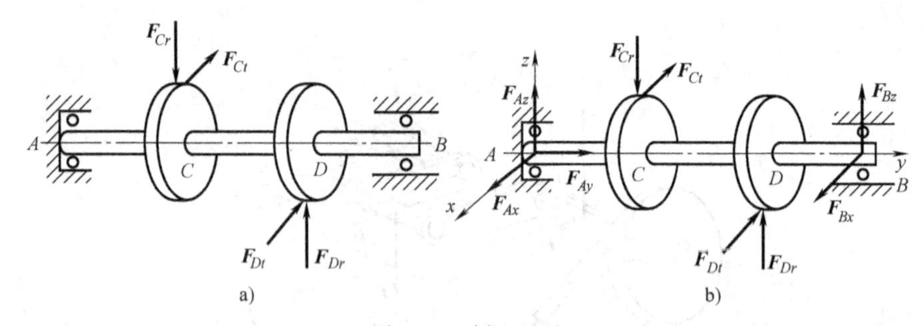

图 4-10 例 4-4 图

2）将图 4-10b 所示的空间力系向坐标平面投影，可分别求出三个坐标平面上的力。由图 4-11a 所示的 yz 平面力系，可写出平衡方程为

$$\sum F_y=F_{Ay}=0 \tag{a}$$
$$\sum F_z=F_{Az}+F_{Bz}-F_{Cr}+F_{Dr}=0 \tag{b}$$
$$\sum M_x(\boldsymbol{F})=F_{Bz}AB-F_{Cr}AC+F_{Dr}AD=0 \tag{c}$$

3）由图 4-11b 所示的 xy 平面力系，可写出平衡方程为

$$\sum F_x=F_{Ax}+F_{Bx}-F_{Ct}-F_{Dt}=0 \tag{d}$$
$$\sum M_z(\boldsymbol{F})=F_{Bx}AB-F_{Ct}AC-F_{Dt}AD=0 \tag{e}$$

4）由图 4-11c 所示的 xz 平面力系，可写出平衡方程为

$$\sum M_y(\boldsymbol{F})=-F_{Ct}r_1+F_{Dt}r_2=0 \tag{f}$$

列平衡方程时，每个平面内都可以列出三个方程，在本题中，重复的方程未写出，故只列了六个独立方程，轴承约束反力请读者自行联立计算。

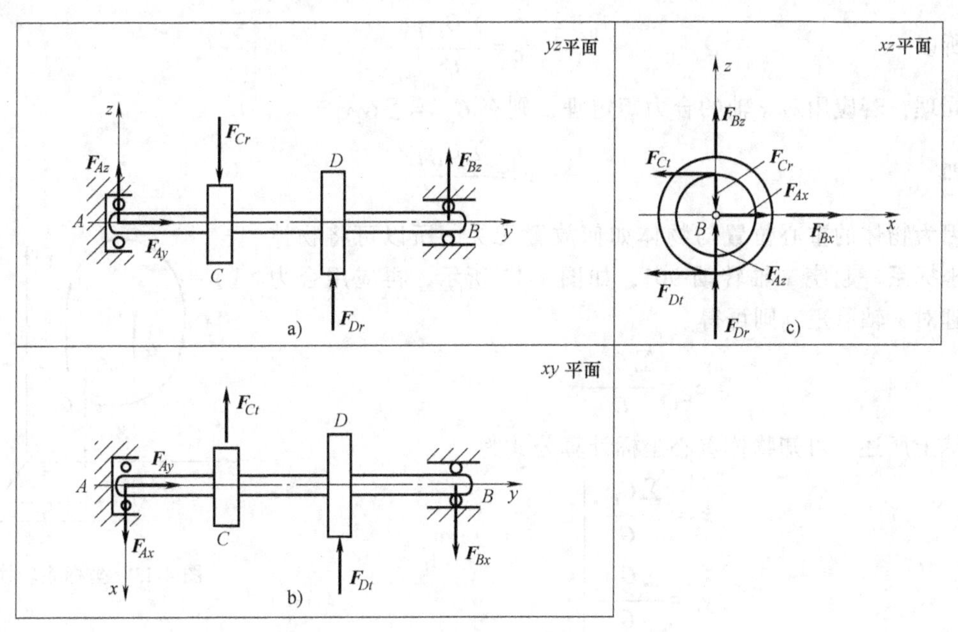

图 4-11　空间平衡力系向坐标平面投影

4.4　重心和形心

4.4.1　重心和形心的概念

1. 重心

在对工程实际中的物体进行分析研究时，经常需要确定研究对象的重力中心，即重心。我们知道，重力是地球对物体的引力，也就是说，若将物体看作是由无穷多个质点所组成，则每个质点都会受到地球重力的作用，这些力均应汇交于地心，构成一空间汇交力系。但物体在地面附近时，由于物体几何尺寸远小于地球，所以，组成物体的各质点所受的重力可近似看作是一平行力系。而这一同向的平行力系的中心即为物体的重心，且相对物体而言其重心的位置是固定不变的。

假设图 4-12 所示物体由 n 个质点组成，C 点为物体的重心。为研究该物体的坐标，建立空间直角坐标系 $Oxyz$，物体内一质点 M_i 为组成物体的 n 个质点中的任一质点。设物体和该质点的重力分别为 $\boldsymbol{G}$ 和 $\boldsymbol{G}_i$，且物体的重心和质点的坐标分别为

$$C(x_C、y_C、z_C)\quad M_i(x_i、y_i、z_i)$$

因为物体的重力 $\boldsymbol{G}$ 等于组成物体的各个质点的重力 $\boldsymbol{G}_i$ 的合力，即

$$\boldsymbol{G}=\sum \boldsymbol{G}_i$$

应用对 y 轴的合力矩定理，则有 $Gx_C = G_1x_1 + G_2x_2+\cdots+G_nx_n=\sum G_ix_i$

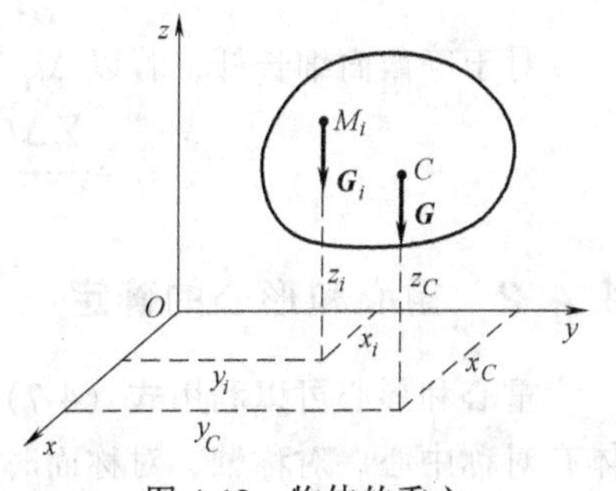

图 4-12　物体的重心

所以
$$x_C=\frac{\sum G_ix_i}{G}$$

同理，若应用对 x 轴的合力矩定理，则有 $Gy_C=\sum G_iy_i$

即
$$y_C=\frac{\sum G_iy_i}{G}$$

因为物体的重心位置与物体如何放置无关，所以可将物体连同坐标系一起绕 x 轴转动 90°，如图 4-13 所示，再应用合力矩定理对 x 轴取矩，则可得

$$z_C=\frac{\sum G_iz_i}{G}$$

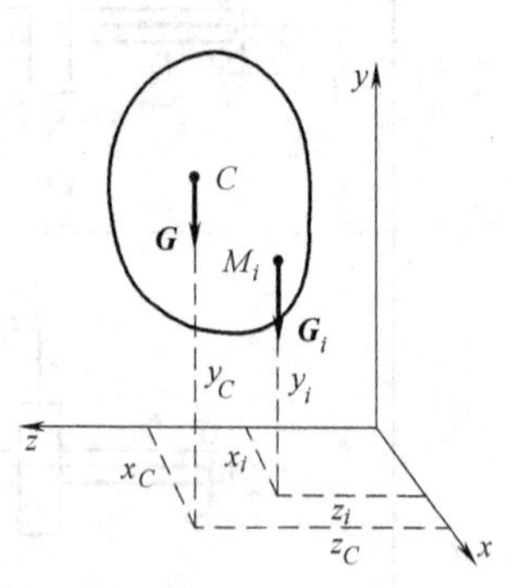

图 4-13 坐标系转换

综上所述，可知物体重心坐标计算公式为

$$\left.\begin{aligned}x_C&=\frac{\sum G_ix_i}{G}\\y_C&=\frac{\sum G_iy_i}{G}\\z_C&=\frac{\sum G_iz_i}{G}\end{aligned}\right\}\tag{4-7}$$

2. 形心

如果物体是均质的，其单位体积的重量为 1，各微小部分的体积为 ΔV_i，整个物体的体积 $V=\sum\Delta V_i$，则 $\Delta G_i=\gamma\Delta V_i$，$G=\gamma V$，代入式（4-7）得

$$x_C=\frac{\sum\Delta V_ix_i}{V},\quad y_C=\frac{\sum\Delta V_iy_i}{V},\quad z_C=\frac{\sum\Delta V_iz_i}{V}\tag{4-8a}$$

由此可见，均质物体的重心位置与物体的重量无关，而只取决于物体的几何形状，这时物体的重心就是物体几何形状的中心——形心。对于均质的刚体，其重心和形心在同一点上。

对于等厚薄壁物体，如薄壁容器、飞机机翼等，若以 ΔA 表示微面积，A 表示整个面积，则其形心坐标为

$$x_C=\frac{\sum\Delta A_ix_i}{A},\quad y_C=\frac{\sum\Delta A_iy_i}{A},\quad z_C=\frac{\sum\Delta A_iz_i}{A}\tag{4-8b}$$

对于等截面细长杆，若以 Δl_i 表示杆的任一微段，以 l 表示杆总长度，则其形心坐标为

$$x_C=\frac{\sum\Delta L_ix_i}{L},\quad y_C=\frac{\sum\Delta L_iy_i}{L},\quad z_C=\frac{\sum\Delta L_iz_i}{L}\tag{4-8c}$$

4.4.2 重心和形心的确定

重心和形心可以利用式（4-7）、式（4-8）确定。但多数情况下可以凭经验判定。如物体有对称中心、对称轴、对称面时，则该物体的重心和形心一定在对称中心、对称轴、对称面上。如均质球的重心和形心在球心上。一些简单形状的均质物体的重心或形心位置还可查

阅有关工程手册确定。

1. 实验法

对于形状复杂而不便计算或非均质物体的重心位置，可采用实验方法测定。常用的实验方法有以下两种。

（1）悬挂法　如果需求一薄板的重心，可先将薄板悬挂于任一点 A，如图 4-14a 所示。根据二力平衡原理，重心必在经过悬挂点 A 的铅垂线上，于是可在板上标出此线。然后，再将薄板悬挂于另一点 B，同样画出另一直线，两直线的交点 C 即为此薄板的重心，如图 4-14b 所示。

（2）称重法　如图 4-15 所示的连杆，欲确定其重心，可采用称重法。先用磅秤称出物体的重量 W，然后将物体的一端支于固定点 A，另一端支于秤上，量出两支点间的水平距离 l，并读出磅秤上的读数 F_B。由于力 $\boldsymbol{W}$ 和 $\boldsymbol{F}_B$ 对 A 点力矩的代数和应等于零，因此物体的重心 C 至 A 支点的水平距离为

$$h=(F_B/W)l \tag{4-9}$$

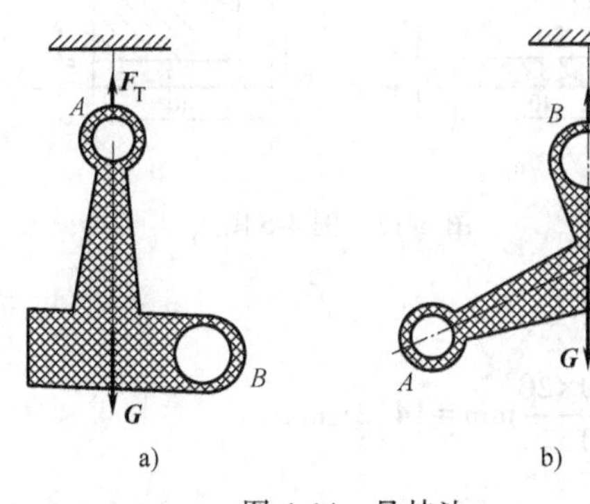

图 4-14　悬挂法

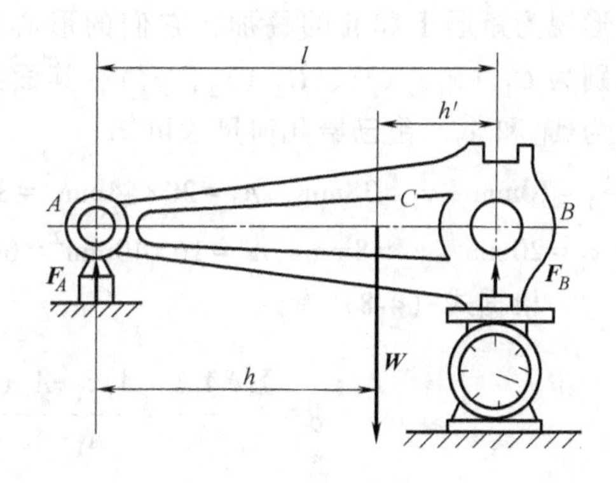

图 4-15　称重法

再如图 4-16a 所示的外形较复杂的小轿车，为确定车的重心，先用地磅秤称得小轿车重量 $\boldsymbol{G}$，然后分别按图 4-16a、b、c 所示，用磅秤称得 $\boldsymbol{F}_1$、$\boldsymbol{F}_3$ 和 $\boldsymbol{F}_5$ 大小，并量出轴距 l_1、轮距 l_2 及后轮抬高高度 h。则汽车重心 C 距后轮、右轮的距离 a、b 和高度 c，可由下列的平衡方程求出。

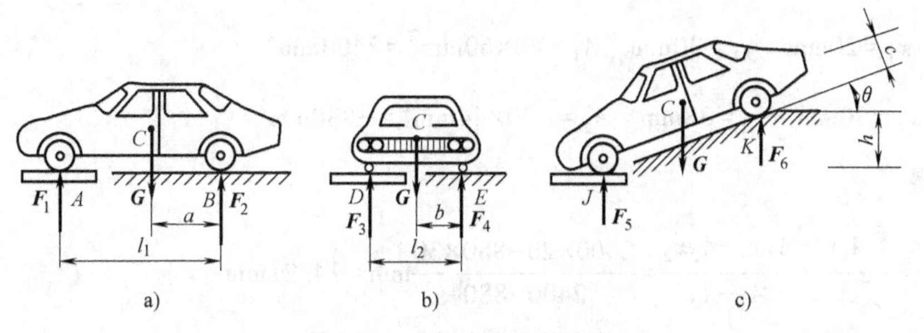

图 4-16　小轿车重心的确定

小轿车重心的确定

$$\sum M_B(\boldsymbol{F})=0,\quad 得\ a=\frac{F_1}{G}l_1$$

$$\sum M_E(\boldsymbol{F})=0,\quad 得\ b=\frac{F_3}{G}l_2$$

$$\sum M_K(\boldsymbol{F})=0,\quad 得-F_5l_1\cos\theta+Ga\cos\theta+Gc\sin\theta=0$$

则有
$$c=\frac{1}{G}(F_5l_1-Ga)\cot\alpha=\frac{1}{Gh}(F_5l_1-Ga)\sqrt{l_1^2-h^2}$$

2. 简单形状均质组合体的形心计算

有些均质物体可以看成是由有限个简单几何形状的均质物体组成的组合体，计算时可将组合体视为几个简单几何形状物体的组合，并建立坐标系，确定每个简单几何形状物体的形心（或重心），再应用有关的公式，就可确定整个物体的重心或形心。下面举例说明。

例 4-5 试求图 4-17a 所示平面图形的形心位置（单位：mm）。

解：该题可用两种方法求解。

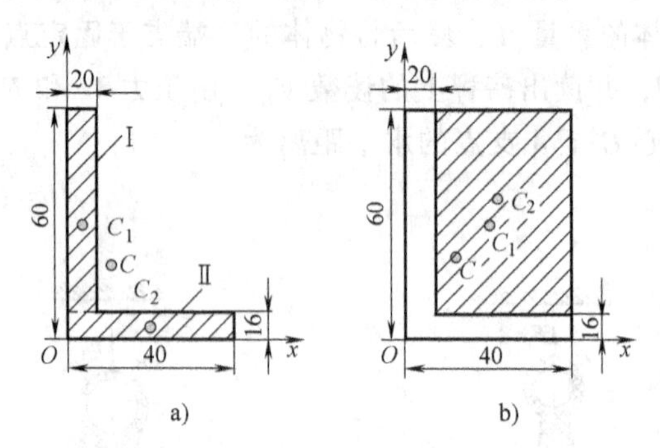

图 4-17 例 4-5 图

（1）正面积法 如图 4-17a 所示，将该图形视为矩形 I 和 II 的叠加，它们的形心位置分别为 C_1（x_1，y_1）、C_2（x_2，y_2）。其面积分别为 A_1 和 A_2。由已给几何尺寸可知

$x_1=10\text{mm}\quad y_1=38\text{mm}\quad A_1=20\times44\text{mm}^2=880\text{mm}^2$

$x_2=20\text{mm}\quad y_2=8\text{mm}\quad A_2=16\times40\text{mm}^2=640\text{mm}^2$

根据式（4-8）有

$$x_C=\frac{\sum\Delta A_ix_i}{A}=\frac{A_1x_1+A_2x_2}{A_1+A_2}=\frac{880\times10+640\times20}{880+640}\text{mm}=14.21\text{mm}$$

$$y_C=\frac{\sum\Delta A_iy_i}{A}=\frac{A_1y_1+A_2y_2}{A_1+A_2}=\frac{880\times38+640\times8}{880+640}\text{mm}=25.37\text{mm}$$

（2）负面积法 如图 4-17b 所示，将该图形看成是一个大矩形 I 挖去一个小矩形 II（图中阴影线部分）。它们的形心位置分别为 C_1（x_1，y_1）、C_2（x_2，y_2）。其面积分别为 A_1 和 A_2，只是切去部分的面积 A_2 应取负值，由已给几何尺寸可知

$$x_1=20\text{mm}\quad y_1=30\text{mm}\quad A_1=40\times60\text{mm}^2=2400\text{mm}^2$$

$$x_2=30\text{mm}\quad y_2=38\text{mm}\quad A_2=-20\times44\text{mm}^2=-880\text{mm}^2$$

根据式（4-8）得

$$x_C=\frac{\sum A_ix_i}{\sum A_i}=\frac{A_1x_1-A_2x_2}{A_1-A_2}=\frac{2400\times20-880\times30}{2400-880}\text{mm}=14.21\text{mm}$$

$$y_C=\frac{\sum A_iy_i}{\sum A_i}=\frac{A_1y_1-A_2y_2}{A_1-A_2}=\frac{2400\times30-880\times38}{2400-880}\text{mm}=25.37\text{mm}$$

通过以上计算分析可知，两种方法求得的结果一致。

需要注意，坐标系选择的不同，会导致形心坐标不同，但不会导致位置不同。

本章小结

工程中常会遇到物体受空间力系的作用，或者说空间力系更为普遍和广泛。本章主要讨论了力在空间直角坐标系下的投影，力对轴之矩的概念，引出了空间力系的平衡方程，重点是空间力系的平衡方程的应用。

空间平衡力系的平面解法是常用的简便计算方法，文中做了较详细介绍。

物体的重心和形心有多种确定方法，如悬挂法和称重法，其中通过公式来求物体截面的形心计算是重点。

思考题

1. 举例说明生活或工程中的空间力系。
2. 不同空间力系的独立平衡方程有几个？
3. 空间力系的平衡问题可转化为三个平面任意力系的平衡问题，根据一个平面任意力系的平衡方程可解三个未知数，那么三个平面任意力系是否可求出九个未知数？
4. 物体的重心一定在物体上，对不对？
5. 计算同一平面图形的形心时，如选取坐标系位置不同，则形心坐标是否改变？平面图形的形心位置是否改变？计算方法不同，则形心位置是否改变？
6. 当物体不是均质时，重心和形心还重合吗？

习题

4-1 如图4-18所示，已知 $F_1=3\text{kN}$，$F_2=2\text{kN}$，$F_3=1\text{kN}$。正六面体边长分别为3、4、5，各力位置如图所示。试计算三个力在 x、y、z 轴上的投影。

*4-2 如图4-19所示，设在图中水平轮上 A 点作用一力 $\boldsymbol{F}$，其作用线与过 A 点的切线成60°角，且在过 A 点与 z 轴平行的平面内，而点 A 与圆心 O 的连线与通过 O 点平行于 y 轴的直线成45°角。设 $F=1000\text{N}$，$h=r=1\text{m}$。试求力 $\boldsymbol{F}$ 在三个坐标轴上的投影及对三轴之矩。

4-3 简易挂物装置如图4-20所示，三杆的重量不计，用铰连接于 O 点，平面 BOC 是水平的，且 $BO=CO$。若在 O 点挂一重物，其重为 $G=1000\text{N}$，求三杆所受的力。

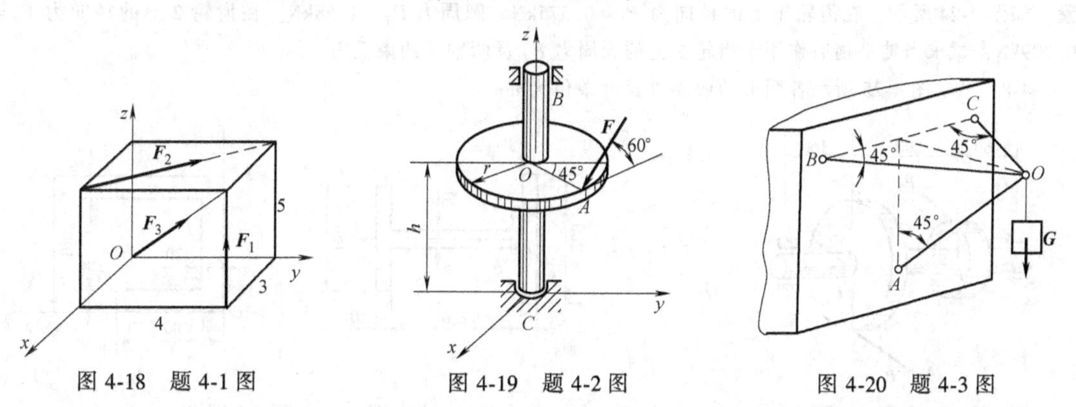

图4-18 题4-1图　　图4-19 题4-2图　　图4-20 题4-3图

4-4 简易起重机如图4-21所示，已知 $AD=BD=1\text{m}$，$CD=1.5\text{m}$，$CM=1\text{m}$，$ME=4\text{m}$，$MS=0.5\text{m}$，机身的重力 $G_1=100\text{kN}$，起吊重物的重力 $G_2=10\text{kN}$。试求 A、B、C 三轮对地面的压力。

4-5　如图 4-22 所示三轮平板车上作用有三个载荷，求三个车轮的法向约束反力。

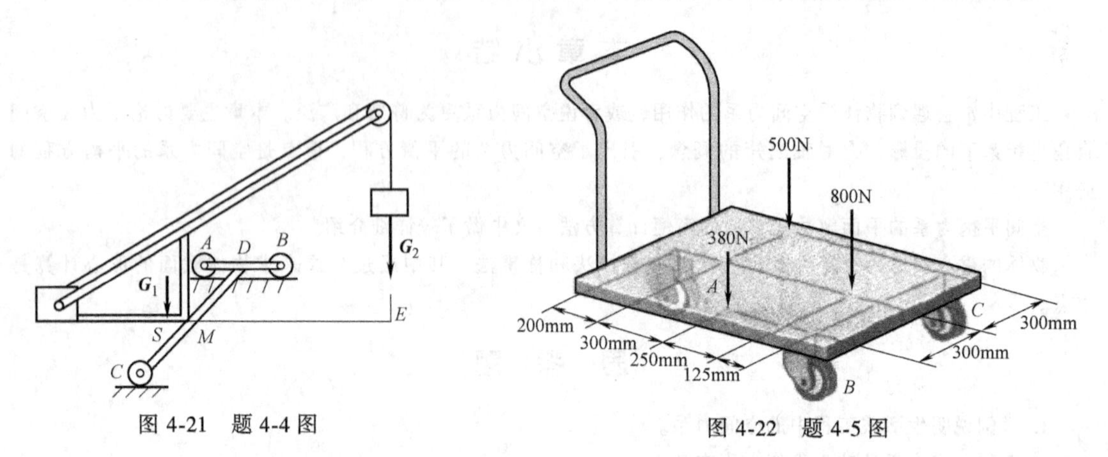

图 4-21　题 4-4 图　　图 4-22　题 4-5 图

*4-6　如图 4-23 所示电动机通过链条传动将重物匀速提起，已知 $r=100\text{mm}$，$R=200\text{mm}$，$G=10\text{kN}$，链条与水平线成角 $\alpha=30°$，紧边链条拉力为 $\boldsymbol{T}_1$，松边链条拉力为 $\boldsymbol{T}_2$，且 $\boldsymbol{T}_1=2\boldsymbol{T}_2$。求轴承约束反力及链条的拉力。

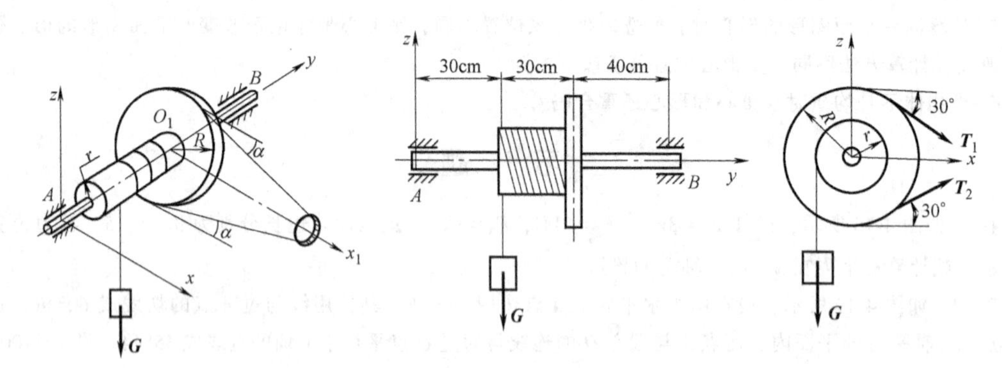

图 4-23　题 4-6 图

4-7　*AB* 轴上装有两个直齿轮，分度圆半径 $r_1=100\text{mm}$，$r_2=72\text{mm}$，啮合点分别在两齿轮最低与最高位置，如图 4-24 所示。在齿轮 1 上的径向力 $F_1=0.575\text{kN}$，圆周力 $P_1=1.58\text{kN}$。在齿轮 2 上的径向力 $F_2=0.799\text{kN}$，试求当轴平衡时作用于齿轮 2 上的圆周力 $\boldsymbol{P}_2$ 及两轴承约束反力。

4-8　试求图 4-25 所示各图形的形心（尺寸单位为 mm）。

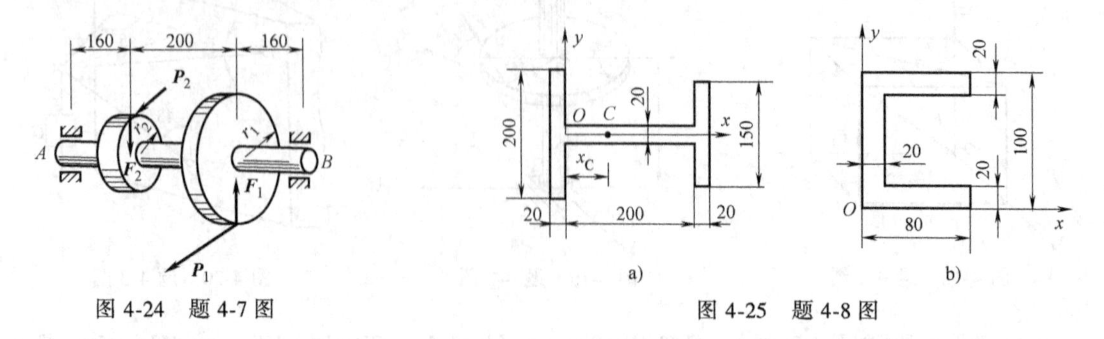

图 4-24　题 4-7 图　　图 4-25　题 4-8 图

*4-9　试求图 4-26 所示的各平面图形的形心。

*4-10　如图 4-27 所示的型铝横截面，厚度均为 10mm，确定截面形心。

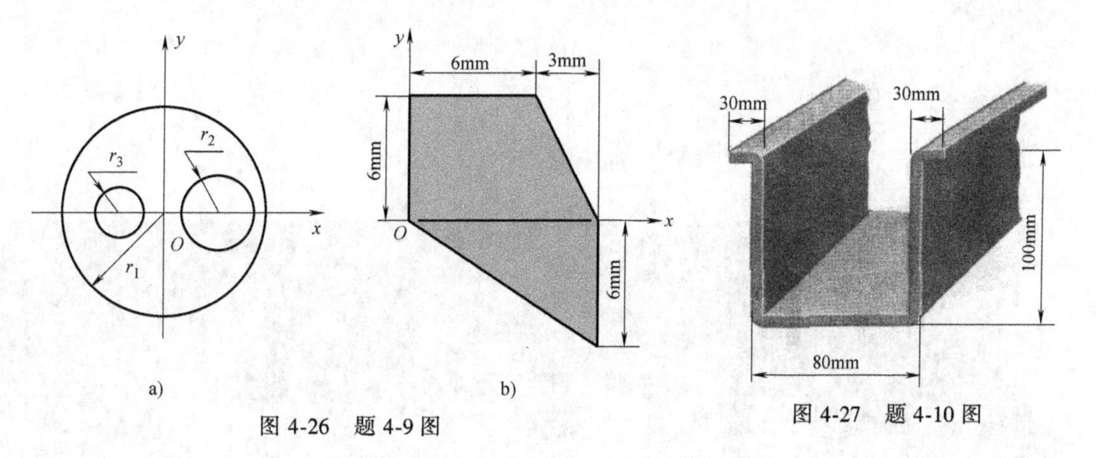

图 4-26　题 4-9 图

图 4-27　题 4-10 图

第2篇 材料力学

在前面的静力学研究中，主要是研究力对物体作用的外效应。我们把物体假设为不变形的刚体，并对其进行了外力分析（画受力图）和计算，搞清了作用在物体上所有外力的大小和方向。但在这些外力作用下，构件是否破坏，是否产生大于允许的变形，以及能否保持原有的平衡状态等问题，则需要利用材料力学的理论来解决。本篇我们将进行材料力学的研究。

一、材料力学的研究对象

1. 变形（固）体

机器和工程结构都由构件组成，即构件是组成机器和工程结构的最小单元。构件一般是用固体材料制成，当机器或工程结构工作时，构件受到力的作用。任何构件受力后其形状和尺寸都会改变，并在力增加到一定程度时发生破坏。材料力学正是进一步研究构件的变形、破坏与作用在构件上的外力之间的关系。这里，变形是一个重要的研究内容，因此我们在材料力学所研究的问题中，必须把构件如实地看成是“变形固体”，简称为变形体。也正因为如此，“刚体”这一理想模型在材料力学中已不再适用。

2. 变形（固）体的两种变形

变形（固）体的变形可分为两种：一种是除去外力后自行消失的变形，称为弹性变形；另一种是除去外力后不能消失的变形，称为塑性变形或永久性变形。例如，将一根弹簧拉长，当拉力不太大时，将拉力除去，弹簧可恢复到原有长度；但若拉力过大，则拉力除去后，弹簧的长度就不能完全恢复到原有长度，这时弹簧就产生了塑性变形。

3. 变形（固）体的基本假设

为便于理论分析和简化计算，在材料力学中对变形固体作了四个基本假设：

1）连续性假设，即认为在物体的整个体积内毫无空隙地充满了构成该物体的物质。

2）均匀性假设，即认为物体内各点的材料性质都相同，不随点的位置变化而改变。

3）各向同性假设，即认为物体受力后，在各个方向上都具有相同的性质。

4）小变形假设，即认为构件受力后所产生的变形与构件的原始尺寸相比小得多。

显然，这样的变形固体是很理想化的。然而采用这些基本假设，可使问题的分析和计算得到简化。例如，图Ⅱ-1 所示的尺寸和角度的变形量很小，根据小变形的假设，在进行平衡计算时不必考虑这种小变形的影响，仍然用原尺寸和角度。

实践证明，这些假设是符合实际的。

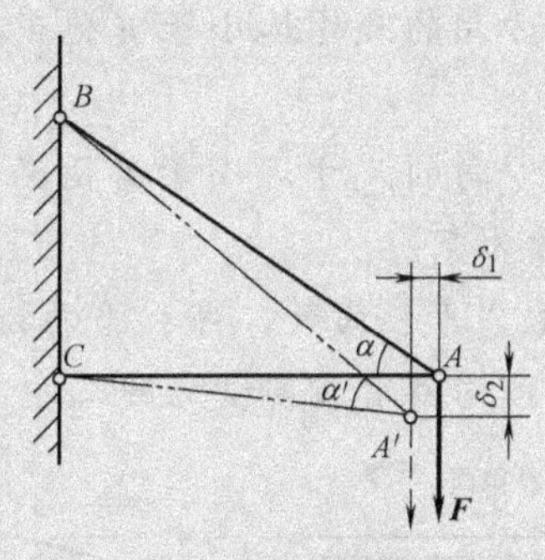

图Ⅱ-1　小变形

二、材料力学的任务

构件受力后，为确保能安全正常地工作，构件须满足以下要求：

1）有足够的强度。保证构件在外力作用下不发生破坏。这就要求构件在外力作用下具有一定抵抗破坏的能力，称为构件的强度。

2）有足够的刚度。保证构件在外力作用下不产生影响其工作的变形。构件抵抗变形的能力即为构件所具有的刚度。

3）有足够的稳定性。有的构件，如某些细长构件在压力达到一定数值时，会失去原有形态的平衡而丧失工作能力，这种现象称为构件失稳。因此，对这一类构件还要考虑具有一定的维持原有形态平衡的能力，这种能力称为稳定性。

综上所述，为了确保构件正常工作，一般必须满足下列三方面要求，即构件应具有足够的强度、刚度和稳定性。

在构件设计中，除了上述要求外，还需要满足经济要求。构件的安全与经济即是材料力学要解决的一对主要矛盾。

由于构件的强度、刚度和稳定性与构件材料的力学性能有关，而材料的力学性能必须通过实验来测定；此外，还有很多复杂的工程实际问题，目前尚无法通过理论分析来解决，必须依赖于实验。因此，实验研究在材料力学研究中是一个重要的方面。

由上可见，材料力学的任务是：在保证构件既安全又经济的前提下，为构件选择合适的材料，确定合理的截面和尺寸，提供必要的计算方法和实验技术。

三、材料力学的研究对象

根据几何形状以及各个方向上尺寸的差异，弹性体大致可分为杆、板、壳、体四大类。如图Ⅱ-2所示。

杆：如图Ⅱ-2a所示，一个方向的尺寸远大于其他两个方向的尺寸，这种弹性体称为杆。杆的各横截面形心的连线称为杆的轴线，轴线为直线的杆称为直杆；轴线为曲线的杆称为曲杆。按各截面相等与否，杆又分为等截面杆和变截面杆。工程上最常见的是等截面直杆，简称等直杆。

板：如图Ⅱ-2b所示，一个方向的尺寸远小于其他两个方向的尺寸，且各处曲率均为零，这种弹性体称为板。

壳：如图Ⅱ-2c所示，一个方向的尺寸远小于其他两个方向的尺寸，且至少有一个方向的曲率不为零，这种结构称为壳。

注意：板与壳的区别就在于“平、曲”二字，平的为板，曲的为壳。

体：如图Ⅱ-2d所示，三个方向具有相同量级的尺寸，这种弹性体称为体。

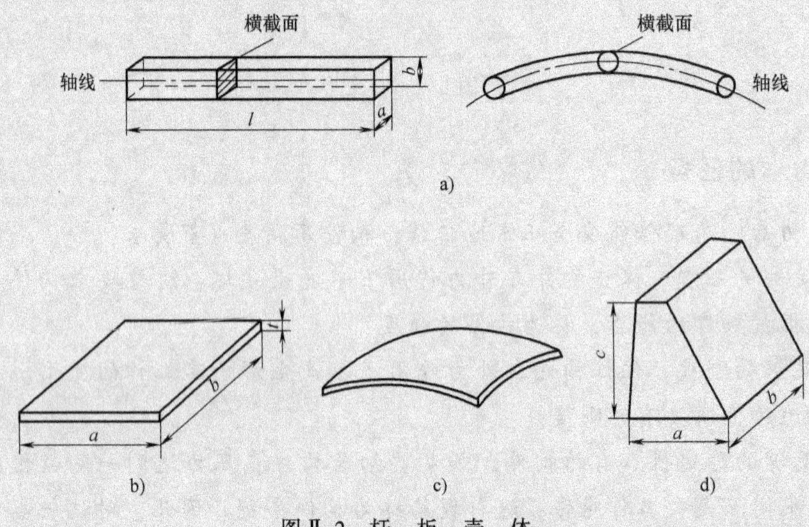

图Ⅱ-2 杆、板、壳、体

材料力学的主要研究对象是杆，以及由若干杆组成的简单杆系，同时也研究一些形状与受力均比较简单的板、壳、体。至于一般较复杂的杆系与板壳问题，则属于结构力学与弹性力学的研究范畴。工程中的大部分构件属于杆件，杆件分析的原理与方法是分析其他形式构件的基础。

四、杆件变形的基本形式

杆件在外力作用下，将发生各种各样的变形，但基本变形有四种形式（图Ⅱ-3）：

1）轴向拉伸及轴向压缩（图Ⅱ-3a、b）。

2）剪切（图Ⅱ-3c）。

3）扭转（图Ⅱ-3d）。

4）弯曲（图Ⅱ-3e）。

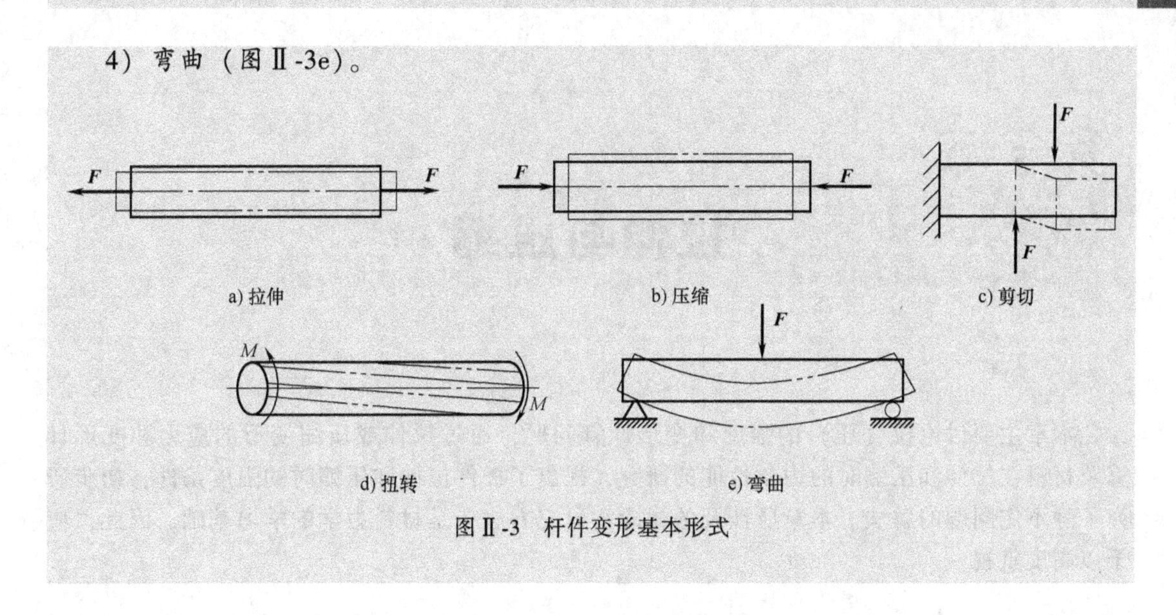

图Ⅱ-3　杆件变形基本形式

第 5 章 拉伸与压缩

本章主要讨论拉（压）的强度和变形计算问题，通过拉伸或压缩变形的应力和变形计算及材料在拉伸和压缩时的力学性能的研究，提出了杆件拉伸和压缩时的强度条件，初步研究了静不定问题的解法。本章所涉及的概念和研究方法，是材料力学的学习基础，因此，应予以高度重视。

5.1 轴向拉伸与压缩的概念与实例

工程实际中，经常遇到因外力作用产生拉伸或压缩变形的杆件。例如打捞船起重机（图 5-1）起吊沉船时，钢丝绳受拉力，液压支架受拉力或压力。又如大跨度钢结构中的钢拉索（图 5-2），随着风载的变化承受不同的拉压力。再如处于不同冲程阶段的内燃机发动机的连杆，周期性受拉压力。这些受拉或受压杆件的结构形式各有差异，加载方式也并不相同，但若将这些杆件的形状和受力情况进行简化，都可得到图 5-3 所示的受力简图。图中用实线表示受力前杆件的外形，双点画线表示受力变形后的形状。拉伸或压缩杆件的受力特点是：作用在杆件上的外力合力作用线与杆的轴线重合。杆件的变形特点是：杆件产生沿轴线方向的伸长或缩短。这种变形形式称为轴向拉伸（图 5-3a）或轴向压缩（图 5-3b），简称为拉伸或压缩。

图 5-1 起重机吊索

图 5-2 钢结构中的拉杆

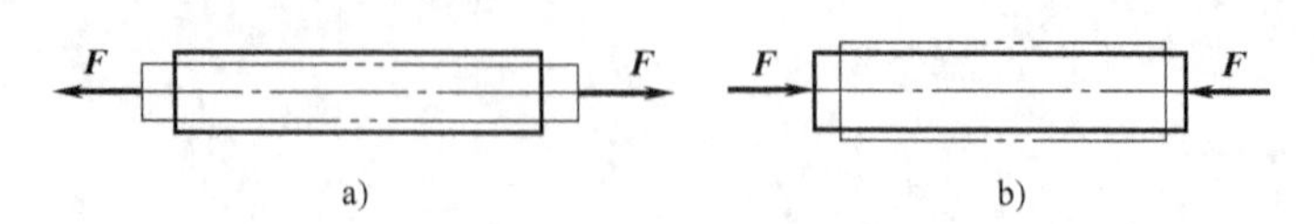

图 5-3 拉伸或压缩

5.2　轴向拉伸与压缩时横截面上的内力

5.2.1　内力的概念

物体在未受外力作用时，内部各质点之间就已有相互作用的内力，正因为这种内力的作用，使得各质点之间保持一定的相对位置，物体保持一定的形状和尺寸。当物体受到外力作用后，伴随着物体的变形，其内部各质点之间的相互位置发生改变。这时，物体的内力也有变化，即在原有的内力基础上又增添了新的内力，这种由于外力作用后引起的内力改变量（附加内力），称为内力。内力的分析计算是解决杆件的强度和刚度等问题的基础。

5.2.2　内力的确定方法——截面法

如图 5-4a 所示杆件，在杆的两端沿轴线方向受到一对拉力 $\boldsymbol{F}$ 的作用，使杆件产生拉伸变形。为了求得拉杆的任一横截面 m-m 上的内力，可假想将此杆沿该横截面“截开”，分为左、右两部分（图 5-4a），将其内力“暴露”出来。由于对变形固体作了连续性假设，所以杆件左、右两段在横截面 m-m 上相互作用的内力是一个分布力系（图 5-4b、c），其合力为 $\boldsymbol{F}_N$。在图中用 $\boldsymbol{F}_N$（$\boldsymbol{F}'_N$）表示被移去的右（左）段对留下的左（右）段的作用。由于原来的直杆处于平衡状态，所以截开后的各段仍然保持平衡，即作用于横截面 m-m 上的内力的合力（简称内力）应与外力平衡。因此，可根据静力学平衡条件算出横截面 m-m 上的内力。

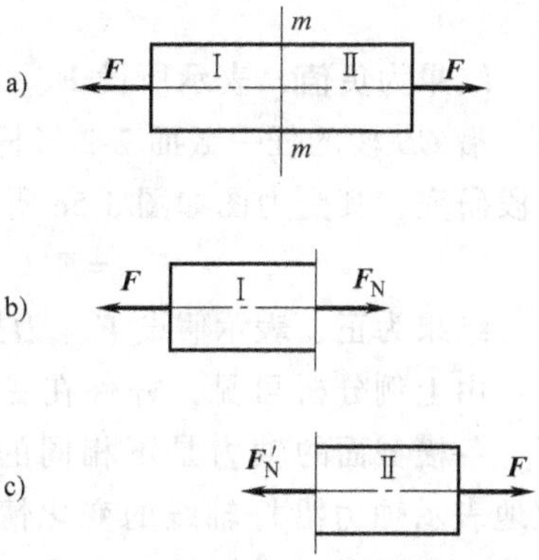

如果考虑左段杆（图 5-4b），由该部分的平衡方程 $\sum F=0$，可得

$$F_N-F=0$$

即

$$F_N=F$$

如果考虑右段杆（图 5-4c），则可由该部分的平衡方程 $\sum F=0$，得到

$$F-F'_N=0$$

即

$$F'_N=F$$

图 5-4　求杆件内力的截面法

由此可见，不论考虑横截面的左侧还是右侧部分，得到的结果都是一致的。

这种假想地用一截面将杆件截开从而揭示和确定内力的方法，称为截面法。

截面法包括下述三个步骤，即

1）“假想截开”：在需要求内力的截面处，假想用一平面将杆件截开成两部分。

2）“保留代换”：将两部分中的任一部分留下，而将另一部分移去，并以作用在截面上的内力代替移去部分对留下部分的作用。

3）“平衡求解”：对留下部分列出静力学平衡方程，即可确定作用在截面上的内力大小和方向。

由以上的分析可知，用截面法求任一横截面上的内力，实质上与前面用平衡方程求杆件未知约束力的方法是一致的，只不过此处的约束力是内力。

5.2.3 拉（压）杆的内力

1. 轴力

由图 5-4a 可知，该杆两端受到一对外力 $\boldsymbol{F}$ 作用时，由于 $\boldsymbol{F}_N$（$\boldsymbol{F}'_N$）和该杆受到 $\boldsymbol{F}$ 的作用线与杆的轴线重合，故称为轴力。不过 $\boldsymbol{F}_N$ 和 $\boldsymbol{F}'_N$ 的符号却是相反的（因为它们是作用力与反作用力的关系），若还沿用静力学对于力的正负号的规定，则 $\boldsymbol{F}_N$ 为正号，$\boldsymbol{F}'_N$ 为负号。显然，在确定某一截面的内力时，仅仅因保留不同的侧面而出现符号的矛盾是不妥的。在材料力学的研究中对内力的正负号根据杆件变形情况作了人为规定。轴力正负号规定是：杆件被拉伸时，轴力的指向“离开”横截面，规定为正；杆件被压缩时，轴力则“指向”横截面，规定为负。有了这样的规定，不论考虑横截面的哪一侧，同一个截面上求得的轴力的正负号都相同。轴力的单位为牛（N）或千牛（kN）。

2. 轴力图

下面利用截面法分析较为复杂的拉（压）杆的轴力。如图 5-5a 所示的拉（压）杆，由于在截面 C 上有外力，因而 AC 段和 CB 段的轴力将不相同，为此必须逐段分析。利用截面法，沿 AC 段的任一截面 1-1 将杆切开成两部分，取左部分来研究，其受力图如图 5-5b 所示，由平衡方程

$$\sum F_x = 0,\ F_{N1} + 2F = 0$$

得

$$F_{N1} = -2F$$

结果为负值，表示所设 $\boldsymbol{F}_{N1}$ 的方向与实际受力方向相反，即为压力。

沿 CB 段的任一截面 2-2 将杆截开成两部分，取右段研究，其受力图如图 5-5c 所示，由平衡方程得

$$F_{N2} = F$$

结果为正，表示假设 $\boldsymbol{F}_{N2}$ 为拉力是正确的。

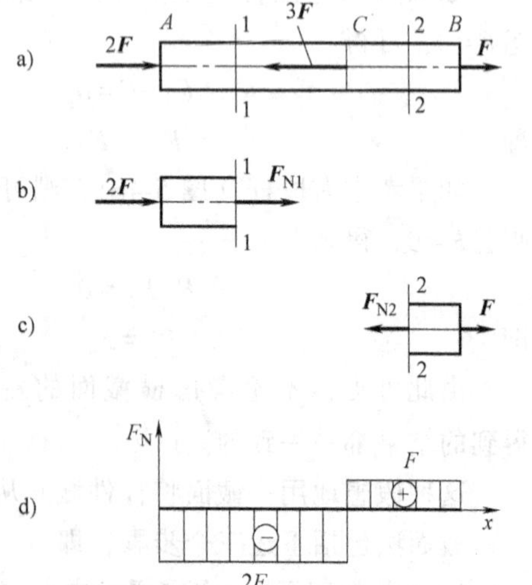

图 5-5　拉（压）杆的轴力图

由上例分析可见，杆件在受力较为复杂的情况下，各横截面的轴力是不相同的，为了更直观、形象地表示轴力沿杆轴线的变化情况，常采用图线表示法。作图时以沿杆轴方向的坐标 x 表示横截面的位置，以垂直于杆轴的坐标 F_N 表示轴力，这样，轴力沿杆轴的变化情况即可用图线表示，这种图线称为轴力图。从轴力图上即可确定最大轴力的数值及所在截面的位置。习惯上将正值的轴力画在上侧，负值的轴力画在下侧。上例的轴力图如图 5-5d 所示。由图可见，绝对值最大的轴力在 AC 段内，其值为

$$|F_N|_{max} = 2F$$

由此例可看出，在利用截面法求某截面的轴力或画轴力图时，我们总是在切开的截面上设出轴向拉力，即正轴力 $\boldsymbol{F}_N$，这种方法称为求轴力（或内力）的“设正法”。然后由 $\sum F_x = 0$ 求出轴力的大小 F_N，如 F_N 得正号，说明轴力是正的（拉力），如得负号，则说明

轴力是负的（压力）。计算各段杆的横截面轴力时采用“设正法”不易出现符号上的混淆。

还须注意，画轴力图时一般应与受力图对正，当杆件水平放置或倾斜放置时，正值应画在与杆件轴线平行的 x 横坐标轴的上方或斜上方，而负值则画在下方或斜下方，并且标出正负号。当杆件竖直放置时，正负值可分别画在不同侧面标出正负号；轴力图上可以适当地画一些纵标线，纵标线必须垂直于坐标轴 x，旁边应标注轴力的名称 F_N（或 N）。

5.3 轴向拉伸与压缩时横截面上的应力

5.3.1 应力的概念

应用截面法仅能求得横截面上分布内力的合力，如拉（压）时，求出轴力 F_N 以后，还不能判断杆件会不会被拉断或被压坏，也就是说还不能断定杆件的强度是否满足要求。因为，对于用同一材料制成的杆件，如果轴力 F_N 虽大，但杆件横截面面积较大，则不一定被破坏；反之，如果轴力 F_N 虽不很大，但若杆件很细（即横截面面积很小），也有可能被破坏。这是因为两杆横截面上内力的分布集度并不相同。因此，在研究拉（压）杆的强度问题时，应该同时考虑轴力 F_N 和横截面面积 A 两个因素，这就需要引入应力的概念。

所谓应力就是指作用在截面上各点的内力值，或者简单地说，单位面积上的内力称为应力。应力的大小反映了内力在截面上集聚程度。应力的基本单位为牛/米^2（N/m^2），又称为帕斯卡（简称帕，代号 Pa）。在实用中，Pa 这个单位太小，往往以 MPa（10^6Pa）或 GPa（10^9Pa）为单位。

5.3.2 拉（压）杆横截面上的应力

为了确定杆件拉（压）变形时内力在横截面上的分布，现取一等截面直杆，在其表面画许多与轴线平行的纵线和与轴线垂直的横线（图 5-6a），在两端施加一对轴向拉力 $\boldsymbol{F}$ 之后，我们发现，所有纵线的伸长都相等，而横线保持为直线，并仍与纵线垂直（图 5-6b）。据此现象，如果把杆设想为无数纵向纤维组成，根据各纤维的伸长都相同，可知它们所受的力也相等（图 5-6c）。于是，我们可作出如下假设：直杆在轴向拉（压）时横截面仍保持为平面，通常称为平面假设。根据这个“平面假设”可知，内力在横截面上是均匀分布的，若杆轴力为 F_N，横截面面积为 A，则单位面积上的应力为

$$\sigma = F_N / A \tag{5-1}$$

这就是横截面上的应力计算式。

由于轴力是垂直于横截面的，故应力 σ 也必垂直于横截面，这种垂直于横截面的应力称为正应力。其正负号的规定和轴力的符号一样，拉伸正应力为正号，而压缩正应力为负号。

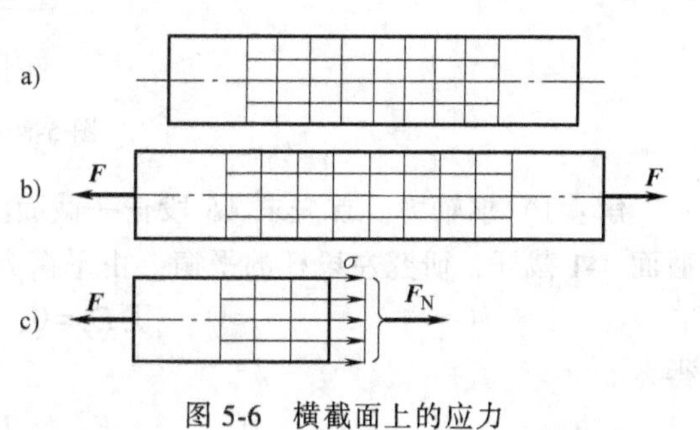

图 5-6 横截面上的应力

例 5-1 阶梯形钢杆受力如图 5-7a 所示，已知 $F_1 = 20\text{kN}$，$F_2 = 30\text{kN}$，$F_3 = 10\text{kN}$，AC 段

横截面面积为 400mm²，CD 段横截面面积为 200mm²。试绘制杆的轴力图，并求各段杆横截面上的应力。

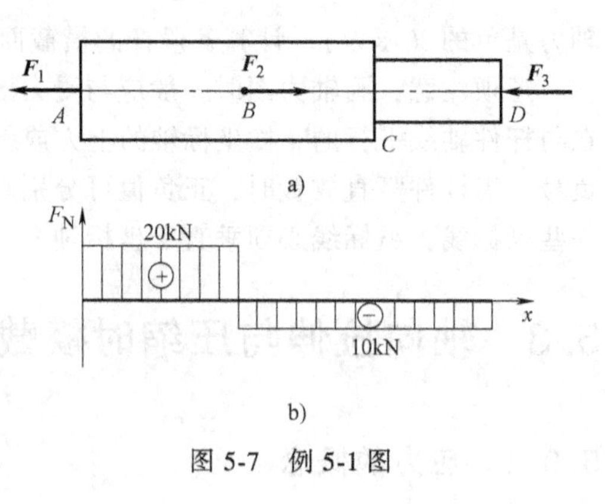

图 5-7 例 5-1 图

解：1）绘制轴力图，如图 5-7b 所示。

2）计算应力。由于杆件为阶梯形，各段横截面尺寸不同，且从轴力图中又知杆件各段横截面上的轴力也不相等，所以为使每一段杆件内部各个截面上的横截面面积都相等，轴力都相同，应将杆分成 AB、BC 和 CD 三段，分别进行计算。

AB 段 $$\sigma_{AB}=\frac{F_{NAB}}{A_{AB}}=\frac{20\times10^3}{400}\text{MPa}=50\text{MPa}\ (拉应力)$$

BC 段 $$\sigma_{BC}=\frac{F_{NBC}}{A_{BC}}=\frac{-10\times10^3}{400}\text{MPa}=-25\text{MPa}\ (压应力)$$

CD 段 $$\sigma_{CD}=\frac{F_{NCD}}{A_{CD}}=\frac{-10\times10^3}{200}\text{MPa}=-50\text{MPa}\ (压应力)$$

例 5-2 一钢制阶梯状杆如图 5-8 所示。各段杆的横截面面积分别为 $A_{AB}=1600\text{mm}^2$、$A_{BC}=625\text{mm}^2$、$A_{CD}=900\text{mm}^2$；载荷 $F_1=120\text{kN}$，$F_2=220\text{kN}$，$F_3=260\text{kN}$，$F_4=160\text{kN}$。求：1）各段杆内的轴力；2）杆的最大工作应力。

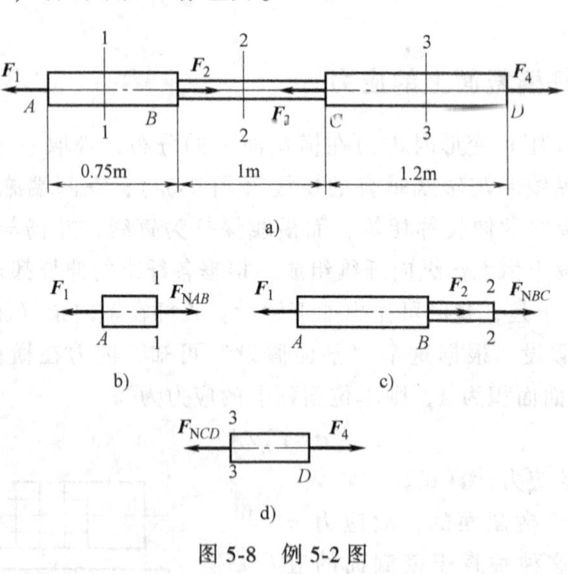

图 5-8 例 5-2 图

解：1）求轴力。首先求 AB 段任一截面上的轴力。应用截面法，将杆沿 AB 段内任一横截面 1-1 截开，研究左段杆的平衡。由平衡方程

$$\sum F_x=0,\quad F_{NAB}-F_1=0$$

得

$$F_{NAB}=F_1=120\text{kN}$$

同理，截开各段杆可求得 BC 段和 CD 段内任一横截面的轴力

$$F_{NBC}=-100\text{kN},\ F_{NCD}=160\text{kN}$$

2）求最大工作应力。由于杆是阶梯状的，各段的横截面面积不相等。

$$\sigma_{AB}=\frac{F_{NAB}}{A_{AB}}=\frac{120\times10^{3}}{1600\times10^{-6}}\text{Pa}=75\text{MPa}$$

$$\sigma_{BC}=\frac{F_{NBC}}{A_{BC}}=\frac{-100\times10^{3}}{625\times10^{-6}}\text{Pa}=-160\text{MPa}$$

$$\sigma_{CD}=\frac{F_{NCD}}{A_{CD}}=\frac{160\times10^{3}}{900\times10^{-6}}\text{Pa}=178\text{MPa}$$

由此可见，杆的最大工作应力在 CD 段内，其值为 178MPa。

5.4　轴向拉伸与压缩时斜截面上的应力

5.4.1　轴向拉伸与压缩时斜截面上的应力

前面讨论了轴向拉伸（压缩）杆件横截面上的正应力，作为强度计算的依据。但不同材料的实验表明，拉（压）杆的破坏并不总是沿横截面发生，有时也沿斜截面发生。为了能够全面了解杆件的强度，还需要进一步研究斜截面上的应力。

以拉杆为例，现分析与横截面夹角为 α 的任意斜截面 m-m 上的应力（图 5-9a）。由截面法求得 m-m 截面上的轴力（图 5-9b）$F_{N\alpha}=F$，可见斜截面 m-m 上的轴力 $F_{N\alpha}$ 与横截面上的轴力 F_N 数值相等。实验证明，应力在斜截面上也是均匀分布的。以 p_α 表示 m-m 斜截面上的应力，则有

$$p_\alpha=\frac{F_{N\alpha}}{A_\alpha}\tag{a}$$

式中，A_α 为斜截面 m-m 的面积，与横截面面积 A 的关系为

$$A_\alpha=\frac{A}{\cos\alpha}\tag{b}$$

将式（b）代入式（a），并考虑到 $F_{N\alpha}=F_N$，可得

$$p_\alpha=\frac{F_N}{A}\cos\alpha=\sigma\cos\alpha\tag{c}$$

式中，$\sigma=\dfrac{F_N}{A}$为横截面上 K 点的正应力。

把 p_α 分解为垂直于斜截面的正应力 σ_α 及切于斜截面的切应力 τ_α（图 5-9c）。利用式（c）可得 m-m 斜截面上 K 点的正应力 σ_α 及切应力 τ_α 的计算表达式

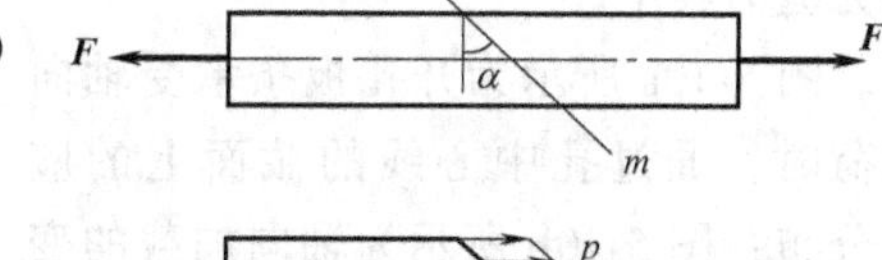

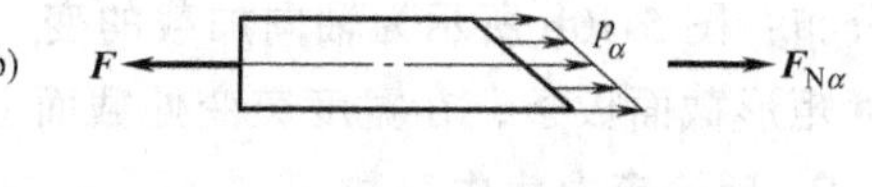

c)　F　K　σα　α　pα　τα　FNα

图 5-9　斜截面上的应力

$$\begin{cases}\sigma_\alpha = p_\alpha \cos\alpha = \sigma\cos^2\alpha \\ \tau_\alpha = p_\alpha \sin\alpha = \dfrac{\sigma}{2}\sin 2\alpha\end{cases} \tag{5-2}$$

对于压杆，式（5-2）也同样适用，只是式中的 σ_α 和 σ 为压应力。

由式（5-2）可以看出：

1）该式即为拉压杆斜截面上的应力计算公式。只要知道横截面上的正应力 σ_α 及斜截面与横截面夹角 α，就可以求出该斜截面上的正应力 σ_α 和切应力 τ_α。

2）σ_α 和 τ_α 都是夹角 α 的函数，即在不同 α 角的斜截面上，正应力与切应力是不同的。

3）当 $\alpha=0°$时，$\sigma_{0°}=\sigma_{max}=\sigma$，$\tau_{0°}=0$；当 $\alpha=45°$时，$\tau_{45°}=\tau_{max}=\dfrac{\sigma}{2}$，$\sigma_{45°}=\dfrac{\sigma}{2}$；当 $\alpha=90°$时，$\sigma_{90°}=0$，$\tau_{90°}=0$。

由此表明：在拉压杆中，斜截面上不仅有正应力，还有切应力；在横截面上正应力最大；与横截面夹角为45°的斜截面上切应力最大，其值等于横截面上正应力的一半；与横截面相垂直的纵向截面上不存在任何应力，说明杆的各纵向“纤维”之间无牵拉也无挤压作用。

5.4.2 应力集中的概念

1. 应力集中现象

前面通过截面法揭示出杆件的内力，并由此计算出横截面上分布的正应力，在前面计算正应力时，假设是均匀分布的。对于等截面直杆或者截面变化缓和的杆件，这个结论是正确的。但由于实际需要，有些零件必须有切口、切槽、油孔、螺纹、轴肩等，以致在这些部位上截面尺寸发生突然变化。对于截面尺寸急剧变化的杆件，在截面突变区域，横截面上的应力不再均匀分布，而是发生应力突然增大的现象，但在离开这一区域稍远处，应力就迅速降低而趋于均匀。这种因杆件外形突然变化而引起局部应力急剧增大的现象，称为应力集中。

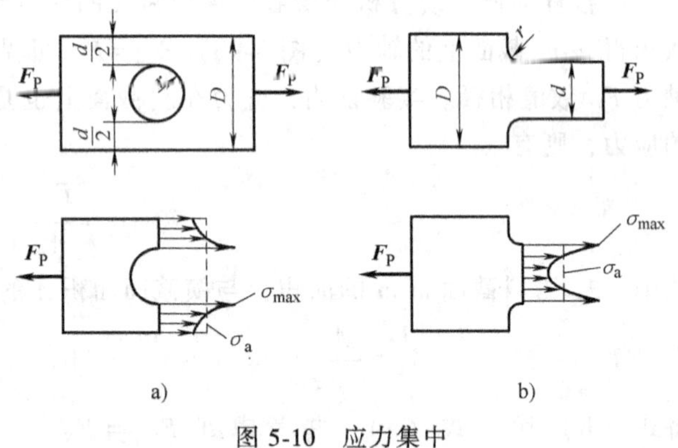

图 5-10 应力集中

图 5-10a 所示为开孔板条承受轴向载荷时，通过孔中心线的截面上的应力分布；图 5-10b 所示为轴向加载的变宽度矩形截面板条，在宽度突变处截面上的应力分布。

2. 理论应力集中系数

设发生应力集中的截面上的最大应力为 σ_{max}，同一截面上的平均应力为 σ_m，则二者比值 k 称为理论应力集中系数。它反映了应力集中的程度，是一个大于 1 的系数。

$$k=\frac{\sigma_{max}}{\sigma_m} \tag{5-3}$$

3. 应力集中的利弊及其应用

应力集中有利也有弊。例如在生活中，若想打开金属易拉罐装饮料，只需用手拉住罐顶的小拉片，稍一用力，随着“砰”的一声，易拉罐便被打开了，这便是“应力集中”在帮你的忙。注意一下易拉罐顶部，可以看到在小拉片周围，有一小圈细长卵形的刻痕，正是这一圈刻痕，使得我们在打开易拉罐时，轻轻一拉便在刻痕处产生了很大的应力（产生了应力集中）。如果没有这一圈刻痕，要打开易拉罐就不容易了。真空包装的塑料袋，通常会在侧面留一个小剪口，顺着该口撕扯，就容易把袋子拉开，也是应用了应力集中的原理。

在切割玻璃时，先用金刚石刀在玻璃表面划一刀痕，再把刀痕两侧的玻璃轻轻一掰，玻璃就沿刀痕断开。这也是由于在刀痕处产生了应力集中。

再如在生产中，圆轴是我们几乎处处能见到的一种构件，如汽车的变速箱里便有许多根传动轴。一根轴通常在某一段较粗，在某一段较细，若在粗细段的过渡处有明显的台阶，如图 5-11a 所示，则在台阶的根部会产生比较大的应力集中，根部越尖锐，应力集中系数越大。所以在轴的粗、细过渡台阶处，应尽可能做成光滑的圆弧过渡，如图 5-11b 所示，这样可明显降低应力集中系数，提高轴的使用寿命。

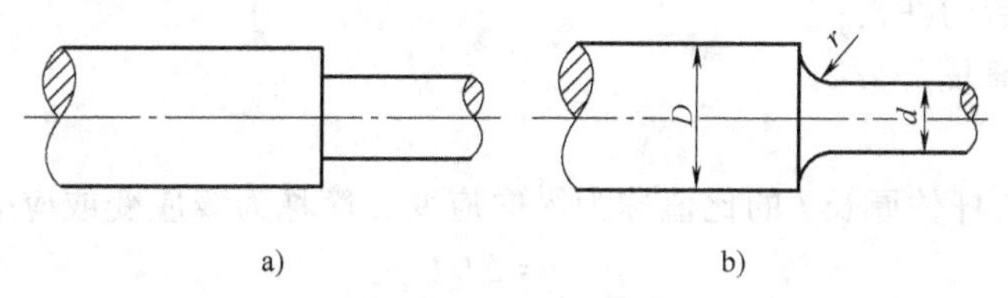

图 5-11　阶梯轴

材料的不均匀，材料中微裂纹的存在，也会导致应力集中，进而导致宏观裂纹的形成、扩展，直至构件的破坏。如何生产均匀、致密的材料，一直是材料科学家的奋斗目标之一。

在构件设计时，为避免几何形状的突然变化，应尽可能做到光滑、逐渐过渡。构件中若有开孔，可对孔边进行加强（例如增加孔边的厚度），开孔、开槽尽可能做到对称等，都可以有效地降低应力集中，各行业的工程师们已经在长期的实践中积累了丰富的经验。但由于材料中的缺陷（夹杂、微裂纹等）不可避免，应力集中也总是存在，对结构进行定时检测或跟踪检测，特别是对结构中应力集中的部位进行检测，对发现的裂纹部位进行及时加强修理，消灭隐患于未然，在工程中十分重要。例如机械设备要进行定期的检测与维修就是这个道理。

总之，应力集中是一把双刃剑，利用它可以为我们的生活、生产带来方便；避免它或降低它，可使我们制造的构件、用具为我们服务的时间更长；扬其长，避其短，是我们不懈的追求。

5.5　轴向拉伸与压缩时的变形与应变

如图 5-12 所示直杆，其轴方向尺寸原长为 l，横向尺寸原长为 b，杆件在两端受到一对 $\boldsymbol{F}$、$\boldsymbol{F}$ 轴向拉力作用时，沿轴线方向将伸长为 l_1，同时杆的横向（与轴线垂直的方向）尺寸将缩小为 b_1，此即为轴向拉伸变形的基本形态。

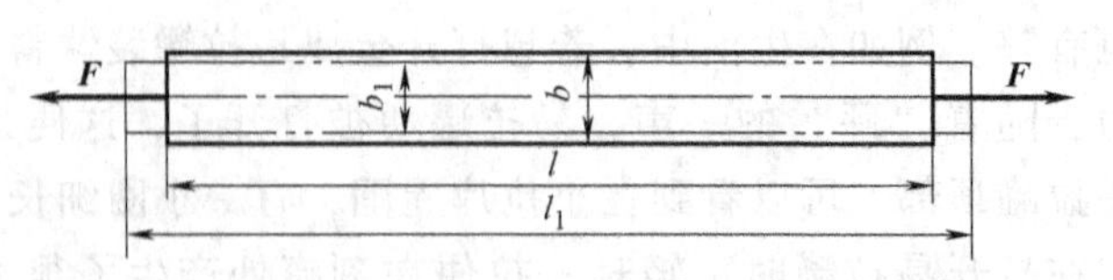

图 5-12 杆件轴向拉伸时的变形

不难理解，当直杆受到一对 $\boldsymbol{F}$、$\boldsymbol{F}$ 轴向压力作用时，直杆沿轴线方向尺寸将缩小，同时杆的横向尺寸将增大。

5.5.1 纵向变形（轴向变形）

1. 纵向变形

杆件沿轴线方向的变形（伸长或缩短），称为纵向变形或轴向变形，用 Δl 表示，它是杆件长度尺寸的改变量，即

$$\Delta l = l_1 - l \tag{5-4}$$

式中 l_1——变形后的杆长；

l——杆的原长。

2. 纵向应变

纵向变形 Δl 与杆件原长 l 的比值称为纵向应变，简称为线应变或应变，用 ε 表示，即

$$\varepsilon = \Delta l / l \tag{5-5}$$

5.5.2 横向变形

杆件沿垂直于轴线方向的变形（缩小或增大），称为横向变形。

1. 横向变形

横向变形是杆件横向尺寸的改变量。若原横向尺寸为 b，变形后横向尺寸为 b_1（图 5-12），则横向变形为

$$\Delta b = b_1 - b \tag{5-6}$$

2. 横向应变

横向绝对变形 Δb 与杆件横向原长 b 的比值称为横向应变，用 ε' 表示，由正应变定义可知

$$\varepsilon' = \Delta b / b = (b_1 - b) / b \tag{5-7}$$

5.5.3 泊松比

科学家泊松对各种材料做了试验，结果表明，在一定应力范围内，横向线应变 ε' 与轴向线应变 ε 之间保持比例关系，但符号相反，即

$$\varepsilon' = -\mu\varepsilon \tag{5-8}$$

式中，比例系数 μ 称为泊松比或横向变形系数，是量纲为 1 的量，其值随材料而异。

5.5.4 胡克定律

下面讨论轴向拉压杆的变形规律和计算。当拉压杆受轴向力作用后，杆中横截面上产生

正应力 σ，相应地产生轴向正应变 ε。在一定的应力数值范围以内，一点处的正应力与线应变成正比，即

$$\sigma=E\varepsilon \tag{5-9}$$

上述关系式称为胡克定律。比例系数 E 称为材料的弹性模量，其值随材料而异。由式（5-9）可以看出，由于正应变 ε 是一个量纲为 1 的量，所以，弹性模量的量纲与正应力 σ 的量纲相同，即为 MPa 或 Pa。

需要指出的是，弹性模量 E 和泊松比 μ 都是表征材料弹性性质的常数，与材料性质有关，与杆件所受荷载等外因无关，都可由实验测定。几种常用材料的 E 和 μ 值见表 5-1。

表 5-1　几种常用材料的 E 和 μ 值

材料名称	弹性模量 E/GPa	泊松比 μ
低碳钢	200~210	0.25~0.33
16 锰钢	200~220	0.25~0.33
合金钢	190~220	0.24~0.33
灰口、白口铸铁	115~160	0.23~0.27
可锻铸铁	155	
硬铝合金	71	0.33
铜及其合金	74~130	0.31~0.42
铅	17	0.42
混凝土	14.6~36	0.16~0.18
木材(顺纹)	10~12	
橡胶	0.08	0.47

利用胡克定律可导出拉压杆的纵向绝对变形 Δl 的计算公式。设杆件横截面面积为 A，轴向拉力为 F，如图 5-12 所示，则由式（5-1）可知横截面上的正应力

$$\sigma=\frac{F}{A}=\frac{F_N}{A}$$

将式（5-1）、式（5-6）和式（5-9）联立可得

$$F_N/A=E(\Delta l/l)$$

所以

$$\Delta l=\frac{F_N l}{EA} \tag{5-10}$$

式（5-10）即为计算拉压杆变形的公式，这个公式是胡克定律的另一种表达形式，它表明：在正应力与正应变存在正比关系的范围以内，杆的伸长量 Δl 与轴力和杆长 l 成正比，而与 EA 成反比。

对于式（5-10）应注意以下几点：

1）轴向变形 Δl 与杆的原长 l 有关，因此，轴向变形 Δl 不能确切地表明杆件的变形程度。只有正应变 ε 才能衡量和比较杆件的变形程度。

2）式（5-10）中 EA 与杆的轴向变形 Δl 成反比，可见，EA 反映了杆件抵抗拉压变形的能力，故称 EA 为杆件的抗拉（压）刚度。

3）轴向变形 Δl 的正、负（伸长或缩短）与轴力的符号相同。

4）式（5-10）只适用于 E、A 和杆段内轴力 F_N 均为常数的变形计算。

例 5-3 图 5-13a 所示为一阶梯形钢杆，已知材料的弹性模量 $E=200\text{GPa}$，AC 段的横截面面积 $A_{AB}=A_{BC}=500\text{mm}^2$，$CD$ 段的横截面面积 $A_{CD}=200\text{mm}^2$，杆的各段长度及受力情况如图所示。试求杆的总变形。

解：1）求各段的内力。

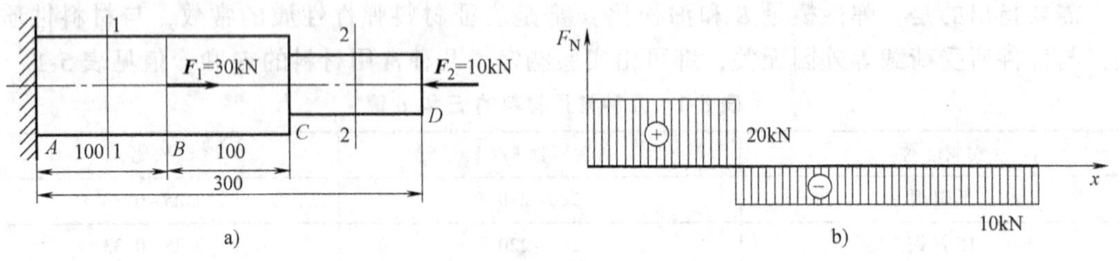

图 5-13 例 5-3 图

AB 段 $F_{N1}=F_1=F_2=30\text{kN}-10\text{kN}=20\text{kN}$

BC 段与 CD 段 $F_{N2}=-F_2=-10\text{kN}$

2）画轴力图，如图 5-13b 所示。

3）杆的总变形等于各段杆变形的代数和，即

$$\Delta l_{AD}=\Delta l_{AB}+\Delta l_{BC}+\Delta l_{CD}=\frac{F_{N1}l_{AB}}{EA_{AB}}+\frac{F_{N2}l_{BC}}{EA_{BC}}+\frac{F_{N3}l_{CD}}{EA_{CD}}$$

将有关数据代入，并注意单位的统一，即得

$$\Delta l_{AB}=-0.015\times10^{-3}\text{m}=-0.015\text{mm}$$

负值说明整个杆件是缩短的。

例 5-4 图 5-14 所示为 M12 螺栓，内径 $d_1=10.1\text{mm}$，拧紧时在计算长度 $l=80\text{mm}$ 上产生的总伸长量 $\Delta l=0.03\text{mm}$。钢的弹性模量 $E=210\text{GPa}$，试计算螺栓内应力及螺栓的预紧力。

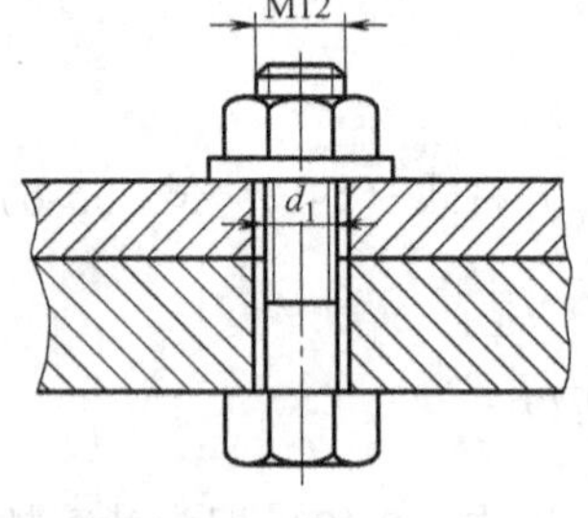

图 5-14 例 5-4 图

解：拧紧后螺栓的应变为 $\varepsilon=\frac{\Delta l}{l}=\frac{0.03}{80}=0.000375$

由胡克定律求出螺栓的拉应力为

$$\sigma=E\varepsilon=210\times10^9\times0.000375\text{Pa}=78.8\text{MPa}$$

螺栓的预紧力为

$$F=\sigma A=78.8\times10^6\times\frac{\pi}{4}\times(10.1\times10^{-3})^2\text{N}=6.3\text{kN}$$

以上问题求解时，也可先由胡克定律的另一表达式$\left(\Delta l=\frac{Fl}{EA}\right)$求出预紧力 F，然后再由 F 计算应力 σ。

*__例 5-5__ 如图 5-15a 所示桁架，在节点 A 处承受铅垂载荷 F 作用，试求该节点的位移。已知：杆 1 用钢制成，弹性模量 $E_1=200\text{GPa}$，横截面面积 $S_1=100\text{mm}^2$，杆长 $l_1=1\text{m}$；杆 2 用硬铝制成，弹性模量 $E_2=70\text{GPa}$，横截面面积 $S_2=250\text{mm}^2$，杆长 $l_2=707\text{mm}$；载荷

$F=10\text{kN}$。

解：1）计算杆件的轴向变形。首先，根据节点 A 的平衡条件，求得杆1与杆2的轴力分别为

$$F_{N1}=\sqrt{2}F=\sqrt{2}\times10\times10^3\text{N}$$

$$=1.414\times10^4\text{N}(\text{拉伸})$$

$$F_{N2}=F=1.0\times10^4\text{N}(\text{压缩})$$

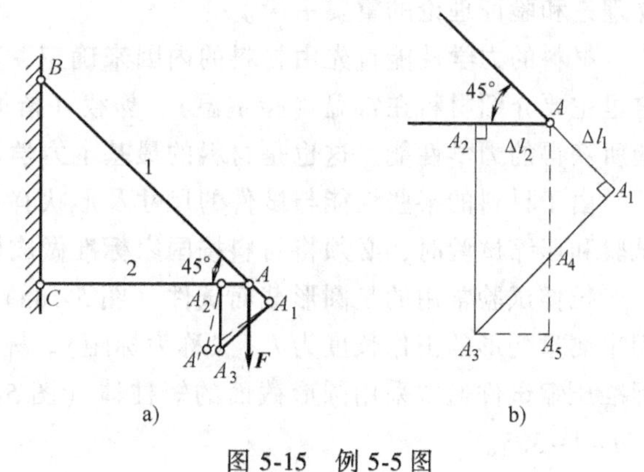

图5-15　例5-5图

设杆1的伸长量为 Δl_1，并用 AA_1 表示，杆2的缩短量为 Δl_2，并用 AA_2 表示，则由胡克定律可知

$$\Delta l_1=\frac{F_{N1}l_1}{E_1S_1}=\frac{1.414\times10^4\text{N}\times1.0\text{m}}{200\times10^9\text{Pa}\times100\times10^{-6}\text{m}^2}=7.07\times10^{-4}\text{m}=0.707\text{mm}$$

$$\Delta l_2=\frac{F_{N2}l_2}{E_2S_2}=\frac{1.0\times10^4\text{N}\times1.0\times\cos45^\circ\text{m}}{70\times10^9\text{Pa}\times250\times10^{-6}\text{m}^2}=4.04\times10^{-4}\text{m}=0.404\text{mm}$$

2）确定节点 A 位移后的位置。加载前，杆1与杆2在节点 A 相连；加载后，各杆的长度虽然改变，但仍连接在一起。因此，为了确定节点 A 位移后的位置，可分别以 B、C 为圆心，以 BA_1、CA_2 为半径作圆弧（图5-15a），其交点 A' 即为节点 A 的新位置。

通常，杆的变形量很小（例如杆1的变形 Δl_1 仅为杆长 l_1 的0.0707%），弧线 $\widehat{A_1A'}$ 与 $\widehat{A_2A'}$ 必定很短，因而可近似地用其切线代替。于是，过 A_1 与 A_2 分别作 BA_1 与 CA_2 的垂线（图5-15b），其交点 A_3 也可视为节点 A 的新位置。

3）计算节点 A 的位移。由图可知，节点 A 的水平与铅垂位移分别为

$$\Delta_{Ax}=\overline{AA_2}=\Delta l_2=0.404\text{mm}$$

$$\Delta_{Ay}=\overline{AA_4}+\overline{A_4A_5}=\frac{\Delta l_1}{\sin45^\circ}+\frac{\Delta l_2}{\tan45^\circ}=1.404\text{mm}$$

4）讨论。与结构原尺寸相比为很小的变形，在小变形的条件下，通常即可按结构原有几何形状与尺寸计算约束反力与内力，并可采用上述以切线代替圆弧的方法确定位移。因此，小变形为一重要概念，利用此概念，可使许多问题的分析计算大为简化。

5.6　材料在拉伸与压缩时的力学性能

5.6.1　材料的力学性能及试验

为了进行构件的强度计算，必须了解材料的力学性能。所谓材料的力学性能，就是指材料在受力过程中，在强度和变形方面所表现出的特性。

材料的力学性能是通过试验得出的。试验不仅是确定材料力学性能的方法，而且也是建

立理论和验证理论的重要手段。

材料的力学性能首先由材料的内因来确定，其次还与外因有关，如温度、加载速度等。这里主要介绍材料在常温（指室温）、静载（指加载速度缓慢平稳）情况下的拉伸和压缩试验所获得的力学性能，这也是材料的最基本力学性能。

由于材料的某些性能与试件的尺寸及形状有关，为了使试验结果能互相比较，在做拉伸试验和压缩试验时，必须将材料按国家标准做成标准试件。

拉伸试验常用的是圆形截面试件（图 5-16a）。试件中部等截面段的直径为 d，试件中段用来测量变形的工作长度为 l（又称为标距）。标距 l 与直径 d 的比例规定为 $l=10d$ 或 $l=5d$。标准压缩试件通常采用圆形截面的短柱体（图 5-16b），柱体的高度 h 与直径 d 之比规定为 $h/d=1\sim3.5$。

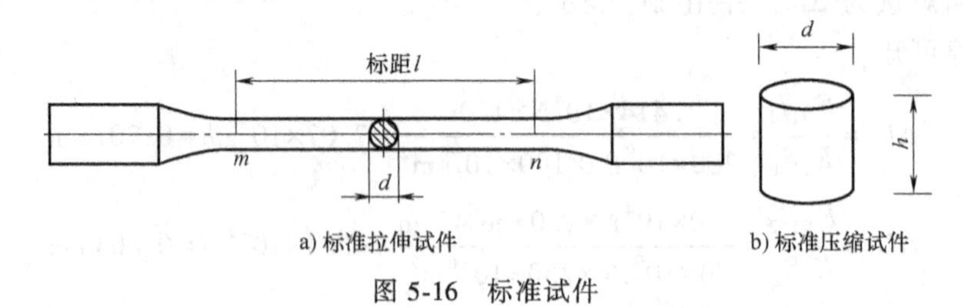

a) 标准拉伸试件　　b) 标准压缩试件

图 5-16　标准试件

拉压试验的主要设备为多功能试验机（图 5-17），有液压和电拉方式加载，前者量程更大。

5.6.2　拉伸时材料的力学性能

1. 低碳钢拉伸时的力学性能

低碳钢是指碳的质量分数在 0.3%以下的碳素结构钢。这类钢材在工程中应用很广，同时在拉伸试验中表现出的力学性能也最为典型。现以低碳钢为例，阐述低碳钢拉伸时的力学性能。

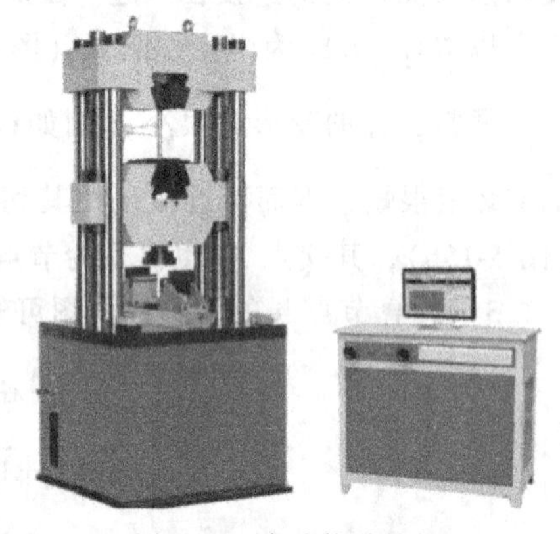

图 5-17　多功能试验机

试验时，首先将试样安装在材料试验机的上、下夹头内，连接好测量轴向变形的传感器。然后启动试验机，缓慢加载。随着载荷 F 的增大，试样逐渐被拉长，试验段的拉伸变形用 Δl 表示。拉力 $\boldsymbol{F}$ 与变形之间的关系曲线如图 5-18 所示，称为试样的力-伸长曲线。试验一直进行到试样断裂为止。

显然，力-伸长曲线不仅与试样的材料有关，而且与试样的横截面尺寸 d 及标距 l 的大小有关。例如，试验段的横截面面积越大，将其拉断所需的拉力越大；在同一拉力作用下，标距越大，拉伸变形 Δl 也越大。因此，不宜用试样的力-伸长曲线表征材料的力学性能。

将力-伸长曲线的纵坐标 F 除以试样横截面的原面积 A，将其横坐标 Δl 除以试验段的原长 l（即标距），由此所得应力、应变的关系曲线，称为材料的应力-应变曲线（图 5-19）。㊀

㊀ 在现行国家标准中，力学性能符号尚未在全部标准里完成更新，为避免新旧符号混用给学生学习带来困难，本书中的力学性能符号仍沿用旧标准，本书附录 C 提供了新旧标准对照，学生可自行学习参考。

拉伸测弹性模量实验

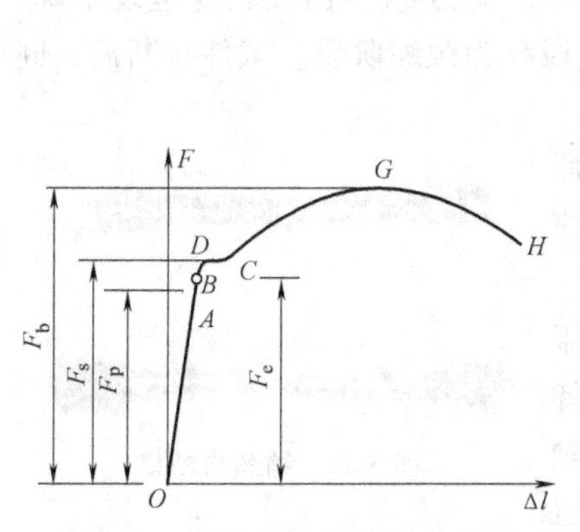

图 5-18　低碳钢的力-伸长曲线图

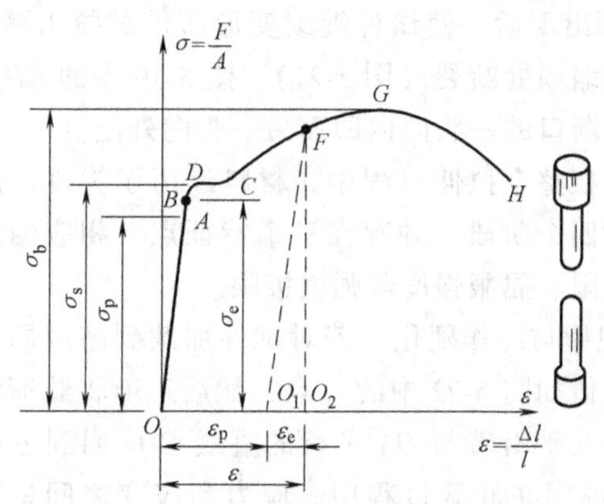

图 5-19　低碳钢应力-应变曲线图

根据应力-应变曲线图表示的试验结果，低碳钢拉伸过程可分成四个阶段：

（1）弹性阶段　拉伸的初始阶段，σ 与 ε 的关系可用通过原点的斜直线 OA 表示。在这一阶段内，应力 σ 与应变 ε 成正比。直线部分的最高点 A 所对应的应力称为比例极限，用 σ_p 表示。显然，只有应力低于比例极限时，应力与应变才成正比，材料服从胡克定律。Q235 钢的比例极限 $\sigma_p\approx200$MPa。图 5-19 中直线 OA 的斜率为

$$\tan\alpha=\frac{\sigma}{\varepsilon}=E$$

即直线 OA 的斜率等于材料的弹性模量 E。

试验表明，如果在应力小于比例极限时停止加载，并将载荷逐渐减小至零，即卸去载荷，则可以看到，在卸载过程中应力与应变之间仍保持正比关系，并沿直线 AO 回到 O 点（图 5-19），变形完全消失。这种仅产生弹性变形的现象，一直持续到应力-应变曲线的某点 B，与该点对应的正应力，称为材料的弹性极限，并用 σ_e 表示。

（2）屈服阶段　超过弹性极限点 B 后，应力的轻微增加将导致材料的损伤并产生永久变形，这种现象称为屈服，图中近似水平线即为屈服阶段。引起屈服的应力称为屈服强度，用 σ_s 表示，低碳钢 Q235 的屈服强度 $\sigma_s\approx235$MPa。如果试样表面光滑，则当材料屈服时，试样表面将出现与轴线约成 45°的线纹（图 5-20）。如前所述，在杆件的 45°斜截面上，作用有最大切应力，因此，上述线纹可能是材料沿该截面产生滑移所造成的。材料屈服时试样表面出现的线纹，通常称为滑移线。

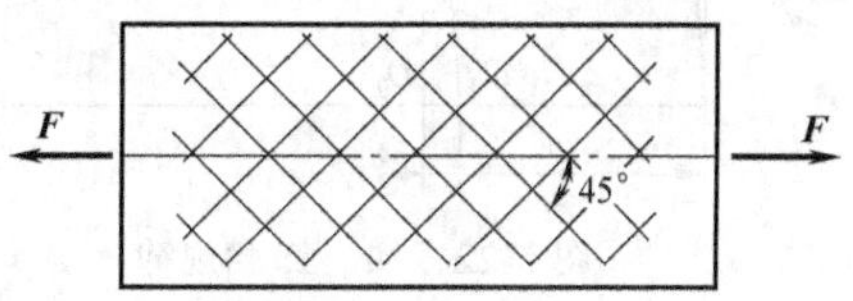

图 5-20　滑移线

材料屈服时出现显著的塑性变形，这是一般工程结构所不允许的。因此屈服强度 σ_s 是衡量材料强度的一个重要指标。

（3）强化阶段　经过屈服阶段之后，材料又增强了抵抗变形的能力。这时，要使材料继续变形需要增大应力。经过屈服滑移之后，材料重新呈现抵抗继续变形的能力，称为材料的强化。强化阶段的最高点 D 所对应的正应力，称为材料的强度极限，并用 σ_b 表示。低碳钢 Q235 的强度极限 $\sigma_b\approx380$MPa。

（4）缩颈阶段　当应力增长至最大值 σ_b 之后，试样的某一局部显著收缩，产生缩颈

(图5-21)。缩颈出现后，使试件继续变形所需的拉力减小，应力-应变曲线相应呈现下降，最后导致试样在缩颈处断裂（图5-21）。图5-19中的 GH 段称为颈缩阶段。试件拉断后，断口呈杯锥状，即断口的一头向内凹而另一头向外凸。

综上所述，在整个拉伸过程中，材料经历了弹性、屈服、强化与缩颈四个阶段，并存在三个特征点，相应的应力依次为比例极限、屈服强度与强度极限。

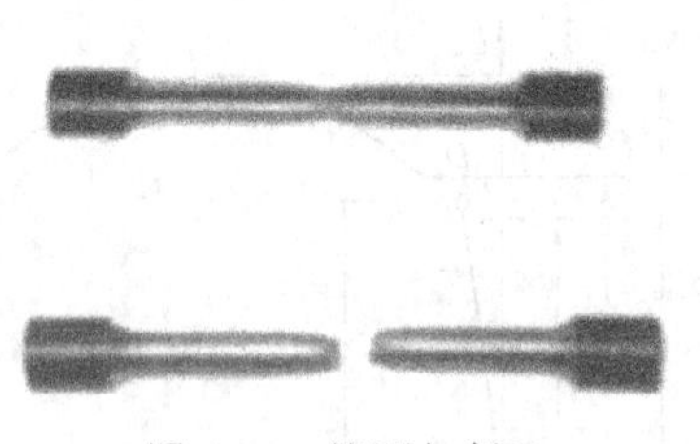

图5-21　缩颈与断口

(5) 卸载规律与冷作硬化　若对试件加载到超过屈服阶段后的某应力值如图5-22中的 C 点，然后逐渐将载荷卸去，则卸载路径几乎沿着与 OA 平行的直线 CO_1 回到 ε 轴上的 O_1 点。这说明在卸载过程中，应力和应变之间呈直线关系，这就是材料的卸载规律。载荷全部卸去后，图5-22中的 O_1O_2 是消失的弹性应变 ε_e，而 OO_1 则是残留下来的塑性应变 ε_p。

卸完载荷后，若立即进行第二次加载，则应力-应变曲线将沿 O_1C 发展，到 C 点后即折向 CDE，直到 E 点试件被拉断。这表明：在常温下将材料预拉力超过屈服强度后卸去载荷，再次加载时。材料的比例极限将得到提高，而断裂时的塑性变形将降低，这种现象称为冷作硬化。工程中常利用钢材的冷作硬化特性，对钢筋进行冷拉，以提高材料的弹性范围。但应指出，冷作硬化虽然提高了材料的弹性极限指标，但材料则因塑性降低而变脆，这对材料承受冲击或振动载荷是不利的。

(6) 材料的塑性——伸长率和断面收缩率　试件拉断后，由于保留了塑性变形，试件长度由原来的 l（图5-16a）变为 l_1（图5-23），用百分比表示比值

$$\delta=\frac{l_1-l}{l}\times100\% \tag{5-11}$$

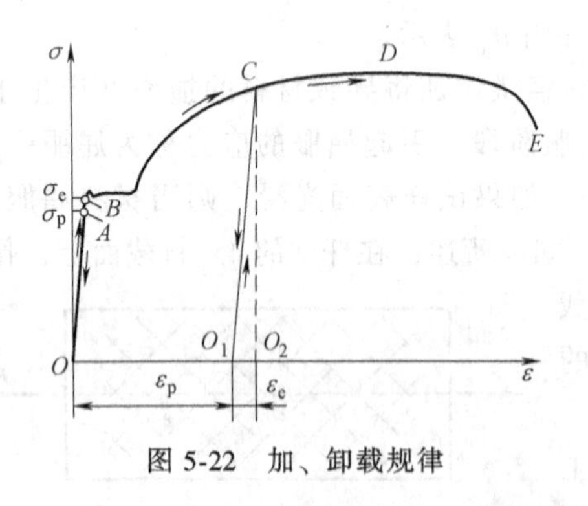

图5-22　加、卸载规律

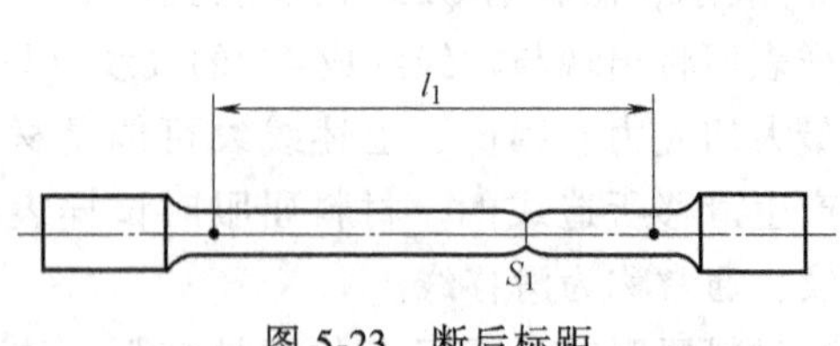

图5-23　断后标距

δ 称为伸长率。试件的塑性变形越大，δ 也就越大，因此，伸长率是衡量材料的塑性指标。Q235钢的伸长率约为26%。如果试验段横截面的原面积为 A，断裂后断口的横截面面积为 A_1，则断面收缩率即为

$$\psi=\frac{A-A_1}{A}\times100\% \tag{5-12}$$

低碳钢Q235的伸长率 $\delta\approx25\%\sim30\%$，断面收缩率 $\psi\approx60\%$。

工程材料按伸长率分成两大类：$\delta\geqslant5\%$ 的材料为塑性材料，如碳钢、黄铜、铝合金等；

$\delta<5\%$的材料称为脆性材料，如灰铸铁、陶瓷等。塑性好的材料，在轧制或冷压成形时不易断裂，并能承受较大的冲击载荷。

2. 其他塑性材料在拉伸时的力学性能

图 5-24 给出了锰钢、退火球墨铸铁和青铜拉伸试验的 σ-ε 曲线。与低碳钢相比，这些材料的最大特点是在弹性阶段后，没有明显的屈服阶段，而是由直线部分直接过渡到微弯曲线部分。对于这类能发生很大塑性变形，而又没有明显屈服阶段的材料，通常规定取试件产生 0.2%塑性应变所对应的应力作为屈服强度，称为名义屈服强度，用 $\sigma_{0.2}$ 表示（图 5-25）。

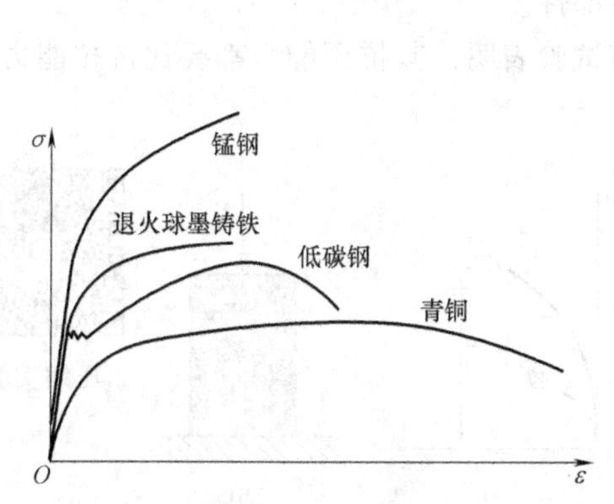

图 5-24　其他塑性材料在拉伸时的力学性能

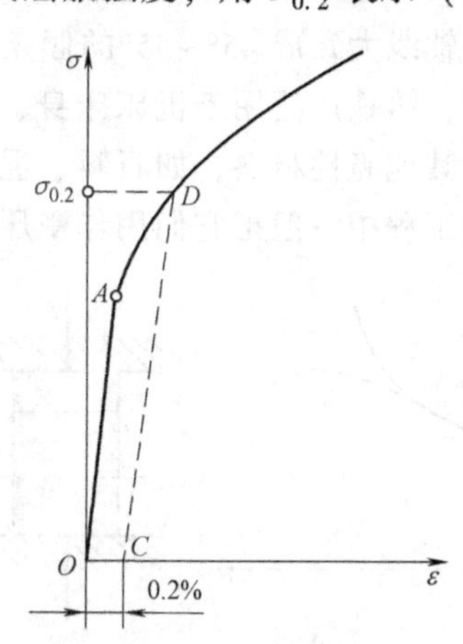

图 5-25　名义屈服强度

3. 铸铁拉伸时的力学性能

灰铸铁是典型的脆性材料，其 σ-ε 曲线是一段微弯曲线，如图 5-26a 所示，没有明显的直线部分，没有屈服和缩颈现象，拉断前的应变很小，伸长率也很小。强度极限 σ_b 是其唯一的强度指标，其值很低，$\sigma_b\approx150\text{MPa}$。拉断后无明显的变形，且断口粗糙（图 5-26b）。铸铁等脆性材料的抗拉强度很低，所以不宜作为受拉零件的材料。

在低应力下，铸铁可看作近似服从胡克定律。通常取 σ-ε 曲线的割线代替这段曲线，并以割线的斜率作为弹性模量。

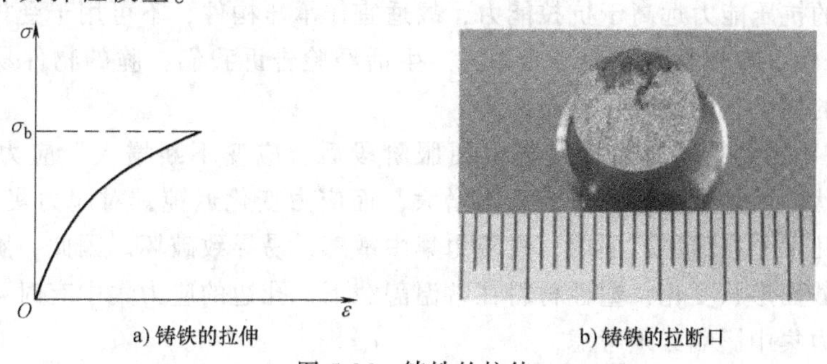

a) 铸铁的拉伸　　b) 铸铁的拉断口

图 5-26　铸铁的拉伸

5.6.3　压缩时材料的力学性能

1. 低碳钢压缩时的力学性能

低碳钢压缩时的 σ-ε 曲线如图 5-27a 所示。试验表明：低碳钢压缩时的弹性模量 E 和屈

服强度 σ_s 都与拉伸时大致相同。应力超过屈服阶段以后，试件越压越扁，呈鼓形，横截面面积不断增大（图 5-27b），试件抗压能力也继续增高，因而得不到压缩时的抗压强度。由此，低碳钢的力学性能一般由拉伸试验确定，通常不必进行压缩试验。

对大多数塑性材料也存在上述情况。少数塑性材料，如铬钼硅合金钢，压缩与拉伸时的屈服强度不相同，这种情况需做压缩试验。

2. 铸铁压缩时的力学性能

图 5-28a 所示为铸铁压缩时的 σ-ε 曲线。试件仍然在较小的变形下突然破坏，破坏断面的法线与轴线大致成 45°~55°的倾角（图 5-28b）。铸铁的抗压强度比它的抗拉强度高 4~5 倍，因此，铸铁广泛用于机床床身、机座等受压零部件。

对于其他脆性材料，如石料、混凝土等的压缩试验表明，其抗压能力都要比抗拉能力大得多，故工程中一般把它们用作受压构件。

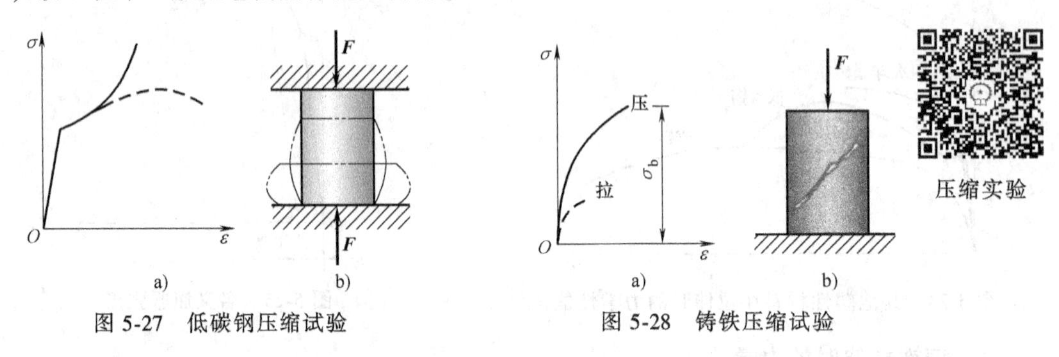

图 5-27 低碳钢压缩试验

图 5-28 铸铁压缩试验

5.6.4 塑性材料与脆性材料的力学性能比较

塑性材料与脆性材料的力学性能有明显区别，归纳如下：

1）变形。塑性材料变形能力大，在破坏前往往已有明显变形，而脆性材料往往无明显变形就突然断裂。

2）强度。塑性材料的抗拉、抗压性能基本相同，能用于受拉构件，也可用于承压构件；脆性材料的抗压能力远高于抗拉能力，故适宜作承压构件，不可用于受拉构件。

3）抗冲击性。塑性材料抗冲击能力强。生活经验告诉我们，脆的物件易跌碎打破，因此，承受冲击的构件宜用塑性材料制作。

4）应力集中敏感性。塑性材料进入屈服阶段后，应变不断增大，应力保持在屈服应力，故截面形状的变化虽会导致应变急剧增大，而应力变化迟钝，对应力集中现象不敏感。脆性材料变形几乎全在弹性范围内，故应力集中敏感，易导致破坏。因此，脆性材料制成的构件必须避免截面形状变化，塑性材料在常温静载下，孔边的应力集中有时可以不考虑，但脆性材料的应力集中影响必须考虑。

5.6.5 温度对材料力学性能的影响

试验表明，温度对材料的力学性能存在很大的影响。图 5-29a 所示为中碳钢的屈服强度与抗拉强度随温度 T 变化的曲线，总的趋势是：材料的强度随温度升高而降低。图 5-29b 所示为铝合金的弹性模量 E 与切变模量 G 随温度变化的曲线，可以看出，随着温度的升高，

材料的弹性常数 E 与 G 均降低。

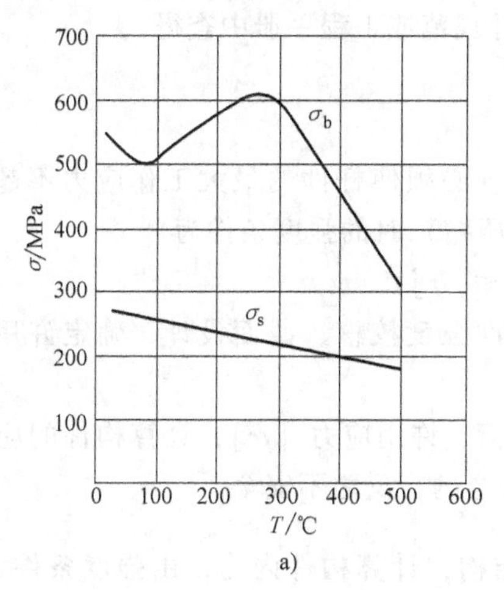

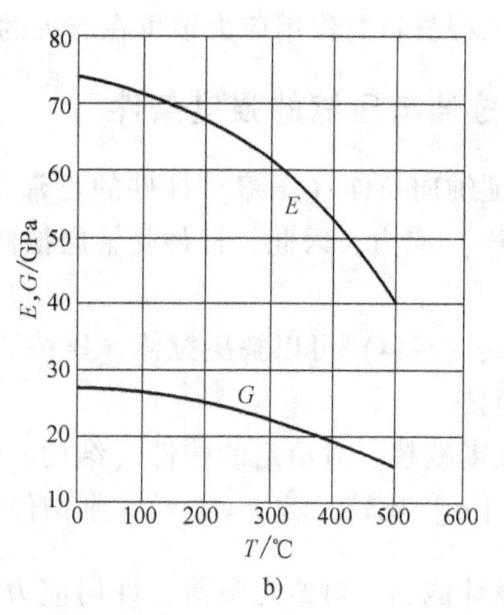

图 5-29 温度对材料的力学性能的影响

5.7 拉伸与压缩的强度计算

5.7.1 安全系数与许用应力

对拉伸和压缩的杆件，塑性材料以屈服为破坏标志，脆性材料以断裂为破坏标志。因此，应选择不同的强度指标作为材料所能承受的极限应力 σ^0，即

$$\sigma^0=\begin{cases}\sigma_s(\sigma_{0.2}) & \text{对塑性材料}\\ \sigma_b & \text{对脆性材料}\end{cases}$$

考虑到材料缺陷、载荷估计误差、计算公式误差、制造工艺水平以及构件的重要程度等因素，设计时必须有一定的强度储备。因此，应将材料的极限应力除以一个大于1的系数，所得的应力称为许用应力，用 $[\sigma]$ 表示，即

$$[\sigma]=\frac{\sigma^0}{n} \tag{5-13}$$

式中 n——安全系数。

安全系数的选取是个较复杂的问题，要考虑多个方面的因素。一般机械设计中 n 的选取范围大致为

$$n=\begin{cases}1.2\sim1.5 & \text{对塑性材料}\\ 2.0\sim4.5 & \text{对脆性材料}\end{cases}$$

脆性材料的安全系数一般取得比塑性材料要大一些。这是由于脆性材料的失效表现为脆性断裂，而塑性材料的失效表现为塑性屈服，两者的危险性显然不同，因此对脆性材料有必要多一些强度储备。

多数塑性材料拉伸和压缩时的 σ_s 相同，因此许用应力 $[\sigma]$ 对拉伸和压缩可以不加区别。对脆性材料，拉伸和压缩的 σ_b 不相同，因而许用应力也不相同。通常用 $[\sigma]$ 表示许用拉应力，用 $[\sigma_y]$ 表示许用压应力。

常用工程材料的许用应力值可在有关的设计规范或工程手册中查得。

5.7.2 拉伸与压缩的强度条件

为保证轴向拉伸（压缩）杆件的正常工作，必须使杆件的最大工作应力不超过材料的许用拉（压）应力。因此，杆件受轴向拉伸（压缩）时的强度条件为

$$\sigma = F_N/A \leqslant [\sigma] \tag{5-14}$$

根据式（5-14）可以解决拉伸（压缩）杆件强度校核、截面设计、确定许用载荷三类强度计算问题。

1）强度校核。对给定的构件（结构）、载荷、许用应力 $[\sigma]$，计算构件的应力 σ 并与许用应力 $[\sigma]$ 比较，若 $\sigma \leqslant [\sigma]$，则构件是安全的，反之不安全。

2）设计截面。对给定载荷、许用应力的结构，计算构件内力，由强度条件 $S \geqslant \dfrac{F_N}{[\sigma]}$ 确定构件横截面积为

$$S = \frac{F_N}{[\sigma]}$$

3）确定许用载荷。对给定的结构（材料、构件尺寸已定）、许用应力和加载方式，确定结构在安全前提下能承受的最大载荷 $[F]$。构件的许用轴力 $[F_N] = S[\sigma]$，利用轴力 F_N 与载荷的关系，得到构件允许的载荷值，结构中各构件允许的载荷值里最小者，即结构的许用载荷。

5.7.3 拉伸与压缩的强度计算

下面举例说明上述三种类型的强度计算问题。

例 5-6 如图 5-30a 所示杆 $ABCD$，$F_1 = 10\text{kN}$，$F_2 = 18\text{kN}$，$F_3 = 20\text{kN}$，$F_4 = 12\text{kN}$，AB 和 CD 段横截面积 $A_1 = 10\text{cm}^2$，BC 段横截面积 $A_2 = 6\text{cm}^2$，许用应力 $[\sigma] = 15\text{MPa}$，校核该杆强度。

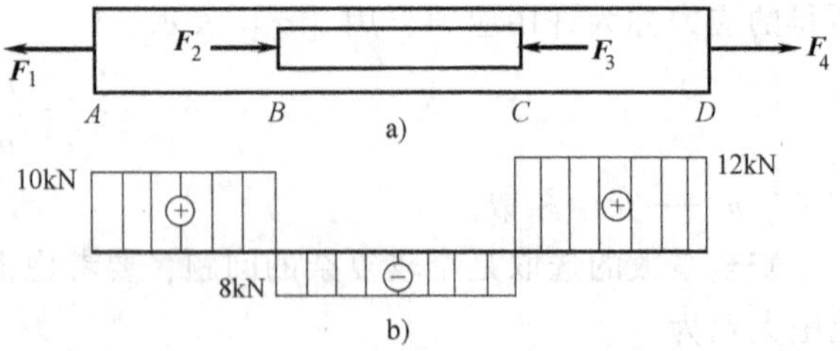

图 5-30 例 5-6 图

解： 1）计算内力。

$$F_{N1} = F_1 = 10\text{kN}$$

$$F_{N2} = F_1 - F_2 = 10\text{kN} - 18\text{kN} = -8\text{kN}$$

$$F_{N3} = F_4 = 12\text{kN}$$

轴力图如图 5-30b 所示。

2）判定危险截面。BC 段因面积最小，有可能是危险截面；CD 段轴力最大，也有可能是危险截面。故须两段都校核。下面分段进行校核。

BC 段：$\sigma = \dfrac{F_{N2}}{A_2} = \dfrac{8\times10^3}{6\times10^{-4}}\text{Pa} = 13.3\text{MPa} < [\sigma]$；

CD 段：$\sigma = \dfrac{F_{N3}}{A_1} = \dfrac{12\times10^3}{10\times10^{-4}}\text{Pa} = 12\text{MPa} < [\sigma]$；

两段应力都小于许用应力值，故满足强度条件，安全。

例 5-7　气动夹具如图 5-31a 所示，已知气缸内径 $D=140\text{mm}$，缸内气压 $p=0.6\text{MPa}$。活塞杆材料为 20 钢，$[\sigma]=80\text{MPa}$，试设计活塞杆的直径 d。

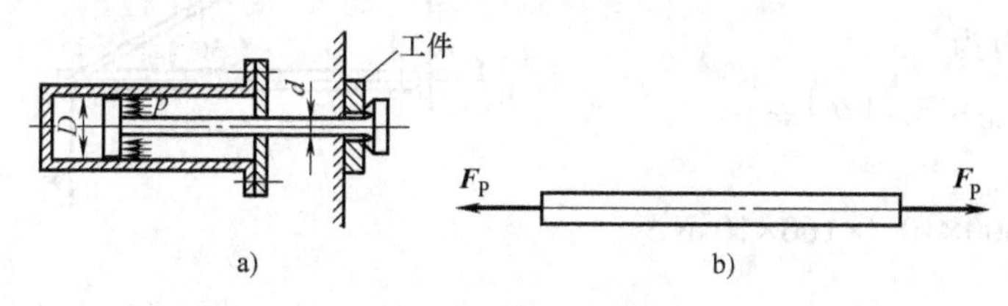

图 5-31　例 5-7 图

解：1）求轴力。活塞杆左端承受活塞上的气体压力，右端承受工件的反作用力，将发生轴向拉伸变形。拉力 F_P 可由气压乘活塞的受压面积求得（图 5-31b）。在尚未确定活塞杆的横截面面积前，计算活塞的受压面积时，可将活塞杆横截面面积略去不计。

$$F_P=p\times\frac{\pi}{4}D^2=0.6\times10^6\times\frac{\pi}{4}\times140^2\times10^{-6}\text{N}=9.24\text{kN}$$

活塞杆的轴力为　$F_N=F_P=9.24\text{kN}$

2）确定活塞杆直径。根据强度条件，活塞杆的横截面面积应满足

$$A=\frac{\pi}{4}d^2\geqslant\frac{F_N}{[\sigma]}=\frac{9.24\times10^3}{80\times10^6}\text{m}^2=1.16\times10^{-4}\text{m}^2$$

由此可解出

$$d\geqslant0.0122\text{m}$$

最后确定活塞的直径为 $d=0.013\text{m}=13\text{mm}$。

例 5-8　图 5-32a 所示为一钢木结构。AB 为木杆，其横截面面积 $A_{AB}=10\times10^3\text{cm}^2$，许用应力 $[\sigma]_{AB}=7\text{MPa}$，杆 BC 为钢杆，其横截面面积 $A_{BC}=600\text{mm}^2$，许用应力 $[\sigma]_{BC}=160\text{MPa}$。求 B 处可吊的最大许用载荷 $[F_P]$。

解：1）求 AB、BC 轴力。取铰链 B 为研究对象进行受力分析，如图 5-32b 所示，AB、BC 均为二力杆，其轴力等于杆所受的力。由平衡方程

$$\Sigma F_x=0,\ F_{AB}-F_{BC}\cos30°=0$$
$$\Sigma F_y=0,\ F_{BC}\sin30°-F_P=0$$

得

$$F_{BC}=\frac{F_P}{\sin30°}=2F_P$$

$$F_{AB}=F_{BC}\cos30°-2F_P\times\frac{\sqrt{3}}{2}=\sqrt{3}F_P$$

2）确定许用载荷。

根据强度条件，木杆内的许用轴力为

$$F_{AB}\leqslant A_{AB}[\sigma]_{AB}$$

即

$$\sqrt{3}F_P \leqslant 10\times10^3\times10^{-6}\times7\times10^6\text{N}$$

解得

$$F_P \leqslant 40.4\text{kN}$$

钢杆内的许用轴力为

$$F_{BC} \leqslant A_{BC}[\sigma]_{BC}$$

即

$$2F_P \leqslant 600\times10^{-6}\times160\times10^6\text{N}$$

解得

$$F_P \leqslant 48\text{kN}$$

因此，保证结构安全的最大许用载荷为

$$[F_P]=40.4\text{kN}\approx40\text{kN}$$

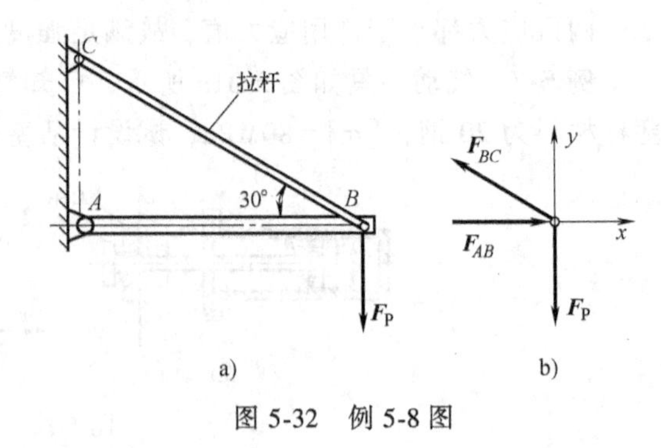

图 5-32 例 5-8 图

5.8 拉伸与压缩超静定问题

5.8.1 静定与超静定问题的概念

在前面所讨论的拉压杆问题中，支反力与轴力均可通过静力平衡方程确定。由静力平衡方程可确定全部未知力（包括支反力与内力）的问题，称为拉压静定问题。在工程实际中，有时为了增加构件和结构的强度或刚度，或者由于构造上的需要，往往还给构件增加一些约束，或在结构中增加一些杆件，这时构件的约束反力或杆件的内力，仅用静力学平衡方程就不能求解了。例如在图 5-33a 中用三根钢丝绳吊运重物时，为计算三根钢丝绳所受的内力，可选取吊钩为研究对象（图 5-33b）。这是一个平面汇交力系，可列出两个平衡方程（$\sum F_x=0$、$\sum F_y=0$），然而未知力却有三个（F_{T1}、F_{T2}、F_{T3}），故不能求解。

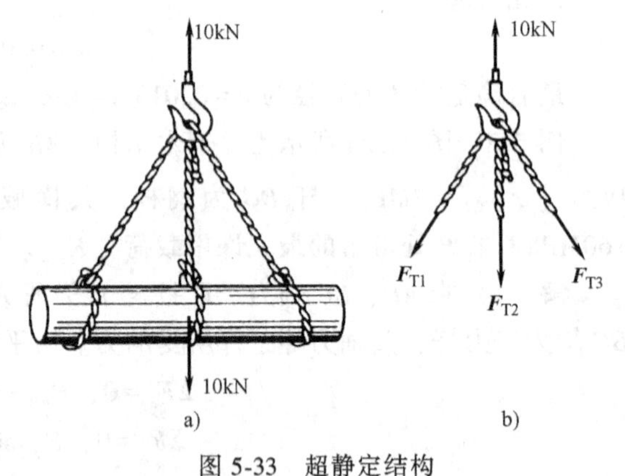

图 5-33 超静定结构

这种未知力数量多于平衡方程数量，只用静力学平衡方程不能求解的问题，称为超静定问题，或静不定问题。未知力数量比平衡方程数量多一个时，为一次超静定，多两个时为二次超静定，其余类推。

5.8.2 超静定问题的解法

现以图 5-34a 所示的一次超静定桁架结构为例，说明求解超静定问题的方法。取节点 A 为研究对象，画出受力图如图 5-34b 所示。由此得节点 A 的静力平衡方程式为

$$\left.\begin{aligned}\sum F_x=0, F_{N1}\sin\alpha-F_{N2}\sin\alpha=0\\ F_{N1}=F_{N2}\\ \sum F_y=0, F_{N3}+2F_{N1}\cos\alpha-F=0\end{aligned}\right\}\quad\text{(a)}$$

这里静力平衡方程只有 2 个，但未知力却有 3 个，可见只由静力平衡方程不能求得全部轴力，所以是一次超静定问题。

为了寻求问题的解，在静力平衡方程之外，还必须寻求补充方程。设杆 1 和杆 2 的抗拉刚度相同，桁架变形是对称的，节点 A 垂直地移动到 A_1，位移 $\overline{AA_1}$ 也是杆 3 的伸长 Δl_3。以 B 点为圆心，杆 1 的原长度 $l/\cos\alpha$ 为半径作圆弧，圆弧以外的线段即为杆 1 的伸长 Δl_1。由于变形很小，可用垂直于 A_1B 的线段 AE 代替上述弧线，并仍可认为 $\angle AA_1E=\alpha$。于是

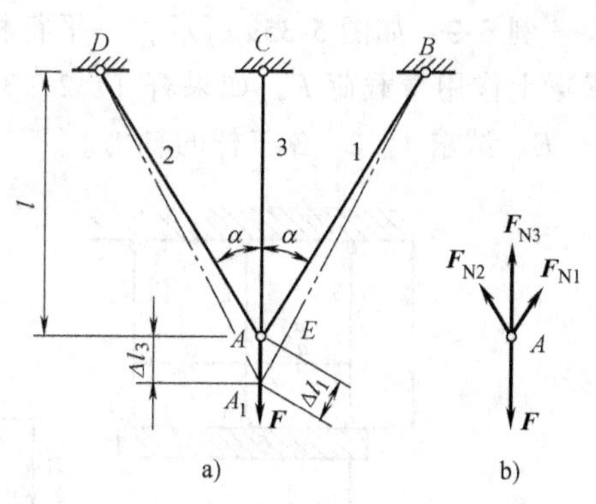

图 5-34　超静定桁架结构

$$\Delta l_1=\Delta l_3\cos\alpha \tag{b}$$

这是 1、2、3 三根杆件的变形必须满足的关系，只有满足了这一关系，它们才可能在变形后仍然在节点 A_1 联系在一起，三根杆的变形才是相互协调的。所以把这种几何关系称为变形协调方程。

若杆 1、2 的抗拉刚度为 E_1A_1，杆 3 的抗拉刚度为 E_3A_3，由胡克定律

$$\Delta l_1=\frac{F_{N1}l}{E_1A_1\cos\alpha},\quad \Delta l_3=\frac{F_{N3}l}{E_3A_3} \tag{c}$$

这两个表示变形与轴力关系的式子称为物理方程。将其代入式（b），得

$$\frac{F_{N1}l}{E_1A_1\cos\alpha}=\frac{F_{N3}l}{E_3A_3}\cos\alpha \tag{d}$$

这是在静力平衡方程之外求出的补充方程。从（a）（d）两式容易解出

$$F_{N1}=F_{N2}=\frac{F\cos^2\alpha}{2\cos^2\alpha+\dfrac{E_3A_3}{E_1A_1}},\quad F_{N3}=\frac{F}{1+2\dfrac{E_1A_1}{E_3A_3}\cos^3\alpha}$$

综上所述，求解超静定问题必须考虑以下三个方面：满足平衡方程；满足变形协调条件；符合力与变形间的物理关系（如在线弹性范围之内，即符合胡克定律）。

求解拉压超静定问题时一般可按以下步骤进行：

1）根据约束的性质画出杆件或节点的受力图。

2）根据静力学平衡条件列出所有独立的静力学平衡方程。

3）画出杆件或杆系节点的变形-位移图。

4）根据变形几何关系图建立变形几何方程。

5）将力与变形间的物理关系（如胡克定律等）代入变形几何方程，便能得到解题所需的补充方程。

6）将静力学平衡方程与补充方程联立，解出全部的约束反力及杆件内力。

应该指出的是，在超静定汇交杆系结构中，各杆的内力是受拉还是受压在解题前往往是未知的。为此，可假定各杆均受拉力，并以此画受力图、列静力学平衡方程；根据杆件变形与内力一致的原则，绘制节点位移图，建立几何关系方程。最后解得的结果若为正，则表示杆件的轴力与假设的一致；若为负，则表示杆件中轴力与假设的相反。

例 5-9 如图 5-35a 所示，一平行杆系 1、2、3 悬吊着横梁 AB(AB 梁可视为刚体)，在横梁上作用着载荷 F，如果杆 1、2、3 的长度、截面面积、弹性模量均相同，分别设为 l、A、E。试求 1、2、3 三杆的轴力。

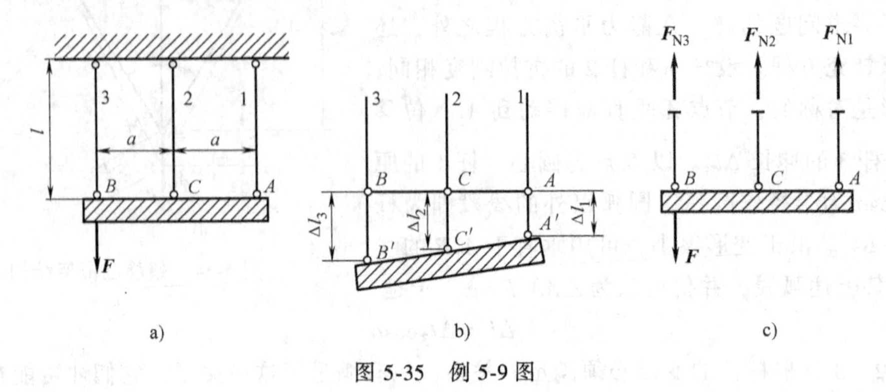

图 5-35 例 5-9 图

解：在载荷 F 作用下，假设一种可能变形，如图 5-35b 所示，则此时杆 1、2、3 均伸长，其伸长量分别为 Δl_1、Δl_2、Δl_3，与之相对应，杆 1、2、3 的轴力均为拉力，如图 5-35c 所示。

1）平衡方程。

$$\sum F_y=0,\quad F_{N1}+F_{N2}+F_{N3}-F=0 \tag{a}$$

$$\sum M_B=0,\quad 2F_{N1}a+F_{N2}a=0 \tag{b}$$

在式（a）、式（b）两式中包含着 F_{N1}、F_{N2}、F_{N3} 三个未知力，故为一次超静定。

2）变形几何方程（图 5-35b）。

$$\Delta l_1+\Delta l_3=2\Delta l_2 \tag{c}$$

3）物理方程。

$$\Delta l_1=\frac{F_{N1}l}{EA},\quad \Delta l_2=\frac{F_{N2}l}{EA},\quad \Delta l_3=\frac{F_{N3}l}{EA} \tag{d}$$

将式（d）代入式（c）中，即得所需的补充方程

$$\frac{F_{N1}l}{EA}+\frac{F_{N3}l}{EA}=2\,\frac{F_{N2}l}{EA} \tag{e}$$

将式（a）（b）（e）三式联立求解，可得

$$F_{N1}=-\frac{F}{6},\quad F_{N2}=\frac{F}{3},\quad F_{N3}=\frac{5F}{6} \tag{f}$$

由此例题可以看出，假设各杆的轴力是拉力还是压力，要以假设的变形关系图中所反映的杆是伸长还是缩短为依据，两者之间必须一致，即变形与内力的一致性。

*5.8.3 装配应力

在机械制造和结构工程中，零件或构件尺寸在加工过程中存在微小误差是难以避免的。这种误差在静定结构中，只不过造成结构几何形状的微小改变，不会引起内力的改变（图 5-36a）。但对超静定结构，加工误差却往往会引起内力。如图 5-36b 所示结构中，3 杆

比原设计长度短了 δ，若将三根杆强行装配在一起，必然导致 3 杆被拉长，1、2 杆被压短，最终位置如图 5-36b 所示双点画线。这样，装配后 3 杆内引起拉应力，1、2 杆内引起压应力。在超静定结构中，这种在未加载之前因装配而引起的应力称为装配应力。

装配应力的计算方法与解超静定问题的方法相同。

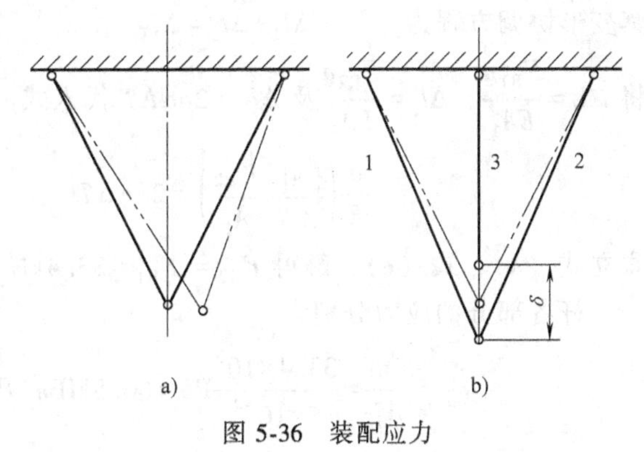

图 5-36　装配应力

5.8.4　温度应力

温度变化将引起物体的膨胀或收缩，构件尺寸发生微小改变。静定结构可以自由变形，所以温度变化时在杆内不会产生温度应力。但在超静定结构中由于存在“多余”约束，构件不能自由变形，由温度引起的变形就会在杆内引起应力。例如在图 5-37 中，AB 杆代表蒸汽锅炉与原动机间的管道，两端可简化为固定端。当管道中通过高压蒸汽时，两端固定杆的温度就发生了变化。因为固定端杆件的膨胀或收缩，势必有约束反力 F_{RA} 和 F_{RB} 作用于两端。这将引起杆内的应力，这种应力称为热应力或温度应力。温度应力与材料的拉压弹性模量 E、热膨胀率 α、温度变化量 Δt 等成正比，其计算公式为

$$\sigma=\alpha E\Delta t \tag{5-15}$$

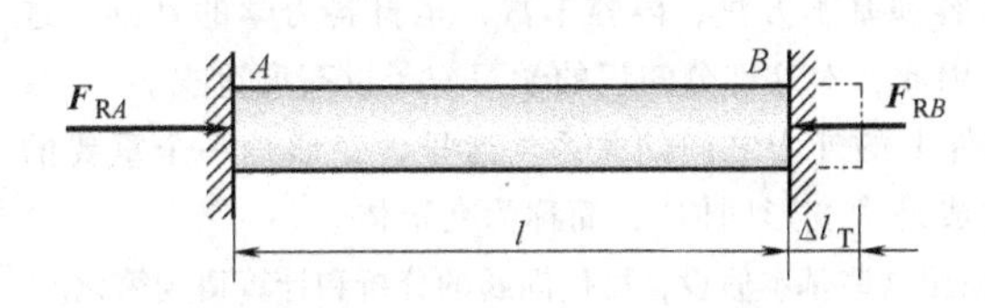

图 5-37　高压蒸汽管道中的温度应力

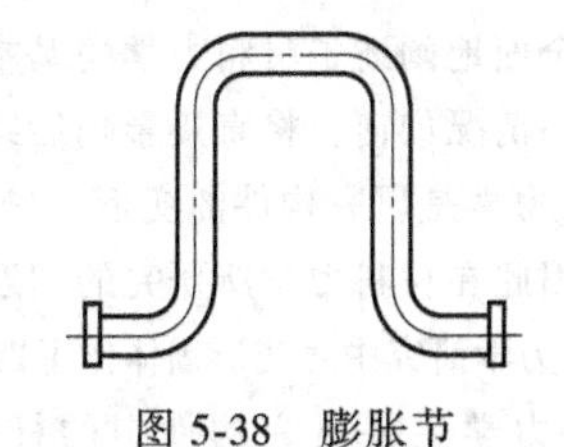

图 5-38　膨胀节

例如某管道是钢制的，其 $\alpha=12.5\times10^{-6}/℃$，$E=200\text{GPa}$，当温度升高 $\Delta t=40℃$ 时，求得杆内的温度应力为

$$\sigma=\alpha E\Delta t=12.5\times10^{-6}\times200\times10^{9}\times40\text{N/m}^2=100\times10^{6}\text{N/m}^2=100\text{MPa}$$

由此可见，在超静定结构中，构件中的温度应力有时可达较大的数值，这时就不能忽略。在热电厂中高温管道通常插入膨胀节（图 5-38），使管道有部分自由伸缩的可能，以减小温度应力。

温度应力的计算方法与解超静定问题的方法相同。不同之处在于杆件的变形应包括弹性变形和由温度引起的变形两部分。

例 5-10　图 5-39a 所示的阶梯形钢杆的两端在 $T_1=5℃$ 时被固定，钢杆上下两段的横截面面积分别为 $A_1=5\text{cm}^2$、$A_2=10\text{cm}^2$，若钢杆的 $\alpha=12.5\times10^{-4}/℃$，$E=200\text{GPa}$。试求当温度升高至 $T_2=25℃$ 时，杆内各部分的温度应力。

解：阶梯形钢杆的受力图如图 5-39b 所示，平衡条件为

$$\sum F_y=0, F_{R1}-F_{R2}=0 \tag{a}$$

其变形协调方程为　　$\Delta l_1+\Delta l_2=\Delta l_T$　　(b)

将 $\Delta l_1=\dfrac{F_{R1}a}{EA_1}$，$\Delta l_2=\dfrac{F_{R2}a}{EA_2}$及 $\Delta l_T=2a\alpha\Delta T$ 代入式（b），得

$$\frac{a}{E}\left(\frac{F_{R1}}{A_1}+\frac{F_{R2}}{A_2}\right)=2a\alpha\Delta T \tag{c}$$

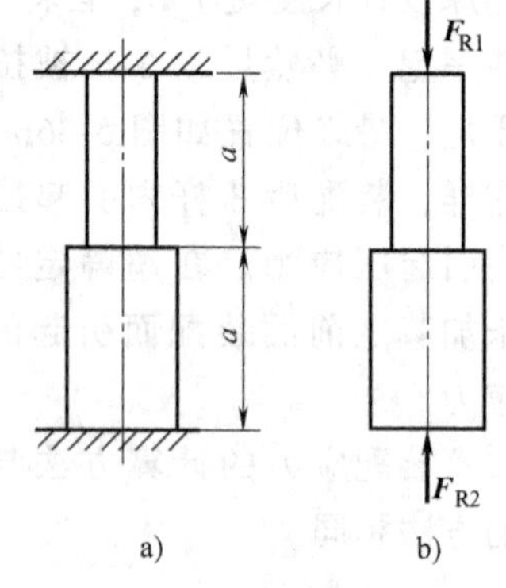

图 5-39　例 5-10 图

联立式（a）、式（c），解得 $F_{R2}=F_{R1}=33.4\text{kN}$

杆各部分的应力分别为

$$\sigma_{上}=\frac{F_{R1}}{A_1}=\frac{33.4\times10^3}{5\times10^{-4}}\text{Pa}=66.8\text{MPa}(压)$$

$$\sigma_{下}=\frac{F_{R2}}{A_2}=\frac{33.4\times10^3}{10\times10^{-4}}\text{Pa}=33.4\text{MPa}(压)$$

5.8.5　超静定结构的特点

1）在超静定结构中，各杆的内力与该杆的刚度及各杆的刚度比值有关，任一杆件刚度的改变都将引起各杆内力的重新分配。

2）温度变化或制造加工误差都将引起温度应力或装配应力。

3）超静定结构的强度和刚度都有所提高。

本章小结

本章较全面地阐述了材料力学的基本概念、基本内容和基本方法，内容丰富，是材料力学的基础。这些知识掌握的情况如何，将直接影响后续各章的学习。因此，对这部分知识的学习应予以高度重视。

1）材料力学是研究构件的变形、破坏与作用在构件上的外力之间的关系。这里，变形是一个重要的研究内容，因此在材料力学所研究的问题中，把构件看成是“变形固体”，简称为变形体。

2）材料力学研究中对变形固体作了四个基本假设。采用这些基本假设，可使问题的分析和计算得到简化。

3）材料力学主要研究构件中的杆件问题，杆件由于外力作用方式不同，将发生四种形式基本变形——轴向拉伸或压缩、剪切、扭转和弯曲。

4）拉伸与压缩的基本概念。

受力特点：所有外力或外力的合力沿杆轴线作用。

变形特点：杆沿轴线伸长或缩短。

5）内力。材料力学所研究的内力是指构件在受外力作用后引起的构件内力改变量。

6）轴力。轴向拉伸与压缩时横截面上的内力称为轴力，一般用 F_N 表示。

7）应力。单位面积上的内力称为应力，它反映了杆件受力后内力在截面上的集聚程度。应力通常分解为垂直截面的正应力 σ 和沿截面的切应力 τ。

拉（压）杆件横截面上只有正应力，且正应力沿横截面均匀分布，截面上任意点的应力为

$$\sigma=\frac{F_N}{A}$$

8）应变。应变为单位长度的伸长或缩短。杆轴向拉伸或压缩时，轴向的应变称为纵向线应变；横向的应变称为横向线应变。

纵向线应变　　$$\varepsilon=\frac{\Delta l}{l}$$

横向线应变　$\varepsilon'=\dfrac{\Delta b}{b}$

9）泊松比。对于同一种材料，当应力不超过比例极限时，横向线应变与纵向线应变之比的绝对值为常数。比值称为泊松比，即

$$\mu=\left|\frac{\varepsilon'}{\varepsilon}\right|$$

10）胡克定律。当杆件横截面上的正应力不超过比例极限时，杆件的伸长量 Δl 与轴力 F_N 及杆原长 l 成正比，与横截面面积 A 成反比，同时与材料的性能有关，即

$$\Delta l=\frac{F_N l}{EA}$$

胡克定律的另一种表达形式　$\sigma=\varepsilon E$

11）轴向拉（压）杆的强度计算

① 强度条件　$\sigma=\dfrac{F_N}{A}\leqslant[\sigma]$

② 强度条件可解决工程中的三类问题：强度校核、设计截面尺寸、确定许可载荷。

12）材料的力学性能。材料通常分为塑性材料（$\delta\geqslant5\%$）和脆性材料（$\delta<5\%$）。塑性材料抗拉、抗压性能基本相同，而脆性材料抗压性能大大优于抗拉性能，因此常用作承压构件。

材料的主要力学性能指标：

① 强度指标——屈服强度 σ_s（$\sigma_{0.2}$）、强度极限 σ_b。

② 刚度指标——弹性模量 E、泊松比 μ。

③ 塑性指标——伸长率 δ、断面收缩率 ψ。

13）拉（压）超静定结构的概念及解法。拉（压）结构中，未知力数目超过结构独立的静力学平衡方程数目，仅用平衡方程不能求解的问题，称为拉（压）超静定问题或静不定问题。求解超静定问题必须通过建立相应的补充方程，与原结构的静力学平衡方程联立求解。

思考题

1. 根据自己的实践经验，举出工程实际中一些轴向拉伸和压缩的构件。
2. 在静力学中介绍的力的可传性，在材料力学中是否仍然适用？
3. 什么是截面法？说出截面法求内力的方法和步骤。
4. 轴力和截面面积相等而截面形状和材料不同的拉杆，它们的应力是否相等？
5. 什么是应力集中？何时会发生？应力集中对杆件的强度有何影响？
6. 在拉压杆中，轴力最大的截面一定是危险截面，这种说法对吗？
7. 什么是纵向变形？什么是横向变形？二者有什么关系？
8. 钢的弹性模量 $E=200\text{GPa}$，铝的弹性模量 $E=71\text{GPa}$。试比较在同一应力作用下，哪种材料的应变大？在产生同一应变的情况下，哪种材料的应力大？
9. 低碳钢的应力-应变曲线分为哪几个阶段？包含哪些特征应力？怎样从 σ-ε 曲线上求出拉压弹性模量 E 的值？
10. 在低碳钢的应力-应变曲线上，试样断裂时的应力反而比开始颈缩时的应力低，为什么？
11. 经冷作硬化（强化）的材料，在性能上有什么变化？工程上有何应用？
12. 在拉伸和压缩试验中，各种材料试样的破坏形式有哪些？试大致分析其破坏的原因。
13. 在钢材的力学性能中，有哪两项强度指标？有哪两项塑性指标？
14. 工作应力、许用应力和危险应力有什么区别？它们之间又有什么关系？
15. 根据轴向拉伸（压缩）时的强度条件，可以计算哪三种不同类型的强度问题？

16. 超静定问题有什么特点？在工程实际中如何利用这些特点？

17. 在有输送热气管道的工厂里，其管道不是笔直铺设的，而是每隔一段距离，就将管道弯成一个伸缩节，为什么？

习　题

5-1　试求图 5-40 所示 1-1、2-2、3-3 截面上的轴力。

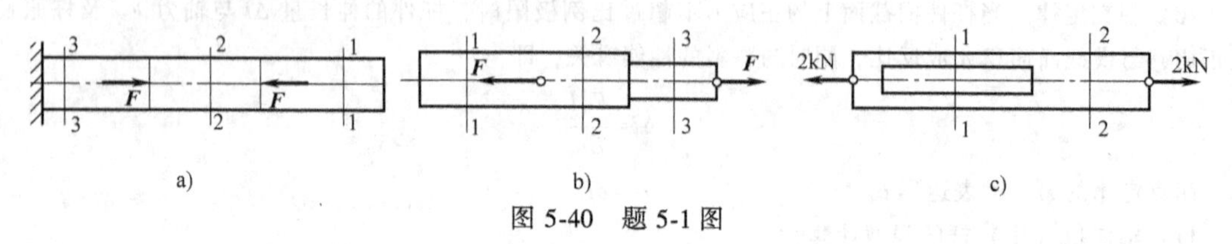

图 5-40　题 5-1 图

5-2　试求图 5-41 所示各杆 1-1、2-2、3-3 截面上的轴力，并作轴力图。

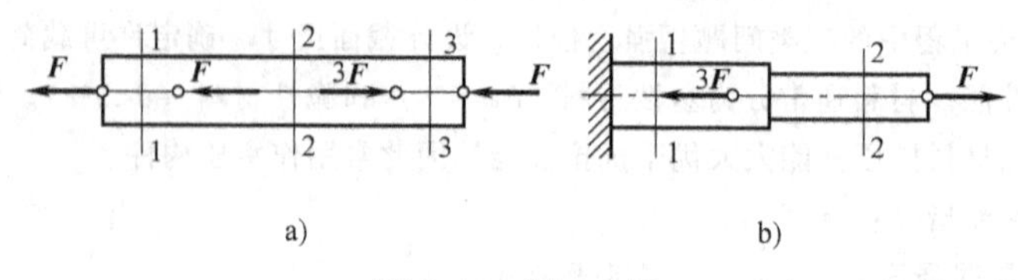

图 5-41　题 5-2 图

5-3　如图 5-42 所示直杆。已知 $a=1\text{m}$，直杆的横截面面积为 $A=400\text{mm}^2$，材料的弹性模量 $E=200\text{GPa}$，试求各段的伸长（或缩短），并计算全杆的总伸长。

5-4　如图 5-43 所示的阶梯形黄铜杆，受轴向载荷作用，若各段横截面尺寸分别为 $d_{AB}=15\text{mm}$、$d_{BC}=40\text{mm}$ 和 $d_{CD}=10\text{mm}$，试求 A 端相对于 D 端的位移，已知 $E_{铜}=105\text{GPa}$。

5-5　如图 5-44 所示压杆受轴向压力 $F=5\text{kN}$ 的作用，杆件的横截面面积 $A=100\text{mm}^2$。试求 $\alpha=0°$、$30°$、$45°$、$60°$、$90°$时，各斜截面上的正应力和切应力，并分别用图表示。

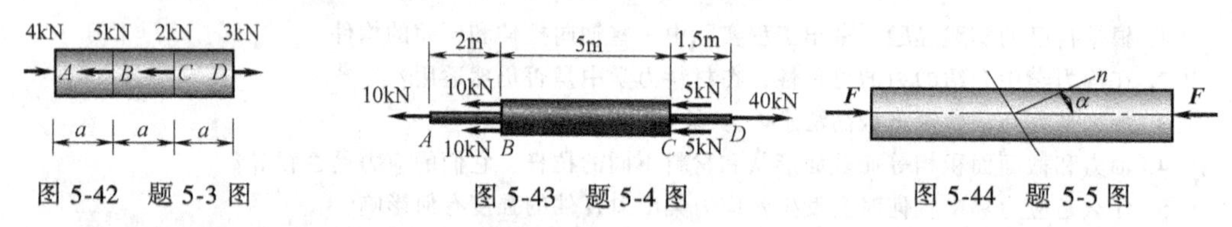

图 5-42　题 5-3 图　　图 5-43　题 5-4 图　　图 5-44　题 5-5 图

5-6　用绳索起吊重物如图 5-45 所示。已知重物 $W=10\text{kN}$，绳索的直径 $d=40\text{mm}$，许用应力 $[\sigma]=10\text{MPa}$，试校核绳索的强度。绳索的直径 d 应为多大才更经济？

5-7　如图 5-46 所示钢板厚为 5mm，在其中心钻一直径为 20mm 的孔，为了保证该钢板能承受 15kN 的轴向载荷，试确定钢板的合适宽度 w 的近似值。已知钢板的许用正应力 $[\sigma]=155\text{MPa}$。

5-8　一块厚 10mm、宽 200mm 的钢板。其截面被直径 $d=20\text{mm}$ 的圆孔所削弱，圆孔的排列对称于杆的轴线，如图 5-47 所示。若轴向拉力 $F=200\text{kN}$，材料的许用应力 $[\sigma]=170\text{MPa}$，并设削弱的截面上应力为均匀分布，试校核钢板的强度。

*5-9　如图 5-48 所示结构中，梁 AB 为刚性杆。已知 AD 杆是钢杆，其面积 $A_1=1000\text{mm}^2$，弹性模量 $E=200\text{GPa}$；BE 杆是木杆，其面积 $A_2=10000\text{mm}^2$，弹性模量 $E_2=10\text{GPa}$；CH 杆是铜杆，其面积 $A_3=3000\text{mm}^2$，弹性模量 $E_3=100\text{GPa}$。设在 H 点处的作用力 $F=120\text{kN}$。试求：1）C 点和 H 点的位移；2）AD 杆的横截面面积扩大一倍时 C 点和 H 点的位移。

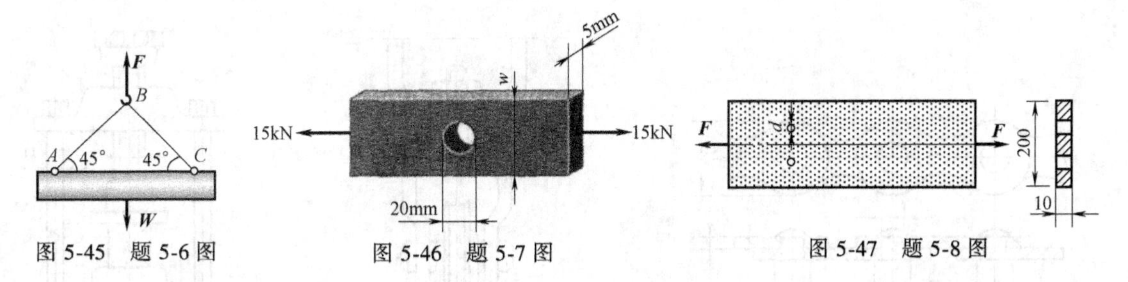

图 5-45　题 5-6 图　　图 5-46　题 5-7 图　　图 5-47　题 5-8 图

5-10　如图 5-49 所示的构架中，AB 为刚性杆，CD 杆的刚度为 EA，试求：1）CD 杆的伸长；2）C、B 两点的位移。

*5-11　如图 5-50 所示构架，若钢拉杆 BC 的横截面直径为 10mm，试求拉杆内的应力。设由 BC 连接的 1 和 2 两部分均为刚体。

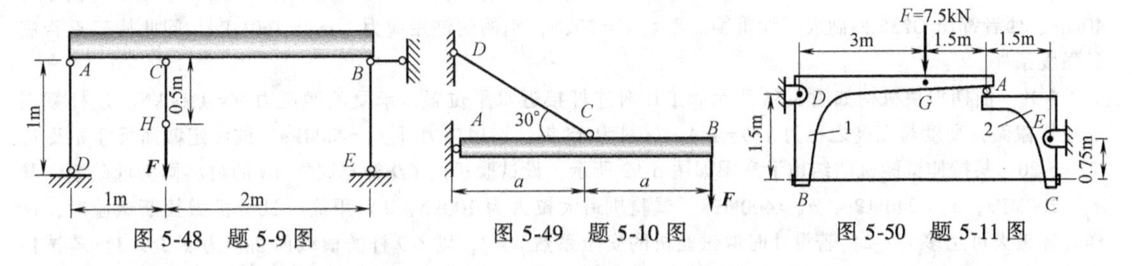

图 5-48　题 5-9 图　　图 5-49　题 5-10 图　　图 5-50　题 5-11 图

5-12　如图 5-51 所示的双杠杆夹紧机构，需产生一对 20kN 的夹紧力，试求水平杆 AB 及二斜杆 BC 和 BD 的横截面直径。已知：该三杆的材料相同，$[\sigma]=100\text{MPa}$，$\alpha=30°$。

5-13　如图 5-52 所示结构中，刚性杆 AC 受到均布载荷 $q=20\text{kN/m}$ 的作用。若钢制拉杆 AB 的许用应力 $[\sigma]=150\text{MPa}$，试求其所需的横截面面积。

5-14　汽车离合器踏板如图 5-53 所示。已知踏板受到压力 $F=400\text{N}$ 作用，拉杆 1 的 $D=9\text{mm}$，杠杆臂长 $L=330\text{mm}$，$l=56\text{mm}$，拉杆的许用应力 $[\sigma]=50\text{MPa}$，校核拉杆 1 的强度。

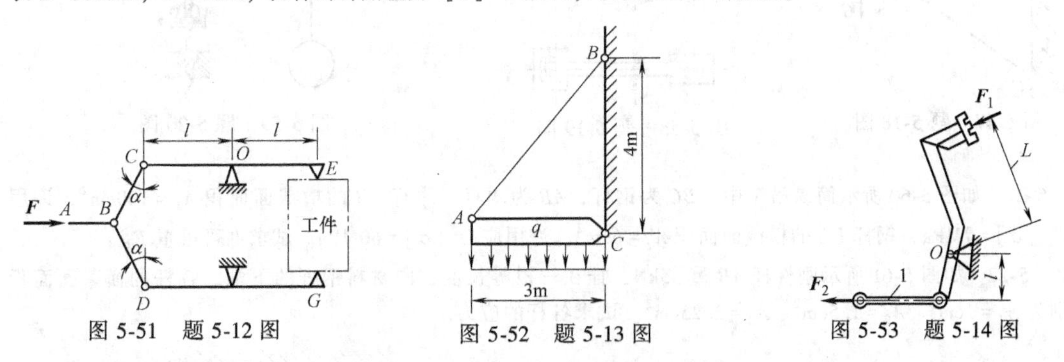

图 5-51　题 5-12 图　　图 5-52　题 5-13 图　　图 5-53　题 5-14 图

5-15　如图 5-54 所示链条由两层钢板组成，每层钢板厚度 $t=4.5\text{mm}$，宽度 $H=65\text{mm}$，$h=40\text{mm}$，钢板材料许用应力 $[\sigma]=80\text{MPa}$，若链条的拉力 $P=25\text{kN}$，校核它的拉伸强度。

5-16　如图 5-55 所示滑轮最大起吊重量为 300kN，材料为 20 钢，许用应力 $[\sigma]=44\text{MPa}$，求上端螺纹内径 d。

5-17　图 5-56 所示为一手动压力机，在物体 C 上所加最大压力为 150kN，已知手动压力机的立柱 A 和螺杆 B 所用材料为 Q235 钢，许用应力 $[\sigma]=160\text{MPa}$。

1）试按强度要求设计立柱 A 的直径 D。

2）若螺杆 B 的内径 $d=40\text{mm}$，试校核其强度。

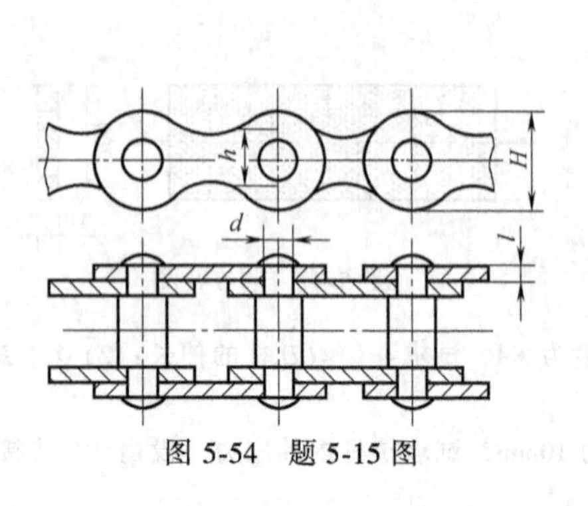

图 5-54 题 5-15图

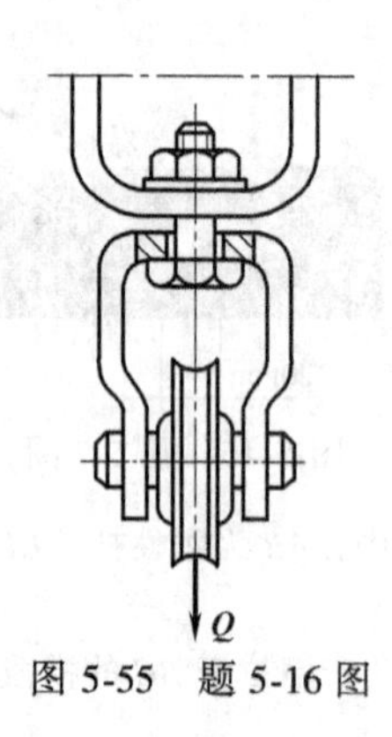

图 5-55 题 5-16图

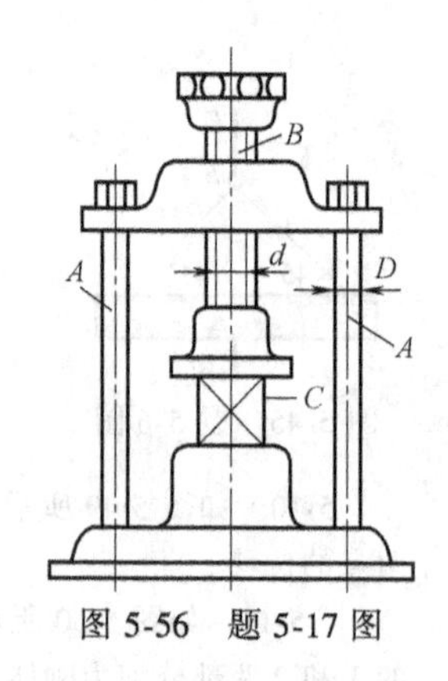

图 5-56 题 5-17图

5-18 如图 5-57 所示三角形构架，杆 AB 和 BC 都是圆截面的，杆 AB 直径 $d_1=20\text{mm}$，杆 BC 直径 $d_2=40\text{mm}$，两者都由 Q235 钢制成。设重物的重量 $G=20\text{kN}$，钢的的许用应力 $[\sigma]=160\text{MPa}$，问此构架是否满足强度条件。

5-19 曲柄滑块机构如图 5-58 所示。工作时连杆接近水平位置，承受的镦压力 $F=1100\text{kN}$。连杆截面是矩形截面，高度与宽度之比为 $h/b=1.4$。材料为 45 钢，许用应力 $[\sigma]=58\text{MPa}$，试确定截面尺寸 h 及 b。

5-20 某拉伸试验机的结构示意图如图 5-59 所示。设试验机的 CD 杆与试件 AB 的材料同为低碳钢，其 $\sigma_p=200\text{MPa}$，$\sigma_s=240\text{MPa}$，$\sigma_b=400\text{MPa}$。试验机最大拉力为 100kN。1）用这一试验机做拉断试验时，试样直径最大可达多大？2）若设计时取试验机的安全系数 $n=2$，则 CD 杆的横截面面积为多少？3）若试件直径 $d=10\text{mm}$，今欲测弹性模量 E，则所加载荷最大不能超过多少？

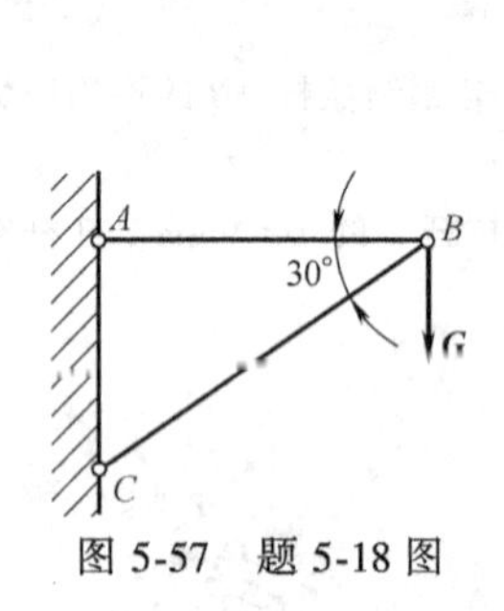

图 5-57 题 5-18图

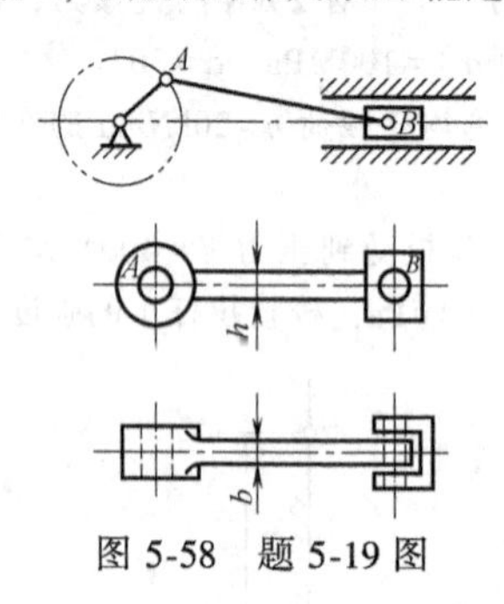

图 5-58 题 5-19图

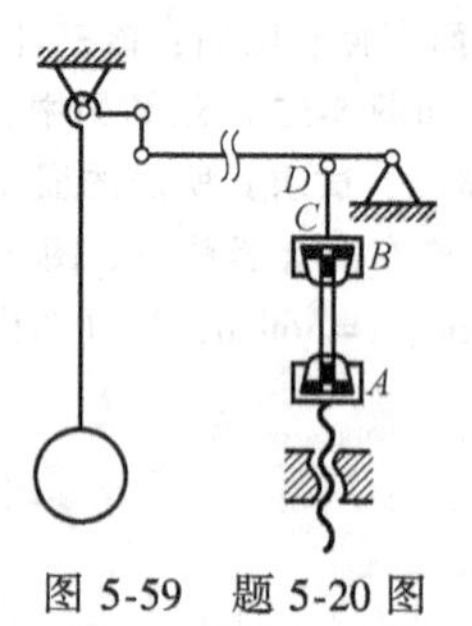

图 5-59 题 5-20图

5-21 如图 5-60 所示简易吊车中，BC 为钢杆，AB 为木杆。木杆 AB 的横截面面积 $A_1=100\text{cm}^2$，许用应力 $[\sigma]=7\text{MPa}$，钢杆 BC 的横截面面积 $A_2=6\text{cm}^2$，许用应力 $[\sigma]=60\text{MPa}$。试求许可吊重 F。

*5-22 如图 5-61 所示刚性杆 AB 重 35kN，挂在三根等长度、同材料钢杆的下端。各杆的横截面面积分别为 $A_1=1\text{cm}^2$、$A_2=1.5\text{cm}^2$、$A_3=2.25\text{cm}^2$。试求各杆的应力。

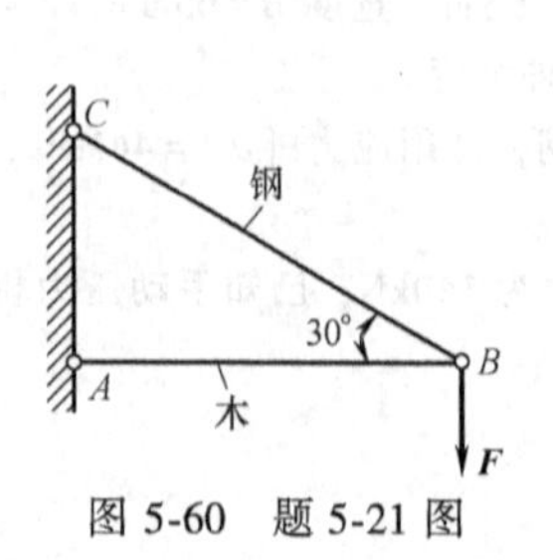

图 5-60 题 5-21图

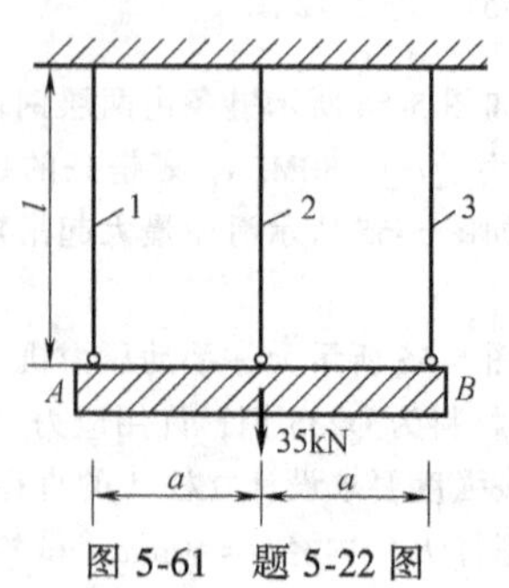

图 5-61 题 5-22图

第 6 章 剪切与挤压的实用计算

工程中常需用螺栓、铆钉、键等连接件将几个构件连成一体。连接件以剪切和挤压为主要变形。连接件几何尺寸小，受力、变形一般较为复杂。本章介绍工程中常用的计算方法，对连接件进行强度计算。

6.1 剪切与挤压的概念

6.1.1 剪切的概念

工程中构件之间起连接作用的构件称为连接件，它们担负着传递力或运动的任务。如图 6-1a、b 所示的铆钉和键，将它们从连接部分取出（图 6-1 c、d)，加以简化便得到剪切的受力和变形简图（图 6-1e、f)。由图可见，剪切的受力特点是：作用在杆件上的是一对等值、反向、作用线相距很近的横向力（即垂直于杆轴线的力)；剪切的变形特点是：在两横向力之间的横截面将沿力的方向发生相对错动。杆件的这种变形称为剪切变形。剪切变形是杆件的基本变形之一，若此时外力过大，杆件就可能在两力之间的某一截面，如 *m-m* 处被剪断，*m-m* 截面称为剪切面。

6.1.2 挤压的概念

杆件在发生剪切变形的同时，常伴随有挤压变形。如图 6-1a 所示的铆钉与钢板接触处，图 6-1b 中的键与轮、键与轴的接触处，很小的面积上需要传递很大的压力，极易造成接触部位的压溃，构件的这种变形称为挤压变形。因此，在进行剪切计算的同时，也须进行挤压计算。

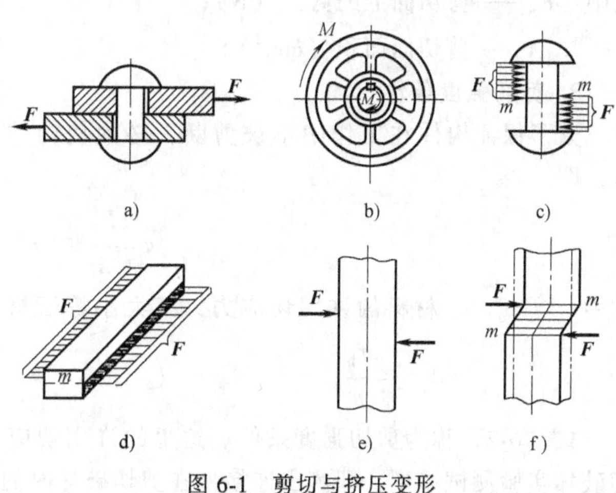

图 6-1 剪切与挤压变形

6.1.3 剪切与挤压的实用计算原理

剪切变形或挤压变形只发生于连接构件的某一局部，而且外力也作用在此局部附近，所以其受力和变形都比较复杂，难以从理论上计算它们的真实工作应力。这就需要寻求一种反映剪切或挤压破坏实际情况的近似计算方法，即实用计算法。根据这种方法算出的应力只是一种名义应力。

6.2 剪切强度条件

1. 剪切面上的内力

现以图 6-2a 所示铆钉连接为例，用截面法分析剪切面上的内力。选铆钉为研究对象，进行受力分析，画受力图，如图 6-2b 所示。假想将铆钉沿 m-m 截面截开，分为上下两部分，如图 6-2c 所示。所示，任取一部分为研究对象，由平衡条件可知，在剪切面内必然有与外力 $\boldsymbol{F}$ 大小相等、方向相反的内力存在，这个作用在剪切面内部与剪切面平行的内力称为剪力，用 $\boldsymbol{F}_{\mathrm{S}}$ 表示（图 6-2c）。剪力 $\boldsymbol{F}_{\mathrm{S}}$ 的大小可由平衡方程求得

$$\sum F_x=0 \quad F_{\mathrm{S}}=F$$

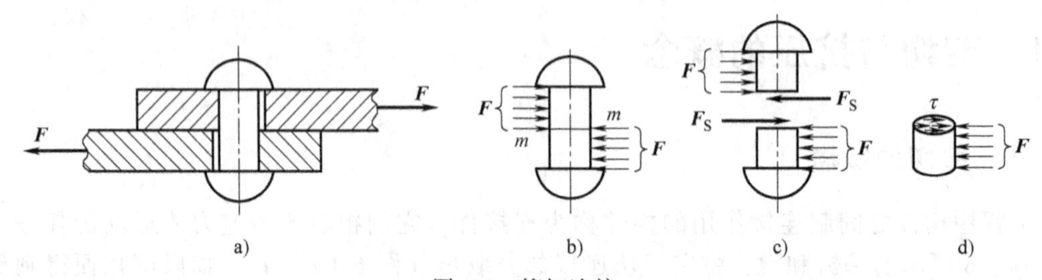

图 6-2　铆钉连接

2. 剪切面上的切应力

剪切面上内力 $\boldsymbol{F}_{\mathrm{S}}$ 分布的集度称为切应力，其方向平行于剪切面与 $\boldsymbol{F}_{\mathrm{S}}$ 相同，用符号 τ 表示，如图 6-2d 所示。切应力的实际分布规律比较复杂，很难确定，工程上通常采用建立在试验基础上的实用计算法，即假定切应力在剪切面上是均匀分布的。故

$$\tau=\frac{F_{\mathrm{S}}}{A} \tag{6-1}$$

式中　F_{S}——剪切面上的剪力（N）；

A——剪切面面积（mm^2）。

3. 剪切强度条件

为了保证构件在工作中不被剪断，必须使构件的工作切应力不超过材料的许用切应力，即

$$\tau=\frac{F_{\mathrm{S}}}{A}\leqslant[\tau] \tag{6-2}$$

式中　$[\tau]$——材料的许用切应力，其大小等于材料的抗剪强度 τ_{b} 除以安全系数 n，即 $[\tau]=\dfrac{\tau_{\mathrm{b}}}{n}$。

式（6-2）称为剪切强度条件。这里的许用切应力 $[\tau]$ 可根据连接件实物或试件的剪切破坏实验测试得到，即测出连接件在剪切破坏时的极限剪力 $F_{0\mathrm{b}}$，然后由 $\tau_{0\mathrm{b}}=F_{0\mathrm{b}}/A_0$ 算得

极限切应力，再除以安全系数 n 得到 $[\tau]$。

工程中常用材料的许用切应力，可从有关手册中查取，也可按下列经验公式确定：

塑性材料　　$[\tau]=(0.6\sim0.8)[\sigma]$

脆性材料　　$[\tau]=(0.8\sim1.0)[\sigma]$

式中　$[\sigma]$——材料拉伸时的许用应力。

与拉伸（或压缩）强度条件一样，剪切强度条件也可以解决剪切变形的三类强度计算问题：强度校核、设计截面尺寸和确定许用载荷。

例 6-1　图 6-3a 所示吊杆的直径 $d=20\text{mm}$，其上端部为圆盘。吊杆穿过一个直径为 40mm 的孔，当吊杆承受 $F=20\text{kN}$ 的力时，试确定圆盘厚度 t 的最小值。已知吊杆的圆盘的许用切应力 $[\tau]=35\text{MPa}$。

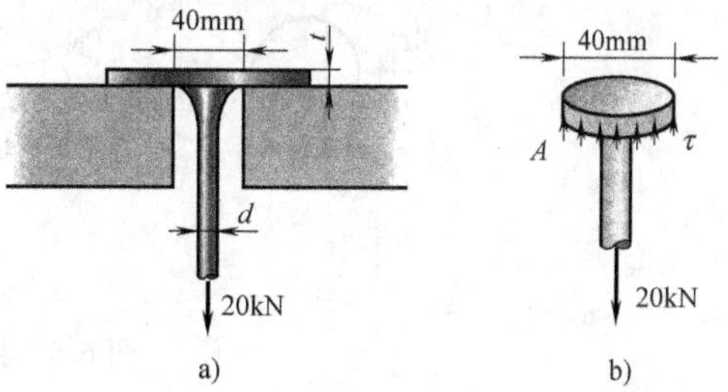

解：吊杆圆盘中心部分的受力如图 6-3b 所示，在直径为 $D=40\text{mm}$ 的截面处有剪力 F_S，从而有切应力 τ 产生。材料必须能够承受切应力的作用，以防止盘从孔中脱出。假定该切应力沿剪切面均匀分布，已知载荷 $F=20\text{kN}$，由平衡条件得 $F_S=F=20\text{kN}$，由式（6-1）有

图 6-3　例 6-1 图

$$A=F_S/[\tau]$$

故

$$A=F_S/[\tau]=\frac{20\times10^3\text{N}}{35\times10^6\text{N/m}^2}=0.5714\times10^{-3}\text{m}^2$$

由于剪切面面积 $A=2\pi\times(0.04\text{m}/2)t$，所以所需的圆盘厚度为

$$t=\frac{0.5714\times10^{-3}\text{m}^2}{2\pi\times0.02\text{m}}=4.55\times10^{-3}\text{m}=4.55\text{mm}$$

6.3　挤压强度条件

在连接件和被连接件的接触面上将产生局部承压的现象。如在图 6-4 所示的铆钉连接中，在铆钉与钢板相互接触的侧面上，将发生彼此间的局部承压现象。若外力过大，构件则发生挤压破坏。相互接触面称为挤压面，其上的压力称为挤压力，并记为 F_{jy}。挤压力可根据被连接件所受的外力，由静力平衡条件求得。如图 6-5a 所示，其数值等于接触面所受外力的大小。

1. 挤压应力

$$\sigma_{jy}=\frac{F_{jy}}{A_{jy}}\tag{6-3}$$

式中　F_{jy}——接触面上的挤压力；

A_{jy}——挤压面面积。

2. 挤压面面积

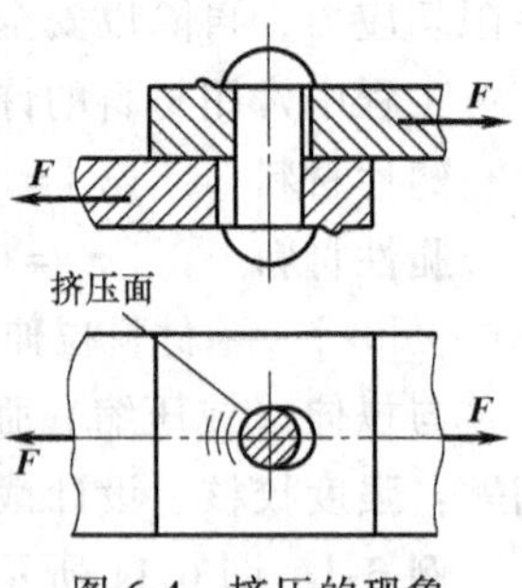

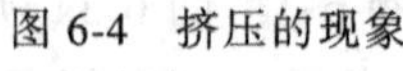
图 6-4 挤压的现象

当连接件与被连接构件的接触面为平面，如图 6-6a 所示键连接中键与轴或轮毂间的接触面时，挤压面面积 A_{jy} 即为实际接触面的面积。当接触面为圆柱面（图 6-6b）时，挤压面面积 A_{jy} 取为实际接触面在直径平面上的投影面积 $A_{jy}=dt$，如图 6-6c 所示。理论分析表明，这类圆柱状连接件与钢板孔壁间接触面上的理论挤压应力沿圆柱面的变化情况如图 6-6c 所示，而按式 (6-3) 算得的名义挤压应力与接触面中点处的最大理论挤压应力值相近。

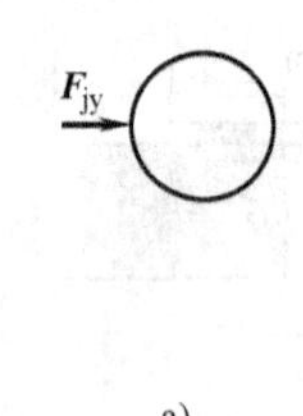

a)

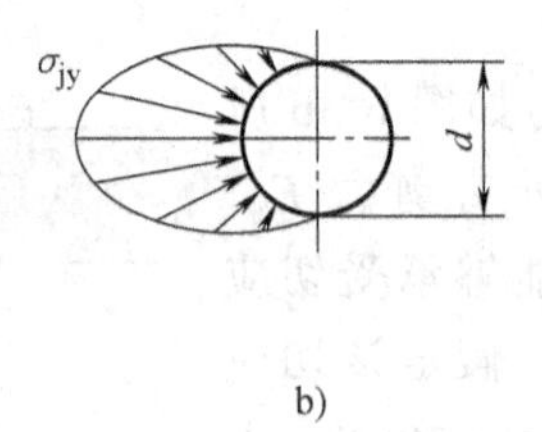

b)

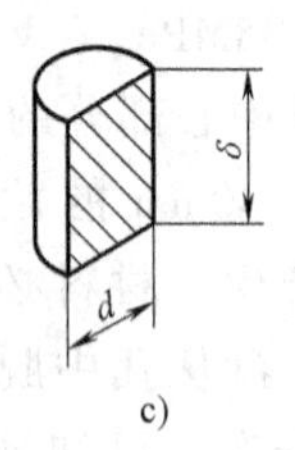

c)

图 6-5 挤压力与挤压应力

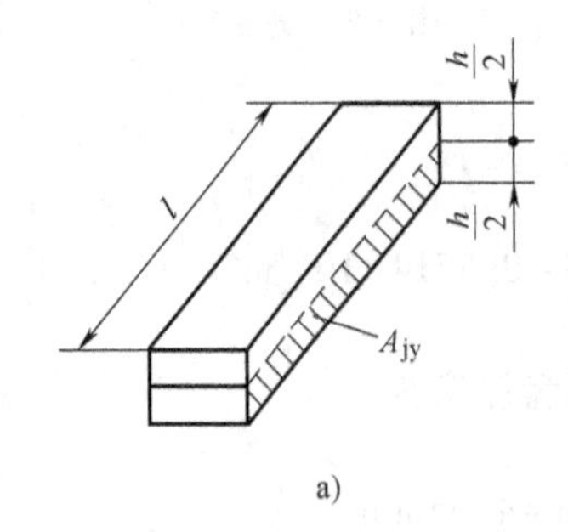

a)

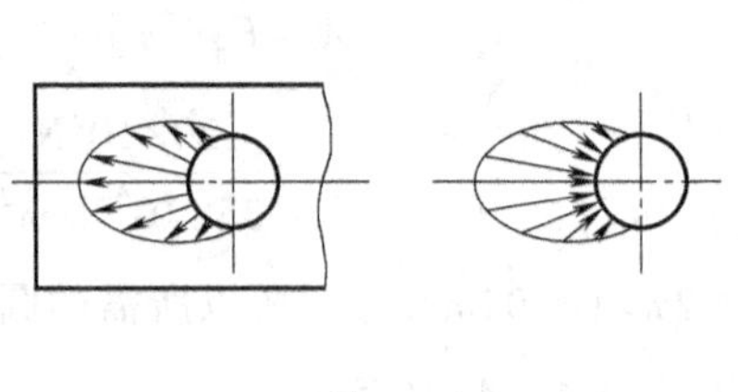

b)

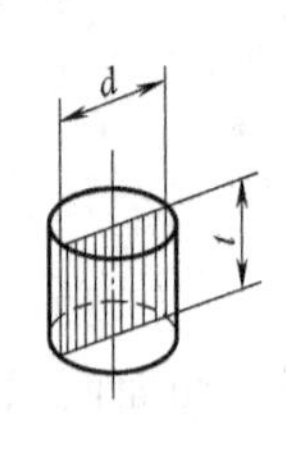

c)

图 6-6 挤压面面积的计算

需要说明的是，挤压力是构件之间的相互作用力，是一种外力，它与轴力 $\boldsymbol{F}_N$ 和剪力 $\boldsymbol{F}_S$ 这些内力在本质上是不同的。

3. 挤压强度条件

为了保证构件不产生局部挤压塑性变形，必须使构件的工作挤压应力不超过材料的许用挤压应力。许用挤压应力是通过直接试验，并按名义挤压应力公式得到材料的极限挤压应力，再除以适当的安全系数从而确定许用挤压应力 $[\sigma_{jy}]$。

于是，挤压的强度条件可表示为

$$\sigma_{jy}=\frac{F_{jy}}{A_{jy}}\leqslant[\sigma_{jy}] \tag{6-4}$$

式中　$[\sigma_{jy}]$——材料的许用挤压应力，设计时可由有关手册中查取。

式 (6-4) 称为挤压强度条件。

根据实验积累的数据，一般情况下，许用挤压应力 $[\sigma_{jy}]$ 与许用拉应力 $[\sigma]$ 之间存在关系：

塑性材料　$[\sigma_{jy}]=(1.5\sim2.5)[\sigma]$

脆性材料　$[\sigma_{jy}]=(0.9\sim1.5)[\sigma]$

应当注意，当连接件和被连接件材料不同时，应对材料的许用应力低者进行挤压强度计算，这样才能保证结构安全可靠地工作。

应用挤压强度条件仍然可以解决三类问题，即强度校核，设计截面尺寸和确定许可载荷。由于挤压变形总是伴随剪切变形产生的，因此在进行剪切强度计算的同时，也应进行挤压强度计算，只有既满足剪切强度条件又满足挤压强度条件，构件才能正常工作，既不被剪断也不被压溃。

需要说明的是，尽管剪切和挤压实用计算是建立在假设基础上的，但它以试验为依据，以经验为指导，因此剪切和挤压实用计算方法在工程中具有很高的实用价值，被广泛采用，并已被大量的工程实践证明是安全可靠的。

例 6-2　齿轮用平键与传动轴连接，如图 6-7a 所示。已知轴的直径 $d=50\text{mm}$，键的尺寸 $b\times h\times l=16\text{mm}\times10\text{mm}\times50\text{mm}$，键的许用切应力 $[\tau]=60\text{MPa}$，许用压应力 $[\sigma_{jy}]=100\text{MPa}$，作用在轴上的外力偶矩 $M=0.5\text{kN}\cdot\text{m}$。校核键的强度。

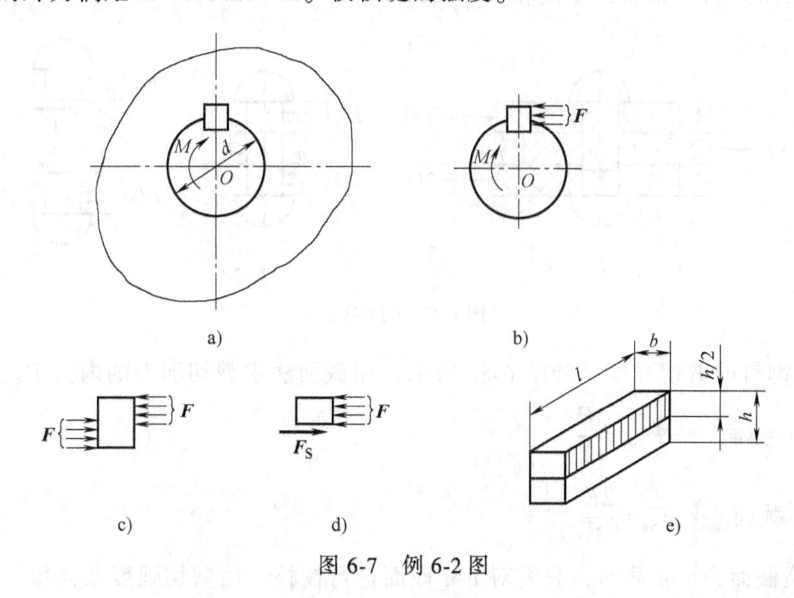

图 6-7　例 6-2 图

解：1）求作用在键上的外力 F。选轴和键整体为研究对象，进行受力分析，画受力图，如图 6-7b 所示。列平衡方程

$$\sum M_O(\boldsymbol{F})=0 \qquad F\frac{d}{2}-M=0$$

得

$$F=\frac{M}{d/2}=\frac{0.5\times10^3}{50/2}\text{kN}=20\text{kN}$$

2）校核键的剪切强度。选键为研究对象，进行受力分析，画受力图，如图 6-7c 所示。用截面法求剪切面上的内力 F_S，如图 6-7d 所示。

$$F_S=F$$

由剪切强度条件得

$$\tau=\frac{F_S}{A}=\frac{F}{bl}=\frac{20\times10^3}{16\times50}\text{MPa}=25\text{MPa}<[\tau]$$

故键的剪切强度足够。

3）校核键的挤压强度。由图 6-7c 可知挤压面有两个，它们的挤压面积相同，所受挤压力也相同，故产生的挤压应力相等，如图 6-7e 所示挤压面为平面，故挤压面积按实际面积计算。由挤压强度条件得

$$\sigma_{jy}=\frac{F_{jy}}{A_{jy}}=\frac{F}{lh/2}=\frac{20\times10^3}{50\times10/2}\text{MPa}=80\text{MPa}<[\sigma_{jy}]$$

故键的挤压强度足够。

例 6-3 铆钉连接钢板如图 6-8a 所示，已知作用于钢板上的力 $F=15\text{kN}$，钢板的厚度 $t=10\text{mm}$，铆钉的直径 $d=15\text{mm}$，铆钉的许用切应力 $[\tau]=60\text{MPa}$，许用挤压应力 $[\sigma_{jy}]=200\text{MPa}$。校核铆钉的强度。

解： 1）选铆钉为研究对象，进行受力分析，画受力图如图 6-8b 所示。由图中可知铆钉受双剪，剪切面分别为 m-m，截面和 n-n 截面。

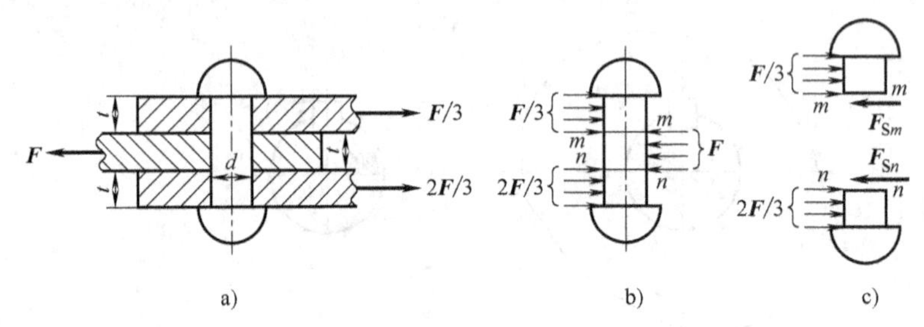

图 6-8 例 6-3 图

2）校核铆钉的剪切强度。如图 6-8c 所示，用截面法求剪切面上的内力 $\boldsymbol{F}_S$。

对于 m-m 截面 $F_{Sm}=\dfrac{F}{3}$

对于 n-n 截面 $F_{Sn}=\dfrac{2F}{3}$

所以危险截面为 n-n 截面，只需对 n-n 截面进行校核。由剪切强度条件得

$$\tau=\frac{F_{Sn}}{A}=\frac{2F/3}{\pi d^2/4}=\frac{2\times15\times10^3/3}{\pi\times15^2/4}\text{MPa}=56.6\text{MPa}<[\tau]$$

故铆钉的剪切强度足够。

3）校核铆钉的挤压强度。分析可知挤压面为半个圆柱面，故挤压面积按圆柱体的正投影进行计算。由图 6-8b 可见，挤压面有三个，挤压面面积均相等，中间的挤压面（力 F 的作用面）所受挤压力最大，故此挤压面为危险挤压面，只需对中间的挤压面进行校核。由挤压强度条件得

$$\sigma_{jy}=\frac{F_{jy}}{A_{jy}}=\frac{F}{dt}=\frac{15\times10^3}{15\times10}\text{MPa}=100\text{MPa}<[\sigma_{jy}]$$

故铆钉的挤压强度足够。

例 6-4　汽车与拖车之间用挂钩的销钉连接如图 6-9a 所示，已知挂钩的厚度 $t=8\text{mm}$，销钉材料的许用切应力 $[\tau]=60\text{MPa}$，许用挤压应力 $[\sigma_{jy}]=200\text{MPa}$，机车的牵引力 $F=20\text{kN}$。设计销钉的直径。

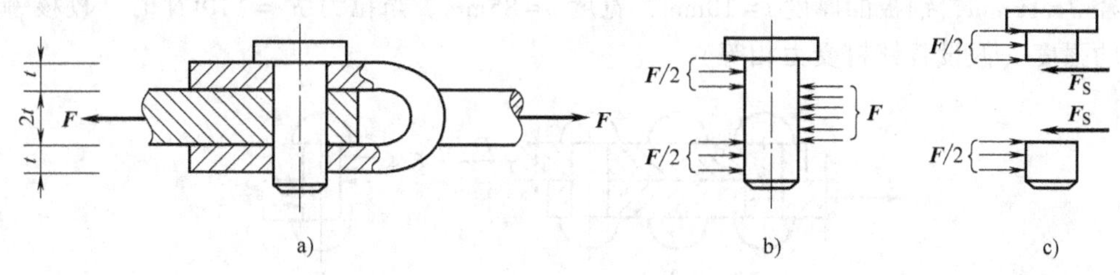

图 6-9　例 6-4 图

解：1）选销钉为研究对象，进行受力分析，画受力图如图 6-9b 所示。由图中可知销钉受双剪。

2）根据剪切强度条件，设计销钉直径 d_1，如图 6-9c 所示，用截面法求剪切面上的内力 $\boldsymbol{F}_S$，由图中可得两个剪切面上的内力相等，均为

$$F_S=\frac{F}{2}$$

由剪切强度条件得

$$\tau=\frac{F_S}{A}=\frac{F/2}{\pi d_1^2/4}\leqslant[\tau]$$

故

$$d_1\geqslant\sqrt{\frac{2F}{\pi[\tau]}}=\sqrt{\frac{2\times20\times10^3}{\pi\times60}}\text{mm}=14.57\text{mm}$$

3）根据挤压强度条件设计销钉直径 d_2。由图 6-9b 可见，有三个挤压面，分析可得三个挤压面上的挤压应力均相等，故可取任意一个挤压面进行计算，这里取中间的挤压面（力 $\boldsymbol{F}$ 的作用面）进行挤压强度计算。由挤压强度条件得

$$\sigma_{jy}=\frac{F_{jy}}{A_{jy}}=\frac{F}{d_2\times2t}<[\sigma_{jy}]$$

故

$$d_2\geqslant\frac{F}{[\sigma_{jy}]\times2t}=\frac{20\times10^3}{200\times2\times8}\text{mm}=6.25\text{mm}$$

因为 $d_1>d_2$，销钉既要满足剪切强度条件又要满足挤压强度条件，故其直径应取大者，d_1 经圆整后取 $d=15\text{mm}$。

6.4　综合强度计算及应用

6.4.1　剪切、挤压与拉伸（或压缩）综合强度计算

在对连接结构的强度计算中，除了要进行剪切、挤压强度计算外，有时还应对被连接件进行拉伸（或压缩）强度计算，因为在连接处被连接件的横截面受到削弱，往往成为危险截面。在受到削弱的截面上存在着应力集中现象，故对这样的截面进行的拉伸（或压缩）

强度计算也是必要的，通常也使用实用计算法。

*例 6-5 两块钢板用四只铆钉连接，如图 6-10a 所示，钢板和铆钉的材料相同，其许用拉应力 $[\sigma]=175\text{MPa}$，许用切应力 $[\tau]=140\text{MPa}$，许用挤压应力 $[\sigma_{jy}]=320\text{MPa}$，铆钉的直径 $d=16\text{mm}$，钢板的厚度 $t=10\text{mm}$，宽度 $b=85\text{mm}$。当拉力 $F=110\text{kN}$ 时，校核铆接各部分的强度（假设各铆钉受力相等）。

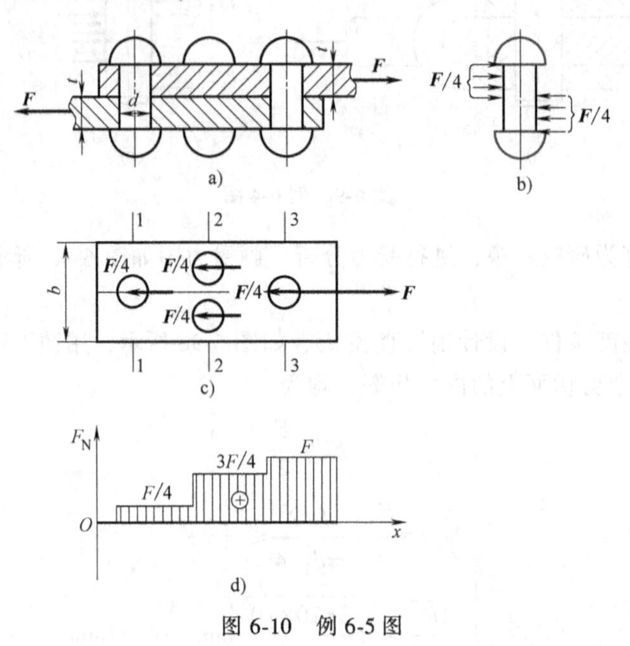

图 6-10 例 6-5 图

解： 1）受力分析。选铆钉和钢板为研究对象，分别画受力图如图 6-10b、c 所示。分析可知，此连接结构有三种可能的破坏形式，①铆钉被剪断，②铆钉与钢板的接触面上发生挤压破坏；③钢板被拉断。

2）校核铆钉的剪切强度。因为假定每个铆钉受力相同，所以每个铆钉受力均为 $F/4$，如图 6-10b 所示。用截面法求得剪切面上的内力

$$F_S=\frac{F}{4}$$

由剪切强度条件得

$$\tau=\frac{F_S}{A}=\frac{F/4}{\pi d^2/4}=\frac{F}{\pi d^2}=\frac{110\times10^3}{\pi\times16^2}\text{MPa}=136.8\text{MPa}<[\tau]$$

故铆钉的剪切强度足够。

3）校核铆钉的挤压强度，每个铆钉所受的挤压力为

$$F_{jy}=\frac{F}{4}$$

由挤压强度条件得

$$\sigma_{jy}=\frac{F_{jy}}{A_{jy}}=\frac{F/4}{dt}=\frac{110\times10^3}{4\times16\times10}\text{MPa}=171.9\text{MPa}<[\sigma_{jy}]$$

故铆钉挤压强度足够。

4）校核钢板的拉伸强度。两块钢板的受力情况相同，故可校核其中任意一块，本例中校核上面一块。根据图 6-10c 所示受力图，画出轴力图如图 6-10d 所示。图中可见，1-1 截面和 3-3 截面的面积相同，但后者轴力较大，故 3-3 截面比 1-1 截面应力大；2-2 截面的轴力较 3-3 截面小，但其截面面积也小，所以此两截面都可能是危险截面，需同时校核。

由拉伸强度条件得

2-2 截面　$$\sigma_2=\frac{F_{N2}}{A_2}=\frac{3F/4}{(b-2d)l}=\frac{3\times110\times10^3/4}{(85-2\times16)\times10}\text{MPa}=155.7\text{MPa}<[\sigma]$$

3-3 截面　$$\sigma_3=\frac{F_{N3}}{A_3}=\frac{F}{(b-d)l}=\frac{110\times10^3}{(85-16)\times10}\text{MPa}=159.4\text{MPa}<[\sigma]$$

故钢板的拉伸强度足够。

6.4.2　其他剪切计算

以上所讨论的问题，都是保证连接结构安全可靠工作的问题。但是，工程实际中也会遇到与之相反的问题，即利用剪切破坏的特点来工作。例如，车床传动轴上的保险销，当超载时，保险销被剪断，从而保护车床的重要部件不被损坏。又如压力机冲压工件时，为了冲制所需的零部件必须使材料发生剪切破坏。此类问题所要求的破坏条件为

$$\tau=\frac{F_S}{A}>\tau_b \tag{6-5}$$

式中　τ_b——材料的抗剪强度，其值由实验测定。

例 6-6　在厚度 $t=8\text{mm}$ 的钢板上冲裁直径 $d=25\text{mm}$ 的工件，如图 6-11 所示，已知材料的抗剪强度 $\tau_b=314\text{MPa}$。问最小冲压力为多大？压力机所需冲压力为多大？

解： 冲床冲压工件时，工件产生剪切变形，其剪切面为冲压件圆柱体的外表面，如图 6-11 所示，其高为 t，直径为 d。剪切面面积 $A=\pi dt$ 剪切面上的内力

$$F_S=F$$

由式（6-5）得

$$\tau=\frac{F_S}{A}=\frac{F}{\pi dt}>\tau_b$$

则最小冲压力　$$F_{min}=\pi dt\tau_b=\pi\times25\times8\times314\text{N}=1.97\times10^5\text{N}=197\text{kN}$$

为保证压力机工作安全，一般将最小冲压力加大 30%。因此，压力机所需冲压力为

$$F_{冲}=F_{min}\times(1+30\%)=256.1\text{kN}$$

6.4.3　焊接焊缝的实用计算

对于主要承受剪切的焊接焊缝，如图 6-12 所示，假定沿焊缝的最小断面即焊缝最小剪切面发生破坏，并假定切应力在剪切面上是均匀分布的。若一侧焊缝的剪力 $F_S=F/2$，于是，焊缝的剪切强度准则为

$$\tau_{max}=\frac{F_S}{A_{min}}=\frac{F_S}{\delta l\cos45°}\leqslant[\tau] \tag{6-6}$$

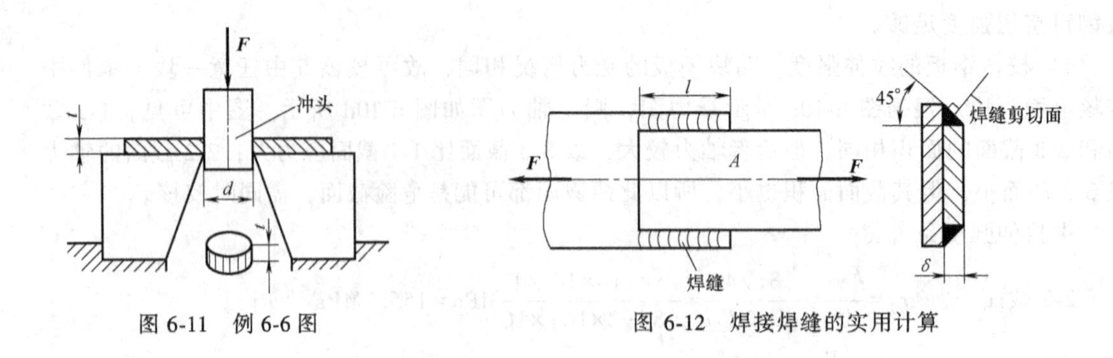

图 6-11 例 6-6 图　　　　图 6-12 焊接焊缝的实用计算

6.5 剪切胡克定律与切应力互等定理

6.5.1 切应变与剪切胡克定律

如图 6-13 所示，在杆件受剪部分中的某一点 K 处，取一微小的正六面体，将它放大，剪切变形时，剪切面发生相对错动，使正六面体 $abcdefgh$ 变为平行六面体 $ab'cd'ef'gh'$。

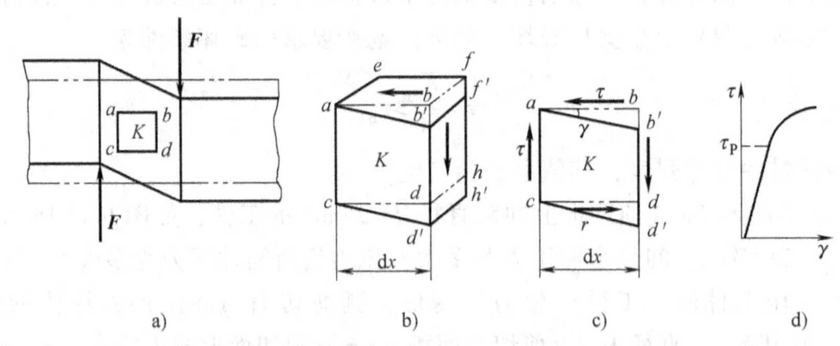

图 6-13 剪切胡克定律与切应力互等定理

线段 bb'为相距为 dx 的两截面相对错动滑移量，称为绝对剪切变形。相距一个单位长度的两截面相对滑移量称为相对剪切变形，也称为切应变。用 γ 表示。因剪切变形时 γ 值很小，所以 $bb'/dx=\tan\gamma\approx\gamma$。切应变 γ 是直角的微小改变量，用弧度（rad）度量。

实验表明：当剪切力不超过材料的剪切比例极限 τ_p 时，剪切力 τ 与剪应变 γ 成正比，即当剪切力不超过材料的剪切比例极限 τ_p 时，剪切力 τ 与剪应变 γ 成正比，即

$$\tau=G\gamma \tag{6-7}$$

式中 G——材料的切变模量。常用碳钢 $G=80\text{GPa}$，铸铁 $G=45\text{GPa}$。其他材料的 G 值可从有关设计手册中查得。

6.5.2 切应力互等定理

实验表明，在构件内部任意两个相互垂直的平面上，切应力必然成对存在，且大小相等，方向同时指向或同时背离这两个截面的交线（图 6-13b、c）。这就是切应力互等定理。

材料的切变模量 G 与拉压弹性模量 E 以及横向变形系数 μ，都是表示材料弹性性能的常

数。实验表明，对于各向同性材料，它们之间存在以下关系

$$G=E/2(1+\mu) \tag{6-8}$$

本章小结

本章主要研究构件受剪切变形和挤压时的应力和强度计算问题，还简要介绍了剪切胡克定律。

1）剪切变形。剪切变形指受剪构件变形时截面间发生相对错动的变形，发生相对错动的截面称为剪切面。

受剪构件的受力特点：作用在构件两侧面上的分布力的合力大小相等，方向相反，力的作用线垂直构件轴线，相距很近但不重合，并各自推着自己所作用的部分沿着力的作用线间的某一横截面发生相对错动。

在剪切面内有与外力 $\boldsymbol{F}$ 大小相等、方向相反的内力，称为剪力，用$\boldsymbol{F}_S$ 表示，单剪时$F_S=F/2$；双剪时剪力$F_S=F/2$。剪切面上分布应力的集度，称为剪应力。

$$\tau=\frac{F_S}{A}$$

2）挤压变形。两构件接触处，由于相互之间的压力过大而造成接触部位的压溃，构件的这种变形称为挤压变形。

挤压面：构件局部受压的接触面，用 A_{jy} 表示。

挤压力：挤压面上的压力，用 F_{jy} 表示。

挤压应力：挤压面上的压强，即 $\sigma_{jy}=\dfrac{F_{jy}}{A_{jy}}$。

3）剪切强度条件　$\tau=\dfrac{F_S}{A}\leqslant[\tau]$

4）挤压强度条件　$\sigma_{jy}=\dfrac{F_{jy}}{A_{jy}}\leqslant[\sigma_{jy}]$

5）剪切胡克定律

当切应力不超过材料的剪切比例极限 τ_p 时，切应力 τ 与切应变 γ 成正比，即当切应力不超过材料的剪切比例极限 τ_p 时，切应力 τ 与切应变 γ 成正比，即

$$\tau=G\gamma$$

思考题

1. 说明机械中连接件承受剪切时的受力与变形特点。
2. 单剪切与双剪切，实际剪切应力与名义剪切应力之间有什么区别？
3. 挤压应力与一般的轴向压缩应力有何区别？
4. 什么是切应变？剪切胡克定律的应用条件是什么？
5. 切应力互等定理在什么前提下成立？

习　题

6-1　如图 6-14 所示夹剪，销子的直径 $d=5\text{mm}$。当用力 $P=200\text{N}$ 剪直径与销子直径相同的铜丝时，若 $a=30\text{mm}$，$b=150\text{mm}$，求铜丝与销子横截面上的平均剪应力各为多少？

6-2　如图 6-15 所示两块钢板，用 3 个铆钉连接。已知 $F=50\text{kN}$，板厚 $t=6\text{mm}$，材料的许用应力 $[\tau]=100\text{MPa}$，$[\sigma_{jy}]=280\text{MPa}$。试求铆钉直径 d。若利用现有的直径 $d=12\text{mm}$ 的铆钉，则铆钉数 n 应该是多少？

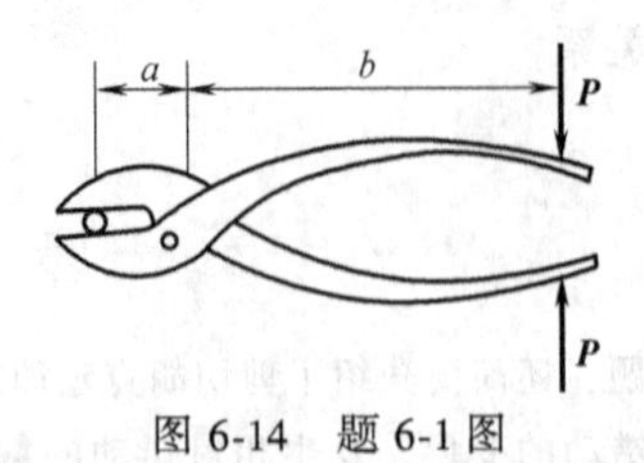

图 6-14　题 6-1 图

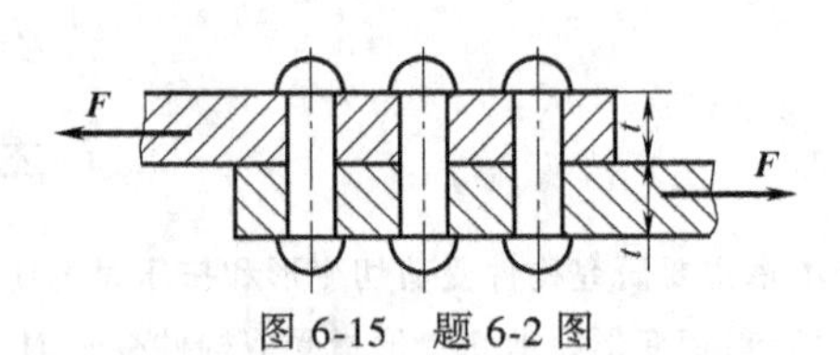

图 6-15　题 6-2 图

6-3　图 6-16 所示为一个直径 $d=40\text{mm}$ 的拉杆，上端为直径 $D=60\text{mm}$，高为 $h=10\text{mm}$ 的圆头。受力 $P=100\text{kN}$。已知 $[\tau]=50\text{MPa}$，$[\sigma_{jy}]=90\text{MPa}$，$[\sigma]=80\text{MPa}$，试校核拉杆的强度。

6-4　如图 6-17 所示，宽为 $b=0.1\text{m}$ 的两矩形木杆互相连接。若载荷 $P=50\text{kN}$，木杆的许用剪应力为 $[\tau]=1.5\text{MPa}$，许用挤压应力 $[\sigma_{jy}]=12\text{MPa}$，试求尺寸 a 和 l。

6-5　销钉式安全联轴器如图 6-18 所示，允许传递的力偶矩 $M=300\text{N}\cdot\text{m}$。销钉材料的剪切强度极限 $\tau_b=320\text{MPa}$，轴的直径 $D=30\text{mm}$。要保证 $M>300\text{N}\cdot\text{m}$ 时销钉就被剪断，问销钉直径应为多少？

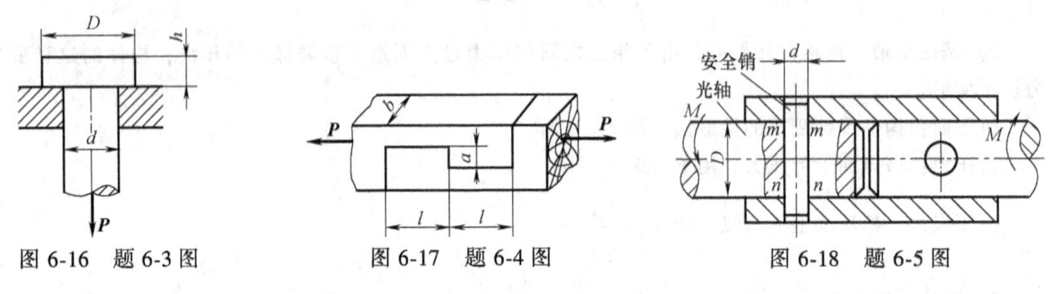

图 6-16　题 6-3 图　　图 6-17　题 6-4 图　　图 6-18　题 6-5 图

6-6　图 6-19 所示为两根截面为矩形的木杆，用两块钢板连接器连接，受拉力 $P=40\text{kN}$。木杆横截面宽 $b=200\text{mm}$，并有足够的高度。如木料顺纹许用剪应力 $[\tau]=1\text{MPa}$，许用挤压应力 $[\sigma_{jy}]=8\text{MPa}$，求接头的尺寸 l 及 t。

6-7　如图 6-20 所示，齿轮与轴通过平键连接。已知轴的直径 $d=70\text{mm}$，所用平键的尺寸 $b=20\text{mm}$，$h=12\text{mm}$，$t=100\text{mm}$。传递的力偶矩 $M=2\text{kN}\cdot\text{m}$。键材料的许用应力 $[\tau]=80\text{MPa}$，$[\sigma_{jy}]=220\text{MPa}$。试校核平键的强度。

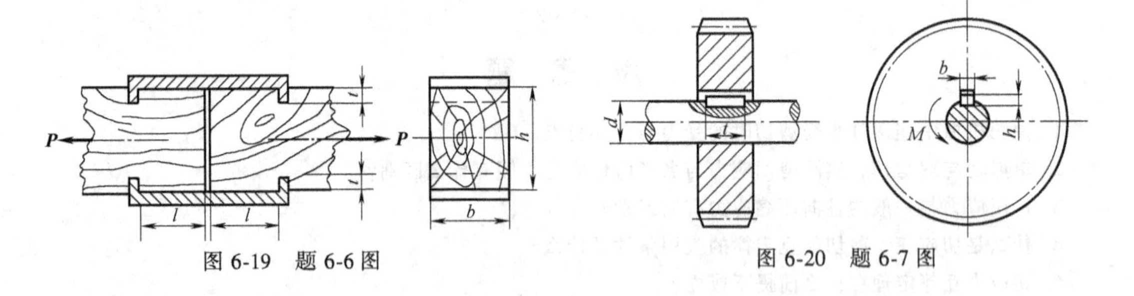

图 6-19　题 6-6 图　　图 6-20　题 6-7 图

第 7 章 扭转

扭转也是杆件的一种基本变形形式。以扭转为主要变形的杆件，工程中常称为轴。本章主要讨论工程中最常见的圆杆，简称圆轴的扭转问题。对于矩形截面轴的扭转问题也做了简单介绍。

7.1 扭转的概念与实例

先举几个工程和生活中的实例来说明扭转变形的特点。基坑支护时需要打锚杆孔安装锚杆，钻机的钻杆受到的就是来自电动机和地下岩石给予的一对大小相等、方向相反的力偶，使其发生扭转（图 7-1）。搅拌机中的搅拌轴（图 7-2），电动机施加一主动力偶带动搅拌轴旋转，其上的搅拌叶片受到被搅拌物料的一对大小相等、方向相反的阻力作用，使搅拌轴产生扭转变形。十字滑轨为保证同步运行，中间通过同步光轴连接（图 7-3），光轴两端依然是一对大小相等、方向相反的力偶，负载过大时也产生扭转变形。此外，生活中见到的驾驶员旋转方向盘、钳工操作丝锥等，都是类似的扭转实例。

图 7-1　锚杆钻机

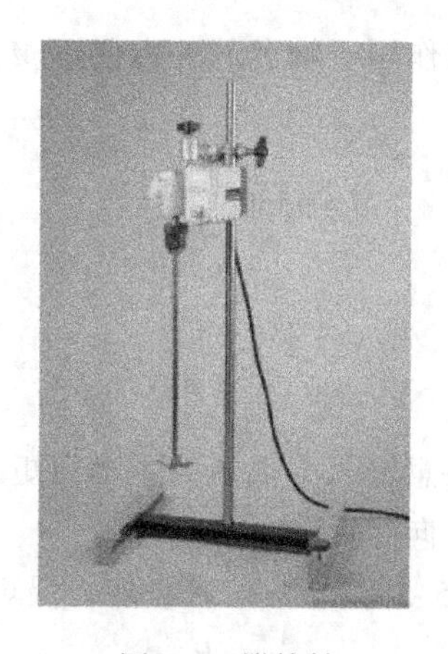
图 7-2　搅拌轴

图 7-3　同步光轴

这些杆件的外力特征是：杆件受外力偶 M 作用，力偶作用面在与轴线垂直的平面内。其受力简图如图 7-4 所示。任意两横截面上相对转过的角度，称为扭转角，用 φ 表示。图中的 φ_{AB} 表示截面 B 对截面 A 的相对扭转角。具有这种形式特征的变形形式称为扭转变形。轴的截面形状是圆形称为圆轴，工程大部分轴是圆轴。轴的截面形状非圆形，称为非圆轴，如方轴、工字形轴等。

在工程实际中，有些发生扭转变形的杆件往往还伴随着其他形式的变形。例如图 7-5 所示的轴，轴上每个齿轮都承受圆周力 $\boldsymbol{F}_1$、$\boldsymbol{F}_2$ 和径向力 $\boldsymbol{F}_{r1}$、$\boldsymbol{F}_{r2}$ 作用，将每个齿轮上的力向圆心简化，附加力偶 M_e 使各横截面绕轴线做相对转动，而横向力 $\boldsymbol{F}_1$、$\boldsymbol{F}_{r1}$、$\boldsymbol{F}_2$ 和 $\boldsymbol{F}_{r2}$ 使轴产生弯曲。工程上将既有扭转又有弯曲的轴称为转轴，属于组合变形，将在第 11 章中讨论。

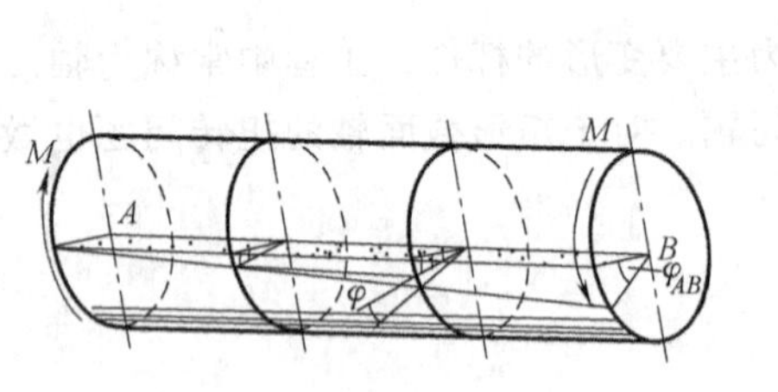

图 7-4 圆轴扭转变形图

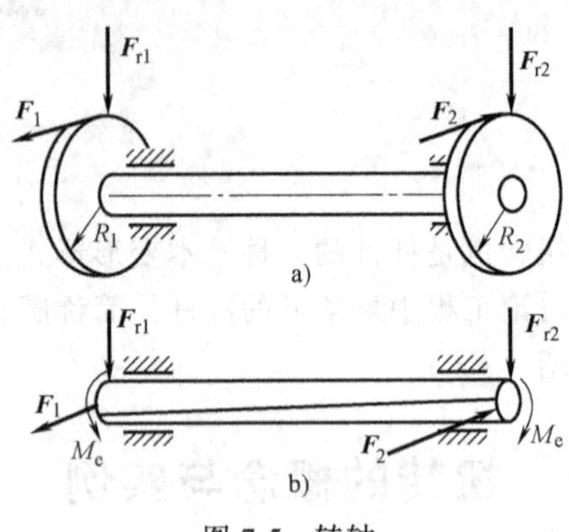

图 7-5 转轴

7.2 外力偶矩与扭矩

研究圆轴扭转时的强度和刚度问题，首先要计算作用于轴上的外力偶矩 M 及横截面上的内力。

7.2.1 外力偶矩的计算

工程实际中，常常不是直接给出作用于轴上的外力偶矩 M，而给出轴的转速和轴所传递的功率，它们的换算关系为

$$M=9550\frac{P}{n} \tag{7-1}$$

式中 M——外力偶矩（N·m）；

P——轴传递的功率（kW）；

n——轴的转速（r/min）。

在确定外力偶矩的方向时，应注意输入力偶矩为主动力矩，其方向与轴的转向相同；输出力偶矩为阻力矩，其方向与轴的转向相反。

当功率单位为马力（1 马力=765.5N·m/s）时，外力偶矩 M 的计算方式为

$$M=7024\frac{P}{n} \tag{7-2}$$

7.2.2 圆轴扭转时的内力

1. 扭矩

求出作用于轴上的所有外力偶矩以后，就可运用截面法计算横截面上的内力。

以图7-6a所示圆轴扭转的力学模型为例，应用截面法，假想地用一截面m-m将轴截分为两段。取其左段为研究对象（图7-6b），由于轴原来处于平衡状态，则其左段也必然是平衡的，m-m截面上必有一个内力偶矩与左端面上的外力偶矩平衡。列力偶平衡方程可得

$$\sum M_x = 0,\ T-M=0$$

$$T=M$$

式中　T——m-m截面的内力偶矩，称为扭矩（扭矩也可用M_T或M_n表示）。

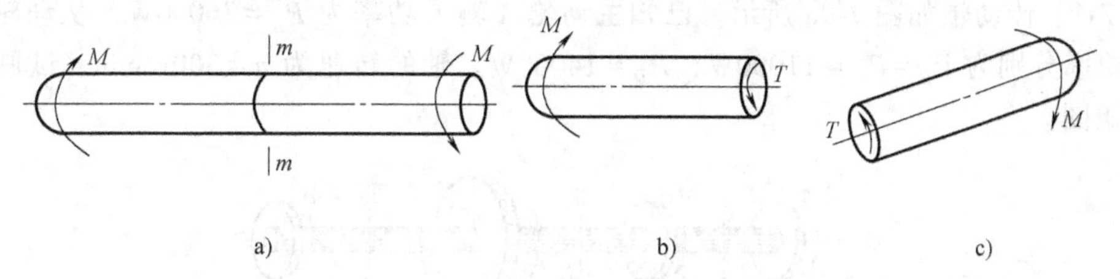

图7-6　圆轴扭转时的内力

如果取右段为研究对象（图7-6c），则求得m-m截面上的扭矩T将与上述取左段求同一截面扭矩大小相等，但转向相反。为了使取左段或右段所求出的同一截面上的扭矩数值相等，且正负号一致，现将扭矩的正负号做如下的规定：采用右手螺旋法则，若以右手的四指沿着扭矩的旋转方向卷曲，当大拇指的指向与该扭矩所作用的横截面的外法线方向一致时，扭矩为正，反之为负。如图7-7所示，按照上述规定，图7-6b、c所示的m-m横截面上的扭矩T均为正号。

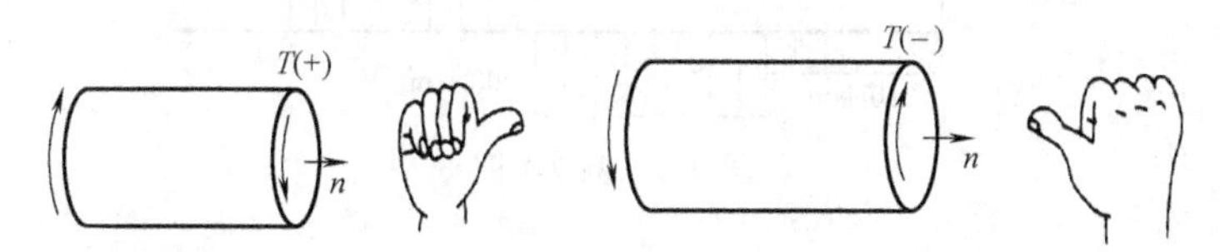

图7-7　扭矩的正负号的规定

2. 扭矩图

从上述截面法求横截面扭矩可知，当圆轴两端作用一对外力偶矩使轴平衡时，圆轴各个横截面上的扭矩都是相同的。若轴上作用三个或三个以上的外力偶矩使轴平衡时，轴上各段横截面的扭矩将是不相同的。例如，图7-8a所示的传动轴，受到三个外力偶作用使轴平衡，则应分两段（AB段、BC段），分别应用截面法，求出各段横截面的扭矩。

在AB段用1-1截面将轴分为两段，取左段为研究对象（图7-8b），设此截面上有正向扭矩T_1，由力偶平衡求出AB段截面的扭矩为

$$T_1=M_1$$

同理，在BC段由力偶平衡求出2-2截面的扭矩（图7-8c）。同样设此截面上有正向扭矩T_2，由力偶平衡方程，$T_2+M_2-M_1=0$，可得BC段轴上各截面的扭矩为

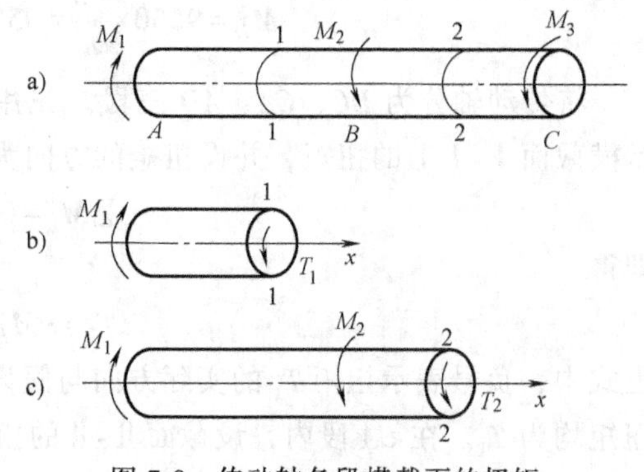

图7-8　传动轴各段横截面的扭矩

$$T_2 = M_1 - M_2 = \frac{2}{3}M_1$$

为了能够形象直观地表示出轴上各横截面扭矩的大小，用平行于杆轴线的 x 坐标表示横截面的位置，用垂直于 x 轴的坐标 T 表示横截面扭矩的大小，把各截面扭矩表示在 x-T，坐标系中，画出截面扭矩随着截面坐标 x 的变化曲线，称为扭矩图。

现举例说明扭矩的计算和扭矩图的画法。

例 7-1 传动轴如图 7-9a 所示。已知主动轮 A 输入功率为 $P_A = 36000\text{W}$，从动轮 B、C、D 输出功率分别为 $P_B = P_C = 11000\text{W}$，$P_D = 14000\text{W}$。轴的转速为 $n = 300\text{r/min}$。试画出传动轴的扭矩图。

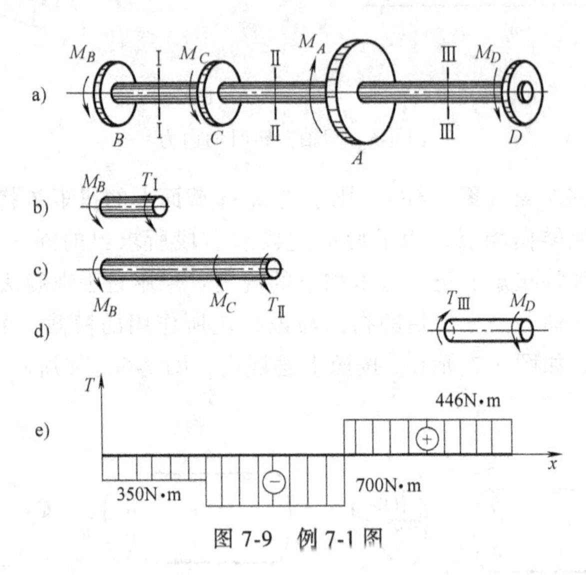

图 7-9 例 7-1 图

解： 先将功率单位换算成 kW，按式（7-1）算出作用于各轮上外力偶的力偶矩大小

$$M_A = 9550 \times \frac{P_A}{n} = 9550 \times \frac{36}{300}\text{N}\cdot\text{m} = 1146\text{N}\cdot\text{m}$$

$$M_B = M_C = 9550 \times \frac{P_B}{n} = 9550 \times \frac{11}{300}\text{N}\cdot\text{m} = 350\text{N}\cdot\text{m}$$

$$M_D = 9550 \times \frac{P_D}{n} = 9550 \times \frac{14}{300}\text{N}\cdot\text{m} = 446\text{N}\cdot\text{m}$$

将传动轴分为 BC、CA、AD 三段。先用截面法求出各段的扭矩。在 BC 段内，以 T_{I} 表示横截面Ⅰ-Ⅰ上的扭矩，并设扭矩的方向为正（图 7-9b）。由平衡方程

$$\sum M_x = 0, \quad T_{\text{I}} + M_B = 0$$

即得

$$T_{\text{I}} = -M_B = -350\text{N}\cdot\text{m}$$

上式中，负号表示扭矩 T_{I} 的实际方向与假设方向相反。可以看出，在 BC 段内各横截面上的扭矩均为 T_{I}。在 CA 段内，设截面Ⅱ-Ⅱ的扭矩为 T_{II}，由图 7-9c 得

$$\sum M_x = 0, T_{\text{II}} + M_C + M_B = 0$$

$$T_{\mathrm{II}} = -M_C - M_B = -700\mathrm{N} \cdot \mathrm{m}$$

上式中，负号表示扭矩 T_{II} 的实际方向与假设方向相反。

在 *AD* 段内，扭矩 T_{III} 由截面Ⅲ-Ⅲ以右的右段的平衡（图 7-9d）求得，即

$$T_{\mathrm{III}} = M_D = 446\mathrm{N} \cdot \mathrm{m}$$

根据所得数据，即可画扭矩图（图 7-9e）。由图可见，该传动轴的绝对值最大扭矩 $|T_{\max}| = T_{\mathrm{II}} = 700\mathrm{N} \cdot \mathrm{m}$。

7.3　圆轴扭转时横截面上的应力

为了研究圆轴扭转横截面上的应力，需要从圆轴扭转时的变形几何关系、材料的应力应变关系（又称为物理关系）以及静力学平衡关系三个方面进行综合考虑。这种研究方法也是材料力学中通用的研究方法。

为简单起见，本书对圆轴扭转时的应力公式不做详细推导，而把重点放在圆轴扭转应力计算与强度计算。

7.3.1　圆轴扭转时横截面上的应力

为了研究圆轴横截面上应力分布的情况，可进行扭转实验。在圆轴表面画若干垂直于轴线的圆周线和平行于轴线的纵向线（图 7-10a），两端施加一对方向相反、力偶矩大小相等的外力偶，使圆轴扭转。当扭转变形很小时，可观察到：

1）各圆周线的形状、大小及两圆周线的间距均不改变，仅绕轴线做相对转动；各纵向线仍为直线，且倾斜同一角度，使原来的矩形变成平行四边形，如图 7-10b 所示。

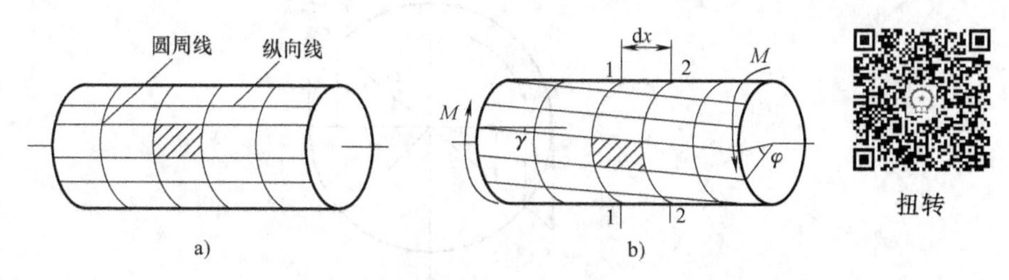

图 7-10　扭转变形试验

根据观察的现象，可做假设：圆轴的各横截面在扭转变形后保持为平面，且形状、大小及间距都不变。这一假设称为圆轴扭转的平面假设。由于圆周线间的距离未发生变化，由此可以推论：圆轴扭转变形时横截面上不存在正应力。

2）任意两横截面间发生相互错动的变形时，其半径仍为直线，且长度无任何变化。可视为任意两横截面为刚性平面间产生互相错动的变形，故圆轴扭转时横截面上有切应力。

进一步观察错动变形时横截面各点变形程度，发现变形不均匀：距离中心越远处的点变形越大，距离中心越近处的点变形越小，中心点处没有变形。由此可以推论：各点的切应变与该点至截面形心的距离有关。由剪切胡克定律可知，横截面上各点切应力也与该点至截面形心的距离有关。

理论推导可得，横截面上各点扭转切应力计算公式为

$$\tau_\rho = \frac{T\rho}{I_p} \tag{7-3}$$

式中 τ_ρ——横截面上任意点扭转切应力；

T——该横截面上扭矩；

ρ——该任意点到转动中心 O 的距离；

I_p——该横截面对转动中心 O 的极惯性矩，是一个仅与截面形状和尺寸有关的几何量，单位为长度的 4 次方，如 mm^4。

对于直径为 d 的实心圆截面，其 I_p 为

$$I_p = \frac{\pi d^4}{32} \tag{7-4}$$

对于内外径为 d 和 D 的空心圆截面，其 I_p 为

$$I_p = \frac{\pi D^4}{32} - \frac{\pi d^4}{32} = \frac{\pi}{32}(D^4 - d^4) = \frac{\pi D^4}{32}(1-\alpha^4) \tag{7-5}$$

式中 α——内、外径之比，$\alpha = d/D$。

由式（7-3）可知，当横截面和该截面上的扭矩确定时，其上任意一点的切应力 τ 的大小与该点到圆心的距离 ρ 成正比。实心圆截面上的切应力分布规律如图 7-11 所示。由图可见，扭转切应力在横截面上的分布规律，与定轴转动刚体上速度的分布规律相同，即点到转动中心距离越远，切应力越大；点到转动中心距离越近，切应力越小；点在转动中心处，切应力为零；所有到转动中心距离相等的点，其切应力大小均相等。切应力的方向垂直于该点转动半径的方向，且与横截面上扭矩 T 的转向一致。

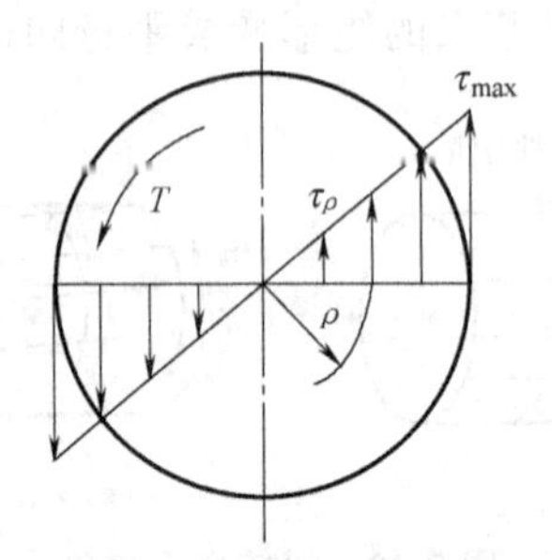

图 7-11 扭转圆轴切应力分布

低碳钢扭转

对于直径为 d 的圆轴，同一横截面边缘上各点到转动中心 O 的距离最大，即 $\rho = \rho_{max} = d/2$，因此在这些点上具有该横截面的最大切应力 τ_{max}，将 ρ_{max} 代入式（7-3）得

$$\tau_{max} = T\rho_{max}/I_p \tag{7-6}$$

在式（7-6）中，若令 $W_p = I_p/\rho_{max}$，则最大切应力 τ_{max} 为

$$\tau_{max} = \frac{|T|}{W_p} \tag{7-7}$$

式中 W_p——该横截面的抗扭截面系数，也是仅与截面的形状和尺寸有关的几何量，单位是长度 3 次方，如 mm^3。

式（7-6）和式（7-7）均为圆轴产生扭转变形时其任意一横截面上最大切应力的计算

公式。

对于直径为 d 的实心圆截面，其 W_p 为

$$W_p=\frac{I_p}{d/2}=\frac{1}{16}\pi d^3 \tag{7-8}$$

对于内外径为 d 和 D 的空心圆截面，其 W_p 为

$$W_p=\frac{\pi D^3}{16}(1-\alpha^4) \tag{7-9}$$

7.3.2 强度条件

对于等截面轴，最大工作应力 T_{max} 发生在最大扭矩 $|T_{max}|$ 所在截面的边缘上，最大扭矩 $|T_{max}|$ 可由轴的受力情况用截面法或在扭矩图上确定。于是，对于等截面轴可以把强度条件写成

$$\tau_{max}=\frac{T_{max}}{W_p}\leqslant[\tau] \tag{7-10}$$

上式中的扭转许用剪应力 $[\tau]$ 是根据扭转试验并考虑适当的安全系数确定的。在静荷载作用下，它与许用拉应力 $[\sigma]$ 之间存在下列关系：

对于塑性材料 $[\tau]=(0.5\sim0.6)[\sigma]$

对于脆性材料 $[\tau]=(0.8\sim1.0)[\sigma]$

需要指出，对于工程中常用的阶梯圆轴，因为 W_p 不是常量，不一定发生于 $|T_{max}|$ 所在的截面上，这时就要综合考虑扭矩 $|T_{max}|$ 和抗扭截面系数 W_p 两者的变化情况来确定。

扭转强度条件同样可以用来解决强度校核、截面设计和确定许用载荷三类扭转强度问题。

例 7-2 解放牌汽车主传动轴 AB（图 7-12），传递的最大扭矩 $T=1930\text{N}\cdot\text{m}$，传动轴用外径 $D=89\text{mm}$、壁厚 $\delta=2.5\text{mm}$ 的钢管制成，材料为 20 钢，其许用切应力 $[\tau]=80\text{MPa}$。试校核此轴的强度。

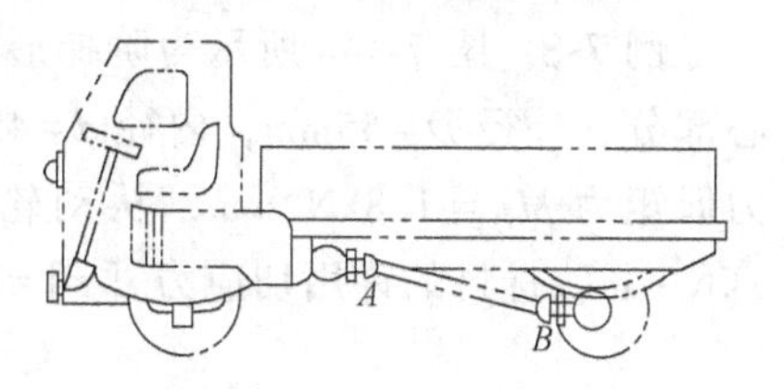

图 7-12 例 7-2 图

解： 1）计算抗扭截面系数。

$$\alpha=\frac{d}{D}=\frac{8.9-2\times0.25}{8.9}=0.945$$

代入式（7-9），得

$$W_p=\frac{\pi\times8.9^3}{16}\times(1-0.945^4)\text{cm}^3=28.1\text{cm}^3$$

2）强度校核。由强度条件式（7-10），得

$$\tau_{max}=\frac{T}{W_p}=\frac{1930}{28.1\times10^{-6}}\text{N/m}^2=68.7\times10^6\text{N/m}^2=68.7\text{MPa}<[\tau]$$

所以 AB 轴满足强度条件。

3）讨论。此例中，如果传动轴不用钢管而采用实心圆轴，使其与钢管有同样的强度（即两者的最大应力相同），如图 7-13 所示。试确定其直径，并比较实心轴和空心轴的重量。由

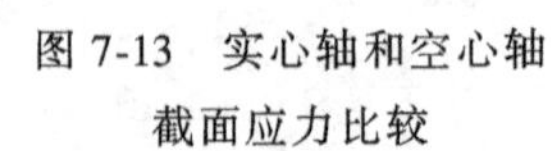

图 7-13 实心轴和空心轴截面应力比较

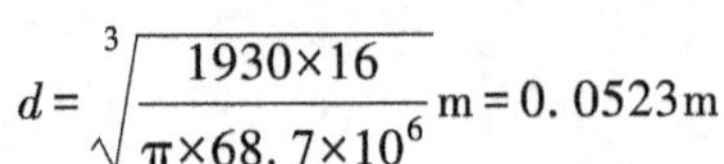
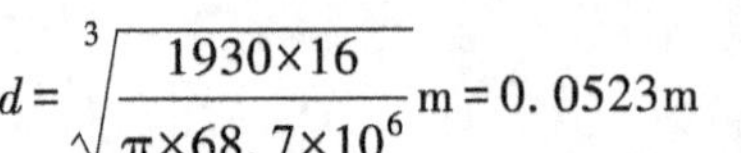

$$\tau_{\max}=\frac{T}{W_p}=\frac{T}{W_p}=\frac{T}{\pi d^3/16}=68.7\text{MPa}$$

可得

$$d=\sqrt[3]{\frac{1930\times16}{\pi\times68.7\times10^6}}\text{m}=0.0523\text{m}$$

实心轴横截面面积为

$$A_{实}=\frac{\pi d^2}{4}=\frac{\pi\times0.0523^2}{4}\text{m}^2=21.5\times10^4\text{m}^2$$

空心轴截面面积为

$$A_{空}=\frac{\pi(D^2-d^2)}{4}=\frac{\pi}{4}(89^2-84^2)\times10^{-6}\text{m}^2=6.79\times10^4\text{m}^2$$

在两轴长度相等，材料相同的情况下，两轴重量之比等于截面面积之比，得

$$\frac{G_{空}}{G_{实}}=\frac{A_{空}}{A_{实}}=\frac{6.79}{21.5}=0.316$$

由此可见，在材料相同、载荷相同的条件下，空心轴的重量只有实心轴的 31.6%，其减轻重量、节约材料的效果是非常明显的。

例 7-3 图 7-14a 所示为阶梯形圆轴。其中 AB 段为实心部分，直径为 40mm；BD 段为空心部分，外径 $D=55\text{mm}$，内径 $d=45\text{mm}$。轴上 A、D、C 处为带轮，已知主动轮 C 输入的外力偶矩为 $M_C=1.8\text{kN}\cdot\text{m}$，从动轮 A、D 传递的外力偶矩分别为 $M_A=0.8\text{kN}\cdot\text{m}$，$M_D=1\text{kN}\cdot\text{m}$，材料的许用切应力 $[\tau]=80\text{MPa}$。试校核轴的强度。

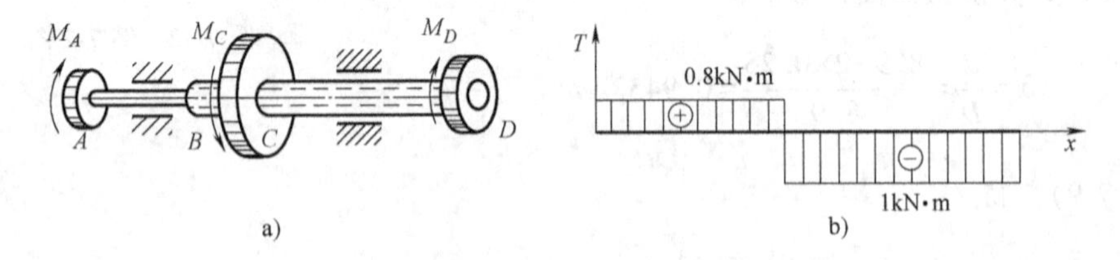

图 7-14 例 7-3 图

解： 1）画扭矩图。用截面法可画出该阶梯形圆轴的扭矩图，如图 7-14b 所示。

2）强度校核。由于两段轴的截面面积和扭矩值不同，故要分别进行强度校核。

AB 段的最大切应力为

$$\tau_{\max}=\frac{T}{W_p}=\frac{0.8\times10^3}{\frac{\pi}{16}\times(40\times10^{-3})^3}\text{Pa}=63.7\text{MPa}<[\tau]$$

CD 段轴的内外径之比

$$\alpha=\frac{d}{D}=\frac{45}{55}=0.818$$

其最大切应力为

$$\tau_{\max}=\frac{T}{W_p}=\frac{1\times10^3}{\frac{\pi}{16}\times(55\times10^{-3})^3\times(1-0.818^4)}\text{Pa}=55.5\text{MPa}<[\tau]$$

由强度条件知 *AB* 段和 *CD* 段强度足够，所以此阶梯形圆轴满足强度条件。

7.4　扭转变形与刚度条件

7.4.1　圆轴扭转时的变形

圆轴的扭转变形，是以两横截面间相对的扭转角来度量的，如图 7-15 所示的等截面直轴 *AB*，长为 l_{AB}，两端受到外力偶 *M* 的作用，显然，圆轴 *AB* 要发生扭转变形。前已提及，圆轴扭转时的变形可用相对转角 φ 来度量，经推导（过程略）可得

$$\mathrm{d}\varphi=\frac{T}{GI_p}\mathrm{d}x \tag{7-11a}$$

将式（7-11a）沿轴线 x 积分，即可求得距离为 l 的两个横截面 *A*、*B* 之间的相对转角 φ_{AB} 为

$$\varphi_{AB}=\int_{x_A}^{x_B}\mathrm{d}\varphi=\int_{x_A}^{x_B}\frac{T}{GI_p}\mathrm{d}x \tag{7-11b}$$

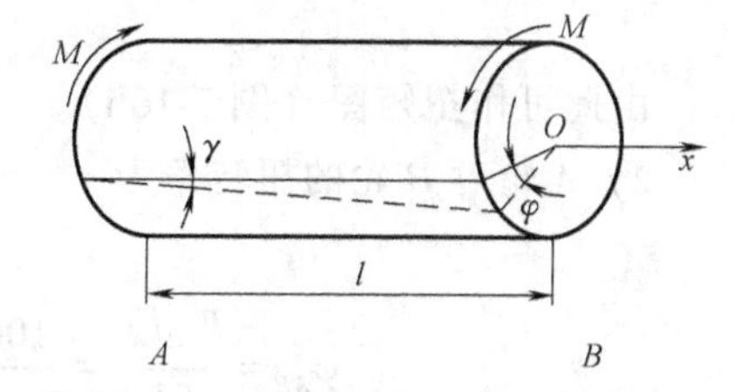

图 7-15　圆轴扭转时的变形计算

对等截面直轴 *AB* 来说，在 *AB* 段里若扭矩 *T* 是常数，且横截面形状也不变化，I_p 也是常数，可提到积分号外，此时长为 l_{AB} 轴的两端面的相对扭转角 φ_{AB} 可表示为

$$\varphi_{AB}=\frac{Tl_{AB}}{GI_p}$$

或写成一般式

$$\varphi=\frac{Tl}{GI_p} \tag{7-12}$$

式（7-12）就是等直圆轴扭转变形的计算公式，φ 的单位为 rad。

用式（7-12）计算得到的 φ，其单位是弧度，当工程上需要用角度表示时，应再乘 $180°/\pi$。

图 7-15 所示的等截面直轴 *AB*，若 *A* 面不转动的话，φ_{AB} 就是 *B* 面的扭转角 φ_B（角位移）。

例 7-4 一等直钢制传动轴（图 7-16a），材料的剪切弹性模量 $G=80\text{GPa}$。试计算扭转角 φ_{AB}、φ_{BC}、φ_{AC}。

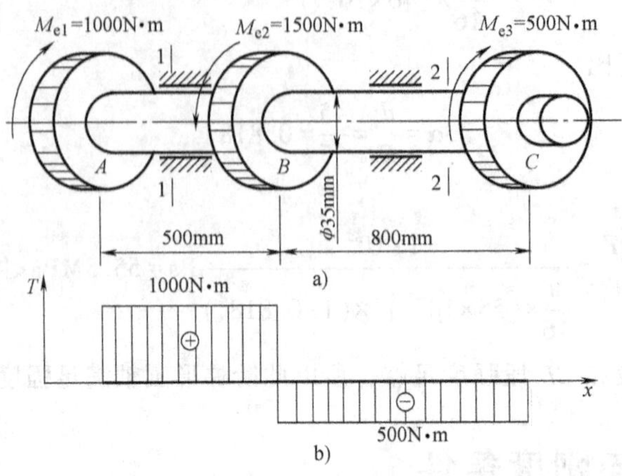

图 7-16 例 7-4 图

解： 在计算 φ_{AB} 和 φ_{BC} 时，可直接应用式（7-12），因为在 BC 段和 BA 段分别有常量的扭矩。但计算 φ_{AC} 时，就必须利用 φ_{AB} 和 φ_{BC} 来求得。

1）计算扭矩。用截面法并按扭矩正、负号的规定，可算得 AB、BC 段任一横截面上的扭矩为

$$T_{AB}=+1000\text{N}\cdot\text{m}$$

$$T_{BC}=-500\text{N}\cdot\text{m}$$

由此可作扭矩图（图 7-16b）。

2）A 轮对 B 轮的扭转角为

$$I_p=\pi d^4/32$$

$$\varphi_{AB}=\frac{T_{AB}l_{AB}}{GI_p}=\frac{1000\text{N}\cdot\text{m}\times500\times10^{-3}\text{m}}{80\times10^9\text{Pa}\times1.47\times10^{-7}\text{m}^4}=4.25\times10^{-2}\text{rad}$$

3）B 轮对 C 轮的扭转角为

$$\varphi_{BC}=\frac{T_{BC}l_{BC}}{GI_p}=\frac{-500\text{N}\cdot\text{m}\times800\times10^{-3}\text{m}}{80\times10^9\text{Pa}\times1.47\times10^{-7}\text{m}^4}=-3.40\times10^{-2}\text{rad}$$

4）A 轮对 C 轮的扭转角。计算 φ_{AC}，只需要 φ_{BC}、φ_{BA} 代数相加，即可求得 A 轮、C 轮之间的扭转角为

$$\varphi_{AC}=\varphi_{AB}+\varphi_{BC}=4.25\times10^{-2}\text{rad}-3.40\times10^{-2}\text{rad}=8.5\times10^{-3}\text{rad}$$

7.4.2 刚度条件

强度条件仅保证构件不破坏，要保证构件正常工作，有时还要求扭转变形不要过大，即要求构件必须有足够的刚度。通常规定受扭圆轴的最大单位扭转角 $|\theta_{\max}|$ 不得超过规定的许用单位扭转角 $[\theta]$，因此刚度条件可写为

$$|\theta_{\max}|=(T/GI_p)_{\max}\leqslant[\theta] \tag{7-13}$$

上式中，θ 的单位是弧度/米（rad/m），而工程上 $[\theta]$ 常用度/米（°/m）表示，因此刚度

条件也可写为

$$|\theta_{max}|=(T/GI_p)_{max}\times180°/\pi\leqslant[\theta] \tag{7-14}$$

圆轴 $[\theta]$ 的数值，可根据轴的工作条件和机器的精度要求，按实际情况从有关手册中查得，这里列举常用的一般数据：

精密机械的轴　　$[\theta]=0.25\sim0.5[(°)/m]$

一般传动轴　　$[\theta]=0.5\sim1.0[(°)/m]$

精密较低传动轴　　$[\theta]=2\sim4[(°)/m]$

这里仍需指出，式（7-14）所示为对等截面轴刚度条件，对于阶梯轴，其 θ_{max} 值还可能发生在较细的轴段上，要加以比较判断。

刚度条件可用于圆轴的刚度校核或选择截面。对于要求精密的轴，其 $[\theta]$ 值较小，故它的截面尺寸常常由刚度条件所决定。

例 7-5　传动轴受到扭矩 $M=2300\text{N}\cdot\text{m}$ 的作用，若 $[\tau]=40\text{MPa}$，传动轴受到扭矩 $T=2300\text{N}\cdot\text{m}$ 的作用，若 $[\theta]=0.8°/\text{m}$，$G=80\text{GPa}$，试按强度条件和刚度条件设计轴的直径。

解：根据强度条件式（7-10）

$$d\geqslant\sqrt[3]{\frac{16\times2300\text{N}\cdot\text{m}}{\pi\times40\times10^6\text{N/m}^2}}=0.0664\text{m}=66.4\text{mm}$$

根据刚度条件式（7-14）

$$\theta_{max}=\frac{T}{GI_p}\times\frac{180°}{\pi}\leqslant[\theta]$$

将 $I_p=\dfrac{\pi d^4}{32}$ 代入，得：

$$d\geqslant\sqrt[3]{\frac{32T\times180}{G\pi^2[\theta]}}=\sqrt[3]{\frac{32\times2300\text{N}\cdot\text{m}\times180}{80\times10^9\text{Pa}\times\pi^2\times0.8°/\text{m}}}=0.0677\text{m}=67.7\text{mm}$$

为了同时满足强度和刚度的要求，应在两个直径中选择较大者，即取轴的直径 $d=68\text{mm}$。

例 7-6　钢制空心圆轴的外径 $D=100\text{mm}$，内径 $d=50\text{mm}$。若要求轴在 2m 长度内的最大相对扭转角不超过 1.5°，材料的剪切弹性模量 $G=80.4\text{GPa}$。1）求该轴所能承受的最大扭矩；2）确定此时轴内的最大切应力。

解：1）确定轴所能承受的最大扭矩。

由已知条件，单位长度的许用扭转角为

$$[\theta]=\frac{1.5°}{2\text{m}}=\left(\frac{1.5}{2}\times\frac{\pi}{180°}\right)\text{rad/m}$$

空心轴横截面的极惯性矩为

$$I_p=\frac{\pi D^4}{32}(1-\alpha^4),\quad \alpha=\frac{d}{D}=\frac{50\text{mm}}{100\text{mm}}=0.5$$

由刚度条件

$$\theta=\frac{T}{GI_p}\leqslant[\theta]$$

得

$$T \leqslant [\theta] G I_p = \frac{1.5\text{rad}}{2\text{m}} \times \frac{\pi}{180°} \times 80.4 \times 10^9 \text{Pa} \times \frac{\pi \times 100^4 \times 10^{-12} \text{m}^4}{32}(1-0.5^4)$$

$$T \leqslant (9.688 \times 10^3) \text{N} \cdot \text{m} = 9.688 \text{kN} \cdot \text{m}$$

2）轴承受最大扭矩时，横截面上的最大切应力为

$$\tau_{\max} = \frac{T}{W_p} = \frac{T}{\pi D^3(1-\alpha^4)/16} = \frac{16 \times 9.688 \times 10^3 \text{N} \cdot \text{m}}{\pi \times 100^3 \times 10^{-9} \text{m}^3 \times (1-0.5^4)} = 52.6 \text{MPa}$$

最后特别提醒，以上导出的扭转切应力公式和扭转变形公式等，仅适用于圆形截面的受扭构件，且最大切应力不超过材料剪切比例极限的情况。因非圆截面杆扭转时，横截面发生了翘曲，平面假设不再成立，所以公式不再适用。

* 7.5 矩形截面杆扭转概述

工程实际中也能遇到非圆截面杆的情况，其中较常见的是矩形截面。现在简要讨论矩形截面杆的自由扭转问题。

前面讨论圆截面杆的扭转时，注意到变形前和变形后其圆截面的平面特征并没有改变，半径仍保持为直线。对于（图 7-17a），在扭转时其横截面不再保持为平面，而发生翘曲（图 7-17b）。因此，由圆截面杆扭转时根据平面假设导出的公式对于非圆截面杆扭转就不再适用了。本节将对矩形截面杆在自由扭转时的应力及变形做一简单介绍。

矩形截面杆自由扭转时，横截面上的切应力分布如图 7-18 所示，它具有以下特点：

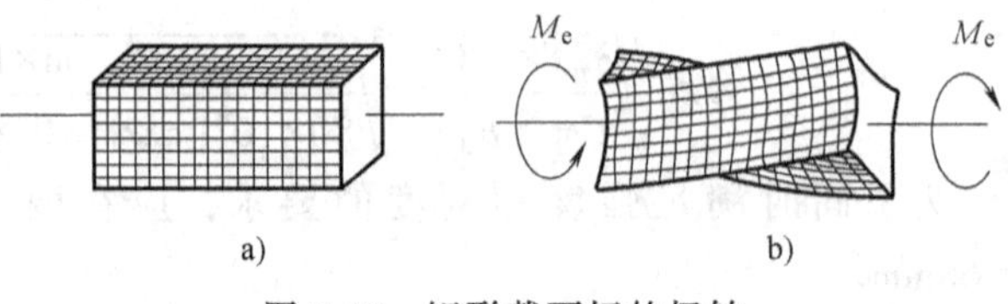

图 7-17　矩形截面杆的扭转

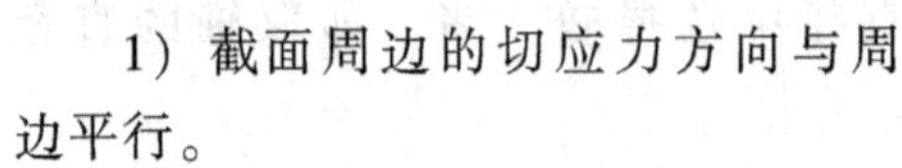

1）截面周边的切应力方向与周边平行。

2）角点的切应力为零。

3）最大的切应力发生在长边的中点处，其计算式为

$$\tau_{\max} = \frac{M_e}{\alpha h t^2} \tag{7-15}$$

当矩形截面的$\frac{h}{t}$>10 时（狭长矩形），由表 7-2 可查得 $\alpha = \beta = 0.333$，可近似地认为 $\alpha = \beta = 1/3$。

表 7-2　矩形截面杆扭转的系数 α 和 β

$\frac{h}{t}$	1.0	1.2	1.5	2.0	2.5	3.0	4.0	6.0	8.0	10.0	∞
α	0.208	0.219	0.231	0.246	0.258	0.267	0.282	0.299	0.307	0.313	0.333
β	0.141	0.166	0.196	0.229	0.249	0.263	0.281	0.299	0.307	0.313	0.333

于是横截面上长边中点处的最大切应力为

$$\tau_{\max}=\frac{M_e}{\frac{1}{3}ht^2} \tag{7-16}$$

这时，横截面周边上的切应力分布规律如图 7-19 所示。

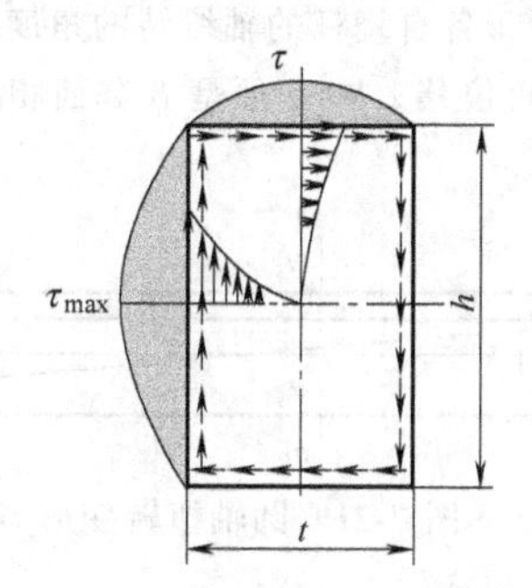

图 7-18　矩形横截面上的切应力分布

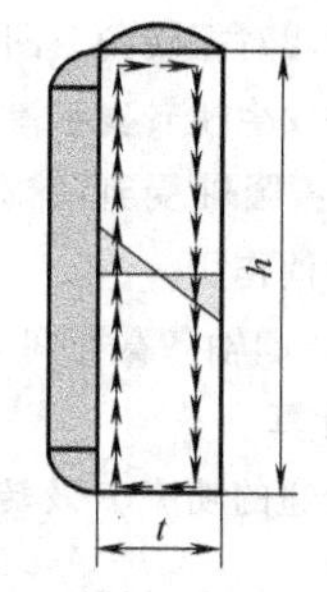

图 7-19　狭长矩形横截面上的切应力分布

而杆件的单位扭转角则为

$$\theta=\frac{M_e}{\frac{1}{3}Ght^3} \tag{7-17}$$

*例 7-7　某柴油机曲轴的曲柄中，横截面 m-m 可认为是矩形（图 7-20）。其扭转切应力近似地按矩形截面杆受扭计算。若 $b=22\text{mm}$，$h=102\text{mm}$，且已知该截面上的扭矩为 $T=M_e=281\text{N}\cdot\text{m}$. 试求该截面上的最大切应力。

解：由截面 m-m 的尺寸求得

$$\frac{h}{b}=\frac{102\text{mm}}{22\text{mm}}=4.64$$

利用直线插值法和表 7-2 中的数值，求得

$$\alpha=0.287$$

于是由式（7-15）得

$$\tau_{\max}=\frac{T}{\alpha hb^2}=\frac{281\text{N}\cdot\text{m}}{0.287\times(102\times10^{-3}\text{m})\times(22\times10^{-3}\text{m})^2}=19.8\times10^6\text{Pa}=19.8\text{MPa}$$

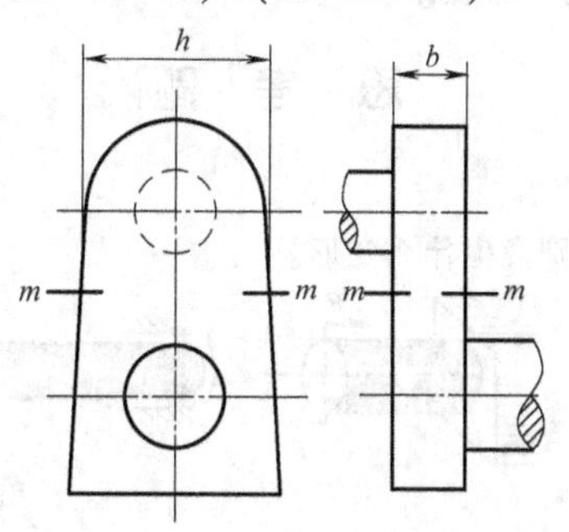

图 7-20　例 7-7 图

本章小结

本章主要讨论常见圆截面杆件的扭转问题：研究圆轴扭转的扭矩、切应力、变形、强度和刚度计算问题。

1. 圆轴扭转的概念

在垂直于轴横向平面内的外力偶作用下，任意两个横截面将由于各自绕杆的轴线转的角度不相等而产生相对角位移，即相对扭转角。图 7-21 中 B 截面相对于 A 截面的角位移 $\angle bO'b'$ 便是 B 截面相对于 A 截面的扭转角，即杆件发生扭转变形。

1）受力特点：圆轴受到一对等值、反向、作用面垂直于轴线的外力偶作用。

2）变形特点：圆轴各截面间有相对转动。

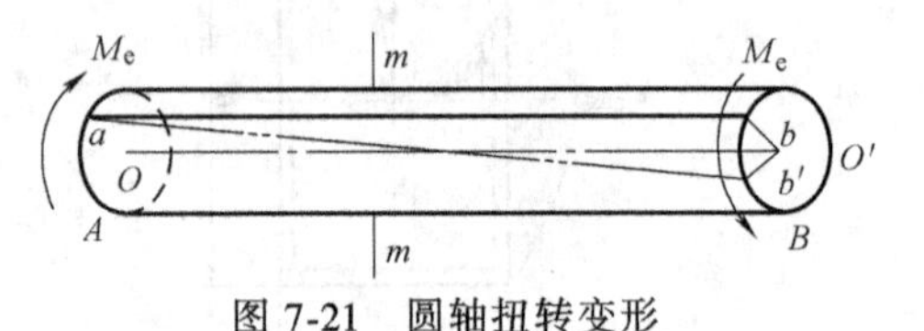

图 7-21 圆轴扭转变形

2. 外力偶矩计算

若已知轴所传递的功率 P 及转速 n，则扭矩

$$M = 9550\frac{P}{n}$$

3. 扭矩计算

扭转的内力是扭矩，用截面法确定。扭矩正负：可用右手螺旋法则来判定。

4. 应力和强度计算。

1）圆轴扭转时横截面上任意点的切应力与该点到圆心的距离成正比。最大切应力发生在截面边缘各点处。

2）圆轴扭转的切应力强度条件为

$$\tau_{\max} = \frac{T_{\max}}{W_p} \leqslant [\tau]$$

应用强度条件可以校核强度、设计截面尺寸和确定许可载荷。

5. 变形和刚度计算

圆轴扭转的刚度条件为

$$\theta_{\max} = \frac{T_{\max}}{GI_p} \times \frac{180°}{\pi} \leqslant [\theta]$$

应用刚度条件可以校核刚度、设计截面尺寸和确定许可载荷。

6. 非圆截面的受扭杆件

对于非圆截面的受扭杆件，横截面不再保持为平面而发生翘曲，情况要复杂得多，本章简单介绍了有关矩形截面杆扭转时横截面上切应力分布规律。

思 考 题

1. 扭转的受力和变形各有何特点？

2. 试判别图 7-22 所示各圆杆分别发生什么变形。

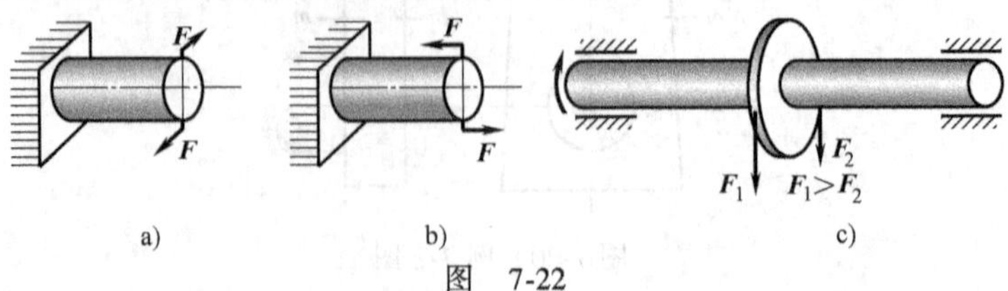

图 7-22

3. 轴的转速、所传递功率和外力偶矩之间有何关系？各物理量应选取什么单位？

4. 扭矩的正负号是如何规定的？怎样计算扭矩？怎样作扭矩图？

5. 圆轴扭转时横截面上的切应力是如何分布的？圆轴扭转切应力公式是如何建立的？其应用条件是什么？

6. 怎样计算圆截面的极惯性矩和抗扭截面系数？两者的量纲各是什么？

7. 空心圆轴的外径为 D，内径为 d，抗扭截面模量能否用下式计算？

$$W_p=\pi D^3/16-\pi d^3/16$$

8. 从扭转强度考虑，为什么空心圆截面轴比实心轴更合理？

9. 何谓扭转角？如何计算圆轴的扭转角？扭转角的单位是什么？

10. 应用圆轴扭转刚度条件时应注意什么？

11. 矩形截面受扭时，横截面上的切应力分布有何特点？最大切应力发生在什么地方？其值为多少？

习　题

7-1　试求图 7-23 所示各轴 1-1、2-2 截面上的扭矩，并在各截面标出扭矩的转向。

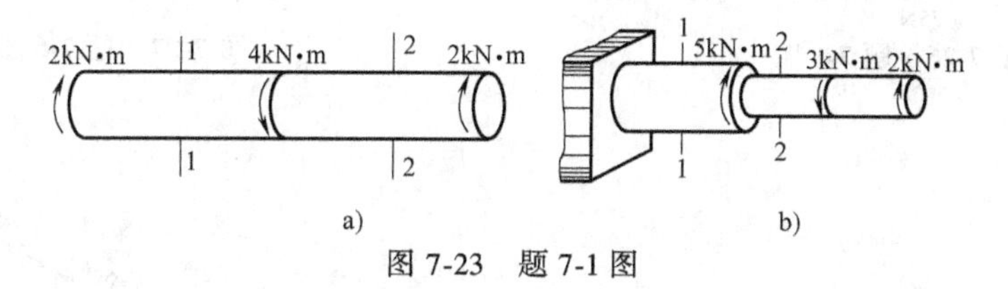

图 7-23　题 7-1 图

7-2　试作图 7-24 所示各轴的扭矩图。

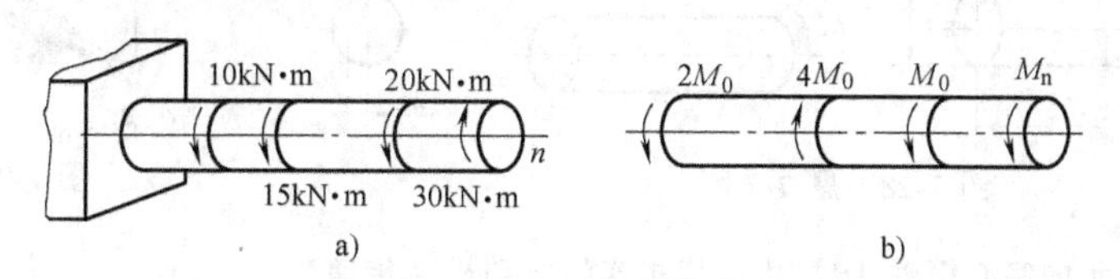

图 7-24　题 7-2 图

7-3　一直径 $d=20\text{mm}$ 的钢轴，若 $[\tau]=100\text{MPa}$，求此轴能承受的扭矩。如转速为 100r/min，求此轴能传递的功率是多少。

7-4　图 7-25 所示为圆杆横截面上的扭矩，试画出截面上与 T 对应的切应力分布图。

7-5　图 7-26 所示粗细管两钢管通过一过渡连接器连接于 B 点。细管外径为 15mm，内径为 13mm；粗管外径为 20mm，内径为 17mm 。若管在 C 处固定于墙上，试求在图示手柄力的作用下，每段管内的最大切应力。

7-6　图 7-27 所示空心轴外径为 25mm，内径为 20mm，承受的外力偶矩如图示。假设 A、B 两处的支承轴承不产生阻力偶矩。试求：1）该轴上的最大切应力；2）试绘出轴上 EA 沿径向的切应力分布图。

7-7　图 7-28 所示实心圆轴的直径 $d=100\text{mm}$，长 $l=1\text{m}$，两端受力偶矩 M 作用，设材料的切变模量 $G=80\text{GPa}$，求：1）最大切应力及两端截面间的相对扭转角；2）图示截面上 A、B、C 三点切应力的数值及方向。

7-8　图 7-29 所示的钢轴由空心轴 AB 和 CD 以及实心轴 BC 构成，光滑轴承允许其自由转动。若在 A、D 端作用 85N · m 的力偶矩，试求实心部分 B 端相对于 C 端的扭转角。已知空心轴外径为 30mm，内径为 20mm，实心轴直径为 40mm，$G=75\text{GPa}$。

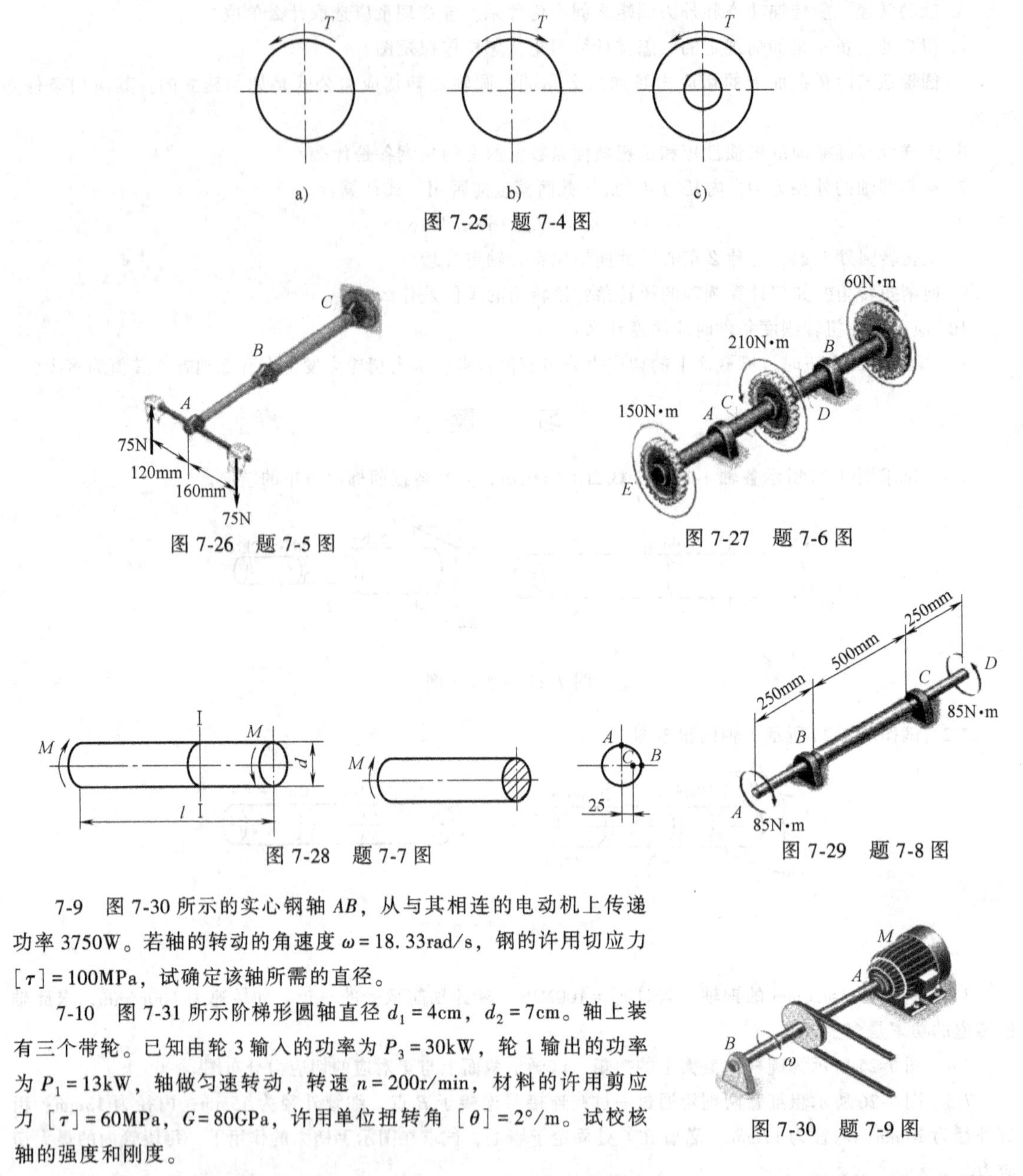

图 7-25 题 7-4 图

图 7-26 题 7-5 图

图 7-27 题 7-6 图

图 7-28 题 7-7 图

图 7-29 题 7-8 图

7-9 图 7-30 所示的实心钢轴 AB，从与其相连的电动机上传递功率 3750W。若轴的转动的角速度 $\omega = 18.33\text{rad/s}$，钢的许用切应力 $[\tau] = 100\text{MPa}$，试确定该轴所需的直径。

7-10 图 7-31 所示阶梯形圆轴直径 $d_1 = 4\text{cm}$，$d_2 = 7\text{cm}$。轴上装有三个带轮。已知由轮 3 输入的功率为 $P_3 = 30\text{kW}$，轮 1 输出的功率为 $P_1 = 13\text{kW}$，轴做匀速转动，转速 $n = 200\text{r/min}$，材料的许用剪应力 $[\tau] = 60\text{MPa}$，$G = 80\text{GPa}$，许用单位扭转角 $[\theta] = 2°/\text{m}$。试校核轴的强度和刚度。

图 7-30 题 7-9 图

7-11 图 7-32 所示的转轴，转速 $n = 500\text{r/min}$，主动轮 A 输入功率 $P_A = 368\text{kW}$，从动轮 B、C 分别输出功率 $P_B = 147\text{kW}$、$P_C = 221\text{kW}$。已知 $[\tau] = 70\text{MPa}$，$[\theta] = 1°/\text{m}$，$G = 80\text{GPa}$。1）试确定 AB 段的直径 d_1 和 BC 段的直径 d_2；2）若 AB 和 BC 两段选用同一直径，试确定直径 d；3）主动轮和从动轮应如何安排才比较合理？

7-12 图 7-33 所示，在一直径 75mm 的等截面圆轴上，作用着外力偶矩：$M_1 = 1\text{kN} \cdot \text{m}$，$M_2 = 0.6\text{kN} \cdot \text{m}$，$M_3 = 0.2\text{kN} \cdot \text{m}$，$M_4 = 0.2\text{kN} \cdot \text{m}$。

1）求作轴的扭矩图。

2）求出每段内的最大切应力。

3）求出轴两端截面的相对扭转角，已知材料的切变模量 $G = 80\text{GPa}$。

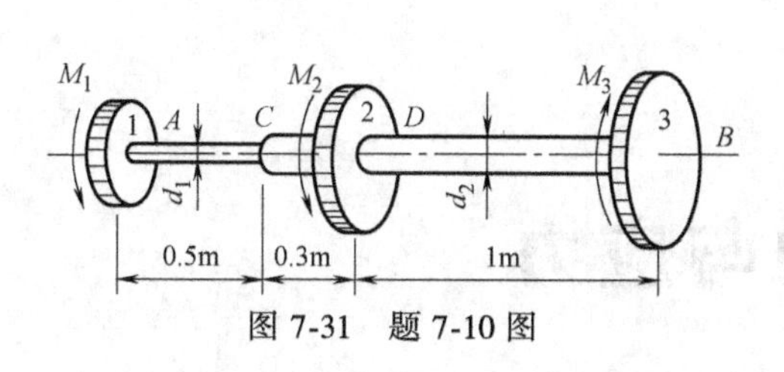

图 7-31 题 7-10 图

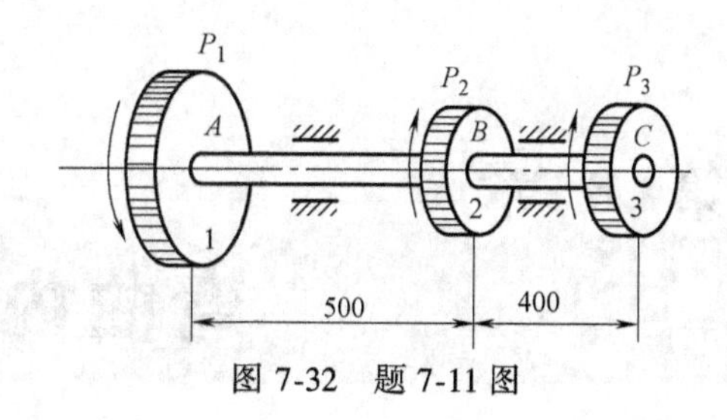

图 7-32 题 7-11 图

4）若 M_1 和 M_2 的位置互换，试问最大切应力将怎样变化？

7-13 图 7-34 所示铝棒的截面为 25mm×25mm 的正方形，长为 2m，试求图示扭矩作用下棒上的最大切应力，以及一端相对于另一端的扭转角。已知 $G=26\text{GPa}$。

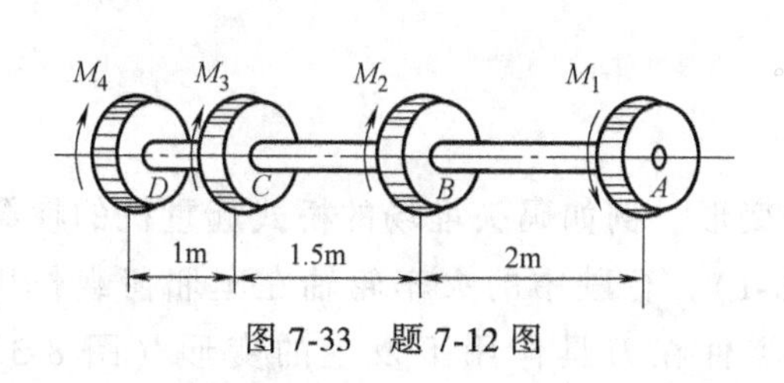

图 7-33 题 7-12 图

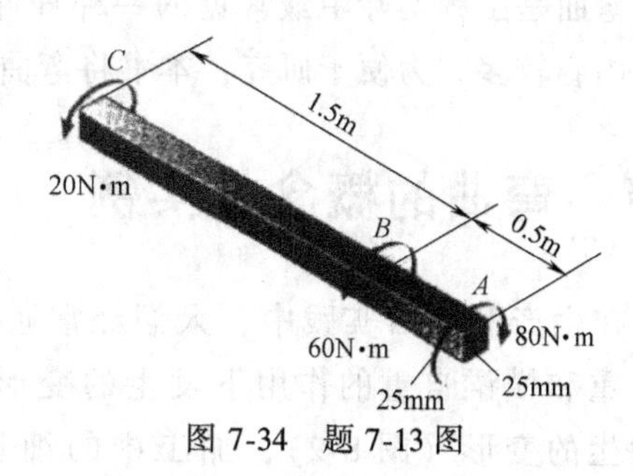

图 7-34 题 7-13 图

*7-14 拖拉机通过方轴带动悬挂在后面的旋耕机。方轴转速 $n=720\text{r/min}$，传递的最大功率 $P=25.7\text{kW}$，截面为 30mm×30mm，材料的 $[\tau]=100\text{MPa}$。试校核方轴的强度。

第 8 章 弯曲内力与应力

弯曲是工程实际中最常见的一种杆件基本变形形式。其变形相对其他基本变形更为复杂，内容较多，为便于研究，本书将弯曲分为两章。本章主要介绍弯曲内力与应力。

8.1 弯曲的概念与实例

在生产和生活实践中，人们经常遇到弯曲变形。例如码头堆场的桥式起重机的横梁在吊重和横梁自重的作用下发生的变形（图 8-1），行驶中的火车轮轴在车厢荷载作用下发生的变形（图 8-2），加工中的细长轴类零件在刀具作用下发生的变形（图 8-3）等，都是弯曲的实例。这些构件尽管形状各异，加载的方式也不尽相同，但它们所发生的变形却有共同的特点，即所有作用于这些杆件上的外力都垂直于杆轴线，这种外力称为横向力；在横向力作用下，杆的轴线将由直线弯成曲线，这种变形形式称为弯曲。习惯上，将以弯曲变形为主的杆件称为梁。它既可能是结构中的各种梁，也可能是机械中的转轴或齿轮轴等。

工程中的梁一般具有纵向对称平面（图 8-4），当作用于梁上的所有外力（包括支座）都作用在此纵向对称平面内时，梁变形后的轴线也会在该平面内，这种弯曲称为平面弯曲。平面弯曲是相对非平面弯曲而言，是弯曲中较简单的情况。本章只讨论平面弯曲问题。

图 8-1　起吊中的起重机横梁

图 8-2　行驶中的火车轮轴

图 8-3　加工中的细长轴

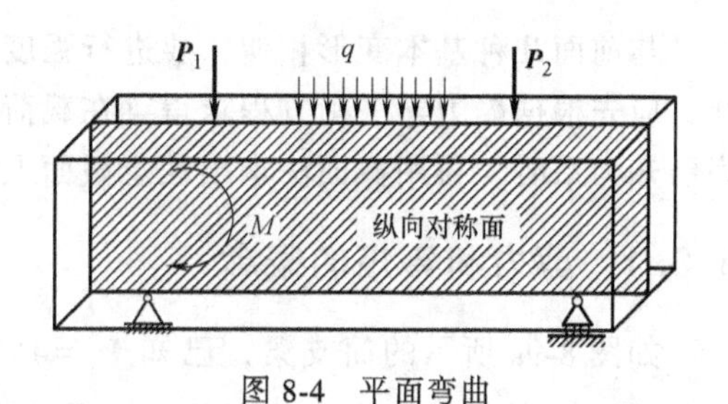

图 8-4　平面弯曲

8.2　梁的简化及分类

实践中，不同梁的截面形状、载荷及支承情况各不相同，为便于分析和计算，必须对其进行简化，这种简化包括梁本身的简化、载荷的简化以及支座的简化等。

本身简化。操作中，不管梁的截面形状有多复杂，都用其轴线来代替结构本身。

载荷简化。作用于梁上的外力（包括载荷和支座约束反力），可以简化为集中力、分布载荷和集中力偶三种形式。若载荷的作用范围较小，则简化为集中力；若载荷连续作用于梁上，则简化为分布载荷；集中力偶可理解为力偶的两力分布在很短的一段梁上。

支座简化。根据支座对梁自由度限制的不同，可简化为静力学中的三种常见形式：活动铰支座、固定铰支座和固定端，对应梁的三种类型：

（1）简支梁　梁的一端为固定铰支座，另一端为活动铰支座，如图 8-5 所示。

（2）外伸梁　由简支梁的两个支座向内部移动而来，可以是一头外伸，或两头同时外伸，如图 8-6 所示。

（3）悬臂梁　梁的一端固定，另一端自由，如图 8-7 所示。

对于简支梁或外伸梁而言，两个铰支座之间的距离称为跨度，而对于悬臂梁，其跨度是固定端到自由端的距离。

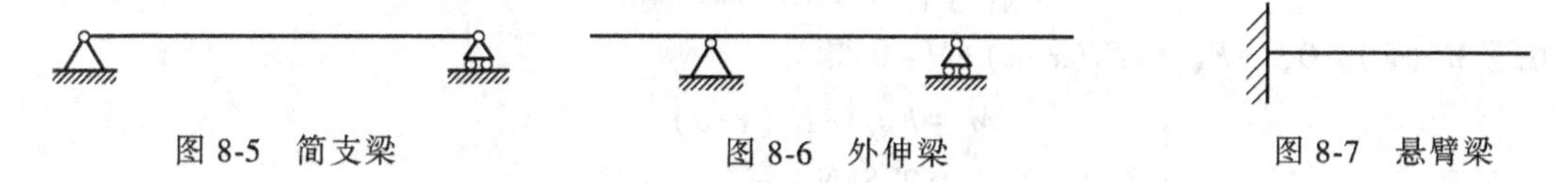

图 8-5　简支梁　　图 8-6　外伸梁　　图 8-7　悬臂梁

以上三种梁，其支座约束反力都可以利用静力学平衡方程来确定，统称为静定梁。与之相对，支座约束反力不能完全由静力学平衡方程确定的，称为静不定梁或超静定梁，如图 8-8 所示。

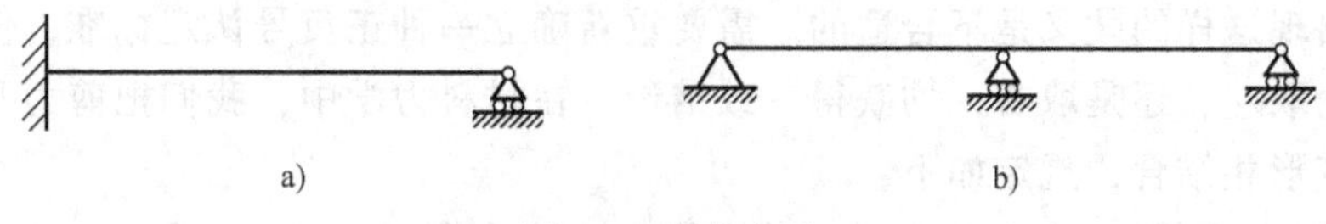

图 8-8　超静定梁

8.3 弯曲内力——剪力与弯矩

与前面几种基本变形相似，要进行强度和刚度计算，需先获得任意横截面上的内力。为此，应先根据静力学平衡方程求得梁在载荷作用下的全部约束反力，当作用在其上的力系变为已知力系时，再用截面法求出任意截面上的内力。

8.3.1 剪力和弯矩的概念

如图 8-9a 所示的简支梁，已知 $F_1=1\text{kN}$，$F_2=2\text{kN}$，$l=5\text{m}$，$a=1.5\text{m}$，$b=3\text{m}$。求距 A 端 $x=2$ m 处的横截面 m-m 上的内力。具体做法是，先列平衡方程求得两端支座的约束反力：$F_{NA}=1.5\text{kN}$，$F_{NB}=1.5\text{kN}$。再用截面法假想地将梁沿截面 m-m 截开，分为左右两部分。因为整体平衡则局部也平衡，故可取截开后的任意一部分为研究对象。若取左部分，其受力图如图 8-9b 所示。为了保持左部分梁的平衡，新截面 m-m 上必须有平行于截面的力 $\boldsymbol{F}_S$ 和垂直于截面的力偶 M 与 $\boldsymbol{F}_1$ 和 $\boldsymbol{F}_{NA}$ 来保持平衡。此处，力 $\boldsymbol{F}_S$ 作用线平行于外力，与截面相切，称为剪力；力偶 M 作用面垂直于横截面，称为弯矩。

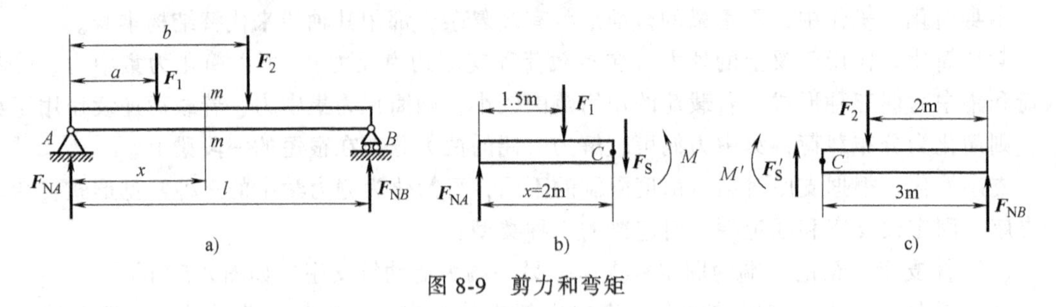

图 8-9 剪力和弯矩

8.3.2 截面法求剪力和弯矩

剪力和弯矩的大小和方向可由静力学平衡方程确定。用截面法取左侧为研究对象，由 $\Sigma F_Y=0$，$F_{NA}-F_1-F_S=0$ 得

$$F_S=F_{NA}-F_1=1.5\text{kN}-1\text{kN}=0.5\text{kN}$$

由 $\Sigma M_C(F)=0$，$-F_{NA}x+F_1(x-a)+M=0$ 得

$$\begin{aligned} M &= F_{NA}x-F_1(x-a) \\ &= 2.5\text{kN}\cdot\text{m} \end{aligned}$$

若取右侧为研究对象，将 m-m 截面上的剪力和弯矩分别以 F'_S和 M'表示，同样可求得 $F'_S=0.5\text{kN}$，$M'=2.5\text{kN}\cdot\text{m}$，如图 8-9c 所示。显然，与取左侧相比，它们大小相等、方向相反，此时，若仍沿用静力学对力和力矩的正负号规定，则会得出结论，取不同侧时，获得不同结果，出现这样的歧义是不合适的。需要重新确立一种正负号认定标准，使得在这样的标准下，无论取左，还是取右，均获得一致结论。在材料力学中，我们把剪力和弯矩的符号认定与梁的变形相结合，规定如下：

(1) 剪力的符号　剪力绕保留部分顺时针方向转动为正（图 8-10a），反之为负

（图 8-10b）。

（2）弯矩的符号　使保留部分的梁发生上凹下凸（或上压下拉）为正（图 8-10c），反之为负（图 8-10d）。

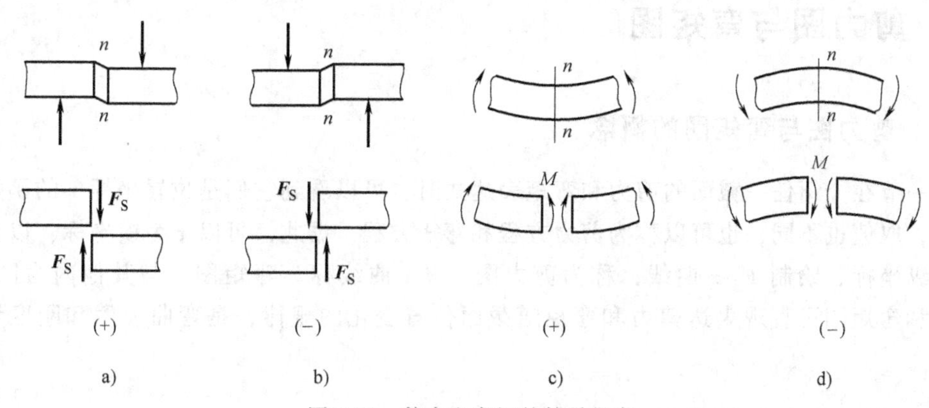

图 8-10　剪力和弯矩的符号规定

按上述符号规定，任意截面上的剪力和弯矩，无论取该截面左侧还是右侧为研究对象，所得结果的数值和符号都是一致的。

例 8-1　求图 8-11a 所示简支梁截面 1-1 及 2-2 上的内力。

解： 1）进行受力分析，列平衡方程

$$\sum M_A=0, F_B\times10-F\times6-q\times10\times5=0$$

得

$$F_B=34\text{kN}$$

$$\Sigma F_Y=0,\ F_A+F_B-40\text{kN}-2\times10\text{kN}=0$$

得

$$F_A=26\text{kN}$$

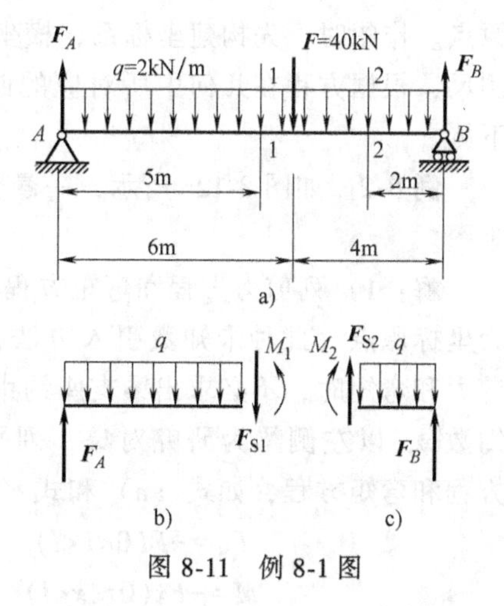

图 8-11　例 8-1 图

2）求 1-1 截面的内力，取左侧为研究对象，在截面 1-1 上加剪力和弯矩，并假设为正，如图 8-11b 所示，列平衡方程，得

$$F_{S1}=(26-2\times5)\text{kN}=16\text{kN}$$

列取矩方程时，矩心取截面形心，剪力可以不出现在方程中，计算更为简便。

$$M_1=\left(26\times5-2\times5\times\frac{5}{2}\right)\text{kN}\cdot\text{m}=105\text{kN}\cdot\text{m}$$

3）求 2-2 截面的内力。沿 2-2 截面截开，取右侧为研究对象（因右侧梁段上外力较简单），新截面上加剪力和弯矩 F_{S2} 和弯矩 M_2，并假设为正，如图 8-11c 所示，列平衡方程，得

$$F_{S2}=(2\times2-34)\text{kN}=-30\text{kN}$$

$$M_2=(34\times2-2\times2\times1)\text{kN}\cdot\text{m}=64\text{kN}\cdot\text{m}$$

F_{S2} 得负值，说明与假设方向相反，即真实剪力应为负。

总结截面法求梁的剪力和弯矩的步骤如下：

1）用假想截面沿指定位置将梁截为两部分。

2）选任一部分为研究对象，在新截面上以剪力和弯矩代替抛去部分对留下部分的作用，假设为正，建立平衡方程，计算 F_S 和 M 的大小和方向。

8.4 剪力图与弯矩图

8.4.1 剪力图与弯矩图的概念

上一节在介绍任一截面的剪力和弯矩表达式时，可以看到它们是位置坐标 x 的函数，位置不同，取值也不同，也可以称为剪力方程和弯矩方程，据此，可以 x 为横坐标，以剪力或弯矩为纵坐标，绘制 F_S-x 曲线，称为剪力图，M-x 曲线称为弯矩图。与其他内力图类似，剪力图和弯矩图可直观表达剪力和弯矩随截面位置变化的规律，是弯曲强度和刚度计算的基础。

8.4.2 剪力图与弯矩图的绘制方法

下面介绍两种剪力图和弯矩图的绘制方法。

1. 用剪力方程和弯矩方程绘图

剪力方程和弯矩方程在截面法列平衡方程时得出，通常引入截面位置 x 时，以某一端为原点。作图时，先构建坐标系，横坐标为截面位置 x，纵坐标为剪力或弯矩，选定适当的比例尺，根据方程在几何中所对应的曲线来作图，正剪力和正弯矩绘在 x 轴上侧，负的绘在下侧。

例 8-2 如图 8-12a 所示，一悬臂梁 AB 在自由端受集中力 $\boldsymbol{F}$ 作用。作梁的剪力图和弯矩图。

解： 1）列剪力方程和弯矩方程。以梁左端 A 点为坐标原点（此种未知数引入方法，求任意截面上剪力和弯矩时，不必求出梁支座约束反力），引入未知数 x，以左侧梁为研究对象，列平衡方程得剪力方程和弯矩方程，如式（a）和式（b）。

$$F_S=-F(0<x<l) \quad (a)$$

$$M=-Fx(0\leqslant x<l) \quad (b)$$

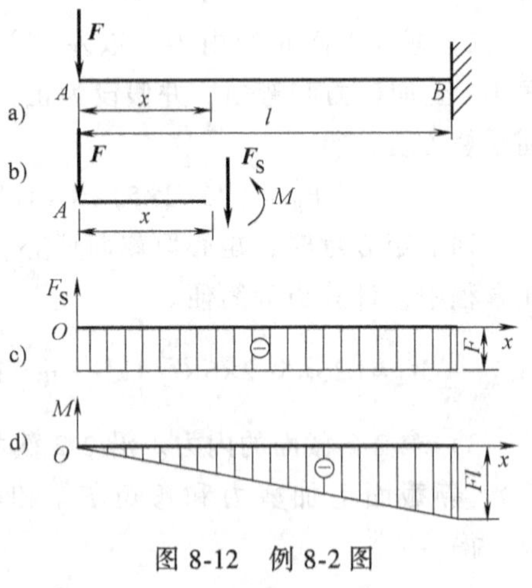

图 8-12 例 8-2 图

2）画剪力图和弯矩图。式（a）表明，剪力 F_S 与 x 无关，为负常数，故剪力图是水平线，且在坐标轴下方（图 8-12c）；式（b）表明，弯矩 M 是 x 的一次函数，故弯矩图是一条斜直线，可通过直线的两个端点来确定，在 $x=0$ 处，$M=0$；在 $x=l$ 处，$M=-Fl$。至此，梁的剪力图和弯矩图已经画出，分别如图 8-12c、d 所示。

例 8-3 如图 8-13a 所示，简支梁 AB 受满跨均布载荷 q 的作用。作梁的剪力图和弯矩图。

解： 1）求支座约束反力。列平衡方程（此题可利用载荷及支座的对称性）可得

$$F_A=F_B=\frac{ql}{2}$$

2）列剪力方程和弯矩方程。以梁左端 A 点为坐标原点，引入未知数 x，距 A 为 x 的任意横截面（图 8-13b）上的剪力和弯矩为

$$F_S=F_A-qx(0<x<l) \tag{a}$$

$$M=\frac{1}{2}qlx-\frac{1}{2}qx^2(0\leqslant x<l) \tag{b}$$

3）作剪力图和弯矩图。由剪力方程知剪力 F_S 是 x 的一次函数，故剪力图是一条斜直线，只需确定直线两端点的剪力值（截面 A 和 B）。

$$F_{SA}=\frac{1}{2}ql,\ F_{SB}=-\frac{1}{2}ql$$

由弯矩方程知弯矩 M 是 x 的二次函数，故弯矩图是一条二次抛物线。为了画出此抛物线，需要确定抛物线顶点和与 x 轴交点的弯矩值，即

$$x=0,\ M=0$$

$$x=l,\ M=0$$

$$x=\frac{l}{2},\ M=\frac{ql^2}{8}$$

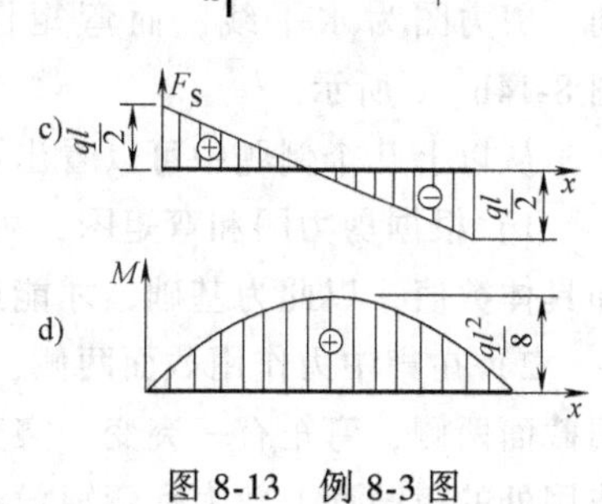

图 8-13　例 8-3 图

据此，可以画出剪力图和弯矩图，如图 8-13c 和图 8-13d 所示。

例 8-4　图 8-14 所示的简支梁，在 C 处作用一集中力偶 M_e。作梁的剪力图和弯矩图。

解： 1）计算支座约束反力。列平衡方程

$\sum M_A=0$，得　　$F_B=-\frac{M_e}{l}$

$\sum M_B=0$，得　　$F_A=\frac{M_e}{l}$

F_B 为负值，表示其方向与原设方向相反，F_B 真实方向应向下。实际上 F_A 和 F_B 正好构成一个力偶与外力偶 M_e 相平衡。

2）列剪力方程和弯矩方程。从集中力偶作用位置将梁分为 AC 和 CB 两段，分别在两段内取截面，写出梁的剪力方程和弯矩方程。

AC 段：　　$$F_{S1}=\frac{M_e}{l}(0<x\leqslant a) \tag{a}$$

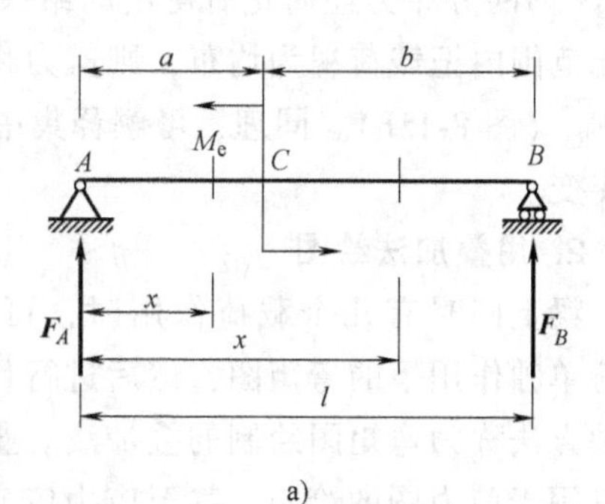

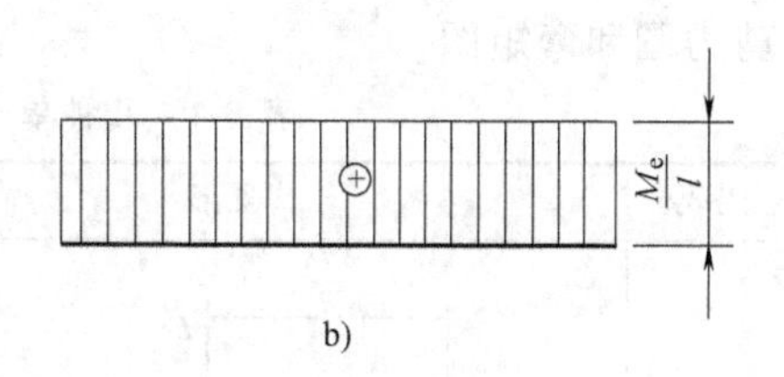

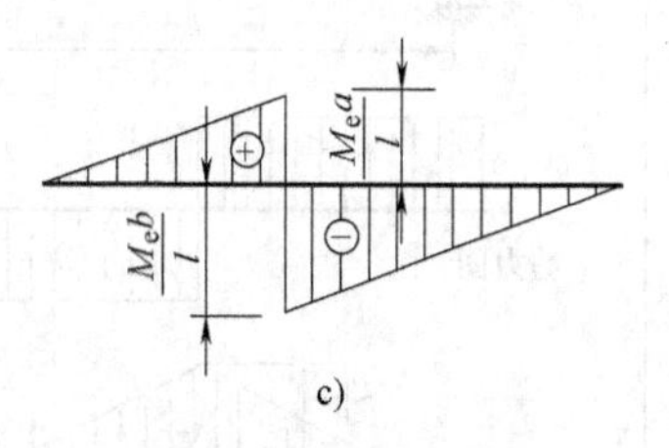

图 8-14　例 8-4 图

$$M_1=F_Ax=\frac{M_e}{l}x(0\leqslant x<a) \tag{b}$$

CB 段：

$$F_{S2}=F_A=\frac{M_e}{l}(a\leqslant x\leqslant l) \tag{c}$$

$$M_2=F_Ax-M_e=\frac{M_e}{l}x-M_e(a<x\leqslant l) \tag{d}$$

3）画剪力图和弯矩图。观察对比各段方程，显然，AC 和 CB 两段各横截面上的剪力相同，剪力图为水平线，而弯矩图为倾斜直线。据此，可作出梁的剪力图和弯矩图，如图 8-14b、c 所示。

从以上几个例题中可以看出：

1）根据剪力图和弯矩图，可得到梁上不同位置剪力和弯矩的变化规律，以及危险截面和具体数值，以此为基础，才能进行梁的强度和刚度计算。

2）在集中力作用截面两侧，剪力有一突变，突变值就等于集中力大小。在集中力偶作用截面两侧，弯矩有一突变，突变值就等于集中力偶矩。看起来，好像在集中力和集中力偶作用处的横截面上剪力和弯矩没有确定数值，然而事实并非如此。这是因为：所谓的集中力实际上不是“集中”作用于一点，而是分布于一个微段 Δx 内的分布力经简化后得出的结果（图 8-15a）。若在此范围内把载荷视为均布，则剪力将连续地从 F_{S1} 变到 F_{S2}（图 8-15b）。同理，可解释集中力偶导致的弯矩图突变。

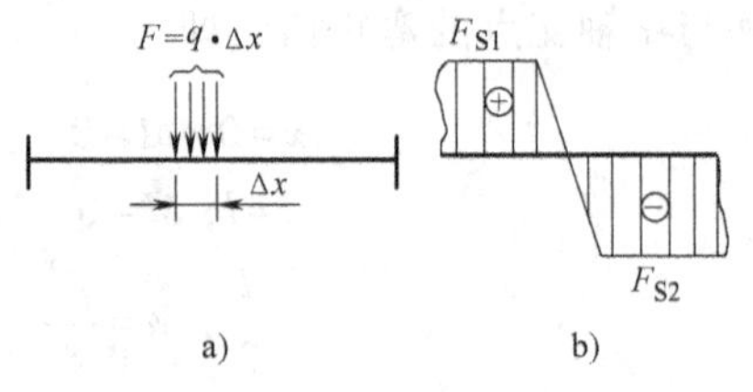

图 8-15　剪力突变

2. 用叠加法绘图

梁上同时有几个载荷作用时，可以分别求出各个载荷单独作用下的弯矩图，然后进行代数相加，从而得到各载荷同时作用下的弯矩图。这样一种方法称为弯矩图绘制的叠加法。叠加法的前提是材料处于线弹性。除弯矩外，叠加法也可以用于剪力图的绘制，甚至应力应变的计算。表 8-1 列出了几种单一载荷作用下静定梁的剪力图和弯矩图。

表 8-1　几种单一载荷作用下静定梁的剪力图和弯矩图

序号	图形	序号	图形
1	$\frac{l}{2}$　F　l $\frac{F}{2}$ ⊕ ⊖ $\frac{F}{2}$ 剪力图 $\frac{l}{4}$ ⊕ 弯矩图	2	a　l $\frac{F(l-a)}{l}$ ⊕ ⊖ $\frac{Fa}{l}$ 剪力图 ⊕ $Fa(1-\frac{a}{l})$ 弯矩图

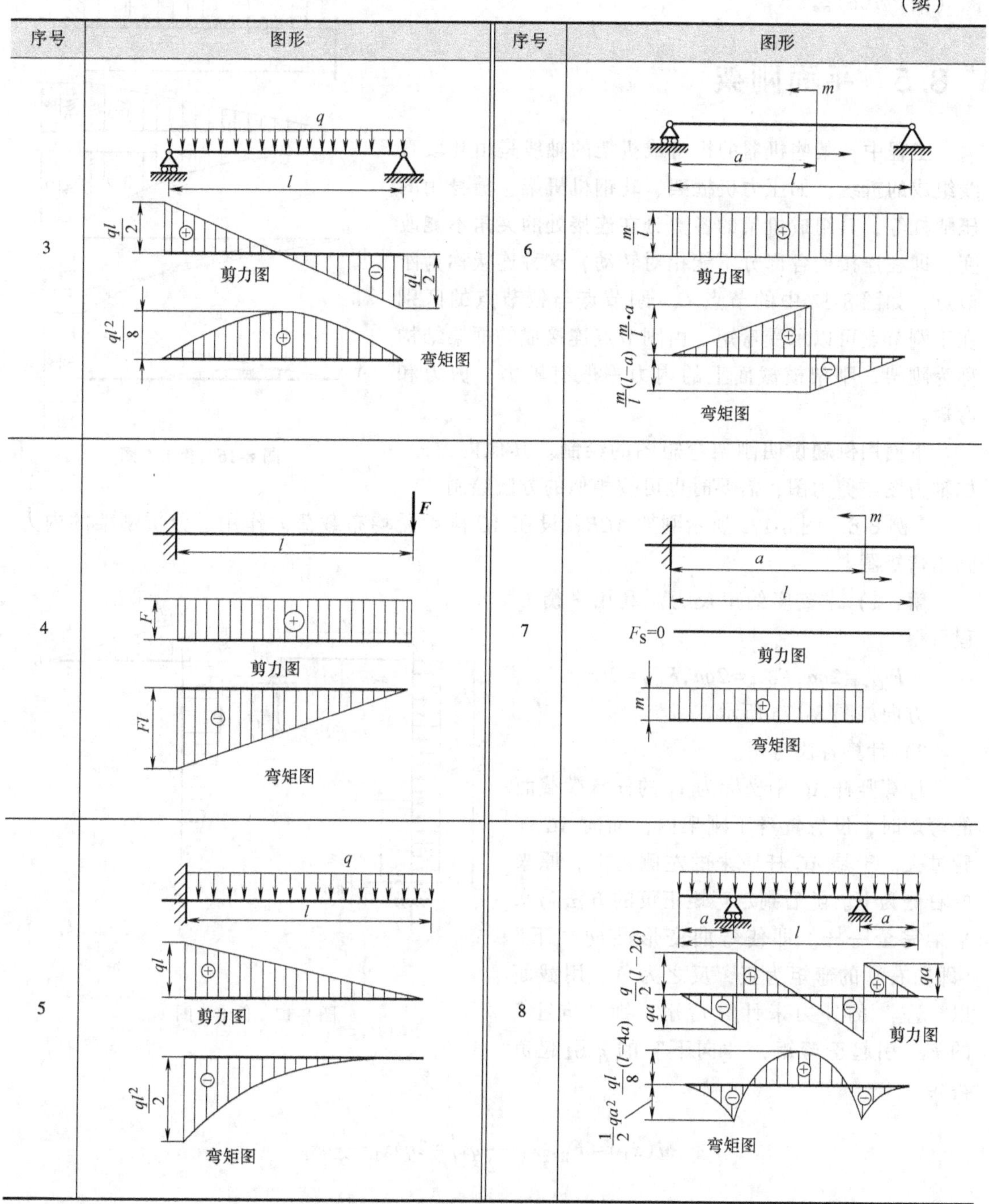

例 8-5　试用叠加法作图 8-16a 所示悬臂梁的弯矩图，已知 $F=3ql/8$。

解：查表 8-1，先分别作出梁只有集中载荷和只有分布载荷作用下的弯矩图（图 8-16b、c）。两图的弯矩具有不同的符号，为了便于叠加，在叠加时可把它们画在 x 轴的同一侧，例如同画在坐标的下侧（图 8-16d）。于是，两图共同部分，其正值和负值的纵坐标互相抵消。剩下的图形即代表叠加后的弯矩图。如将其改为以水平线为基线的图，即得通常形式的弯矩图（图 8-16e）。

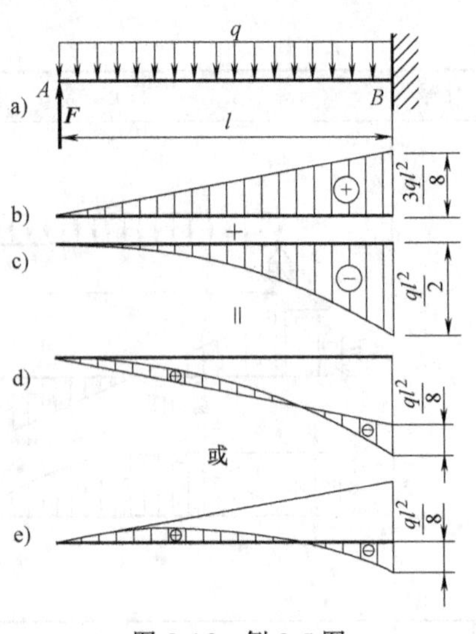

图 8-16 例 8-5 图

* 8.5 平面刚架

工程中，某些机器的机身或机架的轴线是由几段直线组成的折线，如压力机框架、轧钢机机架、健身用的压腿杠等，其组成机架的各部分在连接处的夹角不能改变，即在连接处各部分不能相对转动，这种连接称为刚节点，如图 8-17 中的节点 C。刚节点与铰节点的区别在于刚节点可以承受弯矩。由刚节点连接成的框架结构称为刚架。刚架横截面上的内力一般有轴力、剪力和弯矩。

下面用例题说明刚架弯矩图的绘制。其他内力图，如轴力图或剪力图，需要时也可按相似的方法绘制。

***例 8-6** 图 8-17a 所示刚架 ACB，设在 AC 段承受均布载荷 q 作用，分析刚架的内力，画出弯矩图。

解： 1）求支座约束反力。利用平衡方程可得

$$F_{RAx}=2qa, F_{RAy}=2qa, F_{RB}=2qa$$

方向如图 8-17a 所示。

2）计算各段弯矩。

计算竖杆 AC 中坐标为 x_1 的任意横截面的弯矩时，设想置身于刚架内，面向 AC 杆看过去。于是 AC 杆原来的左侧为上，原来的右侧为下。随后判定弯矩正负的方法与水平梁完全一样。即使弯曲变形凸向“下”（即向右）的弯矩为正，反之为负。用截面以“左”的外力来计算弯矩，则“向上”的 F_{RA} 引起正弯矩；“向下”的 q 引起负弯矩。

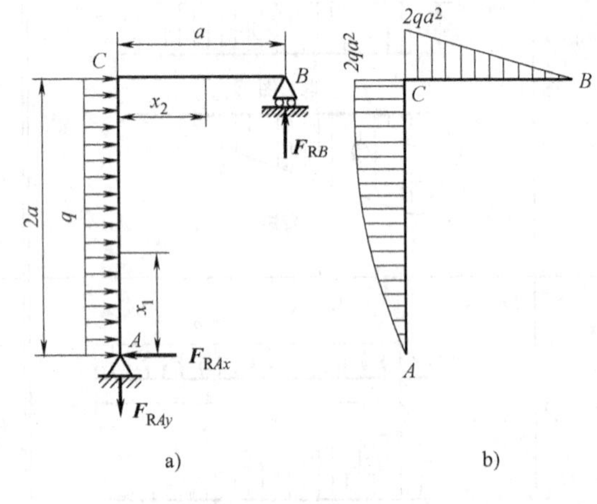

图 8-17 例 8-6 图

$$M(x_1)=F_{RAx}x_1-\frac{1}{2}qx_l^2=2qax_1-\frac{1}{2}qx_l^2$$

计算横杆 BC 中坐标为 x_2 的横截面的弯矩时，用截面右侧的外力来计算

$$M(x_2)=F_{RB}(a-x_2)=2qa(a-x_2)$$

3）绘制刚架的弯矩图。

绘弯矩图时，约定把弯矩图画在杆件弯曲变形凹入的一侧，亦即画在受压的一侧。例如 AC 杆的弯曲变形是左侧凹入，右侧凸出，故弯矩图画在左侧，如图图 8-17b 所示。

8.6　弯曲正应力

8.6.1　纯弯曲梁横截面上的正应力

通常，梁弯曲时其横截面上既有弯矩又有剪力，这种弯曲称为横力弯曲，或剪切弯曲。如图 8-18a 中梁上 AC 段和 DB 段。梁横截面上的弯矩垂直于截面，可视为由正应力合成，而剪力平行于截面，可视为由切应力合成，因此，横力弯曲时，在梁的横截面上正应力和切应力同时存在。

若某段梁内各横截面上剪力为零，弯矩为常量，则这种弯曲称为纯弯曲。如图 8-18a 中梁上的 CD 段。显然，纯弯曲时梁的横截面上各点无切应力，仅有正应力，比较简单。

以下即以纯弯曲为例来分析纯弯曲梁的应力计算公式。公式的推导较为复杂，为简单起见，在此只简要介绍推导过程，重点讨论弯曲应力计算方法。

1. 实验观察

为了分析梁在纯弯曲时的正应力，先研究梁在纯弯曲时的变形。为此，先做一个简单实验。取易变形材料做成一根矩形截面梁（如海绵块或橡皮），在梁表面上画出与轴线平行的纵向直线 aa 和 bb，以及与轴线垂直的横向直线 mm 和 nn，如图 8-19a 所示。设想梁是由无数层纵向纤维叠放而成的，于是纵向直线代表纵向纤维，横向直线代表横截面。两端施加外力偶，当梁发生纯弯曲变形时，可观察到如下现象（图 8-19b）：

1）纵向线都弯成曲线，且靠近底面的纵向线伸长，而靠近顶面的纵向线缩短。

2）横向线仍保持为直线，只是相对原位置倾斜过一定角度，但仍垂直于变形后轴线。

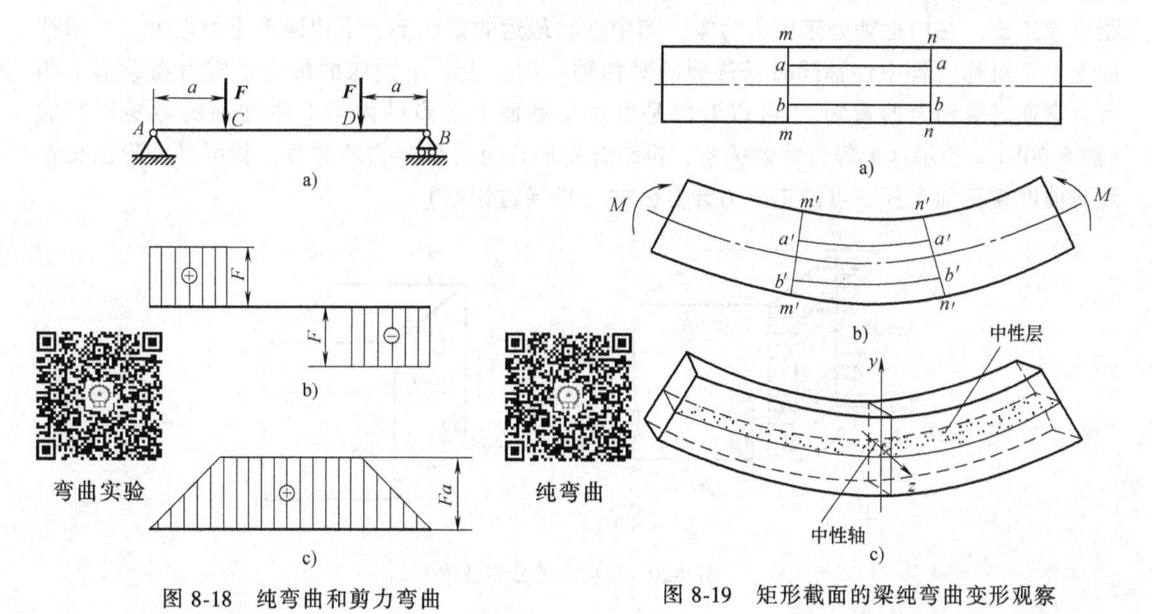

图 8-18　纯弯曲和剪力弯曲

图 8-19　矩形截面的梁纯弯曲变形观察

2. 推断和假设

由上述纯弯曲实验，可作假设如下：

1）纯弯曲时，梁各横截面始终保持为平面，并垂直于轴线，称为平面假设。

2）纵向纤维之间没有相互挤压，每根纵向纤维只受到简单拉伸或压缩，称为单向受力假设。

由平面假设，梁弯曲时，其底部纵向纤维伸长，顶部纵向纤维缩短，考虑到材料是满足连续性假设，纵向纤维的变形沿截面高度应该是连续的，也就是说，从伸长区过渡到缩短区，中间必有一层纤维既不伸长也不缩短。这一长度不变的过渡层称为中性层（图 8-19c），中性层与横截面的交线称为中性轴。显然在纯弯曲的情况下，中性轴必然垂直于截面的纵向对称面，且可以证明中性轴必过截面形心（证明过程略）。

以上可以总结为，纯弯曲变形前后，所有横截面仍保持平面，只是绕中性轴做相对转动，横截面之间并无互相错动的变形，而每根纵向纤维则处于简单的拉伸或压缩的受力状态。

3. 纯弯曲梁的正应力

结合上述实验观察及所作出的推断与假设，进一步分析得：

1）由于纯弯曲时，横截面绕中性轴转动，使得梁内的纤维只发生了伸长和缩短的变形，因此横截面上必定只有正应力 σ 而无切应力。

2）由于纯弯曲时，横截面绕中性轴转动，从图 8-19b、c 可以看出，m-m 和 n-n 截面转到 m'-m'和 n'-n'处，m'- n'便是上下边缘处 mn 的变形后的长度，该两处变形最大，此时上边缘有最大压缩变形，下边缘有最大拉伸变形，中性层处长度没有变化。因为梁的材料是满足均匀性假设的，各层纤维力学特性相同，材料相同，在线弹性范围内，其应力与应变应该成正比，所以，纵向纤维伸长或缩短的大小与该层纵向纤维到中性层的距离成正比，由此可以推论出正应力的分布规律（图 8-20a）。横截面上各点产生的正应力 σ 与该点到中性轴的距离成正比。在中性轴处正应力为零，离中性轴最远的截面上、下边缘正应力最大。当横截面上、下对称（即中性轴同时是截面的对称轴）时，上、下边缘的最大正应力在数值上相等。弯曲时截面上的弯矩 M 可以看成是由整个截面上各点的内力对中性轴的力矩所组成（图 8-20b），利用这个静力等效关系，再结合变形几何关系和物理关系，就可以推导出梁在纯弯曲时横截面上任一点的正应力计算公式（推导过程略）

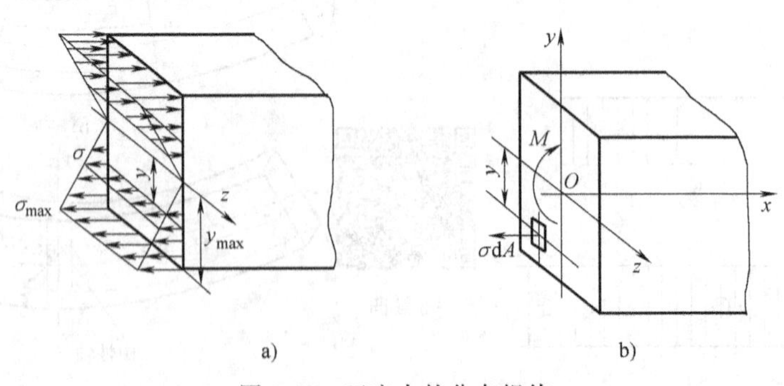

图 8-20 正应力的分布规律

$$\sigma=\frac{My}{I_z} \tag{8-1}$$

式中 σ——横截面上任一点处的正应力；

M——欲求应力点所在横截面上的弯矩；

y——横截面上欲求应力点到中性轴的距离；

I_z——横截面对中性轴 z 的惯性矩，是一个与横截面形状和尺寸有关的几何性质的量，单位是长度的 4 次方，如 cm^4。

应用式（8-1）时，应以弯矩 M 和坐标 y 的代数值代入。但在实际计算中，可以用 M 和 y 的绝对值计算正应力 σ 的数值，再根据梁的变形情况直接判断 σ 是拉应力还是压应力，即以中性轴为界，靠凸边一侧为拉应力，靠凹边一侧为压应力。也可根据弯矩的正负来判断，当弯矩为正时，中性轴以下部分受拉；当弯矩为负时，情况相反。

8.6.2 纯弯曲梁正应力公式的推广

式（8-1）是以平面假设为基础，并按直梁受纯弯曲的情况下求得的，但工程中，横力弯曲的梁更为常见。此时，由于切应力的存在和影响，梁的横截面不再保持为平面，同时在与中性层平行的纵截面上还有横向力引起的挤压应力。但由弹性力学证明，对跨长 l 与横截面高度之比 $l/h>5$ 的梁，虽然存在上述影响，但横截面上的正应力分布规律与纯弯曲时几乎相同。可以理解为，剪切和挤压的影响甚微，可以忽略。因而平面假设和纤维之间互不挤压的假设，在横力弯曲的情况下仍可适用。工程实际中常见的梁，其 l/h 的值远大于 5。因此，纯弯曲时的正应力公式可以足够精确地用来计算直梁在横力弯曲时横截面上的正应力，甚至也可用于曲梁。

8.6.3 弯曲正应力的极值

由式（8-1）可以看出，对于横截面对称于中性轴的梁，当 $y=y_{max}$ 时，即在横截面上离中性轴最远的上、下边缘各点，弯曲正应力最大，其值为

$$\sigma_{max}=\frac{My_{max}}{I_z} \tag{8-2}$$

若令

$$\frac{I_z}{y_{max}}=W_z$$

则有

$$\sigma_{max}=\frac{M}{W_z} \tag{8-3}$$

上式中，W_z 是仅与截面形状和尺寸有关的几何量，称为抗弯截面系数，单位为长度的 3 次方，如 mm^3。

若梁的横截面不对称于中性轴，如图 8-21 所示的 T 形截面，y_1 和 y_2 分别代表中性轴到最大拉应力点和最大压应力点的距离，且 y_1 不等于 y_2，则最大拉应力和最大压应力值并不相等。令 $y_1=y_{1max}$ 和 $y_2=y_{2max}$，利用式（8-2），可分别计算出图示弯矩情况下该截面的最大拉应力和最大压应力。对于拉压性能不等的材料，通常采用中性轴不是对称轴的截面形状。

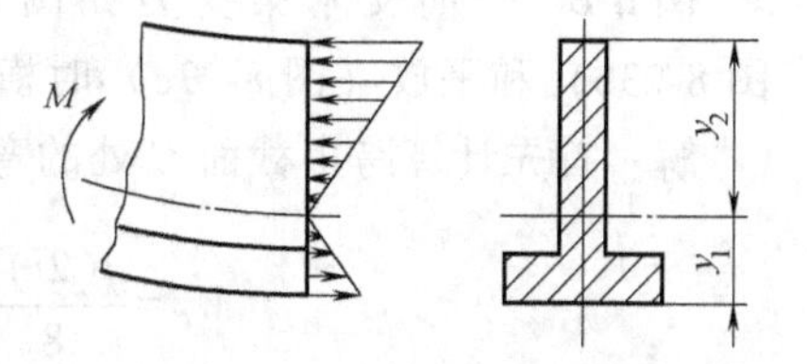

图 8-21 T 形截面应力分布

8.6.4 截面的惯性矩和抗弯截面系数

截面的轴惯性矩和抗弯截面系数是衡量截面抗弯能力的重要几何参数，可以按照原始定义用积分法推导出来。如直径为 d 的实心圆截面，以及宽为 b，高为 h 的矩形截面，其对中性轴 z 的惯性矩和抗弯截面系数分别为

$$I_z=\frac{\pi}{64}d^4 \qquad W_z=\frac{I_z}{y_{\max}}=\frac{\dfrac{\pi}{64}d^4}{\dfrac{d}{2}}=\frac{\pi}{32}d^3 \tag{8-4}$$

$$I_z=\frac{bh^3}{12} \quad W_z=\frac{bh^2}{6} \tag{8-5}$$

常见简单几何形状截面的惯性矩和抗弯截面系数等几何参数可参考《机械设计手册》。

例 8-7 一矩形截面梁，如图 8-22 所示。计算 1-1 截面上 A、B、C、D 各点处的正应力，并指明是拉应力还是压应力（长度单位为 mm）。

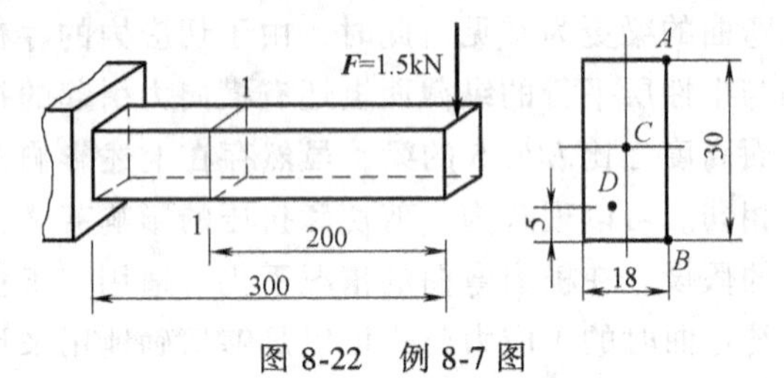

图 8-22 例 8-7 图

解： 1）计算 1-1 截面上的弯矩。

$$M_1=-F\times200=(-1.5\times10^3\times200\times10^{-3})\,\text{N}\cdot\text{m}=-300\text{N}\cdot\text{m}$$

2）计算 1-1 截面对中性轴的惯性矩。

$$I_z=\frac{bh^3}{12}=\frac{1.8\times3^3}{12}\text{cm}^4=4.05\text{cm}^4=4.05\times10^{-8}\text{m}^4$$

3）计算 1-1 截面上各指定点的正应力。

$$\sigma_A=\frac{M_1y_A}{I_z}=\frac{300\times1.5\times10^{-2}}{4.05\times10^{-8}}\text{Pa}=111\text{MPa}\ (\text{拉应力})$$

$$\sigma_B=\frac{M_1y_B}{I_z}=\frac{300\times1.5\times10^{-2}}{4.05\times10^{-8}}\text{Pa}=111\text{MPa}\ (\text{压应力})$$

$$\sigma_C=\frac{M_1y_C}{I_z}=\frac{M_1\times0}{I_z}=0$$

$$\sigma_D=\frac{M_1y_D}{I_z}=\frac{300\times1\times10^{-2}}{4.05\times10^{-8}}\text{Pa}=74.1\text{MPa}\ (\text{压应力})$$

例 8-8 一简支木梁受力如图 8-23a 所示。已知 $q=2\text{kN/m}$，$l=2\text{m}$。试比较在竖放（图 8-23b）和平放（图 8-23c）时横截面跨中 C 处的最大正应力。

解： 首先计算跨中截面 C 处的弯矩，有

$$M_C=\frac{q(2l)^2}{8}=\frac{2\times10^3\times4^2}{8}\text{N}\cdot\text{m}=4000\text{N}\cdot\text{m}$$

梁在竖放时，其抗弯截面系数为

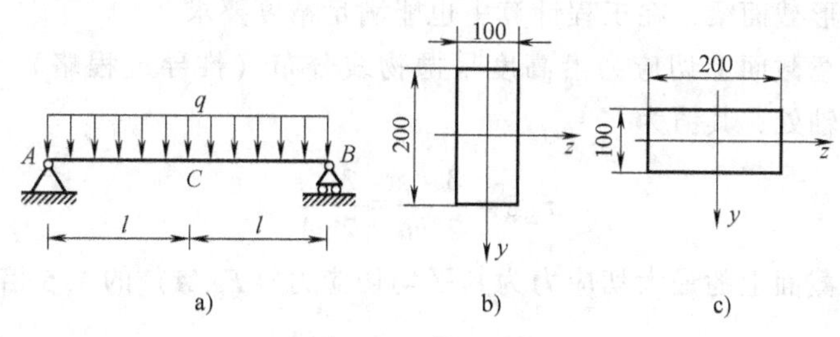

图 8-23　例 8-8 图

$$W_{z1}=\frac{bh^2}{6}=\frac{0.1\times0.2^2}{6}\text{m}^3=6.67\times10^{-4}\text{m}^3$$

故跨中截面 C 处的最大正应力为

$$\sigma_{\max1}=\frac{M_C}{W_{z1}}=\frac{4000}{6.67\times10^{-4}}\text{Pa}=6\times10^6\text{Pa}=6\text{MPa}$$

梁在平放时，其抗弯截面系数为

$$W_{z2}=\frac{b'h'^2}{6}=\frac{0.2\times0.1^2}{6}\text{m}^3=3.33\times10^{-4}\text{m}^3$$

故跨中截面 C 处的最大正应力为

$$\sigma_{\max2}=\frac{M_C}{W_{z2}}=\frac{4000}{3.33\times10^{-4}}\text{Pa}=12\times10^6\text{Pa}=12\text{MPa}$$

可见，相同的截面形状，摆放的方式不同，其抗弯效果也不同。

*8.7　弯曲切应力

横力弯曲时，梁的横截面上除了弯矩，还有剪力，各点处除了正应力，还有切应力。切应力在截面上的分布规律较正应力更为复杂，本节不对其做详细推导，仅对常见截面形状，如矩形、工字形、圆形的最大切应力计算做一简述，详细推导过程可参阅其他材料力学教材。

8.7.1　矩形截面梁

矩形截面梁的横截面如图 8-24a 所示，其宽为 b，高为 h，截面上作用有剪力 F_S 和弯矩 M。为了强调切应力，图中未画出正应力。对于狭长矩形截面，由于梁的侧面上没有切应力，故横截面上侧边各点处的切应力必然平行于侧边，z 轴处的切应力必然沿着 y 方向。考虑到狭长矩形截面上的切应力沿宽度方向的变化不大，于是可作假设如下：

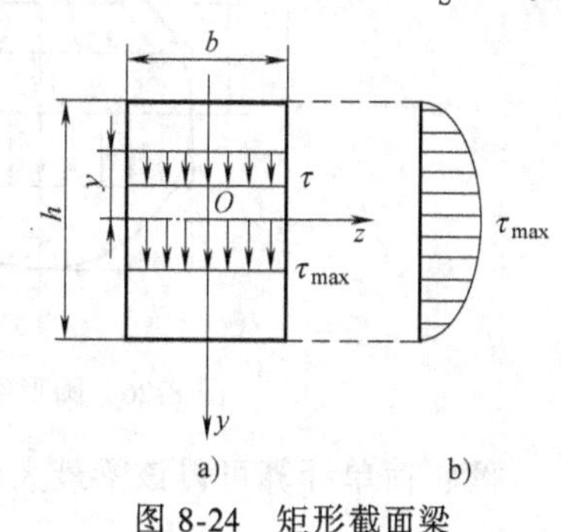

图 8-24　矩形截面梁

1）横截面上各点处的切应力均平行于侧边。

2）距中性轴 z 轴等距离的各点处的切应力大小相等。

对于狭长矩形截面梁，上述假设是正确的。对于一般高度大于宽度的矩形截面梁，在工程计算中也能满足精度要求。

矩形截面梁任意截面上切应力沿高度呈抛物线分布（推导过程略），如图 8-24b 所示。最大切应力在中性轴处，其值为

$$\tau_{\max}=\frac{3}{2}\frac{F_S}{bh}=\frac{3}{2}\frac{F_S}{A} \tag{8-6}$$

即矩形截面梁任意截面上的最大切应力为其平均切应力（F_S/A）的 1.5 倍。

8.7.2 工字形截面梁

工字形也是工程中常见梁的截面类型。工字形截面如图 8-25a 所示，由翼缘和腹板组成。工字形截面梁的翼缘和腹板上的切应力分布如图 8-25b 所示。研究表明，工字形截面梁横截面上的切应力主要由腹板承担，其最大切应力发生在腹板中部，其值为

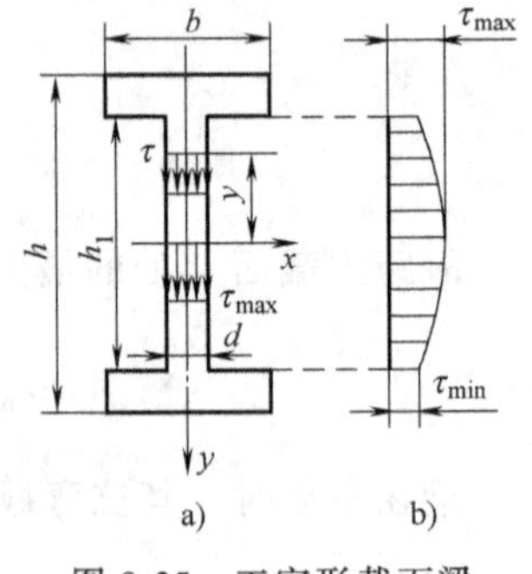

图 8-25 工字形截面梁

$$\tau_{\max}=\frac{F_S}{dh_1}=\frac{F_S}{A_1} \tag{8-7}$$

式中 A_1——腹板的面积。

工字形截面梁，横截面上的最大切应力可近似等于腹板上的平均切应力。

8.7.3 圆形截面梁

圆形截面梁的切应力分布规律如图 8-26 所示，截面上的最大切应力为

$$\tau_{\max}=\frac{4}{3}\tau_{均}\approx\frac{1.33F_S}{A} \tag{8-8}$$

即截面上平均切应力的 4/3 倍。

由以上三种截面可以看出，对于等直梁而言，全梁中最大切应力发生在最大剪力所在横截面上，一般位于该截面的中性轴上。

例 8-9 图 8-27 所示简支梁由 56a#工字钢制成，在中点处承受集中力的作用，已知 $F=150\text{kN}$。试比较该梁中最大正应力和最大切应力的大小。

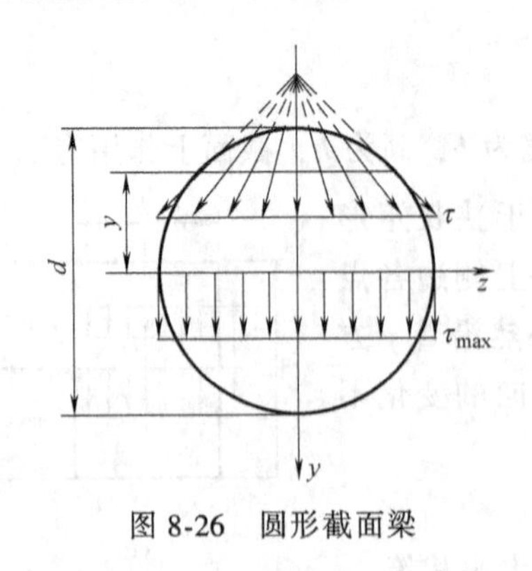

图 8-26 圆形截面梁

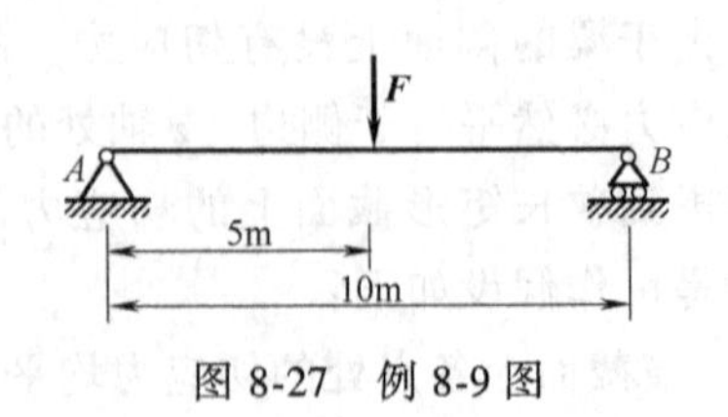

图 8-27 例 8-9 图

解： 简单计算可得该梁最大弯矩和最大剪力分别为

$$M_{\max}=375\text{kN}\cdot\text{m}$$

$$F_{\text{Smax}}=75\text{kN}$$

查工字型钢规格表，可知 56a#工字钢的 $W_z=2342.31\text{cm}^3$，代入正应力和切应力极值公式，可求得该梁最大正应力为

$$\sigma_{\max}=\frac{M_{\max}}{W_z}=\frac{375\times10^3}{2342.31\times10^{-6}}\text{Pa}=160.1\text{MPa}$$

最大切应力为

$$\tau_{\max}\approx\frac{F_{\text{Smax}}}{dh_1}=12.6\text{MPa}$$

进行比较，可得

$$\frac{\sigma_{\max}}{\tau_{\max}}=\frac{160.1}{12.6}=12.7$$

由此可见，梁中的最大正应力比最大切应力大一个数量级。因此在校核梁的强度时，多数情况下只需考虑正应力强度条件而忽略切应力强度条件。

8.8　梁的强度计算

如前所述，梁在横力弯曲时横截面上同时存在着弯矩和剪力。因此，梁的强度计算应将正应力和切应力都纳入考虑，但是如何考虑需要结合梁的具体情形。

细长梁在实际工程中比较多见，一般情况下很少发生剪切破坏，往往都是弯曲破坏。这意味着，细长梁的强度主要是由正应力控制的，按照正应力强度条件设计，一般也都能满足切应力强度要求，不需要进行专门的切应力强度校核。但在少数情况下，比如对于弯矩较小而剪力很大的梁（如短粗梁和集中荷载作用在支座附近的梁）、铆接或焊接的组合截面钢梁或者使用某些抗剪能力较差的材料（如木材）制作的梁等，除了要进行正应力强度校核外，还要进行切应力强度校核。

8.8.1　梁弯曲正应力强度条件

1. 弯曲时全梁最大正应力

由式（8-1）可知，对梁上某一横截面各点来说，最大正应力位于距中性轴最远的地方。由于梁弯曲时各横截面上的弯矩一般是随截面的位置而变的，对于等截面直梁（即梁的截面形状和尺寸无变化）来说，全梁的最大正应力必定发生在弯矩绝对值最大的危险截面上，且在距中性轴最远的边缘处，其计算式为

$$\sigma_{\max}=\frac{M_{\max}y_{\max}}{I_z}\tag{8-9}$$

或

$$\sigma_{\max}=\frac{M_{\max}}{W_z}\tag{8-10}$$

式（8-10）是式（8-9）的另一种形式，它表明，最大弯曲正应力 $\sigma_{\max}$ 不仅与最大弯矩

有关，而且与截面形状有关，这意味着在某些情况下，σ_{max} 并不一定发生在弯矩最大的截面上，还可能发生在弯矩并不是最大，抗弯截面系数却较小的截面上。故对非等直梁要注意对 σ_{max} 要加以判断分析。

2. 弯曲时正应力强度条件

求得全梁的最大弯曲正应力 σ_{max}，若使其不超过材料的弯曲许用应力 $[\sigma]$，就可以保证安全。对等截面直梁来说，弯曲时的正应力强度条件为

$$\sigma_{max}=\frac{M_{max}}{W_z}\leqslant[\sigma] \tag{8-11}$$

对抗拉和抗压强度相等的塑性材料（如碳钢），只要使梁内绝对值最大的正应力不超过许用应力即可；对抗拉和抗压强度不相等的脆性材料（如铸铁），则要求最大拉应力不超过材料的弯曲许用拉应力 $[\sigma_t]$，同时最大压应力也不超过弯曲许用压应力 $[\sigma_c]$。

关于材料的许用弯曲正应力 $[\sigma]$，一般可近似用拉伸（压缩）许用拉（压）应力来代替，或按设计规范选取。

8.8.2 梁弯曲切应力强度条件

如前所述，等直梁的最大正应力发生在最大弯矩所在危险截面上距中性轴最远的各点处，该处的切应力为零；最大切应力则发生在最大剪力所在危险截面的中性轴上各点处，该处正应力为零。对于短粗梁来说，切应力超过极限也能导致剪切破坏，故最大工作切应力不能超过材料的许用切应力，即切应力强度条件是

$$\tau_{max}\leqslant[\tau] \tag{8-12}$$

材料的许用切应力 $[\tau]$ 在有关的设计规范中有具体的规定。

8.8.3 梁的强度计算

利用强度条件可以解决三类问题：

1）强度校核。验算梁的强度是否满足强度条件，判断梁的工作状态是否安全。

2）截面设计。根据梁的最大载荷和材料的许用应力，确定梁截面的尺寸、形状或选用合适的标准型材。

3）许可载荷确定。根据梁截面的形状、尺寸及许用应力，确定梁可承受的最大弯矩，再由弯矩和载荷的关系确定梁的许可载荷。

在校核梁的强度时，先按正应力强度条件计算，必要时再进行切应力强度校核。

例 8-10 某型起重机（图 8-28a）用 32c#工字钢制成，将其简化为一简支梁（图 8-28b），梁长 $l=10$m，自重不计。若最大起重载荷为 $F=35$kN（包括电葫芦和钢丝绳），许用应力为 $[\sigma]=130$MPa，试校核梁的强度。

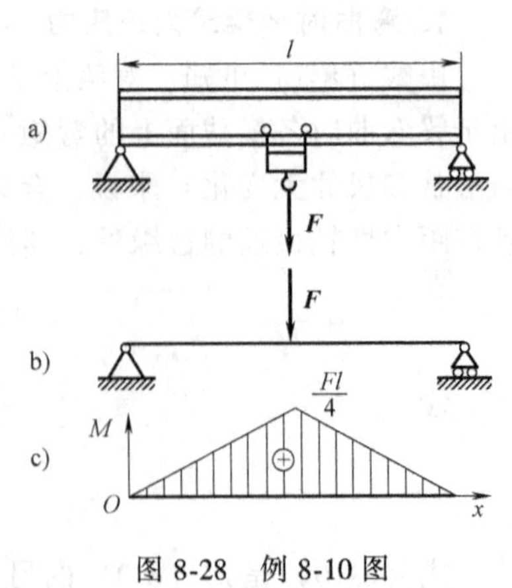

图 8-28 例 8-10 图

解： 1）找危险截面。当载荷在梁中点时，该处产生最大弯矩。简单计算可得

$$M_{\max}=\frac{Fl}{4}=\frac{35\times10}{4}\text{kN}\cdot\text{m}=87.5\text{kN}\cdot\text{m}$$

2）校核梁的强度。查型钢表得 32c#工字钢的抗弯截面系数 $W_z=760\text{cm}^3$，故有

$$\sigma_{\max}=\frac{M_{\max}}{W_z}=\frac{87.5\times10^3}{760\times10^{-6}}\text{Pa}=115.1\text{MPa}<[\sigma]$$

结论：梁的强度足够。

例 8-11　某设备中的梁，可简化为受满跨度均布载荷的简支梁（图 8-29）。已知跨长 $l=2.83\text{m}$，载荷集度 $q=23\text{kN/m}$，材料为 45 钢，弯曲许用正应力 $[\sigma]=140\text{MPa}$，试选用该梁的工字钢型号。

解： 此题为截面设计问题，对于满跨度均布载荷的简支梁，其跨中截面上弯矩为全梁最大，为

$$M_{\max}=\frac{1}{8}ql^2=\frac{23\times(2.83)^2}{8}\text{kN}\cdot\text{m}=23\text{kN}\cdot\text{m}$$

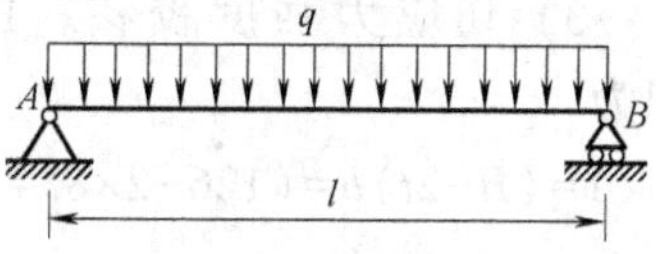

图 8-29　例 8-11 图

由正应力强度条件可知，所需的抗弯截面系数为

$$W_z=\frac{M_{\max}}{[\sigma]}=\frac{23\times10^3}{140\times10^6}\text{m}^3=165\text{cm}^3$$

查型钢规格表，选用最接近的 18#工字钢，$W_z=185\text{cm}^3$。

例 8-12　如图 8-30a 所示，一螺旋压板夹紧装置。已知压紧力 $F=3\text{kN}$，$a=50\text{mm}$，材料的弯曲许用正应力 $[\sigma]=150\text{MPa}$。试校核压板的强度。

解： 压板可简化为一外伸梁（图 8-30b），绘制弯矩图如图 8-30c 所示。最大弯矩在截面 B 上，即

$$M_{\max}=Fa=3\times10^3\times0.05\text{N}\cdot\text{m}=150\text{N}\cdot\text{m}$$

欲校核压板的强度，需计算 B 处截面对其中性轴的惯性矩

$$I_z=\frac{30\times20^3}{12}\text{mm}^4-\frac{14\times20^3}{12}\text{mm}^4=10.67\times10^{-9}\text{m}^4$$

抗弯截面系数为

$$W_z=\frac{I_z}{y_{\max}}=\frac{10.67\times10^{-9}}{0.01}\text{m}^3=1.067\times10^{-6}\text{m}^3$$

全梁最大正应力为

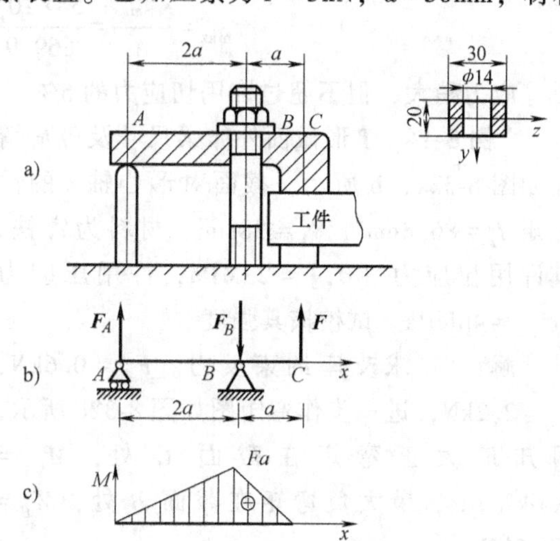

图 8-30　例 8-12 图

$$\sigma_{\max}=\frac{M_{\max}}{W_z}=\frac{150}{1.067\times10^{-6}}=141\times10^6\text{Pa}=141\text{MPa}<150\text{MPa}$$

结论：压板的强度足够。

例 8-13　某工字钢截面简支梁，载荷和尺寸如图 8-31a 所示。材料的弯曲许用正应力 $[\sigma]=140\text{MPa}$，弯曲许用切应力 $[\tau]=80\text{MPa}$，试选择合适的工字钢型号。

解：1）由静力平衡方程求出梁的支座约束反力。$F_A=54\text{kN}$，$F_B=6\text{kN}$，并作剪力图和弯矩图分别如图 8-31b、c 所示，得 $F_{\text{Smax}}=54\text{kN}$，$M_{\max}=10.8\text{kN}\cdot\text{m}$。

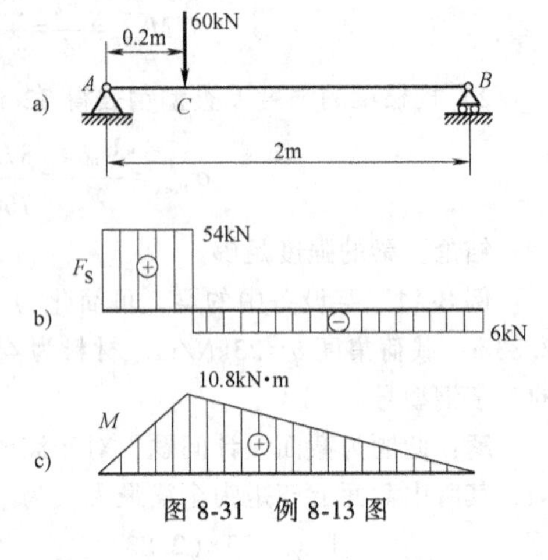

图 8-31　例 8-13 图

2）选择工字钢型号。由正应力强度条件得

$$W_z\geqslant\frac{M_{\max}}{[\sigma]}=\frac{10.8\times10^3}{140\times10^6}\text{m}^3=77.1\times10^3\text{mm}^3$$

查型钢表，选用 12.6#工字钢，$W_z=77.529\times10^3\text{mm}^3$，$H=126\text{mm}$，$t=8.4\text{mm}$，$b=5\text{mm}$。

3）切应力强度校核。12.6#工字钢腹板面积为

$$A=(H-2t)b=(126-2\times8.4)\times5\text{mm}^2=546\text{mm}^2$$

$$\tau_{\max}=\frac{F_{\text{Smax}}}{A}=\frac{54\times10^3}{546}\text{MPa}=98.9\text{MPa}>[\tau]$$

故切应力强度不够，需重选。

若选用大一号的 14#工字钢，其 $H=140\text{mm}$，$t=9.1\text{mm}$，$b=5.5\text{mm}$。则

$$A=(140-2\times9.1)\times5.5\text{mm}^2=669.9\text{mm}^2$$

$$\tau_{\max}=\frac{F_{\text{Smax}}}{A}=\frac{54\times10^3}{669.9}\text{MPa}=80.6\text{MPa}>[\tau]$$

应力稍大，但不超过许用切应力的 5%，所以最后确定可选用 14#工字钢。

***例 8-14**　T 形截面外伸梁尺寸及载荷情况如图 8-32a、b 所示，截面对形心轴 z 的惯性矩 $I_z=86.8\text{cm}^4$，$y_1=38\text{mm}$，材料为铸铁，其许用拉应力 $[\sigma_t]=23\text{MPa}$，许用压应力 $[\sigma_c]=40\text{MPa}$。试校核其强度。

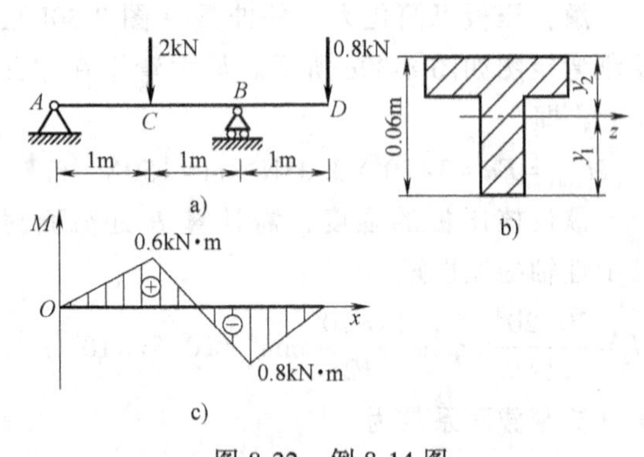

图 8-32　例 8-14 图

解：1）求支座约束反力。$F_A=0.6\text{kN}$，$F_B=2.2\text{kN}$，进一步作弯矩图如图 8-32c 所示，可知最大正弯矩在截面 C 处，$M_C=0.6\text{kN}\cdot\text{m}$，最大负弯矩在截面 B 处，$M_B=-0.8\text{kN}\cdot\text{m}$。

2）校核梁的强度。截面 C 和截面 B 均为潜在危险截面，均需进行强度校核。截面 B 处：最大拉应力发生于截面上边缘各点处，得

$$\sigma_t=\frac{M_B y_2}{I_z}=\frac{0.8\times10^6\times2.2\times10}{86.8\times10^4}\text{MPa}=20.3\text{MPa}<[\sigma_t]$$

最大压应力发生于截面下边缘各点处，得

$$\sigma_c=\frac{M_B y_1}{I_z}=\frac{0.8\times10^6\times3.8\times10}{86.8\times10^4}\text{MPa}=35.2\text{MPa}<[\sigma_c]$$

截面 C 处：虽然 C 处的弯矩绝对值比 B 处的小，但最大拉应力发生于截面下边缘各点处，而这些点到中性轴的距离比上边缘处各点到中性轴的距离大，且材料的许用拉应力 $[\sigma_t]$ 小于许用压应力 $[\sigma_c]$，所以还需校核最大拉应力

$$\sigma_t=\frac{M_C y_1}{I_z}=\frac{0.6\times10^6\times3.8\times10}{86.8\times10^4}\text{MPa}=26.3\text{MPa}>[\sigma_t]$$

结论：梁的强度是不足的。

由此题可以看出，对于中性轴不是截面对称轴，采用脆性材料制成的梁，其危险截面不一定就是弯矩最大的截面。其他与最大弯矩反向的较大弯矩，也可能是潜在的危险截面。若此截面的最大拉应力边距中性轴较远，算出的结果就有可能超过许用拉应力，故此类问题考虑要全面。T 形截面梁是工程中常用的梁，应注意合理放置，尽量使最大弯矩截面上受拉边距中性轴较近。此外，在设计 T 形截面的尺寸时，为了充分利用材料的抗拉（压）强度，应该使中性轴至截面上、下边缘的距离之比恰好等于许用拉、压应力之比。

8.9　提高梁的弯曲强度的措施

由强度条件式（8-11）可知，降低分子或者增大分母，也即降低最大弯矩 M_{max} 或增大抗弯截面系数 W_z 均能提高抗弯强度。

8.9.1　采用合理的截面形状

1. 采用抗弯截面系数较大的截面

在截面面积和材料重量相同时，应采用轴惯性矩和抗弯截面系数较大的截面形状，即截面积分布应尽可能远离中性轴。因离中性轴较远处正应力较大，而靠近中性轴处正应力很小，这部分材料没有被充分利用。若将靠近中性轴的材料移到离中性轴较远处，如将实心圆截面改为面积相等的圆环形截面（图 8-33a），将矩形截面由平放改为立放（图 8-33b），将矩形改成工字形截面（图 8-33c），都可提高惯性矩和抗弯截面系数，进而提高抗弯强度。

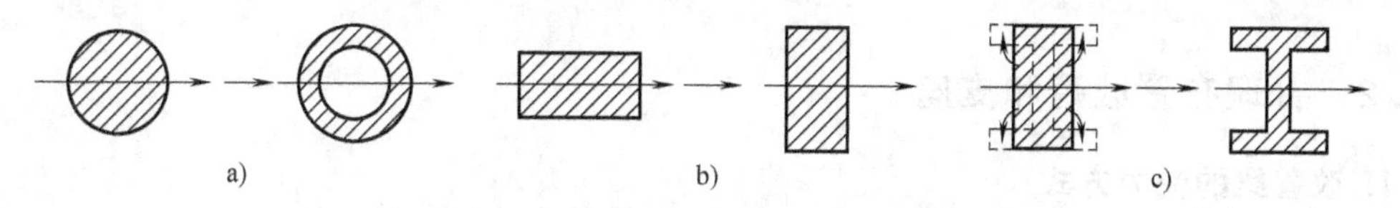

图 8-33　采用 I_z 和 W_z 较大的截面

机械工程中金属梁的成形截面除了工字形以外，还有槽形（图 8-34a）、箱形（图 8-34b）等，也可将钢板用焊接或铆接的方法拼接成上述形状的截面。建筑工程中则常采用混凝土空心预制板（图 8-34c），辅以配筋。

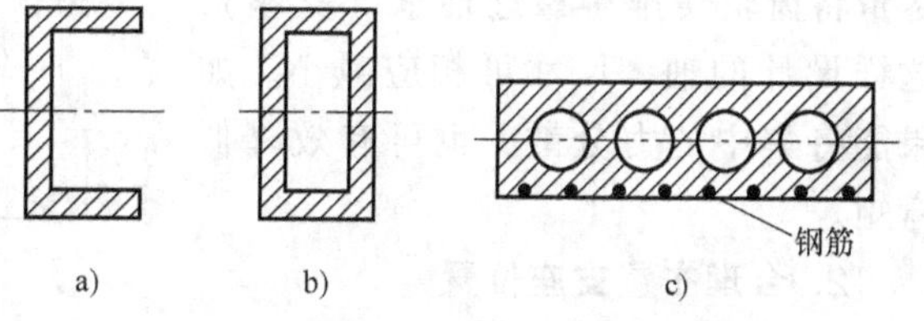

图 8-34　槽形、箱形、空心预制板

此外，合理的截面形状应使截面上最大拉应力和最大压应力同时达到相应的许用应力值。对于抗拉强度和抗压强度相近的塑性材料，宜采用对称于中性

轴的截面（如工字形）。对于抗拉强度和抗压强度不等的材料，宜采用不对称于中性轴的截面，如铸铁等脆性材料制成的梁，其截面常做成T形或槽形，并使梁的中性轴偏于受拉的一边（图 8-35），使 $\sigma_{cmax}>\sigma_{tmax}$。

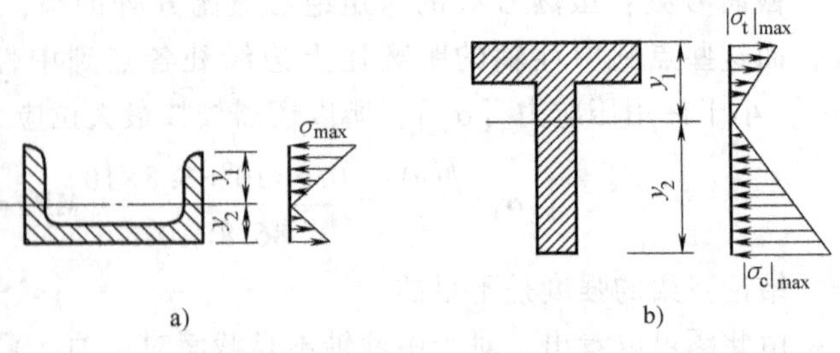

图 8-35　不对称于中性轴的截面

2. 采用变截面梁

除材料在梁的某一截面上如何合理分布的问题外，还有一个材料沿梁的轴线如何合理安排的问题。

等截面梁的截面尺寸是由最大弯矩决定的。故除 M_{max} 所在的截面外，其余部分的材料未被充分利用。为节省材料和减轻重量，可采用变截面梁，即在弯矩较大的部位采用较大的截面，在弯矩较小的部位采用较小的截面。例如桥式起重机的大梁，两端的截面尺寸较小，中段部分的截面尺寸较大（图 8-36a），铸铁托架（图 8-36b）、阶梯轴（图 8-36c）等，都是按弯矩分布设计的近似于变截面梁的实例。

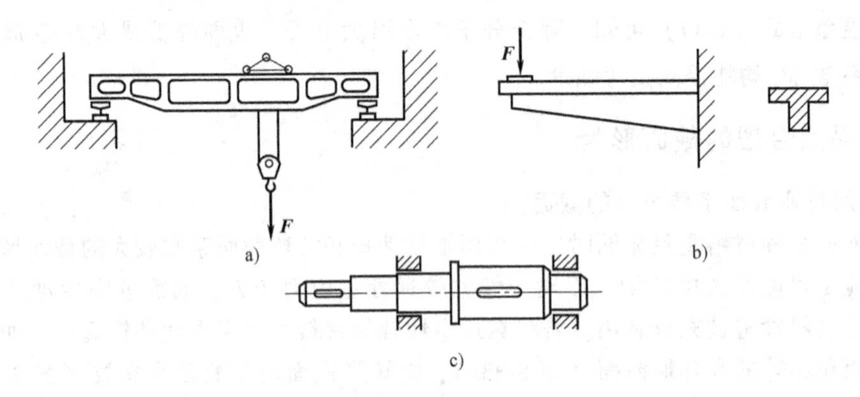

图 8-36　变截面梁

8.9.2　合理布置载荷和支座

1. 改善梁的受力方式

受集中力作用的简支梁，如图 8-37a 所示，若使载荷尽量靠近一边的支座（图 8-37b），则梁的最大弯矩值比载荷作用在跨度中间时小得多。设计齿轮传动轴时，尽量将齿轮安排得靠近轴承（支座），这样设计的轴，尺寸可相应减小。如果能将集中的力分散，也可有效降低弯矩。

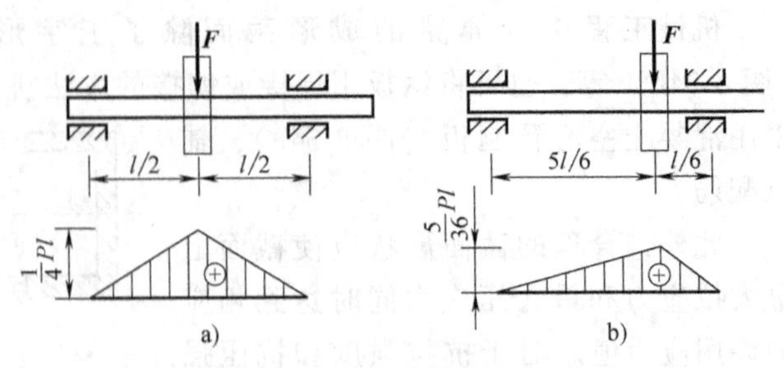

图 8-37　改善梁的受力方式

2. 合理布置支座位置

合理布置支座位置，减小跨度，

也能有效降低最大弯矩值。如受均布载荷作用的简支梁（图 8-38a），其最大弯矩 $M_{\max}=\frac{ql^2}{8}$。若将两端支座都向内移动 0.2l，则 $M_{\max}=\frac{ql^2}{40}$（图 8-38b），降低到前者的 20%，这样，梁的截面尺寸也可相应减小。设计储液罐时，利用此原理，将支承点向内移一定距离（图 8-39），可降低 $M_{\max}$，减轻罐体自重，节省材料。

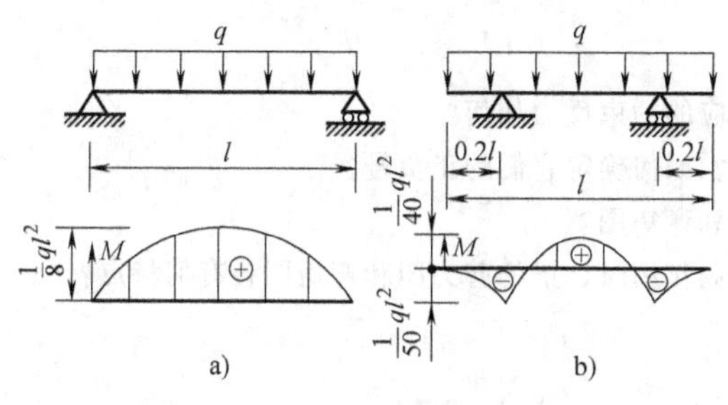

图 8-38　合理布置支座位置

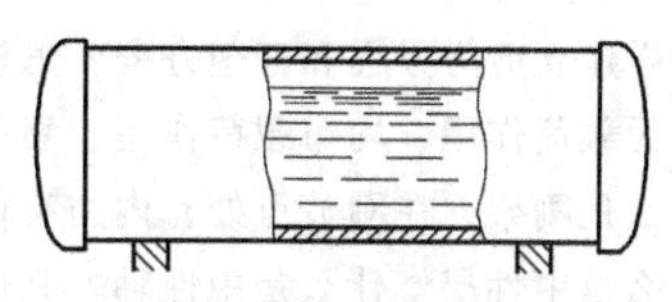

图 8-39　储液罐的支承

本章小结

弯曲变形是杆件的基本变形之一，也是工程中最常见的变形形式。

本章主要研究直梁平面弯曲时的内力和应力问题，是材料力学的重点和难点章节。

1. 直梁平面弯曲

受力与变形特点是：纵向对称面内的外力沿横向作用于轴线，使梁的轴线由直线变为曲线。简支梁、外伸梁、悬臂梁均为静定梁。

2. 弯曲内力——剪力和弯矩

截面法是求弯曲内力的基本方法。一般情况下，梁的横截面上既有弯矩又有剪力。

3. 剪力图和弯矩图

剪力图和弯矩图是分析梁危险截面的重要依据。正确地画出剪力图、弯矩图是本章的重点和难点。可以通过以下方法实现图线绘制：①用剪力和弯矩方程绘图，是基本方法。②用查表法和叠加法绘图，较简捷实用。

4. 弯曲应力

一般情况下，梁的横截面上有弯矩，各点会有正应力，有剪力，则会存在切应力，横力弯曲时二者同时存在。正应力是决定梁弯曲强度的控制因素，只在特殊情况下才需进行切应力校核。

平面弯曲梁的横截面上任一点应力

$$\sigma=\frac{My}{I_z}$$

最大弯曲正应力

$$\sigma_{\max}=\frac{M_{\max}}{W_z}$$

强度条件

$$\sigma_{\max}=\frac{M_{\max}}{W_z}\leqslant[\sigma]$$

使用上述公式时应注意：

1）横截面上各点正应力的分布规律沿截面高度按线性变化，中性轴上正应力为零，上、下边缘处正应力最大。

2）横截面的惯性矩及抗弯截面系数是截面的两个重要的力学特性。为了尽量增大截面抗弯能力，通常采用工字形、箱形和空心等截面形状。

3）中性轴必然通过截面形心。

4）利用强度条件，可以进行三种类型的强度计算，即梁的强度校核、截面设计及许可载荷确定。

思考题

1. 平面弯曲的受力和变形特点是什么？

2. 常见的载荷有哪几种？典型的支座有哪几种？相应的约束反力如何？

3. 什么是剪力？什么是弯矩？如何计算剪力与弯矩？如何确定它们的正负号？

4. 怎样建立剪力方程和弯矩方程？怎样绘制剪力图和弯矩图？

5. 当无载荷作用、均布载荷作用、集中力、集中力偶作用时，梁的剪力图和弯矩图各有何特点？

6. 什么是刚架？在刚节点处，内力有何特点？

7. 什么是中性层？什么是中性轴？其位置有何特点？

8. 截面形状及尺寸完全相同的两根静定梁，若两梁所受的载荷也相同，但材料不同，它们的内力图是否相同？横截面上的正应力分布规律是否相同？对应点处的线应变是否相同？

9. 纯弯曲时的正应力公式的应用范围是什么？它可推广应用于什么情况？

10. 设梁的横截面如图 8-40 所示，试问此截面对 z 轴的惯性矩和抗弯截面系数是否可按下式计算，为什么？

$$I_z=\frac{BH^3}{12}-\frac{bh^3}{12},W_z=\frac{BH^2}{6}-\frac{bh^2}{6}$$

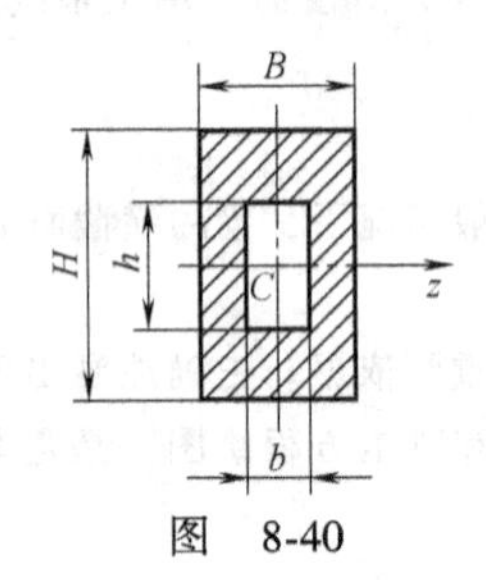

图 8-40

习题

8-1 利用截面法求图 8-41 所示 1-1、2-2、3-3 截面的剪力和弯矩（1-1、2-2 截面无限接近于截面 C，

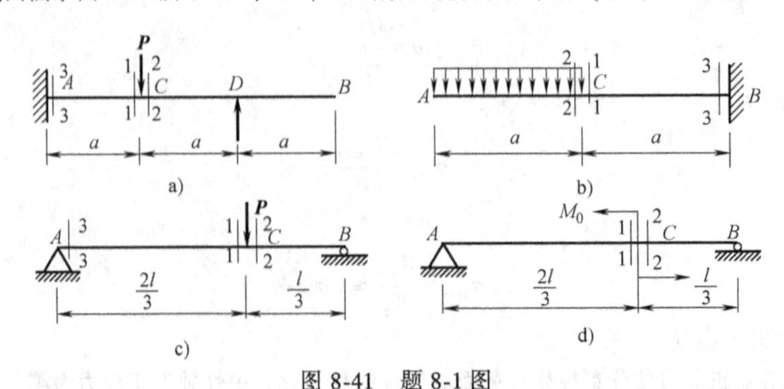

图 8-41 题 8-1 图

3-3 截面无限接近于 A、B)。

8-2　图 8-42 所示各梁的载荷和尺寸已知。1）列出梁的剪力方程和弯矩方程；2）作剪力图和弯矩图。

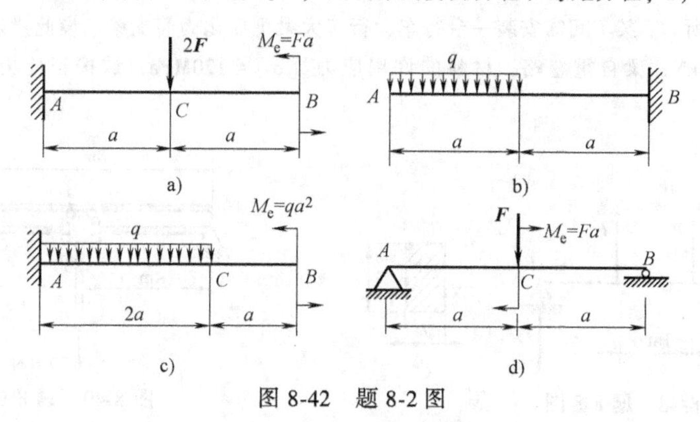

图 8-42　题 8-2 图

8-3　试用叠加法作图 8-43 所示简支梁在集中载荷 F 和均布载荷 q 共同作用下的剪力图和弯矩图，并求梁的跨中截面的弯矩。

8-4　如图 8-44 所示梁，其横截面为边长 100mm 正方形，试求全梁最大弯曲正应力。

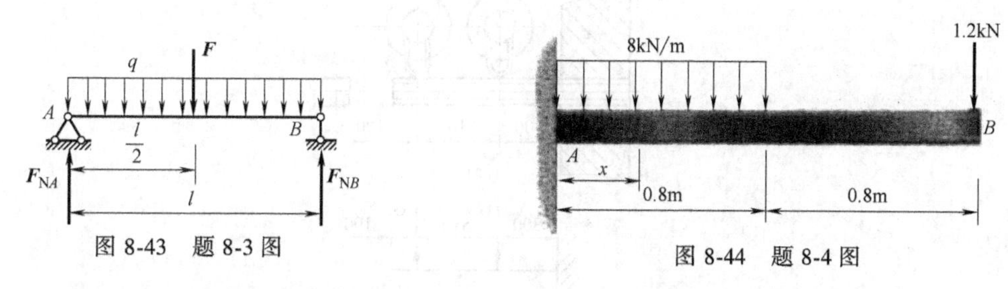

图 8-43　题 8-3 图　　图 8-44　题 8-4 图

8-5　如图 8-45 所示，载荷和约束已知，轴的直径为 50mm，试求轴中最大弯曲正应力。

8-6　如图 8-46 所示宽为 200mm，高为 400mm 的矩形截面梁，试求全梁最大弯曲正应力。

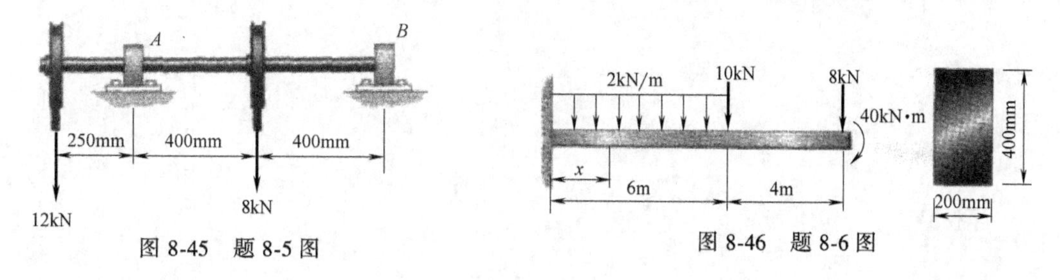

图 8-45　题 8-5 图　　图 8-46　题 8-6 图

8-7　如图 8-47 所示的矩形截面梁，若 $F=1.5\text{kN}$，试求梁中危险面上的最大弯曲正应力，并绘出危险截面上的应力分布图。

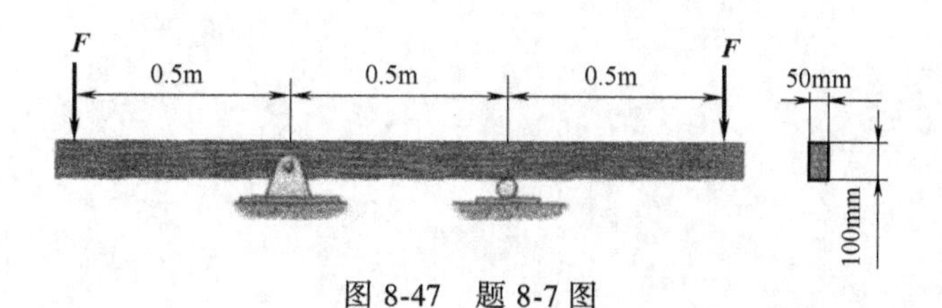

图 8-47　题 8-7 图

8-8　如图 8-48 所示的矩形截面梁，已知 $F=2\text{kN}$，横截面的高宽度比 $h/b=3$，材料为松木，许用正应力 $[\sigma]=8\text{MPa}$，许用切应力 $[\tau]=0.8\text{MPa}$。试选择截面尺寸。

8-9　如图 8-49 所示，某车间需安装一台行车，行车大梁可简化为简支梁。设此梁选用 32a#工字钢，长为 $l=8\text{m}$，吊重 29.4kN，梁自重忽略，材料的许用应力 $[\sigma]=120\text{MPa}$，试按正应力强度条件校核该梁强度。

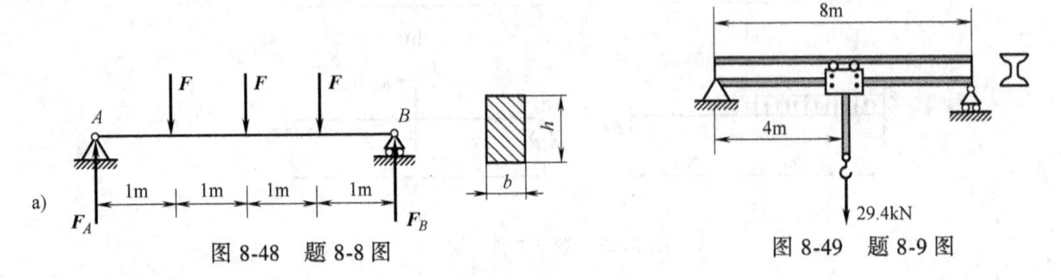

图 8-48　题 8-8 图　　图 8-49　题 8-9 图

8-10　如图 8-50 所示，一支承管道的悬臂梁用两根槽钢组成。设两根管道作用在悬臂梁上的重量各为 $G=5.39\text{kN}$，尺寸如图所示，设槽钢材料的许用拉应力为 $[\sigma]=130\text{MPa}$。试选择槽钢的型号。

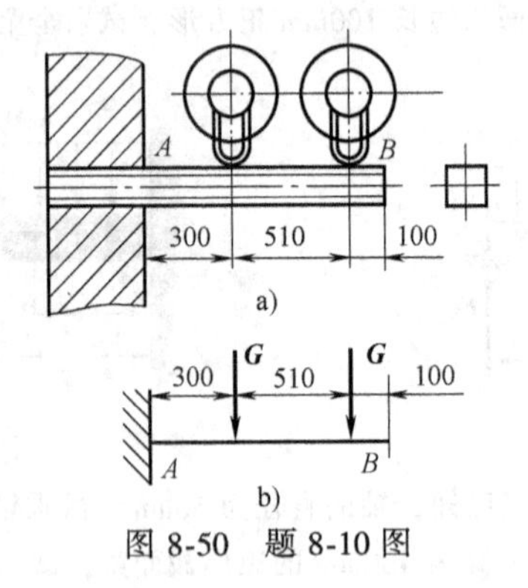

图 8-50　题 8-10 图

第 9 章 梁的弯曲变形

在第 8 章中，我们针对梁的弯曲强度问题进行了研究。实际上，工程中某些受弯构件不仅需要满足强度条件，还应具有足够的刚度。如图 9-1a 所示的厂房内的行车大梁，若起吊重物时轨道弯曲变形过大，会使起重设备在运行时产生爬坡现象，引起较大振动，进而影响起吊的平稳性。又如车床主轴，弯曲变形过大，会引起轴端急剧磨损，齿轮间啮合不良，周期性噪声，且加工精度下降；再如悬索桥，车辆通过时桥面会使桥面发生弯曲，若有超载车辆则会导致桥面变形过大，叠加横向风载，轻则影响行车体验，重则引起悬索断裂。再如液体输送管道，若弯曲变形过大，会出现积液、沉淀和接口不密封等现象，影响管内液体的正常输送。上述情形下，必须限制构件的弯曲变形。但在某些情形下，人们也常利用构件的弯曲变形来为生产服务。例如汽车轮轴位置的钢板弹簧（图 9-1b），其弯曲变形可被用来缓冲车辆的振动；跳水运动中的跳板，运动员利用其弯曲变形来提供起跳弹力；折弯机上的型材可以利用弯曲变形特性实现冷加工成形。

综合来看，工程中限制或者利用弯曲变形都有需要，为了趋利避害，我们要研究弯曲变形的规律，了解其控制因素和改善措施。此外，在求解超静定梁以及刚度校核时，也涉及梁的弯曲变形。

a)

b)

图 9-1　工程中的弯曲变形

9.1　弯曲变形的计算

9.1.1　弯曲变形的度量

若忽略剪力对弯曲变形的影响，平面假设在纯弯曲和横力弯曲时都成立，弯曲变形前后，横截面均为平面，只是绕中性轴转过一定角度，但与变形后的梁轴线保持垂直。如图 9-2 所示，梁在弹性范围内发生平面弯曲后，其轴线仍在纵向对称面内，不会间断，而是一条光滑连续的曲线，称为挠曲线。

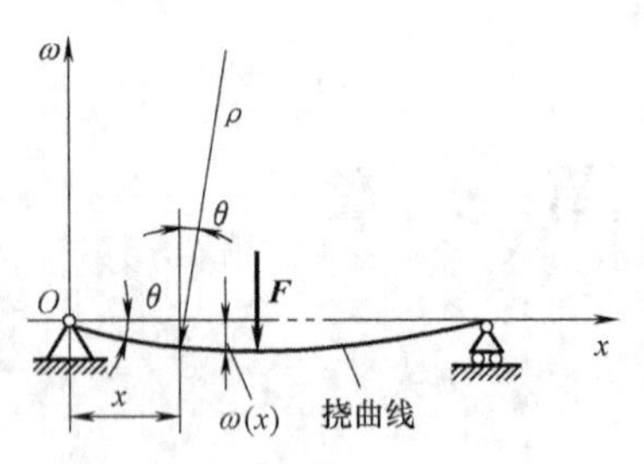

图 9-2　挠曲线及弯曲变形度量

观察变形前后轴线上各点变化，梁的变形既有尺度改变，又有角度改变，度量如下：

1）梁上任一点的横截面形心，沿垂直于轴线方向的位移，称为挠度，用 ω 表示，量纲为长度。

2）梁上任一横截面，绕中性轴转过的角度，称为转角，用 θ 表示，量纲为角度。

在梁的左支座处建立直角坐标系 $xO\omega$，变形后轴线上各点挠度 ω 应为位置坐标的函数，即

$$\omega=\omega(x) \tag{9-1}$$

式（9-1）称为梁变形的挠曲线方程。

特别指出，由于在弹性范围内，满足小变形假设，虽然弯曲变形时横截面形心沿轴线方向也存在位移，但这一位移远小于垂直于轴线方向的位移，故忽略。挠度和转角两个基本量均为代数量，其正负按如下规定：在图 9-2 所示的坐标系中，向上的挠度为正，向下的挠度为负；逆时针方向的转角为正，顺时针方向的转角为负。

在图 9-2 上过距离原点为 x 的点作挠曲线的切线及与 x 轴平行的辅助线，可以得出，梁的转角 θ 等于挠曲线在该点的切线与水平线的夹角。在工程实际中，梁的转角 θ 一般很小，于是有

$$\theta\approx\tan\theta=\frac{\mathrm{d}\omega(x)}{\mathrm{d}x}=\omega' \tag{9-2}$$

即梁上某点横截面的转角近似等于挠曲线在该点处的斜率。显然，得到梁变形后的挠曲线方程，就可代入各点坐标，计算出梁的挠度和转角，也可绘制出挠曲线。

9.1.2　积分法求弯曲变形

上一章研究梁的弯曲正应力时，我们可在中间推导过程中得到中性层曲率与弯矩及抗弯刚度的关系，即

$$\frac{1}{\rho(x)}=\frac{M(x)}{EI_z} \tag{a}$$

此式与弯曲变形有关，曲率越大，变形越大。结合高等数学知识，平面曲线 $\omega=\omega(x)$ 上任一点的曲率也可写为

$$\frac{1}{\rho(x)}=\pm\frac{\omega''}{[1+(\omega')^2]^{\frac{3}{2}}} \tag{b}$$

小变形假设下，转角 θ，即 ω' 一般很小，其平方项 $(\omega')^2$ 远小于 1，可以忽略。在图 9-2 的坐标系中，ω 向上为正，弯矩 $M(x)$ 应与 $\mathrm{d}^2\omega/\mathrm{d}t^2$ 同号，所以式（b）左边取正号，将式（b）与式（a）联立，得

$$\omega''=\frac{\mathrm{d}^2\omega(x)}{\mathrm{d}x^2}=\frac{M(x)}{EI_z} \tag{9-3}$$

通常，将上式称为梁的挠曲线近似微分方程。利用此方程求解梁的挠度和转角，在工程上，其精度是足够的。

对于等截面的直梁而言，只需要先给出弯矩方程，代入挠曲线近似微分方程，积分两次，得到转角方程和挠度方程为

$$\theta=\frac{\mathrm{d}\omega(x)}{\mathrm{d}x}=\int\frac{M(x)}{EI_z}\mathrm{d}x+C \tag{9-4}$$

$$\omega=\int\left(\int\frac{M(x)}{EI_z}\mathrm{d}x\right)\mathrm{d}x+Cx+D \tag{9-5}$$

上两式中的不定积分常数 C 和 D，在数学上可通过赋特殊值来确定，进而求出截面的挠度和转角。例如，悬臂梁的固定端处既不能移动，也不能转动，其挠度与转角均为零；简支梁和外伸梁的固定铰支座处，挠度为零等，这类情况称为梁的边界条件。对于梁上有载荷变化的地方，弯矩方程为分段形式，各段的挠度与转角方程会不同，但相邻梁段交界处的挠度与转角相同，从数学上说挠曲线在交界处满足光滑连续，这类情况称为梁的连续条件。

以上求弯曲变形的方法称为积分法。下面举例说明这种方法的应用。

例 9-1 图 9-3 为车削轴类零件的力学简图。刀具对刀后初始切入时，刀具切削坯料的力为 F，坯料长为 l，试用积分法求此时坯料轴上最大挠度和转角。

图 9-3 例 9-1 图

车床车轴

解：按照题给受力图，弯矩方程只需一段

$$M(x)=-F(l-x)$$

代入挠曲线近似微分方程

$$EI_z\omega''=M(x)=-F(l-x)$$

积分，得

$$EI_z\omega'=\frac{F}{2}x^2-Flx+C \tag{a}$$

$$EI_z\omega=\frac{F}{6}x^3-\frac{Fl}{2}x^2+Cx+D \tag{b}$$

在固定端处，转角和挠度均为零，对应的边界条件为：当 $x=0$ 时，$\omega=0$，$\theta=0$，把此边界条件代入式（a）和（b），得

$$C=EI_z\theta_A=0,D=EI_z\omega_A=0$$

代回式（a）和（b），可得转角方程和挠曲线方程分别为

$$EI_z\omega'=\frac{F}{2}x^2-Flx$$

$$EI_z\omega=\frac{F}{6}x^3-\frac{Fl}{2}x^2$$

从方程右侧的单调性，可得挠度和转角最大在自由端。以自由端处的横坐标 $x=l$ 代入上两式，即得该处的转角和挠度分别为

$$\theta_B=\omega_B'=-\frac{Fl^2}{2EI_z},\quad \omega_B=-\frac{Fl^3}{3EI_z}$$

实践中，对于较长的轴类零件，车削加工时为减少挠度和转角对加工精度的影响，常采用减小进给量，增加尾顶尖或中间架的办法。

例 9-2 悬臂梁 AB 如图 9-4a 所示，抗弯刚度 EI 为常量。试用积分法求其挠曲线微分方程及自由端 A 的挠度和转角。

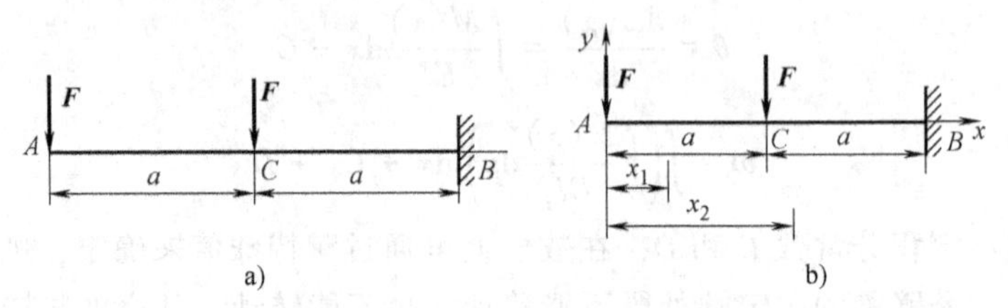

图 9-4 例 9-2 图

解： 建立如图 9-4b 所示的坐标系 xAy，引入未知数 x_1 和 x_2，分段描述。

1）AC 段弯矩方程、挠曲线近似微分方程及其积分为

$$M_1(x_1)=-Fx_1(0\leqslant x_1\leqslant a)$$

$$EI\omega_1''=-Fx_1$$

$$EI\omega_1'=-F\frac{x_1^2}{2}+C_1$$

$$EI\omega_1=-F\frac{x_1^3}{6}+C_1x_1+D_1$$

2）CB 段弯矩方程、挠曲线近似微分方程及其积分为

$$M_2(x_2)=Fa-2Fx_2(a\leqslant x_2\leqslant 2a)$$

$$EI\omega_2''=Fa-2Fx_2$$

$$EI\omega_2'=Fax_2-Fx_2^2+C_2$$

$$EI\omega_2=Fa\frac{x_2^2}{2}-F\frac{x_2^3}{3}+C_2x_2+D_2$$

代入边界条件和连续性条件，确定不定积分常数

由 $x_2=2a$，$\omega_2'=0$ 得　$C_2=2Fa^2$

由 $x_2=2a$，$\omega_2=0$ 得　$D_2=-\frac{10}{3}Fa^3$

由 $x_1=x_2=a$，$\omega_1'=\omega_2'$ 得

$$-F\frac{a^2}{2}+C_1=Fa^2-Fa^2+2Fa^2 \tag{1}$$

由 $x_1=x_2=a$，$\omega_1=\omega_2$ 得

$$-F\frac{a^3}{6}+C_1a+D_1=Fa\frac{a^2}{2}-F\frac{a^3}{3}+2Fa^3-\frac{10}{3}Fa^3 \tag{2}$$

联立式（1）、式（2）求解，得

$$C_1=\frac{5}{2}Fa^2, D_1=-\frac{7}{2}Fa^3$$

各段挠曲线方程与转角方程为

$$\omega_1(x_1)=\frac{1}{EI}\left(-F\frac{x_1^3}{6}+\frac{5}{2}Fa^2x_1-\frac{7}{2}Fa^3\right)$$

$$\omega_2(x_2)=\frac{1}{EI}\left(-F\frac{x_2^3}{3}+\frac{1}{2}Fax_2^2+2Fa^2x_2-\frac{10}{3}Fa^3\right)$$

$$\theta_1(x_1)=\omega_1'(x_1)=\frac{1}{EI}\left(-\frac{F}{2}x_1^2+\frac{5}{2}Fa^2\right)$$

$$\theta_2(x_2)=\omega_2'(x_2)=\frac{1}{EI}(Fax_2-Fx_2^2+2Fa^2)$$

自由端的挠度与转角为

$$\omega_A=\omega_1(x_1)\big|_{x_1=0}=-\frac{7Fa^3}{2EI},\quad \theta_A=\omega_1'(x_1)\big|_{x_1=0}=\frac{5Fa^2}{2EI}$$

从解题过程来看，梁上弯矩不同，则需分段写出挠曲线近似微分方程。有时，即使弯矩相同，抗弯刚度不同，挠曲线近似微分方程也需分段写出（如图 9-5 中粗细段抗弯刚度不同的变截面悬臂梁）。

如果梁上需要的分段较多，用积分法计算变形会十分冗长复杂。如图 9-6 所示的外伸梁，需要分三段分别建立挠曲线近似微分方程并分段积分。在一般设计手册中，已将常见三种静定梁在集中力、集中力偶和均布载荷作用于不同位置时的挠曲线方程、特殊部位挠度和转角，全部列出（表 9-1），方便查对。

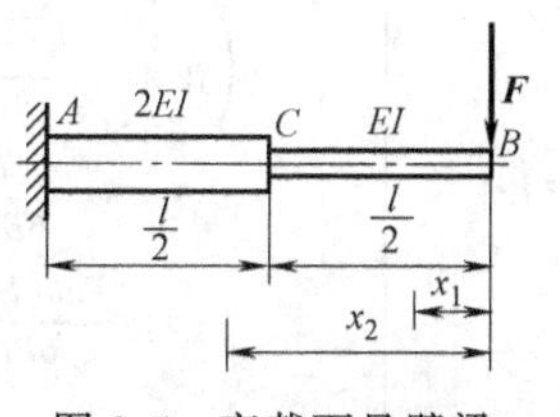

图 9-5 变截面悬臂梁

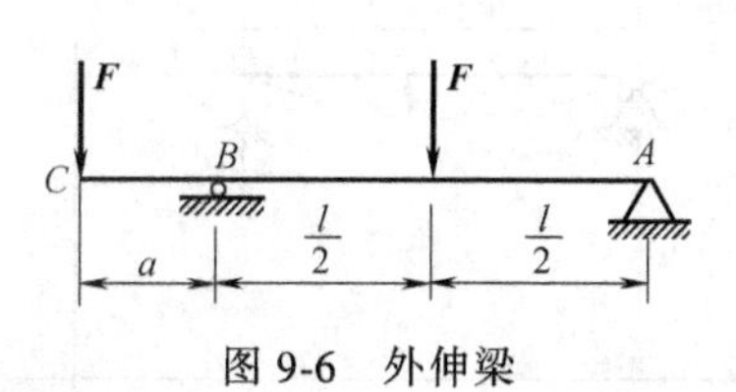

图 9-6 外伸梁

表 9-1 梁在简单载荷作用下的变形

序号	梁的简图	挠曲线方程	挠度和转角
1		$\omega=-\frac{Fx^2}{6EI}(3l-x)$	$\omega_B=-\frac{Fl^3}{3EI}$ $\theta_B=-\frac{Fl^2}{2EI}$
2		$\omega=-\frac{Fx^2}{6EI}(3a-x),(0\leqslant x\leqslant a)$ $\omega=-\frac{Fa^2}{6EI}(3x-a),(a\leqslant x\leqslant l)$	$\omega_B=-\frac{Fa^2}{6EI}(3l-a)$ $\theta_B=-\frac{Fa^2}{2EI}$

（续）

序号	梁的简图	挠曲线方程	挠度和转角
3	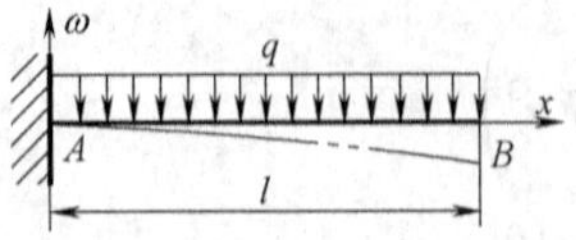	$\omega=-\dfrac{qx^2}{24EI}(x^2-4lx+6l^2)$	$\omega_B=-\dfrac{ql^4}{8EI}$ $\theta_B=-\dfrac{ql^3}{6EI}$
4	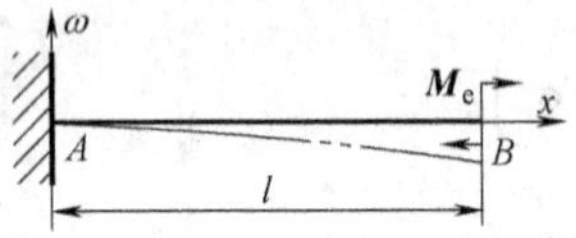	$\omega=-\dfrac{M_e x^2}{2EI}$	$\omega_B=-\dfrac{M_e l^2}{2EI}$ $\theta_B=-\dfrac{M_e l}{EI}$
5	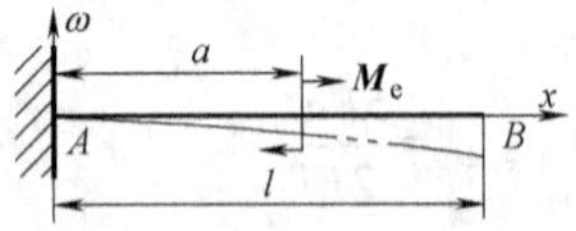	$\omega=-\dfrac{M_e x^2}{2EI}$，$(0\leqslant x\leqslant a)$ $\omega=-\dfrac{M_e a}{EI}\left(\dfrac{a}{2}-x\right)$，$(a\leqslant x\leqslant l)$	$\omega_B=-\dfrac{M_e a}{EI}\left(l-\dfrac{a}{2}\right)$ $\theta_B=-\dfrac{M_e a}{EI}$
6	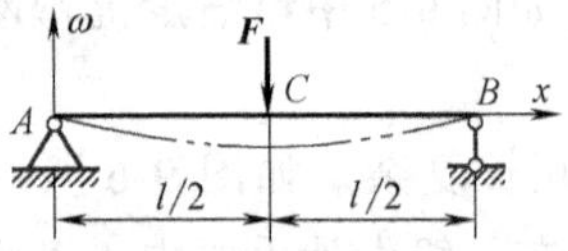	$\omega=-\dfrac{Fx}{48EI}(3l^2-4x^2)$， $\left(0\leqslant x\leqslant\dfrac{l}{2}\right)$	$\omega_C=-\dfrac{Fl^3}{48EI}$ $\theta_A=-\theta_B=-\dfrac{Fl^2}{16EI}$
7	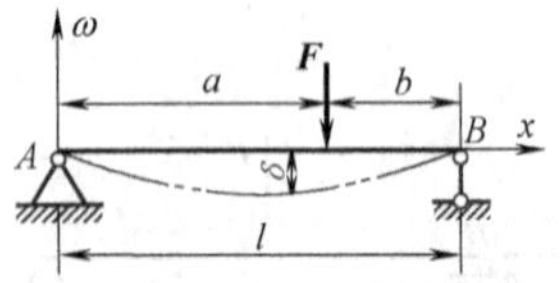	$\omega=-\dfrac{Fbx}{6EIl}(l^2-x^2-b^2)$， $(0\leqslant x\leqslant a)$ $\omega=-\dfrac{Fa(l-x)}{6EIl}(x^2+a^2-2lx)$， $(a\leqslant x\leqslant l)$	$\delta=-\dfrac{Fb(l^2-a^2)^{3/2}}{9\sqrt{3}EIl}$ $\left(在\ x=\sqrt{\dfrac{l^2-b^2}{3}}处\right)$ $\theta_A=-\dfrac{Fab(l+b)}{6EIl}$ $\theta_B=\dfrac{Fab(l+a)}{6EIl}$
8	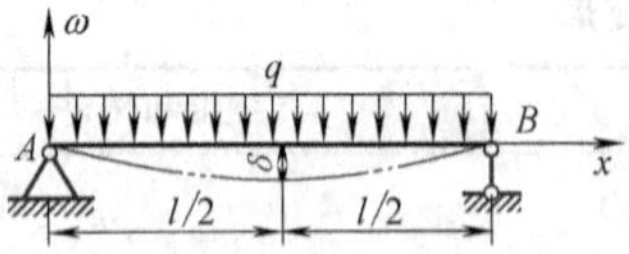	$\omega=-\dfrac{qx}{24EI}(x^3+l^3-2lx^2)$	$\delta=-\dfrac{5ql^4}{384EI}$ $\theta_A=-\theta_B=-\dfrac{ql^3}{24EI}$
9	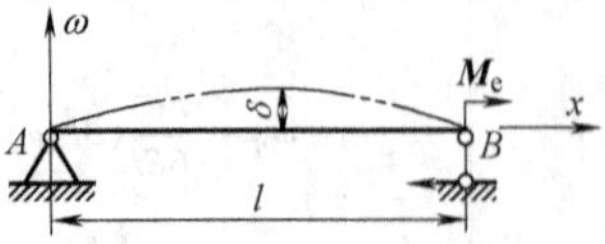	$\omega=\dfrac{M_e x}{6EIl}(l^2-x^2)$	$\delta=\dfrac{M_e l^2}{9\sqrt{3}EI}$ （位于 $x=l/\sqrt{3}$ 处） $\theta_A=\dfrac{M_e l}{6EI}$ $\theta_B=-\dfrac{M_e l}{3EI}$

（续）

序号	梁的简图	挠曲线方程	挠度和转角
10	ω、a、b、A、B、x、M_e、δ_1、δ_2	$\omega=\frac{M_e x}{6EIl}(l^2-3b^2-x^2)$ $(0\leqslant x\leqslant a)$ $\omega=\frac{M_e(l-x)}{6EIl}(3a^2-2lx+x^2)$ $(a\leqslant x\leqslant l)$	$\delta_1=-\frac{M_e(l^2-3b^2)^{3/2}}{9\sqrt{3}EIl}$ （在 $x=\sqrt{l^2-3b^2}/\sqrt{3}$ 处） $\delta_2=-\frac{M_e(l^2-3a^2)^{3/2}}{9\sqrt{3}EIl}$ （位于距 B 端 $x=\sqrt{l^2-3a^2}/\sqrt{3}$ 处） $\theta_A=\frac{M_e(l^2-3b^2)}{6EIl}$ $\theta_B=\frac{M_e(l^2-3a^2)}{6EIl}$
11	ω、θ_A、θ_B、F、A、B、C、ω_C、l、a	$\omega=\frac{Fax}{6EIl}(l^2-x^2)$ $(0\leqslant x\leqslant l)$ $\omega=-\frac{F(x-l)}{6EI}\times[a(3x-l)-(x-l)^2]$ $(l\leqslant x\leqslant l+a)$	$\omega_C=-\frac{Fa^2}{3EI}(l+a)$ $\theta_A=-\frac{1}{2}\theta_B=\frac{Fal}{6EI}$ $\theta_C=-\frac{Fa}{6EI}(2l+3a)$
12	ω、θ_A、θ_B、M、A、B、C、ω_C、l、a	$\omega=\frac{Mx}{6EIl}(l^2-x^2)$ $(0\leqslant x\leqslant l)$ $\omega=-\frac{M}{6EI}\times(3x^2-4xl+l^2)$ $(l\leqslant x\leqslant l+a)$	$\omega_C=-\frac{Ma}{6EI}(2l+3a)$

9.1.3　叠加法求弯曲变形

前面推导梁的挠曲线近似微分方程时，用到了小变形假设，在该假设下材料服从胡克定律，梁的变形（挠度和转角）与载荷呈线性关系。因此，当梁上同时作用有几个载荷时，可分别求出每一载荷单独作用下的变形，然后将各个独立变形叠加，即得这些载荷共同作用下的变形，这种方法即为求弯曲变形的叠加法。

在使用叠加法求梁的弯曲变形时，以下两点需要注意：一是正确理解梁的变形与位移之间的区别和联系，位移是由变形引起的，但没有变形不一定没有位移（图 9-7b 的上图中 AB 段）；二是正确理解和应用变形连续条件，即在线弹性范围内，梁的挠曲线是一条连续光滑的曲线。下面举例说明这种方法的应用。

例 9-3　图 9-7a 所示悬臂梁，已知 EI 为常数，试用叠加法求截面 A 的挠度和自由端 B 的转角。

解：图 9-7a 所示悬臂梁可视为分别单独作用 F 和 M_e 的悬臂梁（图 9-7b）的叠加。查表 9-1，可得

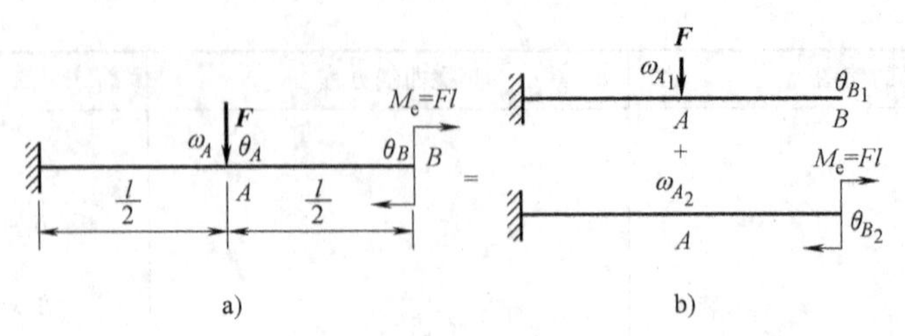

图 9-7 例 9-3 图

$$\omega_{A_1}=-\frac{Fl^3}{24EI},\quad \omega_{A_2}=-\frac{M_e(l/2)^2}{2EI}=-\frac{Fl^3}{8EI}$$

$$\theta_{B_1}=\theta_A=-\frac{Fl^2}{8EI},\quad \theta_{B_2}=-\frac{M_e l}{EI}=-\frac{Fl^2}{EI}$$

由叠加原理有 $\omega_A=\omega_{A_1}+\omega_{A_2}=-\dfrac{Fl^3}{6EI}$，$\theta_B=\theta_{B_1}+\theta_{B_2}=-\dfrac{9Fl^2}{8EI}$

例 9-4 图 9-8a 所示的简支梁，已知 EI 为常量，受到集中力 F 和均布载荷 q 的共同作用。试用叠加法求梁中点 C 的挠度和铰支端 A、B 的转角。

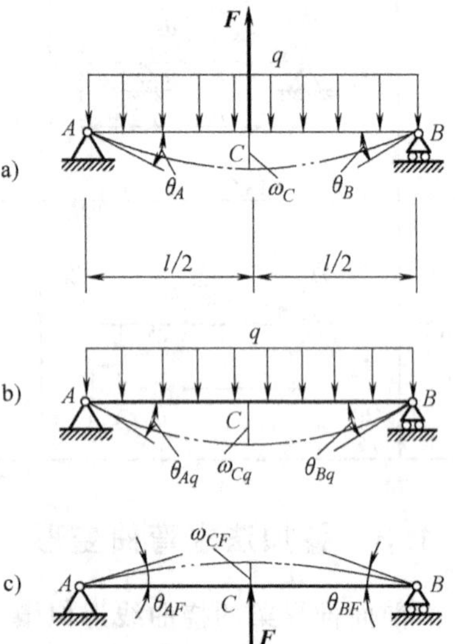

图 9-8 例 9-4 图

解： 题中简支梁可视为分别单独作用 F 和 q 的简支梁的叠加。查表 9-1，当集中力 F 单独作用时，梁中点 C 的挠度和铰支端 A、B 的转角为

$$\omega_{CF}=-\frac{Fl^3}{48EI_z},\theta_{AF}=\frac{Fl^2}{16EI_z},\theta_{BF}=-\frac{Fl^2}{16EI_z}$$

当均布载荷 q 单独作用时，梁中点 C 的挠度和铰支端 A、B 的转角为

$$\omega_{Cq}=-\frac{5ql^4}{384EI_z},\theta_{Aq}=-\frac{ql^3}{24EI_z},\theta_{Bq}=\frac{ql^3}{24EI_z}$$

二者叠加，即得梁中点 C 的挠度和铰支端 A、B 的转角为

$$\omega_C=\omega_{CF}+\omega_{Cq}=-\frac{Fl^3}{48EI_z}-\frac{5ql^4}{384EI_z}$$

$$\theta_A=\theta_{AF}+\theta_{Aq}=\frac{Fl^2}{16EI_z}-\frac{ql^3}{24EI_z}$$

$$\theta_B=\theta_{BF}+\theta_{Bq}=-\frac{Fl^2}{16EI_z}+\frac{ql^3}{24EI_z}$$

9.2 弯曲刚度的计算

工程设计中，根据机械或结构物的工作要求，常对挠度或转角加以限制，对梁进行刚度计算。梁的刚度条件为

$$\omega_{max} \leqslant [\omega] \tag{9-6}$$

$$\theta_{max} \leqslant [\theta] \tag{9-7}$$

但是，不同类型的工程设计，梁位移许用值的规定相差很大。通常，土建工程中，许用挠度值 $[\omega]$ 为计算跨度 l 的 1/800～1/200。机械工程中，普通传动轴的许用挠度值 $[\omega]$ 为计算跨度 l 的 3/10000～5/10000；对刚度要求较高的传动轴，$[\omega]$ 为计算跨度 l 的 1/10000～2/10000；传动轴在轴承处的许用转角 $[\theta]$ 通常在 0.001～0.005rad 之间。

例 9-5 自由端受集中力 $F=10\text{kN}$ 的悬臂梁，如图 9-9 所示。已知许用应力 $[\sigma]=170\text{MPa}$，许用挠度 $[\omega]=10\text{mm}$，若梁由工字钢制成，试选择工字钢型号，并计算最大挠度和最大应力。

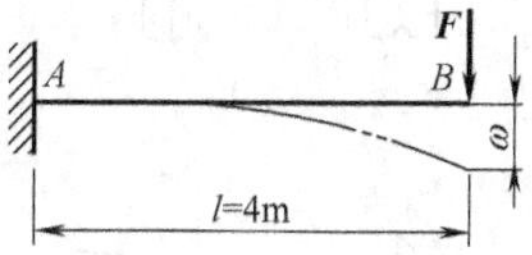

图 9-9 例 9-5 图

解：1）按照强度条件设计

$$M_{max}=Fl=40\text{kN}\cdot\text{m}$$

故

$$W=\frac{M_{max}}{[\sigma]}=\frac{40\times10^3}{170\times10^6}\text{m}^3=0.235\times10^{-3}\text{m}^3=235\text{cm}^3$$

查表，应选用 20a#工字钢，其 $W=137\text{cm}^3$，$I=2370\text{cm}^4$。

2）按照刚度条件设计

结合表 9-1，建立刚度条件 $\omega_{max}=Fl^3/3EI \leqslant [\omega]$

计算可得 $I=10160\text{cm}^4$

查表，应选用 32a#工字钢，$I=11075.5\text{cm}^4$，$W=692.2\text{cm}^3$。

综合强度条件和刚度条件，应选用 32a#工字钢，对应的最大挠度和最大应力为

$$\omega_{max}=\frac{10\times10^3\times4000^3}{3\times2.1\times10^5\times1.108\times10^8}\text{mm}=9.17\text{mm}<[\omega]=10\text{mm}$$

$$\sigma_{max}=\frac{40\times10^6}{692.2\times10^3}\text{MPa}=57.8\text{MPa}<[\sigma]=170\text{MPa}$$

9.3 简单超静定梁

9.3.1 超静定梁的概念

约束反力可以通过静力平衡方程求得的梁，称为静定梁，弯曲各章中的悬臂梁、简支梁和外伸梁就是静定梁。实际工程中，有时候为了提高梁的强度和刚度，除维持平衡所需的约束外，还会再增加其他额外约束。此时，未知约束反力的数目将大于独立平衡方程的数目，仅由静力平衡方程不能求解全部未知力。这种梁称为超静定梁。

例如车削轴类零件时，工件采用自定心卡盘夹紧，简化为固定端，车刀进给实现切削，切削力简化为垂直于工件轴线的集中力，此时为静定的悬臂梁（图 9-10a）。如果坯料比较细长，在切削力下会产生较大的挠度，影响加工精度（图 9-10b）。为减小工件的挠度，常在工件的自由端用顶尖顶紧（图 9-11a）。在不考虑水平方向的约束反力时，这相当于增加了一个活动铰支座。此时工件的约束反力除固定端的三个之外，又增加一个 F_B（图 9-11b），

而独立的平衡方程依然只有三个，未知力数目比独立平衡方程数目多出一个，从而梁由静定变成超静定，且为一次超静定。工程中对于细长的轴类零件，除顶尖外，还可能加中间架，其超静定的次数会更多。

又如大型楼宇的地下车库中，各种管道的布设，为了固定牢靠，一般都用三个以上的支座支承（图 9-12a），属于超静定梁，图 9-12b 所示的是其对应的二次超静定梁。

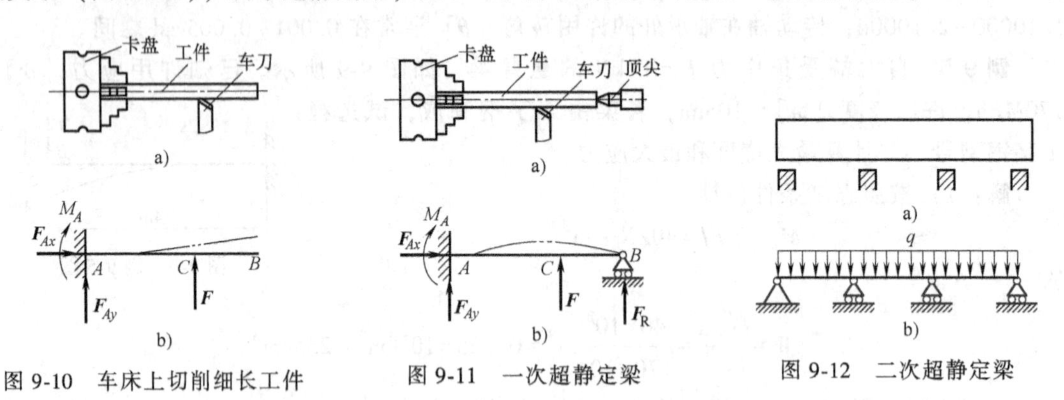

图 9-10 车床上切削细长工件　　图 9-11 一次超静定梁　　图 9-12 二次超静定梁

9.3.2 叠加法求解超静定梁

求解超静定梁的思路与求解拉压超静定问题类似，也需根据变形协调关系和物理关系，建立补充方程，与静力平衡方程联立求解。其中补充方程的建立是求解超静定梁的关键。

在超静定梁中，超过维持梁平衡所必需的约束，称为多余约束；与其对应的约束反力称为多余约束反力。若撤除超静定梁的多余约束，则梁又变为静定梁，习惯上，把这个静定梁称为原超静定梁的基本静定系统。如图 9-13a 所示的超静定梁，如果将 B 端的活动铰支座视为多余约束并撤除，将形成图 9-13b 所示的悬臂梁，此即原超静定梁对应的基本静定系统。

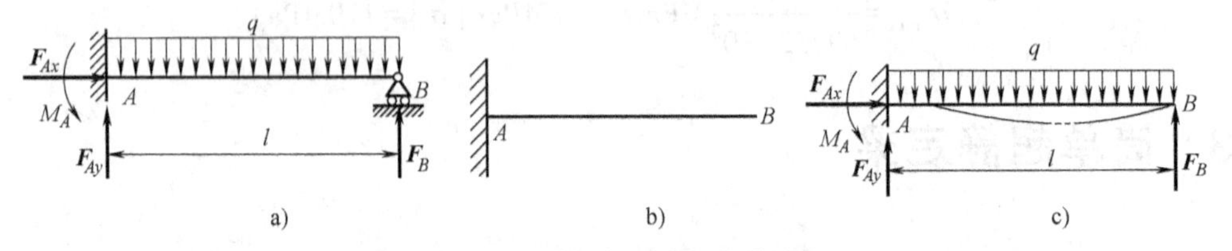

图 9-13 变形叠加法求解超静定梁

在基本静定系统上将原载荷恢复，并加上多余约束反力，从而使基本静定系统的受力及变形情况与原超静定梁完全一致，如图 9-13c 所示，称为原超静定梁的相当系统。二者应满足变形协调，如原超静定梁在 B 端有活动铰支座，挠度为零，则基本静定系统在 B 端的挠度也应为零，即

$$\omega_B = 0 \tag{a}$$

此即应满足的变形协调条件（简称几何关系）。经过这样的等效，一个承受满跨度均布载荷的超静定梁就变换为一个静定梁，此梁在原载荷和未知的多余约束反力共同作用下，B 端的挠度为零。

按照叠加原理，图 9-13c 中 B 端的挠度，可视为均布载荷引起的挠度 ω_{Bq} 与未知支座反

力 F_B 引起的挠度 ω_{BF_B} 的叠加，即

$$\omega_B = \omega_{Bq} + \omega_{BF_B} = 0 \tag{b}$$

由表 9-1 查得

$$\omega_{Bq} = -\frac{ql^4}{8EI} \tag{c}$$

$$\omega_{BF_B} = \frac{F_B l^3}{3EI} - \frac{ql^4}{8EI} + \frac{F_B l^3}{3EI} = 0 \tag{d}$$

这就是由变形协调条件及物理关系联立得到的补充方程。通过它可解出多余约束反力

$$F_B = \frac{3}{8}ql$$

本题中，梁的平衡方程为

$$\sum F_x = 0,\quad F_{Ax} = 0$$

$$\sum F_y = 0,\quad F_{Ay} - ql + F_B = 0$$

$$\sum M_A(\boldsymbol{F}) = 0,\quad M_A + F_B l - \frac{ql^2}{2} = 0$$

将 F_B 代入，即可解得

$$F_x = 0,\ F_y = \frac{5}{8}ql,\ M_A = \frac{1}{8}ql^2$$

至此，超静定梁的约束反力全部求得，且均为正值，说明各支座实际约束反力方向与所设一致。约束反力求得后，强度和刚度计算也就便于解决了。

总结起来，求解超静定梁的方法是：先选取适当的基本静定系统，再利用变形协调条件及物理关系建立补充方程，然后与平衡方程联立求解出全部约束反力。这种求解超静定梁的方法，称为变形叠加法或变形比较法，其以力为基本未知量，属于力法的一种，实际上，求解超静定问题还有位移法和混合法。

当然，选取基本静定系统时，将哪些约束视为多余约束并不是固定的，选取的多余约束不同，相应的基本静定系统的形式和变形条件也随之不同。例如本例中的超静定梁（图 9-13a）也可选择限制 A 端转动的约束为多余约束，相应的多余约束反力为力偶矩 M_A。解除此多余约束后，固定端变成固定铰支座，相应的基本静定系统变成简支梁，如图 9-14 所示。此时变形协调条件是 A 端的转角为零，即

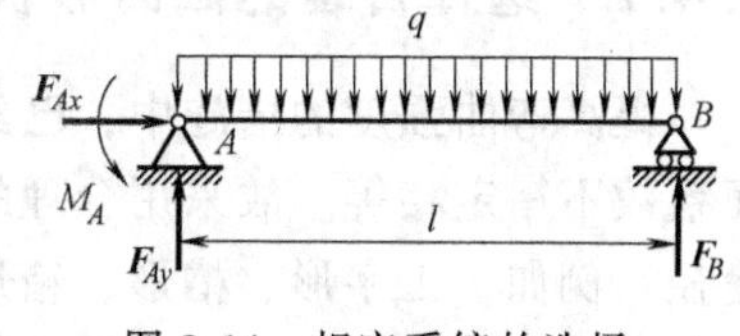

图 9-14　相应系统的选择

$$\theta_A = \theta_{Aq} + \theta_{AM} = 0$$

同样，由表 9-1 可查得，因均布载荷 q 和集中力偶 M_A 单独引起的截面 A 的转角为

$$\theta_{Aq} = -\frac{ql^3}{24EI},\ \theta_{AM} = \frac{M_A l}{3EI}$$

后续的计算过程此处省略。

9.4 提高弯曲刚度的措施

结合挠度方程和转角方程的表达式，以及表 9-1 所展示的各种梁的特定位置处的挠度和转角值，可以看出，梁的变形与跨度的高次方成正比，与截面惯性矩成反比。因此，为降低变形量，提高梁的弯曲刚度，主要应从减小弯矩和跨度，增大截面惯性矩等方面来入手。

9.4.1 改善结构形式

弯矩是决定弯曲变形的主要因素，减小弯矩也就减小了弯曲变形，弯矩与结构形式、载荷大小、载荷位置、支座位置等有关，当载荷不能改变时，往往采用改变结构形式的方法。图 9-15 所示的轴，实际形成外伸梁，应尽可能地使带轮和齿轮靠近轴承座，以减小传动力 F_1 和 F_2 引起的弯矩。缩小跨度也是减小弯矩的有效方法。如例 9-5 中悬臂梁自由端受集中力作用，其挠度与跨度的三次方成正比。缩小跨度对减小挠度，或提高刚度，效果是非常明显的。

当跨度不能缩小时，采取增加支座的方法对提高梁的刚度也十分有效。例如图 9-16 所示镗床，镗刀加工零件的内孔时，刀杆外伸部分过长，可加中间架，由原来的静定梁变为超静定梁，减小了镗刀杆的弯曲变形，提高加工精度。

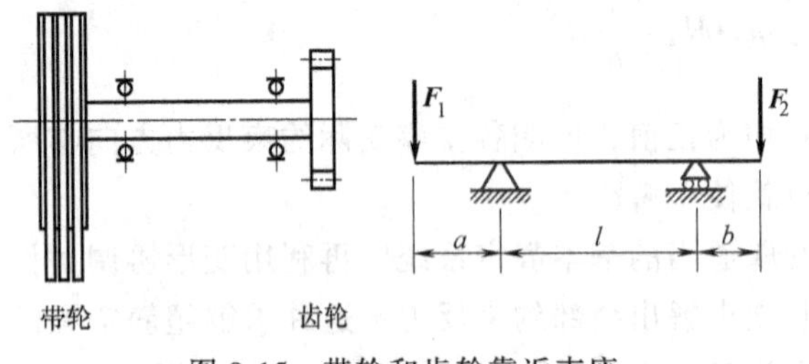

图 9-15 带轮和齿轮靠近支座

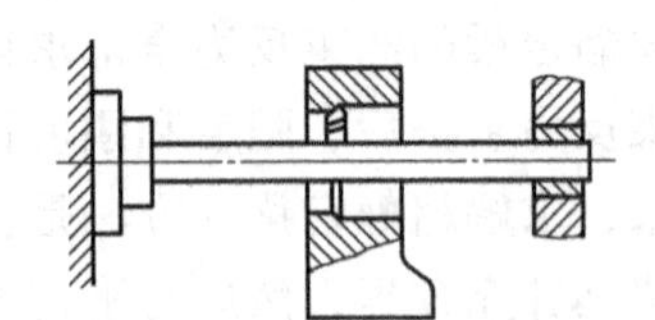

图 9-16 静定梁变为超静定梁

9.4.2 选择合理的截面形状

提高弯曲强度的措施中，已经得出结论：相同面积，不同形状的截面，惯性矩和抗弯截面系数不一定相等。故采用合理的截面形状，可增大截面惯性矩，也是减小弯曲变形的有效途径：例如，工字形、槽形、箱形、T 形截面都比同等面积的矩形截面有更大的惯性矩。所以起重机大梁一般采用工字形或箱形截面；而注塑成型的薄壁构件常采用加筋的办法提高壁面的刚度。

当然，弯曲变形大小还与材料的弹性模量有关。同等受力条件下，弹性模量不同的材料，E 越大，弯曲变形越小，如把塑料换成钢材，可显著减小弯曲变形。但对于各种钢材来说，其弹性模量大致相等，所以使用高强度钢材并不能明显提高弯曲刚度。

本章小结

1. 梁的弯曲变形与刚度计算

工程中对某些受弯杆件除有强度要求以外，往往还有刚度要求，即要求它变形不能过大。若变形超过允许数值，即使仍然是弹性变形，也被认为是一种理论上的破坏。弯曲变形计算除用于解决弯曲刚度问题外，还用于求解超静定问题。

2. 梁弯曲变形计算

梁弯曲后的轴线称为挠曲线，过任一点的横截面形心，沿垂直于轴线方向的位移，称为挠度。各截面绕中性轴相对原位置转过的角度称为转角。挠曲线方程为 $\omega=\omega(x)$，转角方程为 $\theta=\omega'$。

利用积分法和叠加法，可以简便解决一些较复杂的弯曲变形问题，进而进行刚度计算。

3. 提高梁的刚度的措施

1）合理布置支座。

2）合理布置载荷。

3）合理选择截面形状。

4）合理选用材料。

思考题

1. 什么是挠曲线？什么是挠度和转角？挠度和转角之间有何关系？

2. 挠曲线近似微分方程是如何建立的？应用条件是什么？该方程与坐标轴 x 与 ω 的选取有何关系？

3. 利用积分法求梁变形的一般步骤是什么？如何根据挠度与转角的正负判断变形的方向？挠度最大处的截面转角是否一定为零？

4. 什么是叠加法？使用的前提是什么？如何利用该方法分析梁的变形？

5. 什么是多余约束与多余约束反力？如何求解超静定梁及其应力与变形？

6. 总结提高梁弯曲刚度的主要措施，思考这类措施与提高其强度的措施有何不同？

习题

9-1 试写出图9-17所示各梁的边界条件。

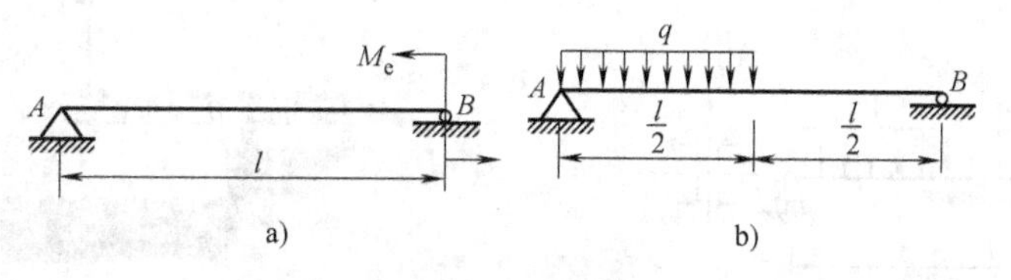

图9-17 题9-1图

9-2 用积分法求图9-18所示各悬臂梁的挠曲线方程、端截面转角 θ_A 和 θ_B、跨度中点的挠度和最大挠度。设 EI 为常量。

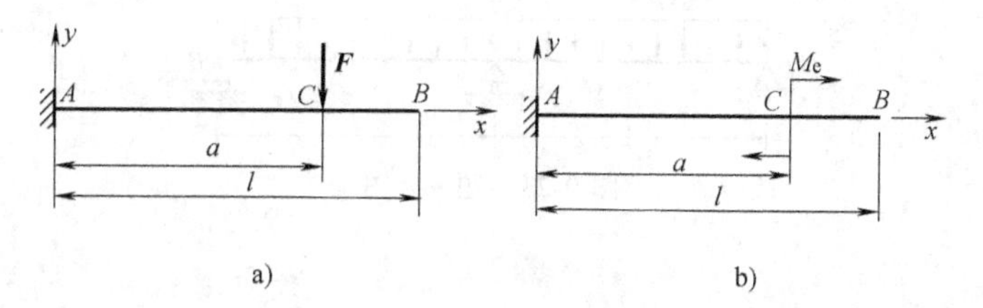

图9-18 题9-2图

9-3 用积分法求图9-19所示各梁的转角方程、挠曲线方程。设 EI 为常量。

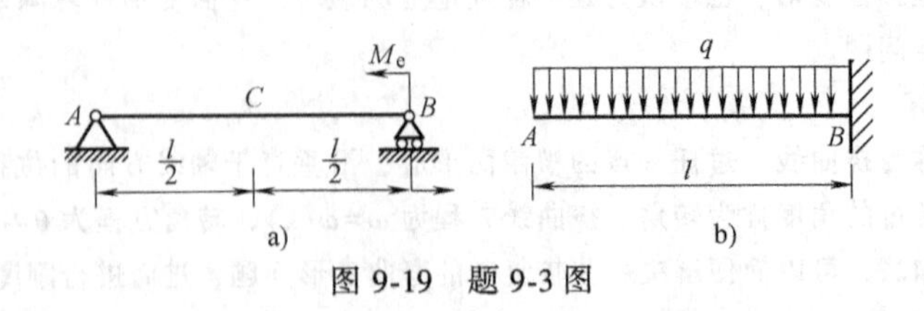

图 9-19 题 9-3 图

9-4 如图 9-20 所示梁，设 EI 为常量。试用叠加法求：1）B 点挠度和中 C 点截面转角；2）A 点挠度和截面转角。

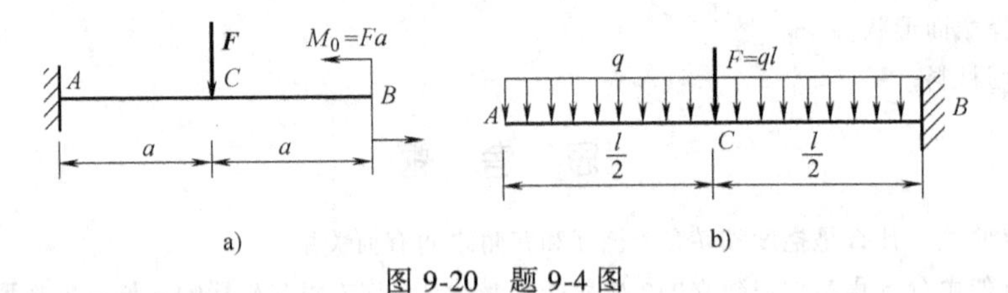

图 9-20 题 9-4 图

9-5 两端简支的输气管道，已知其外径 $D=114\text{mm}$，壁厚 $\delta=4\text{mm}$，单位长度重量 $q=106\text{N/m}$，材料的弹性模量 $E=210\text{GPa}$，设管道的许可挠度 $[\omega]=l/500$，管道长度 $l=8\text{m}$，试校核管道的刚度。

*9-6 如图 9-21 所示简支梁，$l=4\text{m}$，$q=9.8\text{kN/m}$，若许可挠度 $[\omega]=l/1000$，截面由两根槽钢拼成，试选定槽钢的型号，并分别就考虑和不考虑自重影响进行校核。

9-7 如图 9-22 所示跳水板，一人的质量为 78kg，静止站立在跳水板的一端。板的横截面如图中所示，试求板中的最大正应力。已知材料的弹性模量为 $E=125\text{GPa}$，A 处为固定铰支座，B 处为活动铰支座。

图 9-21 题 9-6 图

图 9-22 题 9-7 图

*9-8 如图 9-23 所示，房屋建筑中的某一等截面梁简化成均布载荷作用下的双跨梁。试写出梁的弯矩方程和挠曲线方程。

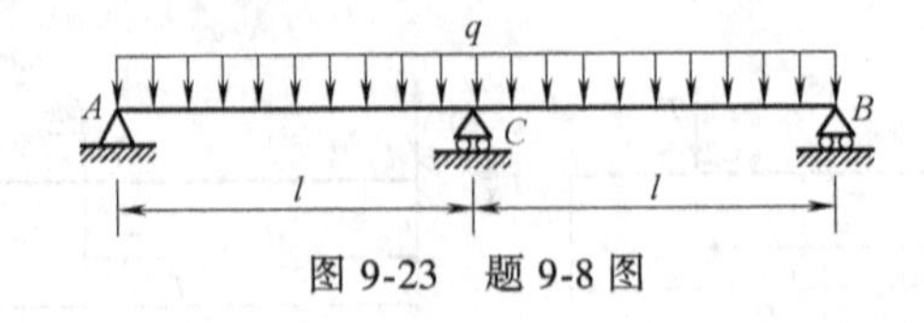

图 9-23 题 9-8 图

第 10 章 组合变形

10.1 组合变形的概述

10.1.1 组合变形的概念

前几章中，我们的研究仅限于有一种基本变形（即轴向拉伸或压缩、剪切、扭转和弯曲）的杆件的强度和刚度计算。但在工程实践中，一些杆件往往同时产生两种或两种以上的基本变形。例如图 10-1 所示的化工塔，除了自重引起的轴向的压缩外，还受到横向风载荷作用，引起轴向弯曲变形，因此它们的变形是压弯组合变形；又如图 10-2 所示的厂房天车梁支柱，既有屋架的载荷，又有吊车梁的载荷，二者的合力一般不与柱子轴线重合，为偏心压缩，也可视为轴向压缩和弯曲的组合；又如搅拌桶中的搅拌轴（图 10-3），除了自重引起的拉伸变形外，还有搅拌物料对叶片的阻碍作用而引发的扭转变形；再如图 10-4 中的齿轮

图 10-1　化工塔

图 10-2　厂房天车梁支柱

图 10-3　搅拌轴

图 10-4　齿轮轴系

轴系，除扭转变形外，还有齿轮啮合力引起的弯曲变形。以上都是杆件组合变形的实例。可见组合变形是工程中常见的变形形式。本章主要研究组合变形时杆件的强度计算问题。

10.1.2 组合变形的强度计算

杆件在组合变形下的应力一般可用叠加原理进行计算。实践证明，如果材料服从胡克定律，并且变形是在小变形范围内，那么杆件上各个载荷的作用彼此独立，每一载荷所引起的应力或变形都不受其他载荷的影响，而杆件在几个载荷同时作用下所产生的效果，就等于每个载荷单独作用时产生的效果的总和，此即叠加原理。这样，当杆件在复杂载荷作用下发生组合变形时，只要把载荷分解为一系列引起基本变形的载荷，分别计算杆在各个基本变形下在同一点所产生的应力，然后叠加起来，就得到原来的载荷所引起的应力。叠加后，应力状态一般有两种可能：一种是仍为“单向应力状态”，称为第一类组合变形，这种情形只需按单向应力状态下的强度条件进行强度计算；另一种是“复杂应力状态”，称为第二类组合变形，这种情形必须进行应力状态分析，再按适当的强度理论进行强度计算（必要时参考本书第 11 章）。

本章将主要讨论弯曲与拉伸（或压缩）以及弯曲与扭转的组合变形。这是工程中最常遇到的两种情况。至于其他形式的组合变形，应用同样的方法也不难解决。

10.2 第一类组合变形

10.2.1 拉伸（或压缩）与弯曲的组合变形

拉伸（或压缩）与弯曲的组合变形是工程中常见的基本情况，以图 10-5a 所示的起重机横梁 AB 为例，其受力简图如图 10-5b 所示。轴向力 $\boldsymbol{F}_{Ax}$ 和 $\boldsymbol{F}_{Bx}$ 引起压缩，横向力 $\boldsymbol{F}_{Ay}$、$\boldsymbol{F}$、$\boldsymbol{F}_{By}$ 引起弯曲；所以 AB 杆既产生压缩又产生弯曲，其变形是压缩与弯曲的组合变形。

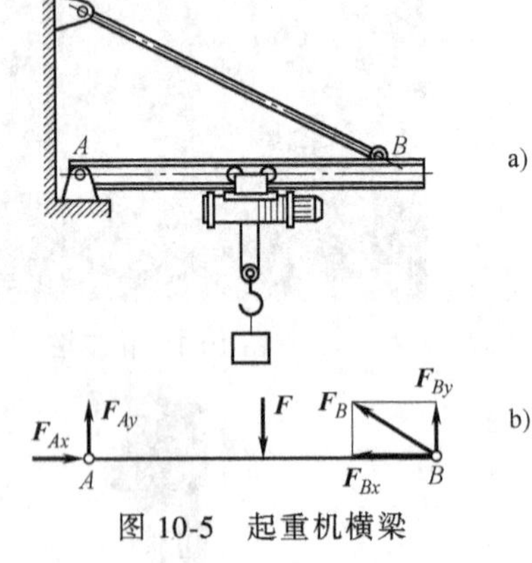

图 10-5 起重机横梁

10.2.2 拉伸（或压缩）与弯曲的组合变形的强度计算

设有一矩形截面悬臂梁，如图 10-6a 所示，在自由端的截面形心处受到一集中外力 $\boldsymbol{F}$ 作用，其作用线位于梁的纵向对称面内，与梁轴线的夹角为 θ。将力 $\boldsymbol{F}$ 向和梁轴线重合的 x 方向以及与轴线垂直的 y 方向分解为两个分量 $\boldsymbol{F}_x$ 和 $\boldsymbol{F}_y$，轴向力 $\boldsymbol{F}_x$ 使梁发生轴向拉伸变形，横向力 $\boldsymbol{F}_y$ 使梁发生弯曲变形。故梁在力 $\boldsymbol{F}$ 作用下，将产生轴向拉伸与弯曲的组合变形。作出梁的内力图如图 10-6b 所示。

$$F_x = F\cos\theta,\ F_y = F\sin\theta$$

在轴向力 $\boldsymbol{F}_x$ 的作用下，梁各横截面上的内力 $F_N = F\cos\theta$，它在横截面上产生均匀分布的正应力，其值为

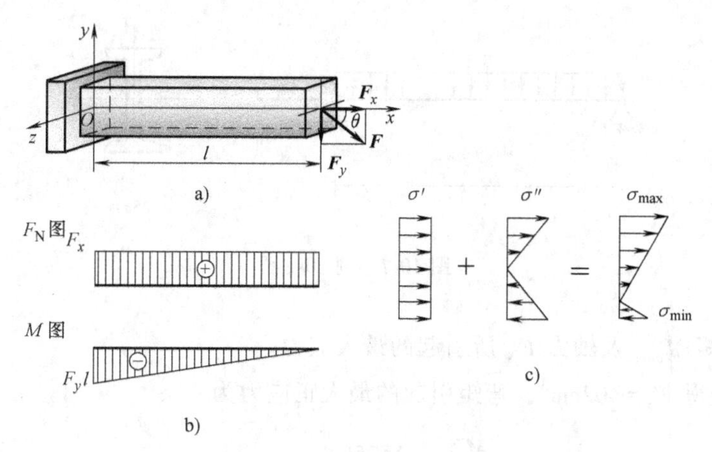

图 10-6　矩形截面悬臂梁

$$\sigma' = \frac{F_N}{A} = \frac{F\cos\theta}{A}$$

式中　A——横截面的面积。

在横向力 $\boldsymbol{F}_y$ 的作用下，梁在固定端截面有最大弯矩，因而该截面是梁的危险截面。且 $M_{\max} = F_y l = Fl\sin\theta$，由此产生的最大弯曲正应力为

$$\sigma'' = \pm\frac{M_{\max}}{W_z} = \pm\frac{Fl\sin\theta}{W_z}$$

式中　W_z——横截面的抗弯截面系数。

危险截面上总的正应力可由拉应力与弯曲正应力叠加而得，其应力分布情况如图 10-6c 所示。在截面的上边缘各点有最大正应力

$$\sigma_{\max} = \sigma' + \sigma'' = \frac{F_N}{A} + \frac{M_{\max}}{W_z} \tag{10-1a}$$

而下边缘各点则有最小正应力

$$\sigma_{\min} = \sigma' - \sigma'' = \frac{F_N}{A} - \frac{M_{\max}}{W_z} \tag{10-1b}$$

按上式所得 $\sigma_{\min}$ 可为拉应力，也可为压应力，视等式右边两项的代数值大小而定。

对于压缩与弯曲的组合，完全可以应用上述计算方法，区别仅在于轴力引起压应力。

求得危险点的应力后，给出材料的许用应力，可建立杆件拉-(压) 弯组合变形的强度条件：取 $\sigma = \{|\sigma_{\max}|, |\sigma_{\min}|\}_{\max}$，$\sigma \leqslant [\sigma]$。如果材料的许用拉、压应力不等，应分别校核拉、压强度：$\sigma_{c,\max} \leqslant [\sigma_c]$，$\sigma_{t,\max} \leqslant [\sigma_t]$，建立了强度条件，可解决前面各章类似的三类强度计算问题。

例 10-1　图 10-7 所示 25a#工字钢简支梁。受均布荷载 q 及轴向压力 F_N 的作用。已知 $l = 3\text{m}$，$q = 10\text{kN/m}$，$F_N = 20\text{kN}$。试求梁上最大正应力。

解： 1）最大弯矩 $M_{\max}$ 发生在跨中截面，其值为

$$M_{\max} = \frac{1}{8}ql^2 = \frac{1}{8} \times 10 \times 10^3 \times 3^2 \text{N} \cdot \text{m} = 11250\text{N} \cdot \text{m}$$

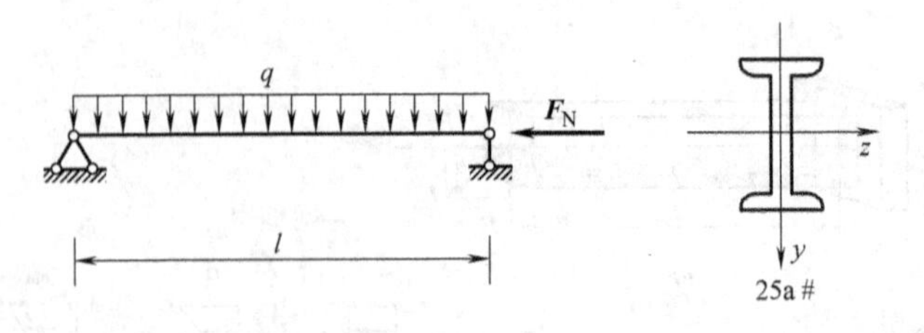

图 10-7 例 10-1 图

2）最大弯矩 M_{max} 及轴力 F_N 所引起的最大应力。

由型钢表查得 $W_z=402cm^3$，弯矩引起的最大正应力为

$$\sigma''=\frac{M_{max}}{W_z}=\frac{11250N\cdot m}{402\times10^{-6}m^3}=28MPa$$

结合由型钢表查得 $A=48.5cm^2$，轴力引起的压应力为

$$\sigma'=\frac{F_N}{A}=\frac{20\times10^3N}{48.5\times10^{-4}m^2}=4.12MPa$$

3）最大总压应力为

$$\sigma_{c,max}=\sigma''+\sigma'=(28+4.12)MPa=32.12MPa(压应力)$$

例 10-2 图 10-8a 所示吊车由 18#工字钢梁 AB 及拉杆 BC 组成。已知作用在梁中点的载荷 $F=25kN$，梁长 $l=2.6m$，材料的许用应力 $[\sigma]=100MPa$。试校核梁 AB 的强度。

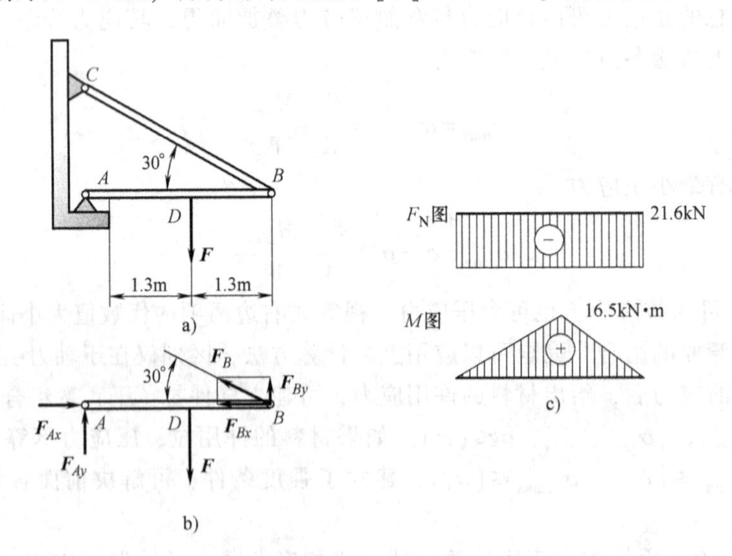

图 10-8 例 10-2 图

解： 1）求支座反力。取梁 AB 为研究，其受力如图 10-8b 所示。建立平衡方程为

$$\sum F_y=0 \quad F_B\times\sin30°-F+F_{Ay}=0$$

$$F_{Ay}=12.5\text{kN}$$

$$\sum F_x=0,\ -F_B\times\cos30°+F_{Ax}=0$$

$$F_{Ax}=21.6\text{kN}$$

$$\sum M_A(\boldsymbol{F})=0,\ F_B\times\sin30°\times2.6-F\times1.3=0$$

$$F_B=25\text{kN}$$

2）将载荷分组，作内力图。$\boldsymbol{F}_{Ay}$、$\boldsymbol{F}$、$\boldsymbol{F}_{By}$ 使梁弯曲，$\boldsymbol{F}_{Ax}$、$\boldsymbol{F}_{Bx}$ 使梁压缩，故梁 AB 发生压、弯组合变形。作出内力图如图 10-8c 所示。

3）建立强度条件。由图 10-8c 可见，梁的中截面为危险截面，该截面的上边缘点正应力最大，为压应力。

$$\sigma_{c,\max}=\frac{F_N}{A}-\frac{M_{\max}}{W_z}$$

查型钢表，18#工字钢：$A=30.6\text{cm}^2$，$W_z=185\text{cm}^3$，代入上式计算，得

$$\sigma_{c,\max}=\frac{F_N}{A}-\frac{M_{\max}}{W_z}=\left(\frac{-21.6\times10^3}{30.6\times10^{-4}}-\frac{16.5\times10^3}{185\times10^{-6}}\right)\text{Pa}=-94.9\text{MPa}$$

由强度条件 $|\sigma_{\max}|=94.9\text{MPa}<[\sigma]$，故梁的强度满足要求。

10.2.3 偏心拉压的强度计算

当构件受到作用线与轴线平行，但不通过横截面形心的拉力（或压力）作用时，此构件受到偏心载荷，称为偏心拉伸（或偏心压缩）。例如钻床立柱（图 10-9a）受到的钻孔进刀力，即为偏心拉伸。又如前面已分析过厂房中支承天车梁的柱子（图 10-2），其受力简图如图 10-9b 所示，即为偏心压缩。

对于单向偏心拉伸杆件相当于弯曲与轴向拉伸的组合的杆件（图 10-9a），式（10-1）仍然成立，只需将式中的最大弯矩 $M_{\max}$ 改为因载荷偏心而产生的弯矩 $M=Fe$ 即可。若外力 F 的轴向分力 F_x 为单向偏心压缩时（图 10-9b），上述公式中的第一项 F_N/A 则应取负号。

例 10-3 图 10-10a 所示钻床的立柱用铸铁制作，已知 $F=15\text{kN}$，$e=0.4\text{m}$，材料的许用拉应力 $[\sigma_t]=35\text{MPa}$、许用压应力 $[\sigma_c]=100\text{MPa}$，试计算立柱所需直径 d。

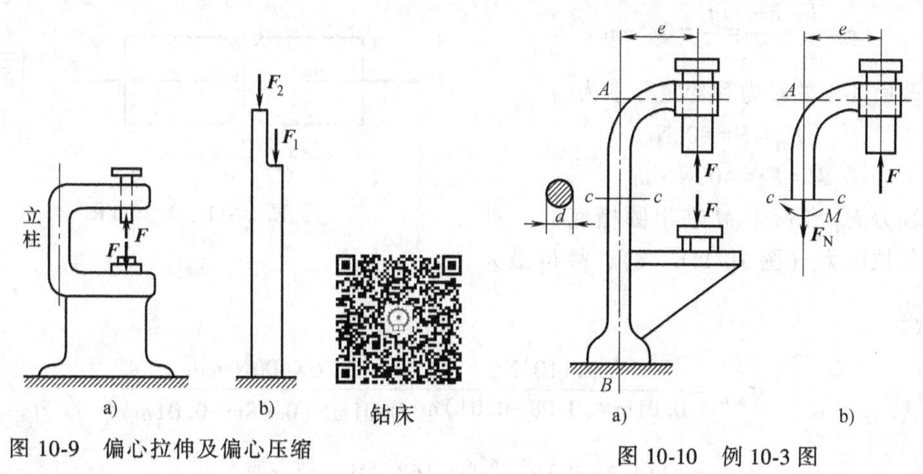

图 10-9 偏心拉伸及偏心压缩

图 10-10 例 10-3 图

解：将立柱沿横截面截开，截面法可知，其为拉弯组合变形，立柱内侧为拉应力叠加，外侧为拉压应力叠加，内侧相对更危险。结合铸铁材料特性，应以拉应力是否满足条件进行设计，先通过弯曲正应力条件初步设计。

$$M=Fe=6\text{kN}\cdot\text{m}$$

$$W_z\geqslant\frac{M_{max}}{[\sigma]}$$

$$d\geqslant\sqrt[3]{\frac{32M}{\pi[\sigma]}}=\sqrt[3]{\frac{32\times6\times10^3\text{N}\cdot\text{m}}{\pi\times35\times10^6\text{Pa}}}=120.4\text{mm}$$

初选 $d=121\text{mm}$。

再按照实际弯曲与拉伸组合进行强度校核，即

$$\sigma_{t,max}=\frac{F_N}{A}+\frac{M_{max}}{W_z}=\left(\frac{4\times15\times10^3}{\pi\times121^2\times10^{-6}}+\frac{32\times6\times10^3}{\pi\times121^3\times10^{-9}}\right)\text{Pa}=35.8\text{MPa}>[\sigma_t]$$

此时最大值超过了许用值，但进一步地，分析其超出的范围

$$\frac{\sigma_{t,max}-[\sigma_t]}{[\sigma_t]}=2.3\%<5\%$$

依然在允许范围，可视为满足强度要求，故立柱直径取为121mm。

例 10-4 带有缺口的钢板如图 10-11a 所示，已知钢板宽度 $b=8\text{cm}$，厚度 $\delta=1\text{cm}$，上边缘开有半圆形槽，其半径 $t=1\text{cm}$，已知拉力 $F=80\text{kN}$，钢板许用应力 $[\sigma]=140\text{MPa}$。试对此钢板进行强度校核（不考虑应力集中）。

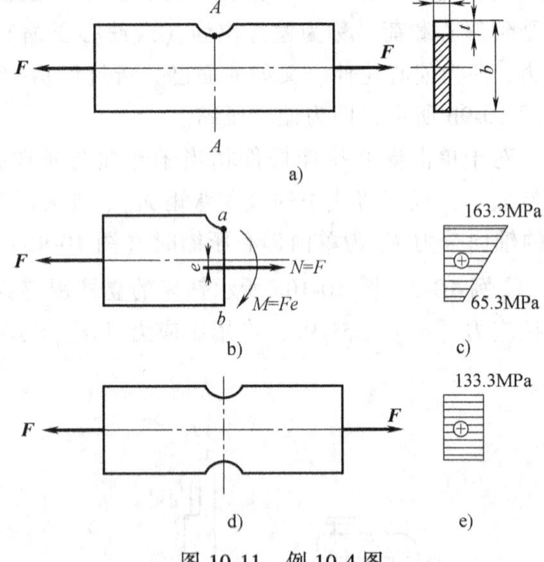

图 10-11 例 10-4 图

解：由于钢板在截面 AA 处有一半圆槽，因而外力 F 对此截面为偏心拉伸，其偏心距为

$$e=\frac{b}{2}-\frac{b-t}{2}=\frac{t}{2}=0.5\text{cm}$$

截面 A-A 的轴力和弯矩分别为

$$F_N=F=80\text{kN}$$

$$M=Fe=400\text{N}\cdot\text{m}$$

轴力 F_N 和弯矩 M 在半圆槽底的 a 处都引起拉应力（图 10-11b、c），故得最大应力为

$$\sigma_{max}=\frac{80\times10^3\text{N}}{0.01\text{m}\times(0.08-0.01)\text{m}}+\frac{6\times400\text{N}\cdot\text{m}}{0.01\text{m}\times(0.08\text{m}-0.01\text{m})^2}$$

$$=(114.3+49)\times10^6\text{Pa}=163.3\text{MPa}>[\sigma]$$

A-A 截面的 b 处，拉应力和压应力叠加，将产生最小拉应力

$$\sigma_{1,\min}=\frac{F_N}{A}-\frac{M_{\max}}{W_z}=(114.3-49)\times10^6\text{Pa}=65.3\text{MPa}$$

A-A 截面上的应力分布如图 10-11c 所示。由于 a 点最大应力大于拉应力 σ，所以钢板的强度不够。

从上面分析可知，造成钢板强度不够的原因，是由于偏心拉伸而引起的弯矩 Fe，使截面 A-A 的应力增加了 49MPa，为了保证钢板具有足够的强度，在允许的条件下，可在下半圆槽的对称位置再开一半圆槽（图 10-11d），这样就避免了偏心拉伸，而使钢板仍为轴向拉伸，此时截面 A-A 上的应力

$$\sigma_{1,\max}=\frac{F}{\delta(b-2t)}=\frac{80\text{kN}}{0.01\text{m}\times(0.08-2\times0.01)\text{m}}=133.3\text{MPa}<[\sigma]$$

由此可知，虽然钢板 A-A 处横截面是被两个半圆槽所削弱，但由于避免了载荷的偏心，因而使截面 A-A 的实际应力比仅有一个槽时小，反而保证了钢板强度。通过此例说明，避免偏心载荷是提高构件的一项重要措施。

*10.2.4　斜弯曲

在第 8 章的弯曲问题中已经介绍，若梁所受外力或外力偶均作用在梁的纵向对称平面内，则梁变形后的挠曲线也在其纵向对称平面内，将发生平面弯曲。但在工程实际中，也常常会遇到梁上的横向力并不在梁的纵向对称平面内，而是与其纵向对称平面有一夹角的情况，这种弯曲变形称为斜弯曲。例如图 10-12 中所示木屋架上的矩形截面檩条就是斜弯曲的实例。下面我们只讨论具有两个互相垂直对称平面的梁发生斜弯曲时的应力计算和强度条件。

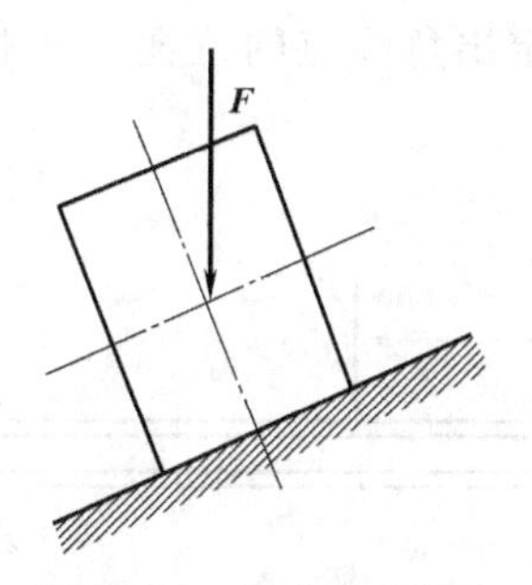

图 10-12　矩形截面檩条

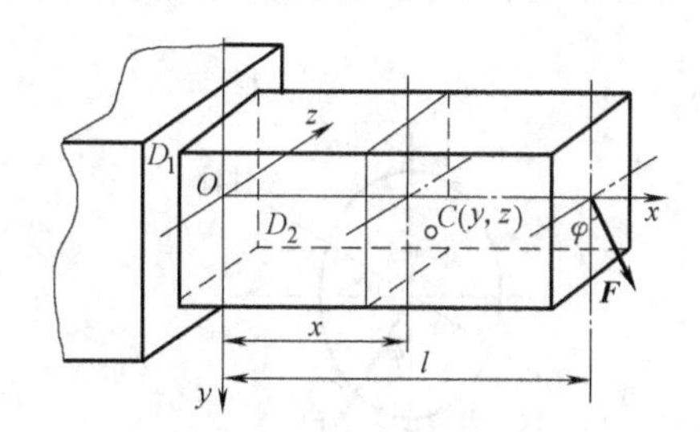

图 10-13　矩形截面悬臂梁

以图 10-13 所示矩形截面悬臂梁为例，其自由端受一作用于 zOy 平面、并与 y 轴夹角为 φ 的集中力 $\boldsymbol{F}$ 作用。可将力 $\boldsymbol{F}$ 先简化为平面弯曲的情况，即将力 $\boldsymbol{F}$ 沿 y 轴和 z 轴进行分解，即

$$F_y=F\cos\varphi,\ F_z=F\sin\varphi \tag{a}$$

在分力 $\boldsymbol{F}_y$、$\boldsymbol{F}_z$ 作用下，梁将分别在铅垂纵向对称平面内（xOy 面内）和水平纵向对称平面内（xOz 面内）发生平面弯曲。则在距左端点为 x 的截面上，由 $\boldsymbol{F}_z$ 和 $\boldsymbol{F}_y$ 引起的截面上的弯矩值分别为

$$M_y = F_z(l-x),\ M_z = F_y(l-x) \tag{b}$$

若设 $M=F(l-x)$，并将式（a）代入式（b）中，则

$$M_y = M\sin\varphi,\ M_z = M\cos\varphi \tag{c}$$

在截面的任一点 $C(y,\ z)$ 处，由 M_y 和 M_z 引起的正应力分别为

$$\sigma' = -\frac{M_y z}{I_y},\ \sigma'' = -\frac{M_z y}{I_z} \tag{d}$$

其中负号表示均为压应力。对于其他点处的正应力的正负可由实际情况确定。所以，C 点处的正应力为

$$\sigma = \sigma' + \sigma'' = -\frac{M_y z}{I_y} - \frac{M_z y}{I_z}$$

将式（c）代入上式可得

$$\sigma = -M\left(\frac{\sin\varphi}{I_y}z + \frac{\cos\varphi}{I_z}y\right) \tag{10-2}$$

由上面分析及式（10-2）可知，梁上固定端截面上有最大弯矩，且其顶点 D_1 和 D_2 点为危险点，分别有最大拉应力和最大压应力。而拉压应力的绝对值相等，可知危险点的应力状态均为单向应力状态，所以，梁的强度条件为

$$\sigma_{\max} = \left|M\left(\frac{\sin\varphi}{I_y}z_{\max} + \frac{\cos\varphi}{I_z}y_{\max}\right)\right| \leqslant [\sigma]$$

即

$$\sigma_{\max} = \left|\frac{M_y}{W_y} + \frac{M_z}{W_z}\right| \leqslant [\sigma] \tag{10-3}$$

同平面弯曲一样，危险点应在离截面中性轴最远的点处。而对于这类具有棱角的矩形截面梁，其危险点的位置均应在危险截面的顶点处，所以较容易确定。但对于图 10-14 所示没有棱角的截面，要先确定出截面的中性轴位置，才能确定出危险点的位置。本书对此不作讨论。

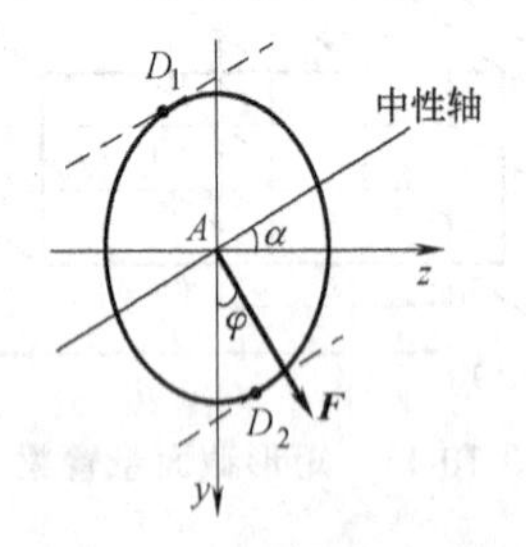

图 10-14　没有棱角的截面

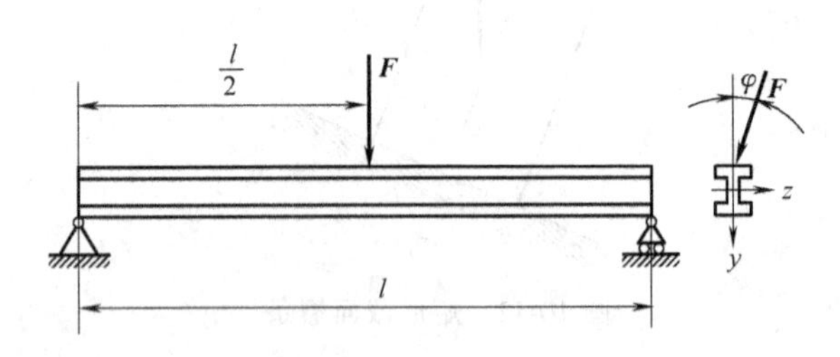

图 10-15　例 10-5 图

***例 10-5**　图 10-15 所示跨长 $l=4\text{m}$ 的简支梁，由 32a#工字钢制成。在梁跨度中点处受集中力 $F=30\text{kN}$ 的作用，力 $\boldsymbol{F}$ 的作用线与截面铅垂对称轴间的夹角 $\varphi=15°$，而且通过截面的形心。已知材料的许用应力 $[\sigma]=160\text{MPa}$，试按正应力校核梁的强度。

解： 把集中力 $\boldsymbol{F}$ 分解为 y、z 方向的两个分量，其值分别为

$$F_y = F\cos\varphi$$

$$F_z = F\sin\varphi$$

这两个分量在危险截面（集中力作用的截面）上产生的弯矩值分别为

$$M_y=\frac{F_z}{2}\cdot\frac{l}{2}=\frac{Fl}{4}\sin\varphi=\frac{30\times10^3\text{N}\times4\text{m}}{4}\sin15°=7760\text{N}\cdot\text{m}$$

$$M_z=\frac{F_y}{2}\cdot\frac{l}{2}=\frac{Fl}{4}\cos\varphi=\frac{30\times10^3\text{N}\times4\text{m}}{4}\cos15°=29000\text{N}\cdot\text{m}$$

从梁的实际变形情况可以看出，工字形截面的左下角具有最大拉应力，右上角具有最大压应力，其值均为

$$\sigma_{\max}=\frac{M_y}{W_y}+\frac{M_z}{W_z}$$

对于 32a#工字钢，由型钢表查得

$$W_y=70.8\text{cm}^3, W_z=692\text{cm}^3$$

代入得

$$\sigma_{\max}=\frac{7760\text{N}\cdot\text{m}}{70.8\times10^{-6}\text{m}^3}+\frac{29000\text{N}\cdot\text{m}}{692\times10^{-6}\text{m}^3}=1.516\times10^8\text{Pa}=151.6\text{MPa}<[\sigma]$$

在纸面内　$$\sigma_{\max}=\frac{M_{\max}}{W_z}=\frac{\frac{Fl}{4}}{W_z}=\frac{30\times10^3\text{N}\times4}{4\times692\times10^{-6}\text{m}^3}=4.34\times10^7\text{Pa}=43.4\text{MPa}$$

由此可知，对于用工字钢制成的梁，当外力偏离 y 轴一个很小的角度时，就会使最大正应力增加很多。产生这种结果的原因是由于工字钢截面的 W_z 远大于 W_y。对于这一类截面的梁，由于横截面对两个形心主惯性轴的抗弯截面系数相差较大，所以应该注意使外力尽可能作用在梁的形心主惯性平面 xy 内，避免因斜弯曲而产生过大的正应力。

10.3　第二类组合变形

弯曲与扭转的组合变形是机械工程中常见的情况，具有广泛的应用。如图 10-16a 所示，圆轴的左端固定、右端自由，自由端横截面内作用一个矩为 M_e 的外力偶和一个过轴心的横向力 $\boldsymbol{F}$ 的作用。现以此圆轴为例，说明杆件弯曲与扭转组合变形时的强度计算方法。

（1）外力分析　力偶矩 M_e 使轴发生扭转变形，而横向力 $\boldsymbol{F}$ 使轴发生弯曲变形，故杆件产生弯曲与扭转组合变形。

（2）内力分析　分别作轴的扭矩图和弯矩图（图 10-16b、c），可知固定端截面为该圆轴的危险截面，其内力值为

$$T=M_e,\ M=Fl$$

（3）应力分析　根据危险截面上相应于扭矩 T 的切应力分布规律和相应于弯矩 M 的正应力分布规律（图 10-16d）可知，上、下边缘的 C_1 点和 C_2 点的切应力和正应力同时达到最

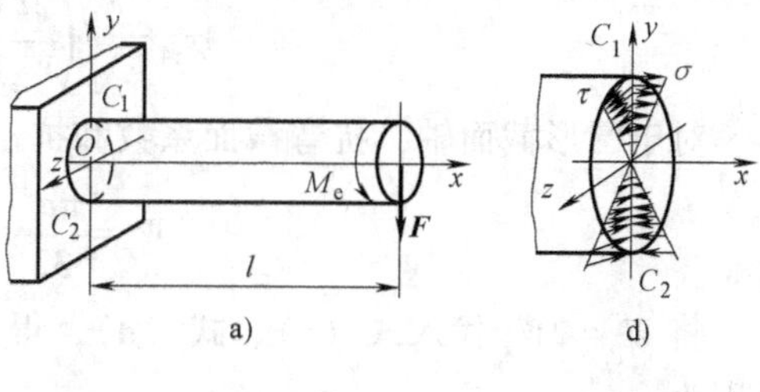

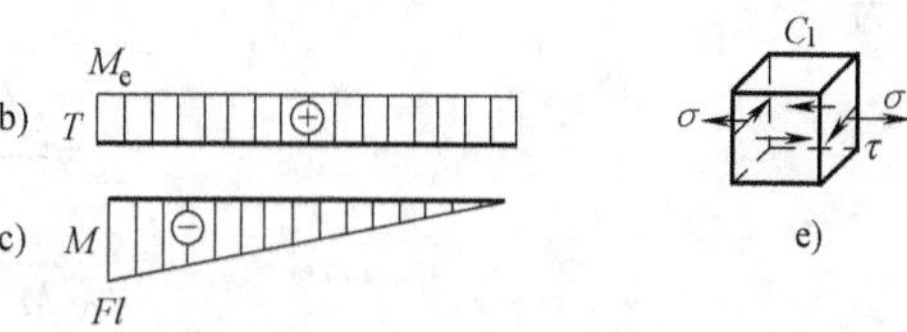

图 10-16　弯曲和扭转组合变形

大值，其值为

$$\sigma=\frac{M}{W_z} \tag{a}$$

$$\tau=\frac{T}{W_p} \tag{b}$$

可知固定端截面上、下边缘的 C_1 点和 C_2 点是危险点。

（4）强度分析　如图 10-16e 所示，圆轴危险截面上的危险点 C_1 点和 C_2 点处同时存在扭转切应力 τ 和弯曲正应力 σ，由于 τ 和 σ 的方向不同，使得危险点的应力状态比较复杂，对其进行强度计算时，既不能采用应力的简单叠加，也不能按弯曲强度条件和扭转强度条件分别校核，而必须考虑它们的综合作用。只有对危险点的应力状态和材料破坏原因进行研究分析，提出不同的强度理论，才能建立起弯曲与扭转组合变形时的强度条件。人们通过长期的生产实践和科学实验，提出了许多不同的强度理论，根据这些强度理论可以得出不同的强度条件（危险点的应力分析和强度分析详见本书第 11 章）。

目前，对于低碳钢类的塑性材料，工程上普遍采用第三或第四强度理论。根据第三强度理论，弯曲与扭转组合变形的强度条件为

$$\sigma_{r3}=\sqrt{\sigma^2+4\tau^2}\leqslant[\sigma] \tag{10-4}$$

根据第四强度理论，弯曲与扭转组合变形的强度条件为

$$\sigma_{r4}=\sqrt{\sigma^2+3\tau^2}\leqslant[\sigma] \tag{10-5}$$

式中　σ_{r3}——第三强度理论的相当应力；

σ_{r4}——第四强度理论的相当应力；

σ——危险截面上危险点的弯曲正应力；

τ——危险截面上危险点的扭转切应力；

$[\sigma]$——材料的许用应力。

将式（a）、式（b）代入式（10-4）和式（10-5）得

$$\sigma_{r3}=\sqrt{\left(\frac{M}{W_z}\right)^2+4\left(\frac{T}{W_p}\right)^2}\leqslant[\sigma] \tag{c}$$

$$\sigma_{r4}=\sqrt{\left(\frac{M}{W_z}\right)^2+3\left(\frac{T}{W_p}\right)^2}\leqslant[\sigma] \tag{d}$$

对于圆形截面轴，抗弯截面系数和抗扭截面系数分别为

$$W_z=\frac{\pi d^3}{32}\quad W_p=\frac{\pi d^3}{16}=2W_z$$

将 $W_p=2W_z$ 代入式（c）、式（d），得到用内力表达的第三、第四强度理论的强度条件分别为

$$\sigma_{r3}=\frac{\sqrt{M^2+T^2}}{W_z}\leqslant[\sigma] \tag{10-6}$$

$$\sigma_{r4}=\frac{\sqrt{M^2+0.75T^2}}{W_z}\leqslant[\sigma] \tag{10-7}$$

式中　M——危险截面上的弯矩；

T——危险截面上的扭矩；

W_z——危险截面的抗弯截面系数。

应用式（10-4）~式（10-7）计算弯曲与扭转组合变形的强度时，应注意以下两点：

式（10-6）、式（10-7）适用于圆形截面轴产生弯曲和扭转组合变形时强度计算，且 M 和 T 必须是同一截面（危险截面）上的弯矩和扭矩。

例 10-6　如图 10-17a 所示，电动机带动轴 AB 转动，在轴的中点安装一带轮，已知带轮的重力 $G=3\text{kN}$，直径 $D=500\text{mm}$，带的紧边拉力 $F_{T1}=6\text{kN}$，松边拉力 $F_{T2}=4\text{kN}$，$l=1.2\text{m}$。若轴的许用应力 $[\sigma]=80\text{MPa}$，试按第三强度理论设计轴。

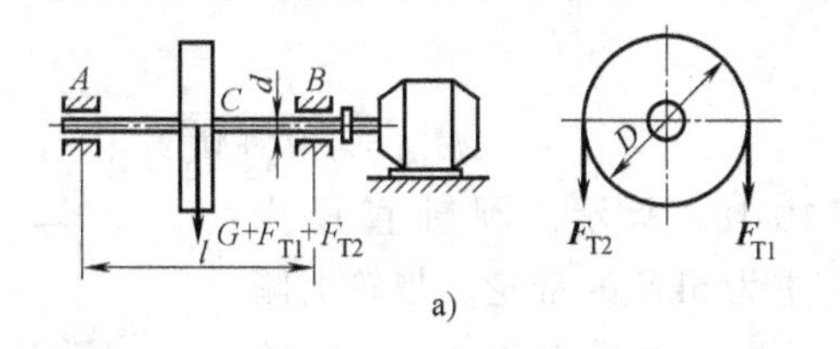

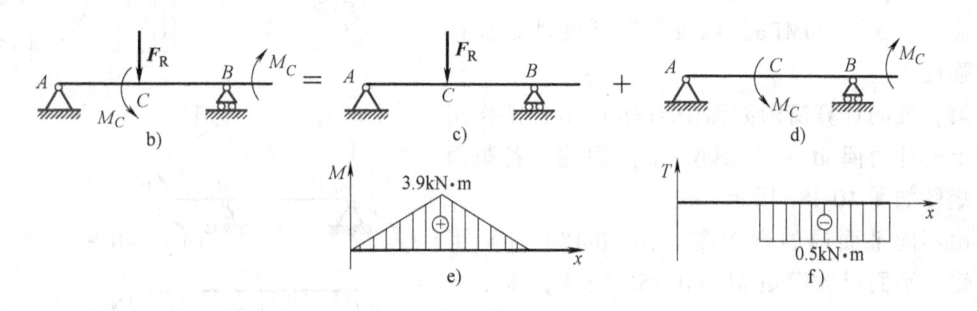

图 10-17　例 10-6 图

解：1）外力分析。将带的紧边拉力 F_{T1}、松边拉力 F_{T2} 和带轮重力分别向带轮的中心平移，简化后得到一个作用于轴中点的横向力 $F_R=G+F_{T1}+F_{T2}$ 和附加力偶 M_C，其计算简图如图 10-17b 所示，其中

$$F_R=G+F_{T1}+F_{T2}=(3+6+4)\text{kN}=13\text{kN}$$

$$M_C=F_{T1}\frac{D}{2}+F_{T2}\frac{D}{2}=(6-4)\times0.25\text{kN}\cdot\text{m}=0.5\text{kN}\cdot\text{m}$$

显然，在横向力 F_R 的作用下，轴产生弯曲变形，如图 10-17c 所示；在力偶 M_C 的作用下，轴产生扭转变形，如图 10-17d 所示，所以轴产生弯曲与扭转的组合变形。

2）内力分析。根据图 10-17c 绘制轴的弯矩图，如图 10-17e 所示；根据图 10-17d 绘制轴的扭矩图，如图 10-17f 所示。由图可见，轴 CB 段各横截面上的扭矩相同，弯矩不同；轴 AB 的中点 C 截面上的弯矩最大，所以 C 截面为危险截面，其上弯矩值和扭矩值分别为

$$M=\frac{F_R l}{4}=\frac{13\times1.2}{4}\text{kN}\cdot\text{m}=3.9\text{kN}\cdot\text{m}$$

$$T=M_C=0.5\text{kN}\cdot\text{m}$$

3）按第三强度理论确定轴的直径 d 由式（10-6）得

$$\sigma_{r3}=\frac{\sqrt{M^2+T^2}}{W_z}=\frac{\sqrt{M^2+T^2}}{\frac{\pi d^3}{32}}\leqslant[\sigma]$$

$$d\geqslant\sqrt[3]{\frac{32\sqrt{M^2+T^2}}{\pi[\sigma]}}=\sqrt[3]{\frac{32\times\sqrt{(3.9\times10^6)^2+(0.5\times10^6)^2}}{\pi\times80}}\text{mm}=79.4\text{mm}$$

取轴的直径为 $d=80$mm。

有时，作用在轴上的横向力很多且方向各不相同，这时可将每一个横向力向水平和竖直两个方向进行分解，分别画出构件在水平和竖直平面内的弯矩图，再按下式计算危险截面上的合成弯矩 M_{tot}。

$$M_{tot}=\sqrt{M_h^2+M_v^2} \tag{10-8}$$

例 10-7 如图 10-18a 所示，圆轴直径为 80mm，轴的右端装有重为 5kN 的带轮。带轮上侧受水平力 $F_T=5$kN，下侧受水平力为 $2F_T$，轴的许用应力 $[\sigma]=70$MPa。试按第三强度理论校核轴的强度。

解：轴的计算简图如图 10-18b 所示，则作用于轴上的外力偶 $M_e=T=2$kN·m。因此，各截面的扭矩图如图 10-18c 所示。

由不同平面内的弯矩图（图 10-18d、e）可知，铅直平面最大弯矩 $M_y=0.75$kN·m，水平平面最大弯矩 $M_z=2.25$kN·m，且均发生在 B 截面。应用式（10-8）可得

$$M_B=\sqrt{0.75^2+2.25^2}\text{kN}\cdot\text{m}=2.37\text{kN}\cdot\text{m}$$

对此轴危险点的应力状态，应用第三强度理论公式得

$$\sigma_{r3}=\frac{\sqrt{M_B^2+T^2}}{W_z}=32\times\frac{\sqrt{2.37^2+2^2}}{\pi\times0.08^3}\text{Pa}=61.7\text{MPa}<[\sigma]$$

故圆轴满足强度条件。

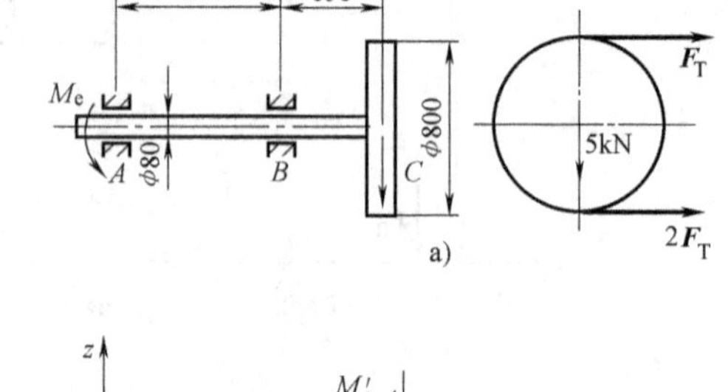

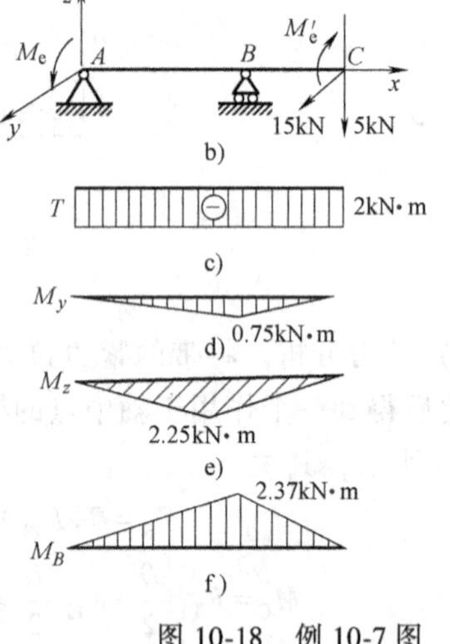

图 10-18 例 10-7 图

本章小结

本章主要介绍组合变形的相关知识。

1. 组合变形

杆件在载荷作用下产生的变形是两种或两种以上基本变形的组合，称为组合变形。

2. 叠加法

求解组合变形问题的基本方法是叠加法。运用叠加法的条件是满足小变形和应力应变为线性关系，每一种基本变形都各自独立，互不影响。叠加法应用步骤如下：

1）外力分析。将外力进行平移或分解，使简化或分解后的每一种载荷对应着一种基本变形。

2）内力分析。确定危险截面。

3）应力分析。确定危险点，并围绕危险点取出危险点处的单元体。

4）强度分析。根据危险点的应力状态及构件材料，选择强度理论，建立强度条件，进而进行强度计算。

3. 弯曲与拉伸（或压缩）组合

对于塑性材料，强度条件为

$$\sigma_{\max}=\frac{|F_{\mathrm{N}}|}{A}+\frac{|M_{\max}|}{W_z}\leqslant[\sigma]$$

对于脆性材料，应分别按最大拉应力和最大压应力进行强度计算。

4. 扭转与弯曲的组合

弯曲与扭转组合变形是机械工程中常见的变形形式。以截面为圆形的传动轴为重点，圆形截面杆件在扭转和弯曲组合变形下的强度条件如下。

1）第三强度理论对应的强度条件：

$$\sigma_{\mathrm{r3}}=\sqrt{\sigma^2+4\tau^2}\leqslant[\sigma]，\sigma_{\mathrm{r3}}=\frac{\sqrt{M^2+T^2}}{W_z}\leqslant[\sigma]$$

2）第四强度理论对应的强度条件：

$$\sigma_{\mathrm{r4}}=\sqrt{\sigma^2+3\tau^2}\leqslant[\sigma]，\sigma_{\mathrm{r4}}=\frac{\sqrt{M^2+0.75T^2}}{W_z}\leqslant[\sigma]$$

按第三强度理论计算偏于安全，按第四强度理论计算更接近于实际情况。

思 考 题

1. 什么是组合变形？组合变形的应力计算依据什么原理？

2. 试分析图 10-19 所示的杆件各段分别是哪几种基本变形的组合。

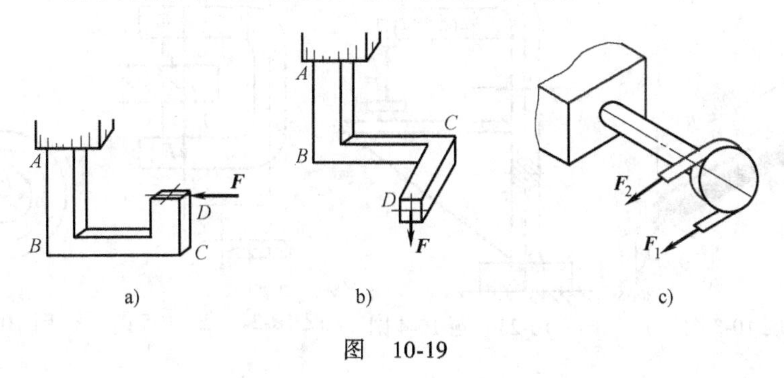

图 10-19

3. 用叠加原理处理组合变形问题，将外力分组时应注意些什么？

4. 为什么弯曲与拉伸组合变形时只需校核拉应力的强度条件，而弯曲与压缩组合变形时，脆性材料要同时校核压应力和拉应力的强度条件？

5. 由塑性材料制成的圆轴，在弯曲与扭转组合变形时怎样进行强度计算？

习 题

10-1 试求图 10-20 中折杆 *ABCD* 上 *A*、*B*、*C* 和 *D* 截面上的内力。

10-2 梁式吊车如图 10-21 所示。吊起的重量（包括电动葫芦重）$F=40\text{kN}$，横梁 AB 为 18#工字钢，当电动葫芦走到梁中点时，试求横梁的最大压应力。

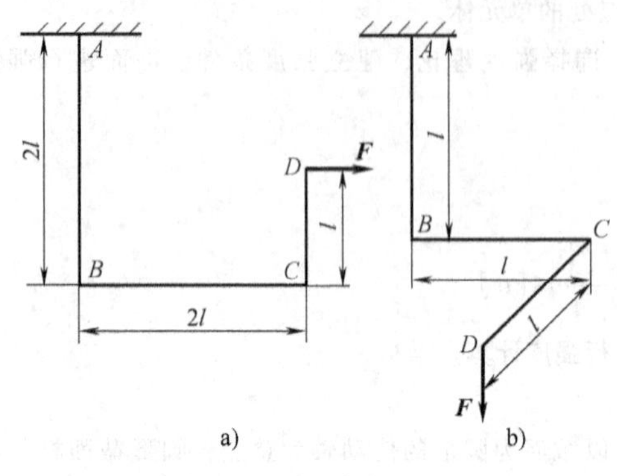

图 10-20 题 10-1 图

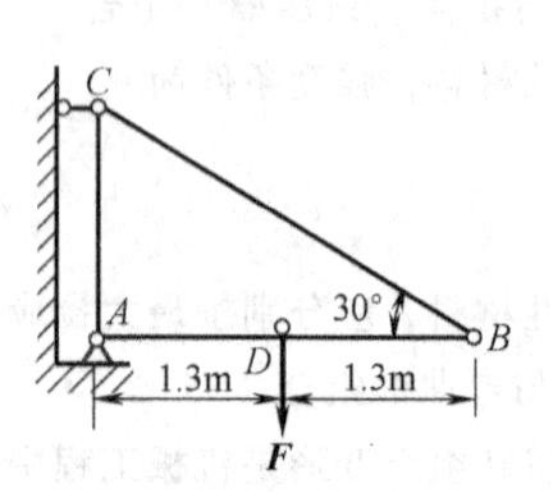

图 10-21 题 10-2 图

10-3 如图 10-22 所示，一直径为 40mm 的木棒，承受 800N 的力，试求 B 点的应力，并用单元体表示。

10-4 如图 10-23 所示，钻床的立柱由铸铁制成，$F=15\text{kN}$，许用拉应力 $[\sigma]=35\text{MPa}$。试确定立柱所需直径 d。

10-5 一夹具如图 10-24 所示，已知 $F=2\text{kN}$，偏心距 $e=6\text{cm}$，竖杆为矩形截面，$b=1\text{cm}$，$h=2.2\text{cm}$，材料为 Q235 钢，其屈服强度 $\sigma_s=240\text{MPa}$，安全系数为 1.5，试校核竖杆的强度。

10-6 如图 10-25 所示的开口链环，由直径 $d=50\text{mm}$ 的钢杆制成，链环中心线到两边杆中心线尺寸各为 60mm，试求链环中段（即图中下边段）的最大拉应力。又问：若将链环开口处焊住，使链环成为完整的椭圆形时，其中段的最大拉应力又为多少？从而可得什么结论？

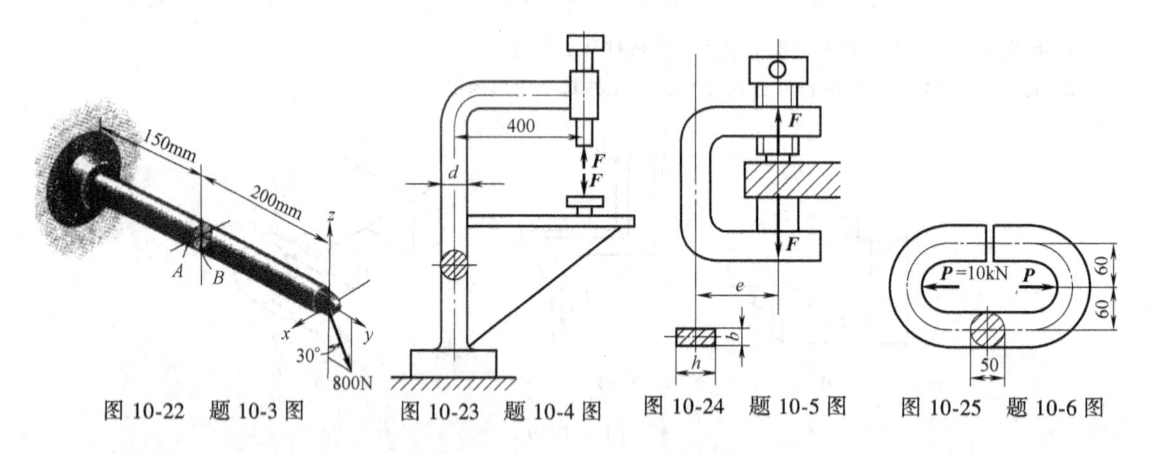

图 10-22 题 10-3 图　　图 10-23 题 10-4 图　　图 10-24 题 10-5 图　　图 10-25 题 10-6 图

10-7 如图 10-26 所示，道路标的圆信号板装在外径 $D=60\text{mm}$ 的空心圆柱上，若信号板上作用的最大风载的压强 $p=2\text{kN/m}^2$，已知材料的许用应力 $[\sigma]=60\text{MPa}$，试选定圆柱的壁厚 δ。

10-8 如图 10-27 所示，电动机外伸轴上安装一带轮，带轮的直径 $D=250\text{mm}$，轮重忽略不计。套在轮上的带张力是水平的，分别是 $2F$ 和 F。电动机轴的外伸轴臂长 $l=120\text{mm}$，直径 $d=40\text{mm}$。轴材料的许用应力 $[\sigma]=60\text{MPa}$。若电动机传给轴的外力矩 $M=120\text{N}\cdot\text{m}$，试按第三强度理论校核此轴的强度。

10-9 水轮机主轴的示意图如图 10-28 所示。水轮机组的输出功率为 $P=37500\text{kW}$，转速 $n=150\text{r/min}$。已知轴向推力 $F_x=4800\text{kN}$，转轮重 $W_1=390\text{kN}$；主轴内径 $d=340\text{mm}$，外径 $D=750\text{mm}$，自重 $W=285\text{kN}$。主轴材料为 45 钢，许用应力 $[\sigma]=80\text{MPa}$。试按第四强度理论校核主轴的强度。

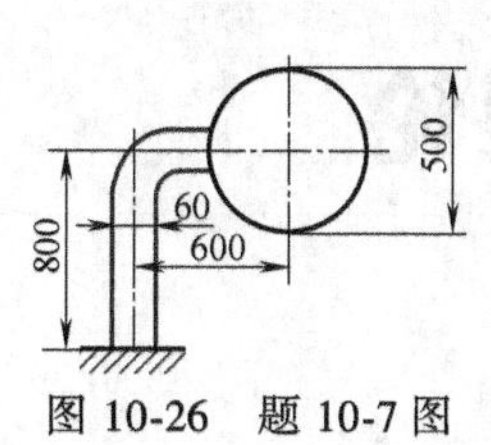

图 10-26　题 10-7 图

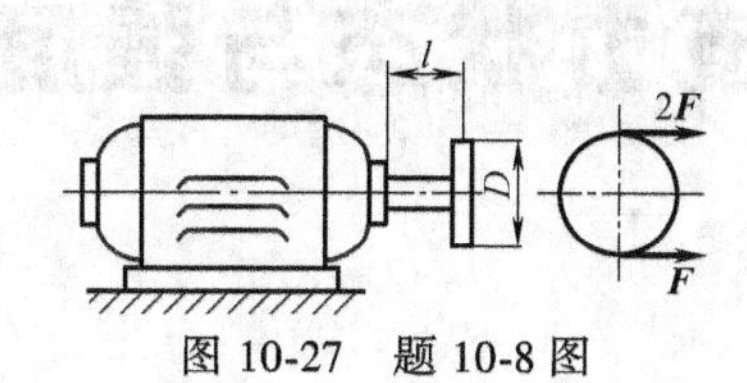

图 10-27　题 10-8 图

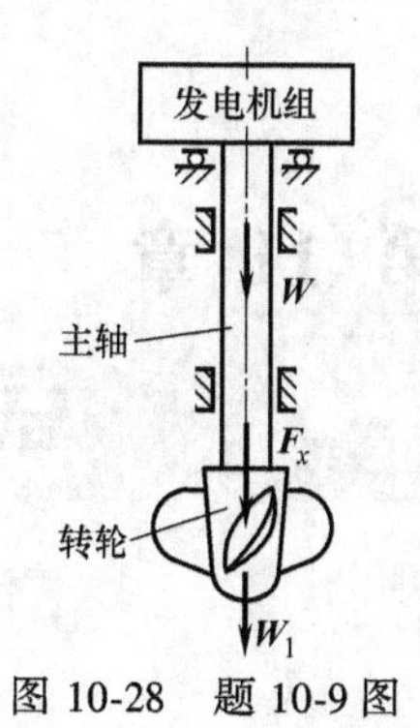

图 10-28　题 10-9 图

第 11 章

点的应力状态与强度理论

11.1 问题导入

在前面各章中，已经讨论了杆件轴向拉压、剪切、扭转和弯曲的基本变形。这类变形问题的研究方法基本都是利用截面法求得内力，然后从几何关系、物理关系和静力学关系入手，得到截面上各点的应力，结合强度条件进行各种类型的强度计算。承受轴向拉压的杆件，横截面上各点存在由轴力引起的正应力（均匀分布）；承受扭转的圆轴，横截面上各点存在由扭矩引起的切应力（最大值在外圆周处）；承受弯曲的梁，横截面上各点存在由弯矩引起的正应力（最大值在离中性轴最远处）及由剪力引起的切应力（最大值在中性轴上）。各点的应力状态相对简单，所引用的强度条件，均表述为某种最大应力（最大正应力或最大切应力）小于等于相应的许用应力。然而当某危险点处于既有正应力又有切应力的复杂应力状态时，该如何判断其强度是否足够？

生活经验和生产经验告诉我们，构件发生轴向拉压、扭转、弯曲等基本变形时，并不都沿其横截面破坏。如扭转粉笔，其破坏面为螺旋面；压缩铸铁时，破坏面为 45°面。说明构件上的危险点处于更为复杂的受力状态，属于更为复杂的强度问题。

为分析和解释各种破坏现象，建立组合变形情况下构件的强度条件，除针对过危险点的横截面外，还必须研究构件沿不同斜截面上的应力，即一点的应力状态。所谓一点的应力状态就是受力构件内任一点处不同方位的截面上应力分布情况的集合。

研究构件内任一点处的应力状态，通常采用单元体法。这种方法通常围绕被研究构件上的特定点，用三对互相垂直的截面切取一个极其微小的正六面体，当体取的无限小时近似代表点，该六面体称为单元体。由于单元体的尺寸极其微小，可认为单元体各面上的应力均匀分布，且两平行面上的应力大小相等。实际上，单元体的截取也可以为其他形状，如在计算力学中有四面体、任意块体，甚至曲边块体等。

显然，要解决组合变形等更为复杂的强度问题，应该全面研究危险点处沿各截面的应力，得到极值应力和所在方位，同时，还应研究材料在复杂应力作用下的破坏规律，探讨较为复杂的工程问题中涉及强度问题的解决途径。

11.2 应力状态理论

11.2.1 平面应力状态的一般分析

若构件上某点只在 xy 平面内承受载荷，在 z 方向无载荷作用，则构件中围绕该点沿坐标平面任取的六面单元体在垂直于 z 轴的前后两个面上无内力、应力作用。其余四个面上作用的应力都在 xy 平面内，此即平面应力状态。图 11-1 给出了平面应力状态的最一般情况。

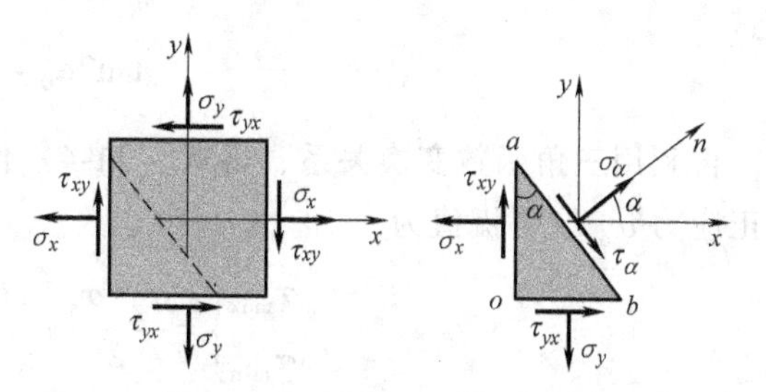

图 11-1　平面应力状态单元体

假设各面上均存在正应力和切应力，为识别方便，正应力用单下标，切应力用双下标，如：垂直于 x 轴的左右两平面上作用的正应力和切应力分别命名为 σ_x 和 τ_{xy}，垂直于 y 轴的上下两平面上作用的正应力和切应力分别起名 σ_y 和 τ_{yx}。由切应力互等定理可知必有 $\tau_{xy}=\tau_{yx}$。用虚线所示任一斜截面切割单元体，求其上应力。设截面正法向 n 与 x 轴的夹角为 α。微元 oab 为单位厚度，斜截面 ab 面积为 S，横截面 oa 上作用的应力为 σ_x 和 τ_{xy}，沿 x、y 方向的内力分别为 $\sigma_x S\cos\alpha$ 和 $\tau_{xy} S\cos\alpha$；纵截面 ob 上作用的应力为 σ_y 和 τ_{yx}，沿 x、y 方向的内力分别为 $\tau_{yx} S\sin\alpha$ 和 $\sigma_y S\sin\alpha$；设斜截面 ab 上作用的正应力、切应力均存在，记为 σ_α 和 τ_α，则斜截面上沿法向、切向的内力为 $\sigma_\alpha S$ 和 $\tau_\alpha S$。将上述各力投影到 x、y 轴上，列平衡方程为

$$\sum F_x=\sigma_\alpha S\cos\alpha+\tau_\alpha S\sin\alpha-\sigma_x S\cos\alpha+\tau_{yx}S\sin\alpha=0$$
$$\sum F_y=\sigma_\alpha S\sin\alpha-\tau_\alpha S\cos\alpha-\sigma_y S\sin\alpha+\tau_{xy}S\cos\alpha=0$$

结合切应力互等定理，两方程联立可得

$$\sigma_\alpha=\sigma_x\cos^2\alpha+\sigma_y\sin^2\alpha-2\tau_{xy}\sin\alpha\cos\alpha=0$$
$$\tau_\alpha=(\sigma_x-\sigma_y)\sin\alpha\cos\alpha+\tau_{xy}(\cos^2\alpha-\sin^2\alpha)=0$$

利用三角函数的半角倍角公式可推导出平面应力状态下任一斜截面上应力的一般公式为

$$\sigma_\alpha=\frac{\sigma_x+\sigma_y}{2}+\frac{\sigma_x-\sigma_y}{2}\cos2\alpha-\tau_{xy}\sin2\alpha \tag{11-1}$$

$$\tau_\alpha=\frac{\sigma_x-\sigma_y}{2}\sin2\alpha+\tau_{xy}\cos2\alpha \tag{11-2}$$

显然，斜截面上的应力 σ_α 和 τ_α 是 α 角的函数，α 角是斜截面外法向 n 轴与 x 轴的夹角，从 x 轴到 n 轴逆时针方向转动时，α 为正。

11.2.2　极值应力与主应力

讨论 α 角变化时，斜截面上法向正应力的极值。

将式（11-1）对 α 求导数，并令 $\mathrm{d}\sigma_\alpha/\mathrm{d}\alpha=0$，得

$$0=\frac{\sigma_x-\sigma_y}{2}\sin2\alpha+\tau_{xy}\cos2\alpha \tag{11-3}$$

解得

$$\tan 2\alpha_0=\frac{-2\tau_{xy}}{\sigma_x-\sigma_y} \tag{11-4}$$

再利用三角函数变换关系，将式（11-4）代入式（11-1），可以得到在 $\alpha=\alpha_0$ 的斜截面上正应力 σ_α 取得极值为

$$\left.\begin{matrix}\sigma_{\max}\\ \sigma_{\min}\end{matrix}\right\}=\frac{\sigma_x+\sigma_y}{2}\pm\sqrt{\left(\frac{\sigma_x-\sigma_y}{2}\right)^2+\tau_{xy}{}^2} \tag{11-5}$$

由（11-4）式可知，使得 σ_α 取得极值的 α_0 角实际存在两个，两者相差 90°，分别对应最大正应力 $\sigma_{\max}$ 和最小正应力 $\sigma_{\min}$，作用在两个相互垂直的截面上。注意到当 $\alpha=\alpha_0$，σ_α 取得极值时，比较式（11-2）与式（11-3），此时，斜截面上的切应力 $\tau_\alpha=0$，即正应力取得极值的截面上切应力为零。力学中，把切应力为零的平面称为主平面，主平面上仅有的法向正应力称为主应力（主应力是极值应力）。在平面应力状态下，式（11-5）给出的就是平行于 z 轴的 $\alpha=\alpha_0$ 截面上的主应力。

再来讨论平面应力状态下斜截面上切应力的极值。

将式（11-2）对 α 求导数，并令 $\mathrm{d}\tau_\alpha/\mathrm{d}\alpha=0$，得

$$(\sigma_x-\sigma_y)\cos 2\alpha=2\tau_{xy}\sin 2\alpha$$

移项整理得

$$\tan 2\alpha_1=\frac{\sigma_x-\sigma_y}{2\tau_{xy}} \tag{11-6}$$

意味着在 $\alpha=\alpha_1$ 的斜截面上切应力 τ_α 取得极值。类似之前，利用三角函数变换关系，将式（11-6）代入式（11-2），即可求得到斜截面上切应力 τ_α 的极值为

$$\left.\begin{matrix}\tau_{\max}\\ \tau_{\min}\end{matrix}\right\}=\pm\sqrt{\left(\frac{\sigma_x-\sigma_y}{2}\right)^2+\tau_{xy}^2} \tag{11-7}$$

由式（11-6）可知，使得 τ_α 取得极值的角 α_1 也对应两个，且两者相差 90°，即两个垂直的截面，若其中一个面上取得最大切应力 $\tau_{\max}$，则在与其垂直的另一截面上取得最小切应力 $\tau_{\min}$。$\tau_{\max}$ 与 $\tau_{\min}$ 两者大小相等，符号相反，分别作用在两个相互垂直的截面上，这一结论与之前推导过的切应力互等定理也是一致的。

更进一步，由式（11-4）和式（11-6）可知

$$\tan 2\alpha_1=-\frac{1}{\tan 2\alpha_0}$$

结合数学中直线斜率的关系，可以认为，$2\alpha_0$ 与 $2\alpha_1$ 互相垂直，存在如下关系：

$$2\alpha_1=2\alpha_0+\frac{\pi}{2}\ \text{或}\ \alpha_1=\alpha_0+\frac{\pi}{4}$$

可见，主平面与切应力取得极值的平面之间的夹角为 45°。

综上所述，切应力为零的平面为主平面，主平面上的正应力为主应力，主平面间相互垂直，其大小和方位分别由式（11-5）及式（11-4）给出。在与主平面成 45°夹角的平面上，切应力取得极值。

在图 11-1 所示的六面体微元中，垂直于 z 轴的前后两面上无切应力作用，因此也是主

平面，且该平面上的主应力为零。

主应力可用于描述一点的应力状态。按代数值的大小排列，三个主平面上主应力分别记作 σ_1、σ_2、σ_3。若三个主应力均不为零，是三向（或空间）应力状态；若三个主应力中有两个不为零，是二向（或平面）应力状态；二向和三向属于复杂应力状态。若三个主应力中只有一个不为零，则称单向（或简单）应力状态，如图 11-2 所示。例如，轴向拉压时，离加载点一定距离外的各点的应力状态为单向应力状态；充满内压的薄壁压力容器中，表面各点的应力状态为二向应力状态；轴承滚珠与支承圈接触点受压，为三向应力状态。

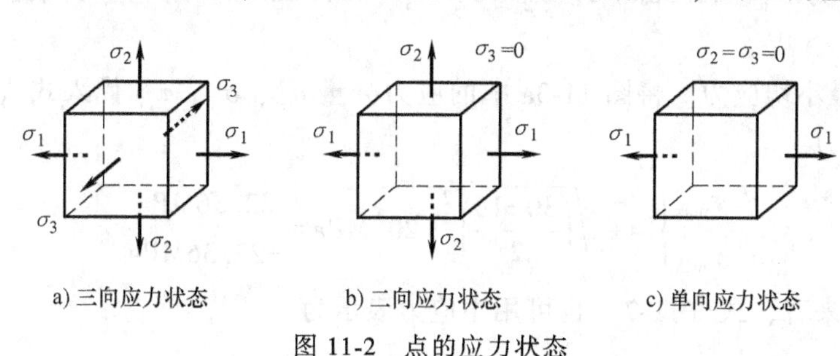

图 11-2　点的应力状态

例 11-1　某点的应力状态如图 11-3a 所示，已知 $\sigma_x = 30\text{MPa}$，$\sigma_y = 10\text{MPa}$，$\tau_{xy} = 20\text{MPa}$，试求：

1）主应力大小及主平面方向。

2）最大和最小切应力。

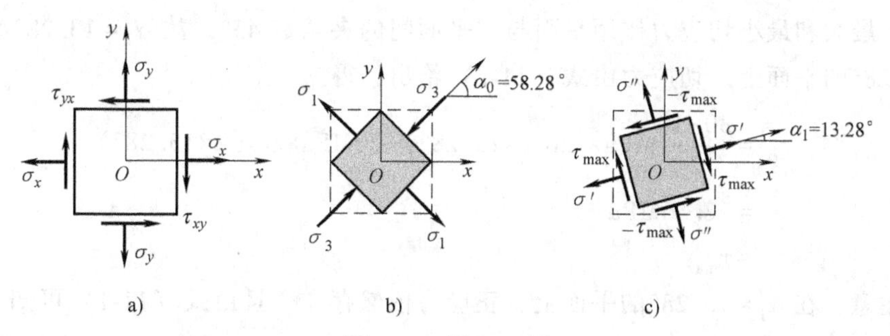

图 11-3　例 11-1 图

解：1）主应力与主方向。

主应力由式（11-5）给出，有

$$\left.\begin{matrix}\sigma_{\max}\\ \sigma_{\min}\end{matrix}\right\}=\left[\frac{30+10}{2}\pm\sqrt{\left(\frac{30-10}{2}\right)^2+20^2}\right]\text{MPa}=\begin{matrix}42.36\text{MPa}\\ -2.36\text{MPa}\end{matrix}$$

主方向由式（11-4）给出，有

$$\tan 2\alpha_0=\frac{-2\times 20}{30-10}=-2$$

解得

$$\alpha_0=-31.72^\circ$$

因此，两个主平面外法向与 x 轴的夹角分别为 58.28°和 148.28°。在 $\alpha_0 = 58.28°$的主平面上，由式（11-1）有

$$\begin{aligned}\sigma_\alpha &= \left[\frac{30+10}{2}+\frac{30-10}{2}\times\cos(2\times58.28°)-20\times\sin(2\times58.28°)\right]\text{MPa}\\ &=2.36\text{MPa}\\ &=\sigma_{\min}\end{aligned}$$

可见，$\alpha_0=58.28°$的主平面对应的主应力是$\sigma_{\min}$；$\alpha_0=148.28°$的主平面对应的主应力是$\sigma_{\max}$；垂直于z轴的前后两面上没有切应力，也是主平面，主应力为零。按代数值的大小排列，三个主应力为$\sigma_1=42.36\text{MPa}$，$\sigma_2=0$，$\sigma_3=-2.36\text{MPa}$。用主应力表示的主单元体如图 11-3b 所示。

2）最大和最小切应力。将图 11-3a 中的应力分量σ_x、σ_y、τ_{xy}代入式（11-7），可求出最大和最小切应力。

$$\left.\begin{matrix}\tau_{\max}\\ \tau_{\min}\end{matrix}\right\}=\pm\sqrt{\left(\frac{30-10}{2}\right)^2+20^2}\ \text{MPa}=\begin{matrix}22.36\text{MPa}\\ -22.36\text{MPa}\end{matrix}$$

从主单元体来看，式（11-7）也可用主应力表示为

$$\left.\begin{matrix}\tau_{\max}\\ \tau_{\min}\end{matrix}\right\}=\pm\frac{\sigma_1-\sigma_3}{2} \tag{11-8}$$

即

$$\tau_{\max}=[42.36-(-2.36)]\text{MPa}/2=22.36\text{MPa}$$

$$\tau_{\min}=-22.36\text{MPa}$$

讨论：最大和最小切应力作用平面与主平面间的夹角成45°，故$\alpha_1=13.28°$或$103.28°$。在$\alpha_1=13.28°$的平面上，切应力由式（11-2）给出，得

$$\begin{aligned}\tau_\alpha &= \frac{30-10}{2}\text{MPa}\times\sin(2\times13.28°)+20\text{MPa}\times\cos(2\times13.28°)\\ &=22.36\text{MPa}\\ &=\tau_{\max}\end{aligned}$$

需要注意，在$\alpha_1=13.28°$的平面上，正应力依然存在，且由式（11-1）可知

$$\begin{aligned}\sigma_\alpha &= \frac{30+10}{2}\text{MPa}+\frac{30-10}{2}\text{MPa}\times\cos(2\times13.28°)-20\text{MPa}\times\sin(2\times13.28°)\\ &=20\text{MPa}\end{aligned}$$

因此，$\alpha_1=13.28°$的平面上，$\sigma=20\text{MPa}$，$\tau=22.36\text{MPa}$；同理，$\alpha_1=103.28°$的平面上，$\sigma=20\text{MPa}$，$\tau=-22.36\text{MPa}$，如图 11-3c 所示。

最后值得指出的是，由上例可知有

$$\sigma_x+\sigma_y=\sigma_1+\sigma_3$$

讨论一点的应力状态时，过该点任意两个相互垂直平面上的正应力之和是不变的。在平面应力状态下，这一结论可由式（11-5）直接得到。在三向应力状态下，可以进一步写为

$$J_1=\sigma_x+\sigma_y+\sigma_z=\sigma_1+\sigma_2+\sigma_3 \tag{11-9}$$

上式中，J_1称为表示一点应力状态的第一不变量，即过该点任意三个相互垂直平面上的正应力之和是不变的。在考虑更为复杂的空间应力张量时会用到。

11.2.3　广义胡克定律与应变能

在单向拉压情况下，线弹性应力-应变关系可用胡克定律描述，即 $\sigma=E\varepsilon$。

现在来分析线弹性范围内，最一般的三向应力状态下的应力-应变关系（图 11-4）。该单元体中，沿主方向 x_1 的应变 ε_1（主应变）是沿 x_1 方向的单位尺度变化。ε_1 由三部分组成，即主应力 σ_1 引起的伸长 σ_1/E、主应力 σ_2 引起的缩短（泊松效应）$-\mu\sigma_2/E$ 和主应力 σ_3 引起的缩短 $-\mu\sigma_3/E$，表示为

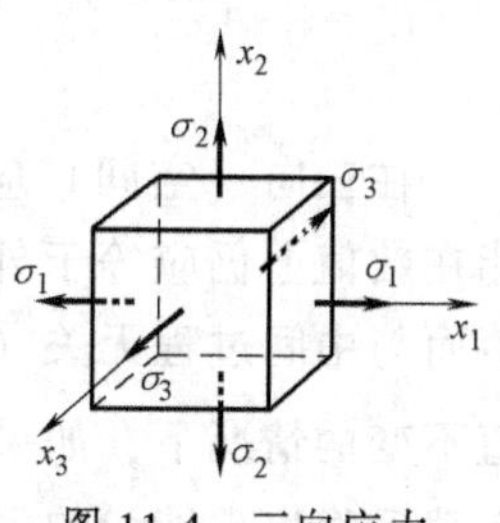

图 11-4　三向应力状态单元体

$$\varepsilon_1=\frac{1}{E}[\sigma_1-\mu(\sigma_2+\sigma_3)]$$

轮换下标 1、2、3，类似的方法，可写出沿主方向 x_2、x_3 的应变 ε_2 和 ε_3，即

$$\left.\begin{aligned}\varepsilon_1&=\frac{1}{E}[\sigma_1-\mu(\sigma_2+\sigma_3)]\\ \varepsilon_2&=\frac{1}{E}[\sigma_2-\mu(\sigma_3+\sigma_1)]\\ \varepsilon_3&=\frac{1}{E}[\sigma_3-\mu(\sigma_1+\sigma_2)]\end{aligned}\right\}\tag{11-10}$$

由于线应变与切应力无关，切应变与正应力无关，故剪切胡克定律在各平面的表达式

$$\left.\begin{aligned}\gamma_{xy}&=\frac{\tau_{xy}}{G}=0\\ \gamma_{xz}&=\frac{\tau_{xz}}{G}=0\\ \gamma_{yz}&=\frac{\tau_{yz}}{G}=0\end{aligned}\right\}$$

式（11-10）即用主应力表达的广义胡克定律。

稍做变换，在式（11-10）右端方括号内，分别先加上再减去 $\mu\sigma_1$、$\mu\sigma_2$、$\mu\sigma_3$，可以写为

$$\left.\begin{aligned}\varepsilon_1&=\frac{1}{E}[(1+\mu)\sigma_1-\mu(\sigma_1+\sigma_2+\sigma_3)]\\ \varepsilon_2&=\frac{1}{E}[(1+\mu)\sigma_2-\mu(\sigma_1+\sigma_2+\sigma_3)]\\ \varepsilon_3&=\frac{1}{E}[(1+\mu)\sigma_3-\mu(\sigma_1+\sigma_2+\sigma_3)]\end{aligned}\right\}$$

由于 $\sigma_1\geqslant\sigma_2\geqslant\sigma_3$，故可知有 $\varepsilon_1\geqslant\varepsilon_2\geqslant\varepsilon_3$，$\varepsilon_1$ 为最大线应变，后续第二强度理论中会用到。

弹性体在单向拉伸时（如低碳钢拉伸实验），若施加的力从零增加到 F，杆的变形相应地由零增大到 Δl，达到材料比例极限之前，力与变形成正比，外力所做的功为图 11-5 中

F-Δl 曲线下的面积，即 $F\Delta l/2$。

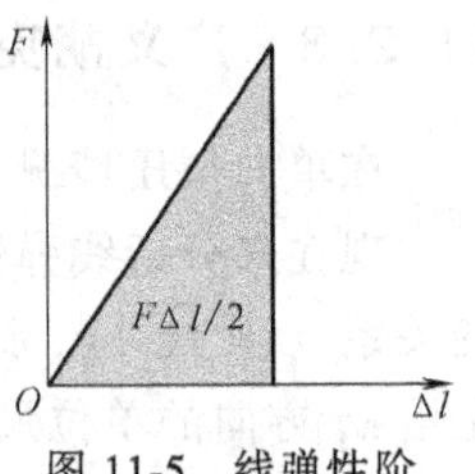

图 11-5 线弹性阶段的力-变形曲线

若忽略能量耗散，弹性体内储存的应变能在数值上应等于外力所做的功。单位体积的应变能即应变能密度 ν_ε 可定义为

$$\nu_\varepsilon=\frac{V}{Al}=\frac{F\Delta l}{2Al}=\frac{\sigma\varepsilon}{2}$$

在三向（空间）应力状态下，能量耗散不考虑时，弹性体应变能在数值上仍应等于外力所做的功，且只取决于外力和变形的最终值而与中间过程无关（克拉贝依隆原理）。因为在外力和变形的最终值不变的情况下，如果加载和变形的中间过程会造成弹性体应变能不同，则沿不同路径加、卸载后将出现能量的多余或缺失，这就违反了能量守恒原理。因此，可以假定三个主应力按比例同时从零增加到最终值，于是弹性体应变能密度 ν_ε 可以写为

$$\nu_\varepsilon=\frac{\sigma_1\varepsilon_1}{2}+\frac{\sigma_2\varepsilon_2}{2}+\frac{\sigma_3\varepsilon_3}{2} \tag{11-11}$$

将式（11-10）代入上式，全部用主应力表示可得

$$\nu_\varepsilon=\frac{1}{2E}[\sigma_1^2+\sigma_2^2+\sigma_3^2-2\mu(\sigma_1\sigma_2+\sigma_3\sigma_2+\sigma_1\sigma_3)] \tag{11-12}$$

一般来说，单元体的变形包括体积改变和形状改变两部分。故弹性体的应变能密度 ν_ε 也可以分为体积改变的体积改变能密度 ν_V 和形状改变的畸变能密度 ν_d 两部分，即

$$\nu_\varepsilon=\nu_V+\nu_d$$

先讨论受等值主应力作用的单元体（$\sigma_1=\sigma_2=\sigma_3=\sigma_m$）。在三向等拉的情况下，单元体只有体积改变而不发生形状改变，弹性体应变能密度等于其体积改变能密度，代入式（11-12）即可得到

$$\nu_\varepsilon=\nu_V=\frac{1}{2E}(3\sigma_m^2-2\mu\times3\sigma_m^2)=\frac{3}{2E}(1-2\mu)\sigma_m^2 \tag{11-13}$$

对于三个主应力不等值的一般情况，可以将其应力状态等效为三个面上的正应力相等，均为 $\sigma_m=(\sigma_1+\sigma_2+\sigma_3)/3$，且各面上还有切应力的情况。其应变能密度 ν_ε 不因应力状态的等效变换而改变，仍可使用式（11-12）。这样，三个正应力 σ_m 将引起单元体的体积改变，各面上的切应力则引起单元体的形状改变。将 $\sigma_m=(\sigma_1+\sigma_2+\sigma_3)/3$ 代入式（11-13），得到其体积改变能密度 ν_V 为

$$\nu_V=\frac{3}{2E}(1-2\mu)\sigma_m^2=\frac{1}{6E}(1-2\mu)(\sigma_1+\sigma_2+\sigma_3)^2$$

由式（11-12）给出的 ν_ε 减去上式给出的 ν_V，经整理即可得到单元体的畸变能密度 ν_d 为

$$\nu_d=\frac{1+\mu}{6E}[(\sigma_1-\sigma_2)^2+(\sigma_3-\sigma_2)^2+(\sigma_1-\sigma_3)^2] \tag{11-14}$$

此式可用于后续的第四强度理论。

11.3　强度理论

11.3.1　强度理论概述

由应力状态理论可知，一点的应力状态可由三个主应力描述。对于给定的材料或构件，是否发生断裂或屈服，取决于最危险点的应力状态。在讨论轴向拉压的时候，杆中任意一点都是单向应力状态，只有一个主应力不为零。由拉伸或压缩力学性能试验确定的极限应力，就是其危险点正应力的临界值，给定安全因数，得出许用应力，即可建立材料是否发生断裂或屈服的强度条件。扭转中也是如此。

若材料中的危险点处于二向或三向应力状态，由于二个或三个主应力间的比例有多种不同的组合，无法通过试验穷尽各种可能，所以用试验直接测定其极限应力的方法就受到了限制，也难以直接给出断裂或屈服的强度判据。为此，人们从长期的工程实践中，从不同应力状态组合下材料破坏的试验研究和使用经验中，分析总结出了若干关于材料失效规律的假说。这类研究不同应力状态下材料失效（强度不足导致）规律的假说，均称为强度理论。

材料强度失效主要有两种形式，相应地存在两类强度理论。一类是解释断裂破坏的，主要有最大拉应力理论和最大伸长线应变理论等；另一类是解释屈服破坏，主要是最大切应力理论和形状改变比能理论。不同的强度理论可以建立相应的强度条件，从而为解决不同应力状态，尤其复杂应力状态下构件的强度计算提供依据。

迄今有许多强度理论被提出，对一些实验现象有很好的解释，但尚无十全十美的理论，科技工作者还在坚持不懈地研究，并不断提出新的强度理论（如莫尔强度理论、双剪理论等）。

强度理论是经过归纳、推理、判断而提出的假说，正确与否，必须受生产实践和科学实验的检验。工程中常用的经典强度理论有四种，它们成立的前提都是常温、静载、均匀、连续、各向同性材料。

11.3.2　四种常用的强度理论

1. 最大拉应力理论（第一强度理论）

这一理论认为，引起材料断裂破坏的主要因素是最大拉应力。也就是说，不论材料处于何种应力状态，当其最大拉应力达到材料单向拉伸断裂时的抗拉强度时，材料就发生断裂破坏。因此，材料发生破坏的准则为

$$\sigma_1=\sigma_b \tag{11-15}$$

相应的强度条件是

$$\sigma_1 \leqslant [\sigma]=\frac{\sigma_b}{n} \tag{11-16}$$

式中　σ_1——构件危险点处的最大拉应力；

$[\sigma]$——单向拉伸时材料的许用应力。

试验表明，对于脆性材料，如铸铁、陶瓷等，在单向、二向或三向拉断裂时，最大拉应

力理论与试验结果基本一致。而在存在有压应力的情况下，则只有当最大压应力值不超过最大拉应力值时，拉应力理论是正确的。但这个理论没有考虑其他两个主应力对断裂破坏的影响。同时对于压缩应力状态，由于根本不存在拉应力，这个理论无法应用。

2. 最大伸长线应变理论（第二强度理论）

这一理论认为，最大伸长线应变是引起材料断裂破坏的主要因素。也就是说，不论材料处于何种应力状态，只要最大伸长线应变 ε_1 达到材料单向拉伸断裂时的最大拉应变值 ε_u，材料即发生断裂破坏。因此，材料发生断裂破坏的准则为

$$\varepsilon_1=\varepsilon_u \tag{11-17}$$

对于铸铁等脆性材料，从受力到断裂，其应力、应变关系基本符合胡克定律，所以相应的强度条件为

$$\sigma_1-\mu(\sigma_2+\sigma_3)\leqslant[\sigma] \tag{11-18}$$

式中 μ——泊松比。

试验表明，脆性材料，如铸铁、石料等，在二向拉伸-压缩应力状态下，且压应力绝对值较大时，试验与理论结果比较接近；二向压缩与单向压缩强度有所不同，但混凝土、花岗石和砂岩在两种情况下的强度并无明显差别；铸铁在二向拉伸时应比单向拉伸时更安全（考虑了中间主应力），而试验并不能证明这一点。

3. 最大切应力理论（第三强度理论）

这一理论认为，最大切应力是引起材料屈服的主要因素。也就是说，不论材料处于何种应力状态，只要最大切应力 τ_{max} 达到材料在单向拉伸屈服时的最大切应力 τ_{max}^0，材料即发生屈服破坏。因此，材料的屈服准则为

$$\tau_{max}=\tau_{max}^0 \tag{11-19}$$

相应的强度条件为（由本章中用主应力表达的最大切应力推出）

$$\sigma_1-\sigma_3\leqslant[\sigma] \tag{11-20}$$

试验表明，对塑性材料，如常用的 Q235A、45 钢、铜、铝等，此理论与试验结果比较接近。

4. 形状改变比能理论（第四强度理论）

形状改变比能理论认为，使材料发生塑性屈服的主要原因，取决于其形状改变比能（即畸变能密度）。只要其到达某一极限值时，就会引起材料的塑性屈服；而这个形状改变比能值，可通过简单拉伸试验来测定。此处，略去详细的推导过程，直接给出按这一理论而建立的复杂应力状态下的强度条件为

$$\sqrt{\frac{1}{2}[(\sigma_1-\sigma_2)^2+(\sigma_1-\sigma_3)^2+(\sigma_3-\sigma_2)^2]}\leqslant[\sigma] \tag{11-21}$$

式中 $[\sigma]$——材料的许用应力。

实验表明，对于塑性材料，例如钢材、铝、铜等，这个理论比第三强度理论更符合实验结果（考虑了所有主应力影响）。因此，这也是目前对塑性材料广泛采用的一个强度理论。

11.3.3 四种强度理论的适用范围

为了更为简洁地表达强度理论，可将其归纳为统一的表达形式

$$\sigma_{ri} \leqslant [\sigma] \tag{11-22}$$

式中　σ_{ri}——相当应力，是σ_1、σ_2、σ_3按不同强度理论而形成的某种组合；

$[\sigma]$——材料的许用应力。

大量的工程实践和实验结果表明，上述四种强度理论的有效性取决于材料性质以及应力状态。

1）在三向拉伸应力状态下，无论是塑性材料还是脆性材料，都会发生断裂破坏，应采用最大拉应力理论。

2）在三向压缩应力状态下，无论是塑性材料还是脆性材料，都会发生屈服破坏，适于采用形状改变比能理论或最大切应力理论。

3）一般而言，对脆性材料宜用第一或第二强度理论，对塑性材料宜采用第三和第四强度理论（但不可认为脆性材料只能使用第一或第二强度理论，塑性材料只能采用第三和第四强度理论）。

例 11-2　转轴边缘上某点的应力状态如图 11-6 所示。试用第三和第四强度理论建立其强度条件。

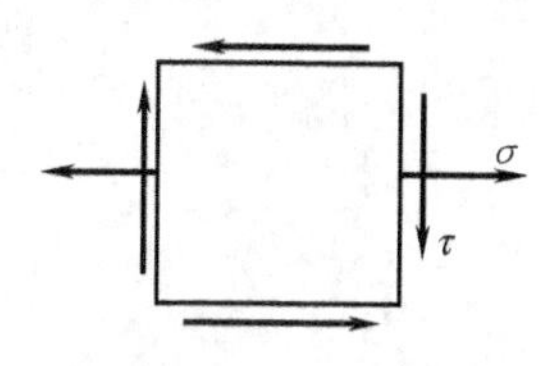

图 11-6　例 11-2 图

解：对于图 11-6 所示单元体，利用式（11-5）有

$$\sigma_1=\frac{\sigma_x+\sigma_y}{2}+\sqrt{\left(\frac{\sigma_x-\sigma_y}{2}\right)^2+\tau_{xy}^2},\sigma_2=0,\sigma_3=\frac{\sigma_x+\sigma_y}{2}-\sqrt{\left(\frac{\sigma_x-\sigma_y}{2}\right)^2+\tau_{xy}^2}$$

将它们代入式（11-20）和式（11-21）得

$$\sigma_{r3}=\sigma_1-\sigma_3=\sqrt{\sigma^2+4\tau^2}\leqslant[\sigma] \tag{11-23}$$

$$\sigma_{r4}=\sqrt{\frac{1}{2}[(\sigma_1-\sigma_2)^2+(\sigma_1-\sigma_3)^2+(\sigma_3-\sigma_2)^2]}=\sqrt{\sigma^2+3\tau^2}\leqslant[\sigma] \tag{11-24}$$

* **例 11-3**　如图 11-7 所示，已知 $\sigma_x=40\text{MPa}$，$\sigma_y=40\text{MPa}$，$\tau_{xy}=60\text{MPa}$。材料的许用应力 $[\sigma]=140\text{MPa}$。试用第三强度理论和第四强度理论分别对其进行强度校核。

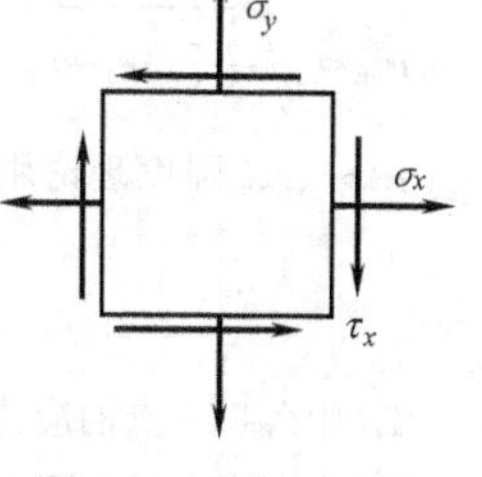

图 11-7　例 11-3 图

解：对于图 11-7 所示的单元体，有

$$\sigma_1=\frac{\sigma_x+\sigma_y}{2}+\sqrt{\left(\frac{\sigma_x-\sigma_y}{2}\right)^2+\tau_{xy}^2}=\frac{40+40}{2}\text{MPa}+\sqrt{\left(\frac{40-40}{2}\right)^2+60^2}\text{ MPa}$$

$$=100\text{MPa}$$

$$\sigma_2=0$$

$$\sigma_3=\frac{\sigma_x+\sigma_y}{2}-\sqrt{\left(\frac{\sigma_x-\sigma_y}{2}\right)^2+\tau_{xy}^2}=\frac{40+40}{2}\text{MPa}-\sqrt{\left(\frac{40-40}{2}\right)^2+60^2}\text{ MPa}=-20\text{MPa}$$

$$\sigma_{r3}=\sigma_1-\sigma_3=120\text{MPa}\leqslant[\sigma]$$

$$\sigma_{r4}=\sqrt{\frac{1}{2}[(\sigma_1-\sigma_2)^2+(\sigma_1-\sigma_3)^2+(\sigma_3-\sigma_2)^2]}=111.36\text{MPa}\leqslant[\sigma]$$

分别采用两种强度理论进行了校核，相当应力均小于许用应力，故强度足够，安全。

本章小结

本章研究了工程力学中材料力学部分的两个重要理论——应力状态理论和强度理论。内容丰富，但概念抽象，应用灵活，系统性强，是工程力学的难点之一。将其要点归纳如下。

1）平面应力状态下，斜截面上正应力 σ 的极值为

$$\left.\begin{matrix}\sigma_{\max}\\ \sigma_{\min}\end{matrix}\right\}=\frac{\sigma_x+\sigma_y}{2}\pm\sqrt{\left(\frac{\sigma_x-\sigma_y}{2}\right)^2+\tau_{xy}^2}$$

2）正应力取得极值的截面上切应力为零。切应力为零的平面，称为主平面。主平面上的正应力，称为主应力。

3）一点的最大切应力为

$$\tau_{\max}=\frac{\sigma_1-\sigma_3}{2}$$

4）用主应力表达的广义胡克定律为

$$\left.\begin{aligned}\varepsilon_1&=\frac{1}{E}[\sigma_1-\mu(\sigma_2+\sigma_3)]\\ \varepsilon_2&=\frac{1}{E}[\sigma_2-\mu(\sigma_3+\sigma_1)]\\ \varepsilon_3&=\frac{1}{E}[\sigma_3-\mu(\sigma_1+\sigma_2)]\end{aligned}\right\}$$

5）四个强度理论的统一形式为

$$\sigma_{\mathrm{ri}}\leqslant[\sigma]$$

式中 σ_{ri}——相当应力。

$\sigma_{\mathrm{r1}}=\sigma_1$ 第一强度理论

$\sigma_{\mathrm{r2}}=\sigma_1-\mu(\sigma_2+\sigma_3)$ 第二强度理论

$\sigma_{\mathrm{r3}}=\sigma_1-\sigma_3$ 第三强度理论

$\sigma_{\mathrm{r4}}=\sqrt{\frac{1}{2}[(\sigma_1-\sigma_2)^2+(\sigma_1-\sigma_3)^2+(\sigma_3-\sigma_2)^2]}$ 第四强度理论

第一、二强度理论用于材料断裂破坏，第三、四强度理论用于材料屈服破坏。

思考题

1. 什么叫一点的应力状态？为什么要研究一点的应力状态？

2. 什么叫主平面和主应力？主应力和正应力有什么区别？如何确定平面应力状态的三个主应力及其作用平面？

3. 如何确定纯剪切状态的最大正应力与最大切应力？并说明扭转破坏形式与应力间的关系。与轴向拉压破坏相比，它们之间有何共同点？

4. 何谓单向、二向与三向应力状态？何谓复杂应力状态？图 11-8 所示各单元体分别属于哪一类应力状态？

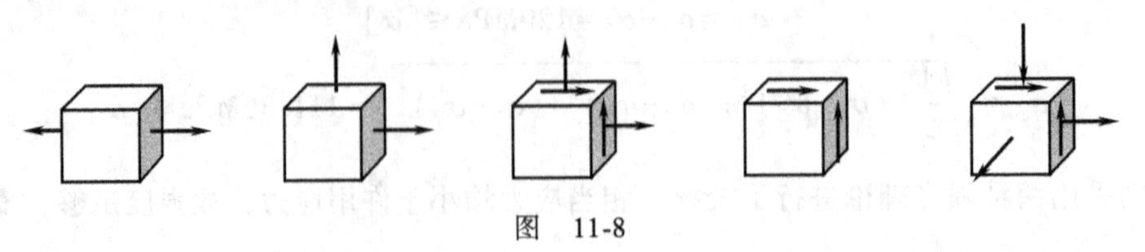

图 11-8

5. 单元体某方向上的线应变若为零，则其相应的正应力也必定为零；若在某方向的正应力为零，则该方向的线应变也必定为零。以上说法是否正确？为什么？

6. 何谓广义胡克定律？该定律是如何建立的？应用条件是什么？

7. 什么叫强度理论？为什么要研究强度理论？

8. 为什么按第三强度理论建立的强度条件较按第四强度理论建立的强度条件进行强度计算的结果偏于安全？

习 题

11-1 试定性地绘出图11-9所示杆件中A、B、C点的应力单元体。

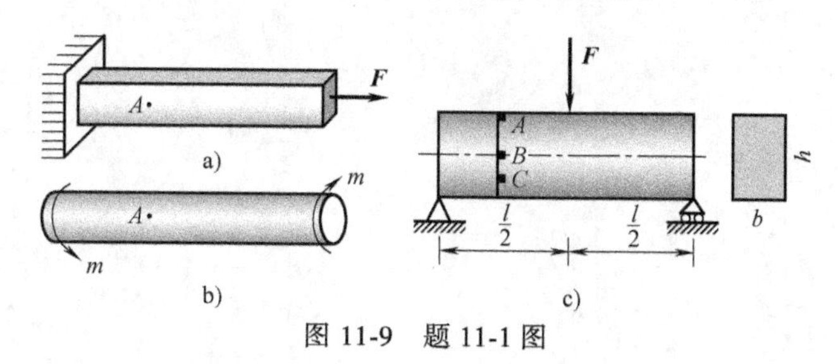

图11-9 题11-1图

11-2 如图11-10所示应力状态，试求出指定斜截面上的应力（应力单位：MPa）。

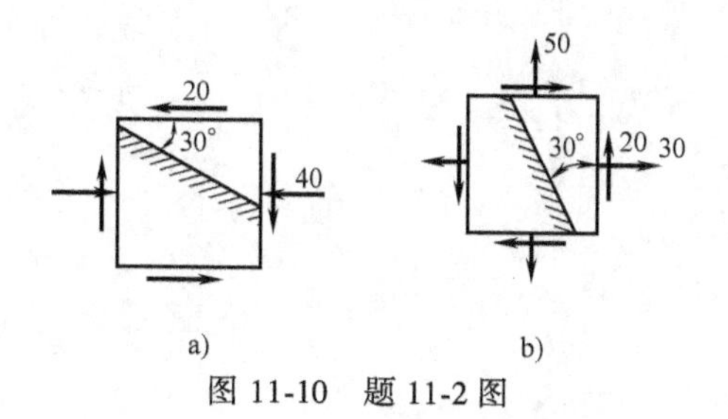

图11-10 题11-2图

11-3 已知应力状态如图11-11所示，图中应力单位皆为MPa。试求：1）主应力大小，主平面位置；2）在单元体上绘出主平面位置及主应力方向；3）最大切应力。

11-4 如图11-12所示，已知$\sigma_x=40\text{MPa}$，$\sigma_y=40\text{MPa}$，$\tau_{xy}=90\text{MPa}$。材料的许用应力$[\sigma]=100\text{MPa}$。试用第三强度理论和第四强度理论分别进行强度校核。

11-5 已知某点处于平面应力状态，在该点处测得$\varepsilon_x=500\times10^{-6}$，$\varepsilon_y=-469\times10^{-6}$。若材料的弹性模量$E=210\text{GPa}$，泊松比$\mu=0.33$。试求该点处的正应力分量$\sigma_x$和$\sigma_y$。

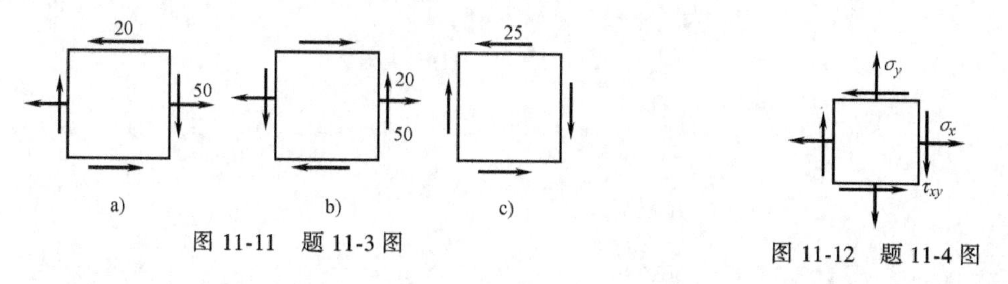

图11-11 题11-3图

图11-12 题11-4图

*11-6 工程师在一次故障诊断中，对一个关键点进行了应力测量，如图11-13所示，试计算该点的主应力和主平面方位。如果已知材料的许用应力$[\sigma]=70\text{MPa}$，试用第三强度理论判断该点是否会破坏。

11-7 试求图 11-14 所示单元体的主应力大小和主平面方位（应力单位：MPa）。

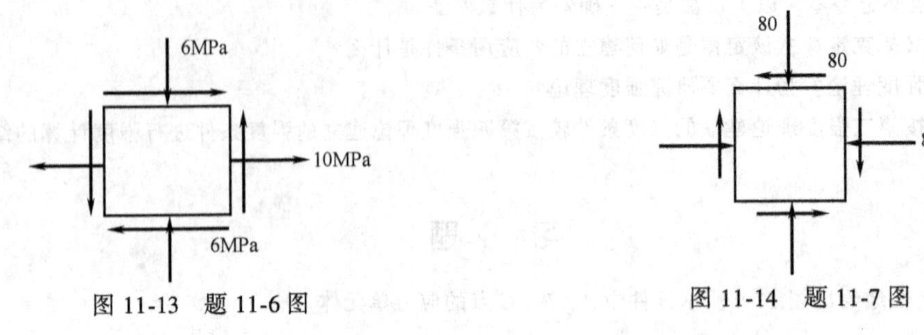

图 11-13 题 11-6 图

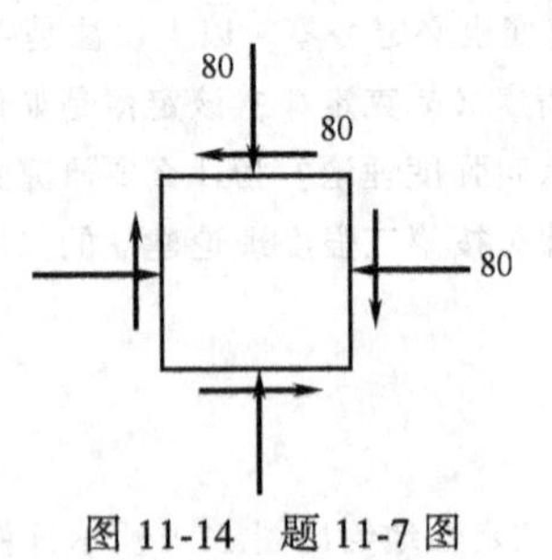

图 11-14 题 11-7 图

第12章 动荷问题

前述各章研究对象中的构件所受载荷都是静载荷。所谓静载荷，就是指载荷的大小从零开始加到最终值，以后不再随时间而变化的载荷。若在载荷作用下的构件，其上各部分的加速度相当显著，这种载荷即称为动载荷。

在实际问题中，许多构件，如高速旋转的飞轮、加速提升的重物、紧急制动的轮毂等，其内部各点存在明显的加速度；用重锤打桩时，桩柱所受到的冲击载荷远大于重锤的重力。大量的机械零件长期在周期性变化的载荷（称为交变载荷）下工作等，这些情况都属于动载荷问题，其特点是：加载过程中构件内各点的速度发生明显改变，或者构件所受的载荷明显随时间的变化而变化。

为了对动、静载荷进行区别，动载荷相关物理量采用增加下标“d”的方式来表示，如用符号 σ_d 和 Δ_d 表示动应力和动变形。相应地，静载荷下的物理量则采用增加下标“st”的方式来表示，如用 σ_{st} 和 Δ_{st} 表示静应力和静变形等。

另外，试验研究表明，在动载荷下，金属和其他具有结晶结构的固体材料，若依然在线弹性范围内，仍服从胡克定律，则弹性模量 E 可直接使用静载荷下的弹性模量。

在本章中将简要讨论两类动载荷问题。

12.1 动荷应力

构件在动载荷作用下产生的应力称为动荷应力，构件上的动荷应力有时会达到很高的数值，从而引起构件失效。因此，动载荷作用下的各物理量，如内力、位移、应力和应变等，均应重视，因为在其他条件不变的情况下，动载荷比相应的静载荷产生的应力大，更易使构件发生破坏，且在动载荷下材料的性能也与之前章节中静载下材料的力学性能试验结果有所不同。本节对动荷应力做简明扼要的介绍。

12.1.1 构件做等加速直线运动时的动荷应力

如图12-1所示，起重机以等加速度 a 起吊一重量为 G 的重物。不计吊索的重量，取重物为研究对象，用“动静法”，在重物上施加“惯性力” Ga/g，列平衡方程，得吊绳的拉力 F_T 为

$$F_T = G+\frac{G}{g}a = G\left(1+\frac{a}{g}\right)$$

若吊索的横截面面积为 A，其动荷应力为

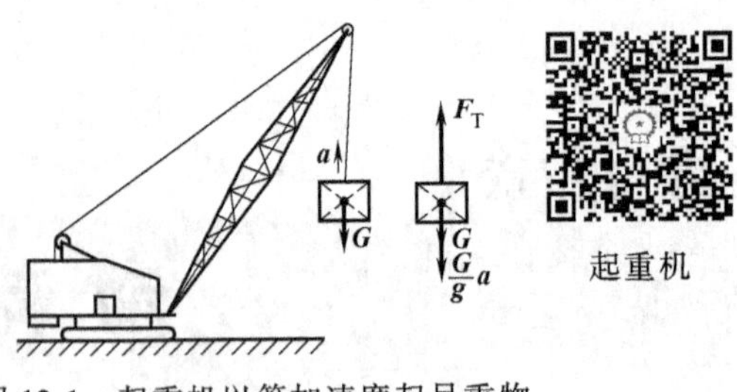

图 12-1 起重机以等加速度起吊重物

$$\sigma_d = \frac{F_T}{A} = \frac{G}{A}\left(1+\frac{a}{g}\right) = \sigma\left(1+\frac{a}{g}\right) = K_d\sigma \tag{12-1}$$

式中 σ——吊索在静荷作用下的静荷应力；

K_d——动荷应力 σ_d 与静荷应力 σ 的比值，称为动荷系数，此处

$$K_d = 1+\frac{a}{g} \tag{12-2}$$

由以上得出的动荷应力，写出其强度设计准则，即

$$\sigma_{d\max} = \sigma_{\max} K_d \leqslant [\sigma] \tag{12-3}$$

式中 $[\sigma]$——静载荷强度计算中的许用应力。

例 12-1 起重机起吊一构件，已知构件重量 $G=20\text{kN}$，吊索横截面面积 $A=500\text{mm}^2$，提升加速度 $a=2\text{m/s}^2$，试求吊索的动荷应力（不计吊索具的重量）。

解： 此为匀加速铅垂直线运动问题，这时吊索的静荷应力，是构件重量所引起的应力，即

$$\sigma = \frac{G}{A} = \frac{20\times10^3}{500\times10^{-6}}\text{Pa} = 40\text{MPa}$$

根据式（12-2）求得动荷系数 K_d 为

$$K_d = 1+\frac{a}{g} = 1+\frac{2}{9.8} = 1.204$$

所以，吊索的动荷应力为

$$\sigma_d = K_d\sigma = 40\times1.204\text{MPa} = 48.16\text{MPa}$$

12.1.2 构件做等角速度转动时的动荷应力

设某一机器飞轮的轮缘以等角速度 ω 转动（图 12-2a）。其轮缘的平均直径为 D，轮缘的横截面面积为 A，轮缘的材料密度为 ρ，当飞轮以等角速度转动时，可近似地认为轮缘内各点的向心加速度大小都相等，且为 $\frac{D}{2}\omega^2$，方向指向圆心。根据达朗贝尔原理（参见理论力学教材），轮缘单位长度的惯性力集度 $q_d = A\rho a_n = \frac{A\rho D}{2}\omega^2$，方向背离圆心（图 12-2b）。为

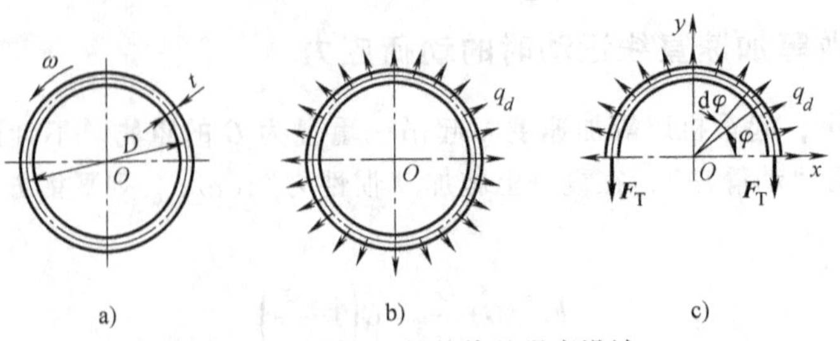

图 12-2 机器飞轮轮缘的强度设计

更好地研究应力，此处截取半个轮缘为研究对象（图 12-2c）。

$$\sigma_d=\frac{F_T}{A}=\frac{\rho D^2\omega^2}{4}=\rho v^2 \tag{12-4}$$

在式（12-4）中，$v=D\omega/2$，为轮缘轴线上各点的线速度，可按（12-3）写出其强度条件为

$$\sigma_d=\rho v^2\leqslant[\sigma] \tag{12-5}$$

例 12-2　圆轴 AB 的质量可忽略不计，轴的 A 端装有制动离合器，B 端装有飞轮（图 12-3）。飞轮转速 $n=100\text{r/min}$，转动惯量 $J_x=500\text{kg}\cdot\text{m}^2$，轴的直径 $d=100\text{mm}$，制动时圆轴在 10s 内以匀减速停止转动，试求圆轴 AB 内的最大动荷应力。

解：飞轮与圆轴的角速度为

$$\omega_0=\frac{\pi n}{30}=\frac{\pi\times100}{30}\text{rad/s}=\frac{10\pi}{3}\text{rad/s}$$

制动时，圆轴在 10s 内减速运动的角加速度（用 α 表示）为

$$\alpha=\frac{\omega_1-\omega_0}{t}=\frac{0-\omega_0}{t}=\frac{-10\pi/3}{10}\text{rad/s}^2=\frac{-\pi}{3}\text{rad/s}^2$$

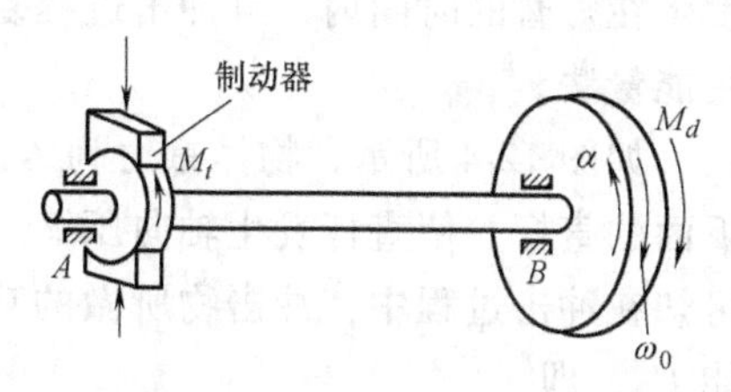

图 12-3　例 12-2 图

上式右边负号表明 α 与 ω 方向相反，如图 12-3 所示。

根据达朗贝尔原理，将力偶矩为 M_d 的惯性力偶加在飞轮上，力偶矩 M_d 为

$$M_d=-J_x\alpha=-500\times\left(-\frac{\pi}{3}\right)\text{N}\cdot\text{m}=\frac{500\pi}{3}\text{N}\cdot\text{m}$$

设作用在圆轴 A 端的摩擦力偶的力偶矩为 M_t，因圆轴 AB 两端有力偶矩为 M_d 和 M_t 的力偶作用，形式上平衡，故扭矩为

$$T=M_t=M_d=\frac{500\pi}{3}\text{N}\cdot\text{m}$$

由此得圆轴 AB 横截面内的最大动荷应力为

$$\tau_{d\max}=\frac{T}{W_p}=\left[\frac{500\pi}{3}\Big/\left(\frac{\pi}{16}\times100^3\times10^{-9}\right)\right]\text{Pa}=2.67\text{MPa}$$

12.1.3　构件受冲击时的动荷应力

当运动物体（冲击物）以一定的速度作用于静止构件（被冲击物）而受到阻碍时，其速度急剧下降，同时，使构件受到很大的作用力，这种现象称为冲击。如汽锤锻造、落锤打桩、钢板冲孔、铆钉枪铆接、传动轴制动等，都属于冲击的一些工程实例。因此，冲击问题的强度计算是个重要的课题。此时，由于冲击物的作用，被冲击物中所产生的应力，称为冲击动荷应力。一般的工程构件都要避免或减小冲击，以免受损。

由于冲击过程持续的时间极为短暂，且冲击引起的变形以弹性波的形式在弹性体内传播，有时在冲击载荷作用的局部区域内，还会产生较大的塑性变形，因此冲击问题难以用“动静法”求解。工程中常采用能量法对冲击问题进行实用计算，该方法避开复杂的冲击过

程，只考虑冲击过程的开始和终止两个状态的动能、势能以及变形能，通过能量守恒与转换原理计算终止状态时构件的变形能，然后根据终止状态时的变形能换算出动应力，是一种有效的近似方法。

在冲击问题的工程实用计算中，常做如下假定：①冲击物为刚体，被冲击构件为不计质量的变形体，冲击过程中材料服从胡克定律；②冲击过程中只有动能、势能和变形能之间的转换，无其他能量损耗；③不考虑被冲击构件内应力波的传播，假定在瞬间构件各处同时变形。

冲击主要有自由落体冲击（如自由锻）和水平冲击（如水平冲击钻）。本书仅介绍工程实际中常见的自由落体冲击。

1. 自由落体冲击问题

下面以自由落体对线弹性杆件的冲击为例，介绍冲击问题的实用计算方法。

工程中只需求冲击变形和应力的瞬时最大值，冲击过程中的规律并不重要。由于冲击是发生在短暂的时间内，且冲击过程复杂，加速度难以测定，所以很难用动静法计算，通常采用能量法。

如图 12-4 所示，物体重力为 G，由高度 h 自由下落，冲击下面的直杆，使直杆发生轴向压缩。根据前述假设和能量原理，可知在冲击过程中，冲击物所做的功 W 应等于被冲击物的变形能 U_d，即

$$W=U_d \tag{a}$$

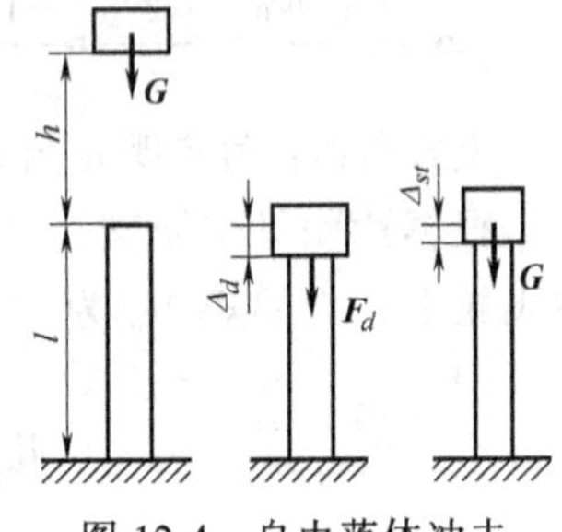

图 12-4 自由落体冲击

当物体自由落下时，其初速度为零；冲击直杆后，其速度还是为零，而此时杆的受力从零增加到 F_d，杆的缩短量达到最大值 Δ_d。因此，在整个冲击过程中，冲击物的动能变化为零，冲击物所做的功为

$$W=G(h+\Delta_d) \tag{b}$$

杆的变形能为

$$U_d=\frac{1}{2}F_d\Delta_d \tag{c}$$

又因假设杆的材料是线弹性的，故有

$$\frac{F_d}{\Delta_d}=\frac{G}{\Delta_{st}} \text{或} F_d=\frac{G}{\Delta_{st}}\Delta_d \tag{d}$$

式中 Δ_{st}——直杆受静载荷作用时的静位移。

将式（d）代入式（c），有

$$U_d=\frac{1}{2}\frac{G}{\Delta_{st}}\Delta_d^2 \tag{e}$$

再将式（b）、式（e）代入式（a），得

$$W=G(h+\Delta_d)=U_d=\frac{1}{2}\frac{G}{\Delta_{st}}\Delta_d^2$$

整理后得

$$\Delta_d^2-2\Delta_d\Delta_{st}-2h\Delta_{st}=0$$

解方程得

$$\Delta_d=\Delta_{st}\pm\sqrt{\Delta_{st}^2+2h\Delta_{st}}=\left(1\pm\sqrt{1+\frac{2h}{\Delta_{st}}}\right)\Delta_{st}$$

为求冲击时杆的最大缩短量，上式中根号前应取正号，得

$$\Delta_d=\left(1+\sqrt{1+\frac{2h}{\Delta_{st}}}\right)\Delta_{st}=K_d\Delta_{st} \tag{12-6}$$

式中 K_d——自由落体冲击的动荷系数。

$$K_d=1+\sqrt{1+\frac{2h}{\Delta_{st}}} \tag{12-7}$$

由于冲击时材料依然服从胡克定律，故有

$$\sigma_d=K_d\sigma_{st} \tag{12-8}$$

由式（12-7）可见，当 $h=0$ 时，$K_d=2$，即杆受突加载荷时，杆内应力和变形都是静载荷作用下的两倍，故加载时应尽量缓慢且避免突然增加载荷。

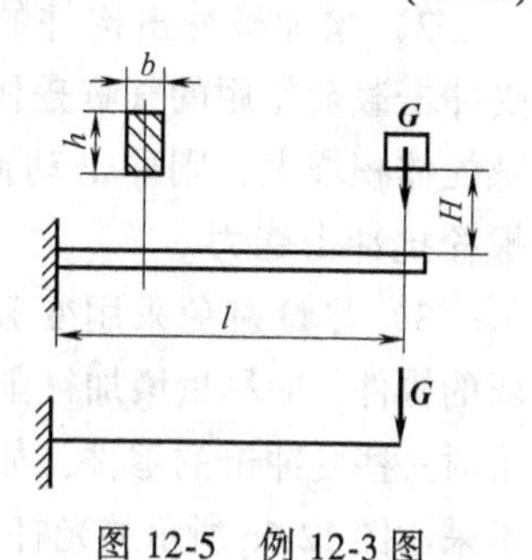

图 12-5 例 12-3 图

****例 12-3** 重量 $G=1\text{kN}$ 的重物自由下落在矩形截面的悬臂梁上，如图 12-5 所示。已知 $b=120\text{mm}$，$h=200\text{mm}$，$H=40\text{mm}$，$l=2\text{m}$，$E=10\text{GPa}$，试求梁的最大动荷应力与最大动挠度。

解：此题属于自由落体冲击，故可直接应用公式计算，即

$$\sigma_{d\max}=K_d\sigma_{st\max}$$
$$\Delta_{d\max}=K_d\Delta_{st\max}$$

动荷系数为

$$K_d=1+\sqrt{1+\frac{2H}{\Delta_{st}}}$$

求解过程可分为两个步骤：

1）动荷系数的计算。为了计算 K_d，应先求冲击点的静位移 Δ_{st}。悬臂梁受静载荷 G 作用时，载荷作用点的静位移，即自由端的挠度为

$$\Delta_{st}=\Delta_{st\max}=\frac{Gl^3}{3EI}=\frac{12\times1\times10^3\times(2\times10^3)^3}{3\times10\times10^3\times120\times200^3}\text{mm}=\frac{10}{3}\text{mm}$$

则动荷系数

$$K_d=1+\sqrt{1+\frac{2\times40\times3}{10}}=6$$

2）静载荷作用下的应力与变形。悬臂梁受静载荷 G 作用时，最大正应力发生在靠近固定端的截面上，其值为

$$\sigma_{st\max}=\frac{M_{\max}}{W}=\frac{6Gl}{bh^2}=\frac{6\times1\times10^3\times2\times10^3}{120\times200^2}\text{Pa}=2.5\text{MPa}$$

于是，此梁的最大动荷应力与最大动挠度分别为

$$\sigma_{d\max}=2.5\times6\text{MPa}=15\text{MPa}$$

$$\Delta_{d\max}=\frac{10}{3}\times6\text{mm}=20\text{mm}$$

2. 提高构件抵抗冲击能力的措施

上例说明，冲击载荷下冲击应力较之静应力高很多，所以在实际工程中采取相应措施，提高构件抗冲击能力，减小冲击应力，是十分必要的。

1）尽可能增加构件的静变形。由式（12-6）、式（12-7）可见，增大构件的静变形 Δ_{st} 可降低动荷系数 K_d，从而降低冲击动荷应力和动变形。但是必须注意，往往在增大静变形的同时，静应力也不可避免地随之增大，从而达不到降低动荷应力的目的。为达到增大静变形而又不使静应力增加，在工程上往往采用加设弹簧、橡胶垫或垫圈等措施，如火车车厢与轮轴之间安装压缩弹簧，汽车车架与轮轴之间安装叠板弹簧等，都能够减小冲击动荷应力，同时也起到了很好的缓冲作用。

2）增加被冲击构件的体积。由例 12-3 可见，增大被冲击构件体积，可使动应力降低。受冲击载荷作用的气缸盖固紧螺栓，由短螺栓（图 12-6a）改为相同直径长螺栓（图 12-6b），螺栓体积增大，则冲击动荷应力减小，从而提高了螺栓抗冲击能力。

3）尽量避免采用变截面杆。对必须进行局部削弱的构件，应尽量增加被削弱段的长度。因此，工程中对一些受冲击的零件，如气缸螺栓（图 12-6a、b），不采用图 12-6c 所示的光杆部分直径大于螺纹内径的形状，而采用图 12-6d 所示的光杆段截面挖空削弱接近等截面的形状，使静变形 Δ_{st} 增大，而静应力不变，从而降低动荷应力。

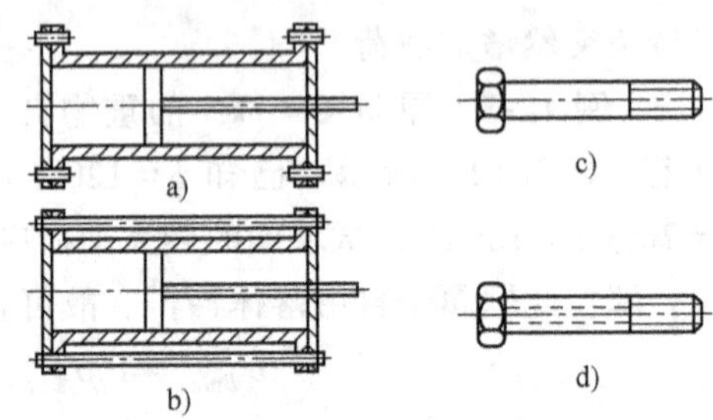

图 12-6 提高构件抵抗冲击能力的措施

12.2 交变应力与疲劳破坏的概念

12.2.1 交变应力的概念

机械中有许多零件，工作时的应力做周期性变化。例如火车车轮轴在载荷作用下产生弯曲变形（图 12-7a），当车轮轴转动时，任意截面上任一点的应力就随时间做周期性变化。以中间截面上点 C 的应力为例，点 C 顺次通过图 12-7a 中的 1、2、3、4 各位置时，应力变化情况为当点 C 处于 1 的位置时，其应力为最大拉应力；当点 C 旋转到 2 的位置时，应力为零；至 3 的位置时，其应力为最大压应力，至 4 的位置时，应力又为零。由于轮轴随车轮不停地旋转，其横截面上某一固定点 C 的弯曲应力不断地重复以上变化。若以时间 t 为横坐标，弯曲正应力 σ 为纵坐标，应力随时间变化如图 12-7b 所示。正应力为

$$\sigma=\frac{My_A}{I_z}=\frac{MR\sin\omega t}{I_z}$$

再如图 12-8a 所示齿轮的齿，它可以近似地简化成悬臂梁，齿轮每旋转一周，其上的每

个轮齿均啮合一次。自开始啮合至脱开的过程中，轮齿所受的啮合力 F 迅速地由零增至某一最大值，然后再减为零，轮齿齿根内的应力 σ 随之也迅速地由零增至某一最大值 σ_{max}，再降至零。齿轮不停地转动，σ 也就随时间 t 不停地做周期性交替变化，其关系曲线如图 12-8b 所示。

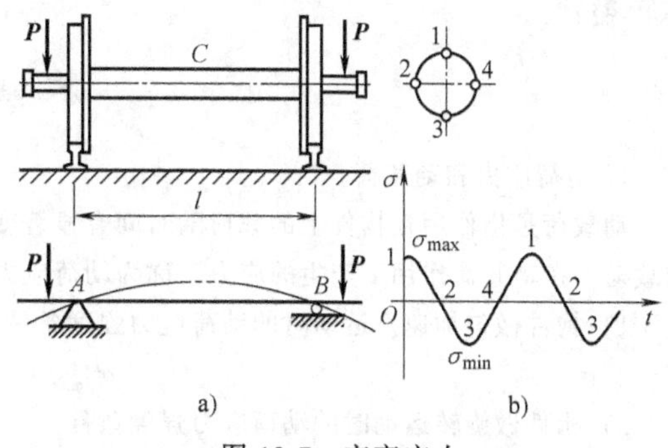

图 12-7　交变应力

12.2.2　疲劳破坏的概念

经验表明，在交变应力作用下，即使构件内的最大工作应力远小于材料在静载荷下的极限应力，但在经历一定时间后，构件仍然会发生突然断裂；而且，即使是塑性材料，在断裂前，也不会产生明显的塑性变形。这种因交变应力的长期作用而引发的低应力脆性断裂现象称为疲劳破坏。

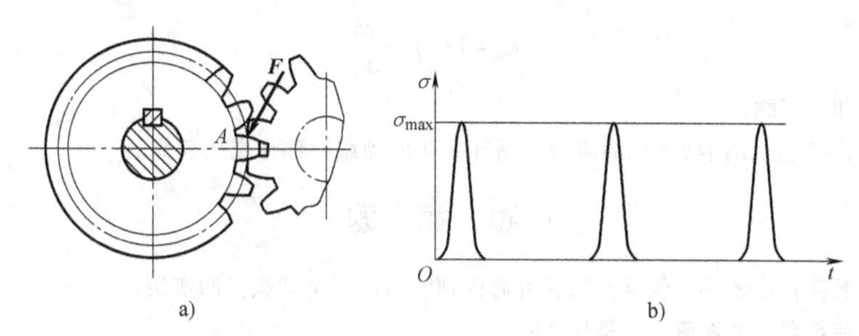

图 12-8　轮齿齿根内的应力 σ

12.2.3　疲劳破坏的特点

图 12-9 展示了汽锤杆疲劳破坏后的断口。由图可见，疲劳破坏的断口表面通常有两个截然不同的区域，即光滑区和粗糙区。这种断口特征可从引起疲劳破坏的过程来解释。当交变应力中的最大应力超过一定限度并经历了多次循环后，在最大正应力处或材质薄弱处产生细微的裂纹源（如果材料有表面损伤、夹杂物或加工造成的细微裂纹等缺陷，则这些缺陷本身就成为裂纹源）。随着应力循环次数的增多，裂纹逐渐扩大。由于应力的交替变化，裂纹两侧面的材料时而压紧，时而分开，逐渐形成表面的光滑区。另一方面，由于裂纹的扩展，有效的承载截面将随之削弱，而且裂纹尖端处形成高度应力集中，当裂缝扩大到一定程度后，在一个偶然的振动或冲击下，构件沿削弱了的截面发生脆性断裂，形成断口如图 12-9 所示的粗糙区域。

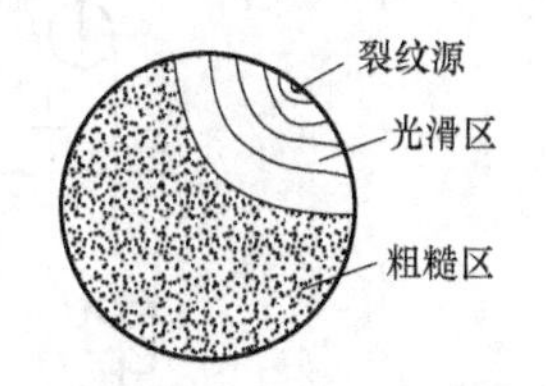

图 12-9　疲劳破坏后的断口

12.2.4　疲劳破坏的危害

疲劳破坏往往是在没有明显预兆情况下发生的，很容易造成事故。机械零件的损坏大部分是疲劳损坏，因此对在交变应力下工作的零件进行疲劳强度计算是非常必要的，许多零件的使用寿命就是据此确定的。具体应用可参阅相关资料，结合具体零部件的设计解决，在此不再赘述。

本章小结

1. 动荷应力和动载荷

动载荷是指作用在构件上的载荷随时间有显著变化，或在载荷作用下，构件上各点产生显著的加速度的载荷。在动载荷作用下产生的应力，称为动荷应力。

1）构件做匀加速。运动时的动荷应力强度条件为

$$\sigma_{d\max}=\sigma_{\max}K_d\leqslant[\sigma]$$

2）构件做旋转运动时的动荷应力强度条件。

构件可以近似地看作绕定轴转动的圆环。圆环强度条件为

$$\sigma_d=\rho v^2\leqslant[\sigma]$$

3）受冲击构件的强度条件为

$$\sigma_{d\max}=K_d\sigma_{st\max}\leqslant[\sigma]$$

式中 K_d——动荷系数，自由落体冲击时的动荷系数为

$$K_d=1+\sqrt{1+\frac{2h}{\Delta_{st}}}$$

2. 交变应力和交变载荷

交变应力是指随时间做周期变化的应力。循环变化的动载荷称为交变载荷。

思 考 题

1. 什么是静载荷？什么是动载荷？二者有何区别？举出几个动载荷的实例。
2. 什么是动荷系数？其物理意义是什么？
3. 为什么转动飞轮都有一定的转速限制？如转速过高，将会产生什么后果？
4. 冲击动荷系数与哪些因素有关？为什么弹簧可承受较大的冲击载荷而不致损坏？
5. 什么是交变应力？什么是疲劳破坏？后者如何形成？

习 题

12-1 如图 12-10 所示，已知物体的重量 $G=40\text{kN}$，提升时的最大加速度 $a=5\text{m/s}^2$，起吊绳索的许用应力 $[\sigma]=80\text{MPa}$，绳索自重不计，试设计图中的起吊绳索的横截面积。

12-2 如图 12-11 所示飞轮的最大圆周速度 $v=25\text{m/s}$，材料密度 $\rho=7.41\text{kg/m}^2$。若不计轮辐的影响，试求轮缘内的最大正应力。

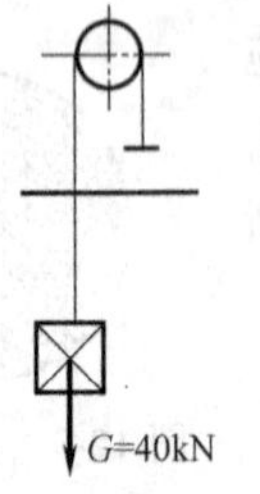

图 12-10 题 12-1 图

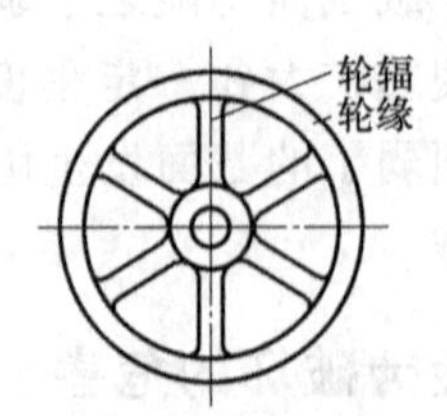

图 12-11 题 12-2 图

12-3 如图 12-12 所示，长度为 $l=12\text{m}$ 的 32a#工字钢，质量分布为 52.7kg/m^3，用两根横截面 $A=1.12\text{cm}^2$ 的钢绳起吊。设起吊时的加速度 $a=10\text{mm/s}^2$，求工字钢中的最大动荷应力及钢绳的动荷应力。

*12-4　如图 12-13 所示，物块重量为 $G=1\text{kN}$，从高 $h=4\text{cm}$ 处自由下落，冲击矩形截面简支梁 AB 的 C 处。$l=4\text{m}$，梁横截面尺寸为 $b=10\text{cm}$，$h=20\text{cm}$。材料的弹性模量 $E=100\text{GPa}$，许用应力 $[\sigma]=40\text{MPa}$。试校核梁的强度并计算梁跨中点的挠度。

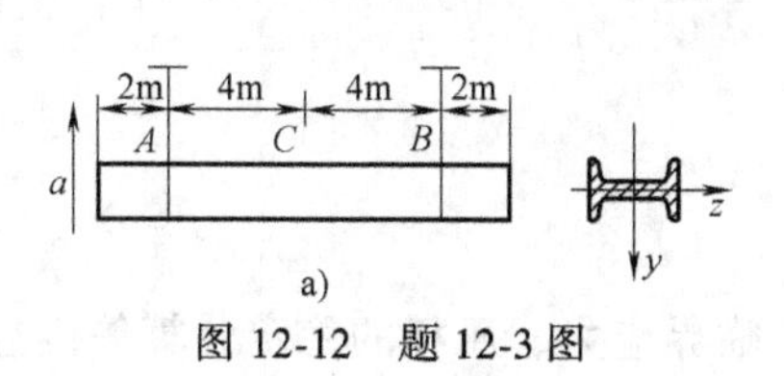

图 12-12　题 12-3 图

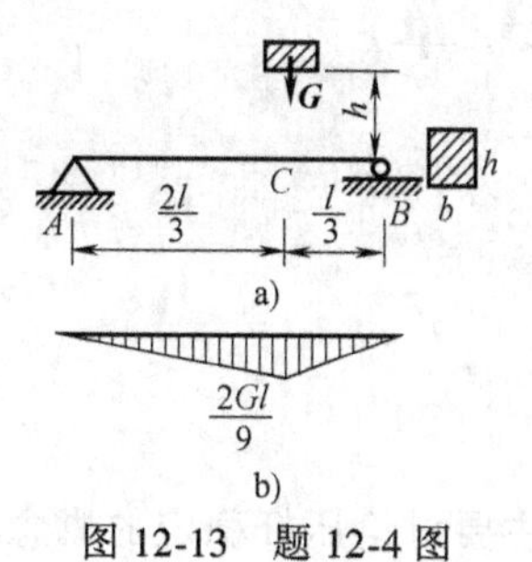

图 12-13　题 12-4 图

第13章

压杆稳定

本章主要讨论压杆稳定的概念、压杆临界压力、临界应力、压杆的稳定计算等内容，为受压杆件的设计提供计算依据。

13.1 压杆稳定的概念及失稳分析

13.1.1 压杆稳定问题的提出

前述章节在研究直杆轴向受压时，判断它是否发生破坏的指标主要是强度，为保证构件安全可靠地工作，要求其工作应力小于等于许用应力。实际上，这个结论只对短粗的压杆才是正确的，若用于细长杆则会导致错误的结论，留下安全隐患。例如，一根宽 30mm，厚 5mm 的矩形截面木杆（板），对其施加轴向压力，如图 13-1 所示。设材料的抗压强度 σ_c = 40MPa，由试验可知，当杆很短时（设高为 30mm），如图 13-1a 所示，将杆压坏所需的压力为 6kN。但若杆长增加到 1m，则只需不到 30N 的压力，杆就会突然产生显著的弯曲变形而失去承载能力（图 13-1b）。这说明，细长压杆之所以丧失承载能力，是由于其轴线不能维持原有直线形状的平衡状态所致，此类现象称为丧失稳定，或简称失稳。由此可见，横截面和材料相同的压杆，由于杆的长度不同，其抵抗外力的能力将发生根本的改变，短粗的压杆是强度问题，而细长的压杆则是稳定性问题。工程中有许多细长压杆，例如，图 13-2a 所示螺旋千斤顶的螺杆，图 13-2b 所示内燃机的连杆。同样，还有桁架中的受压杆、建筑物中的柱、液压支架中的活塞杆等，也都是压杆，其破坏主要是表现为失稳。由于压杆失稳的突发

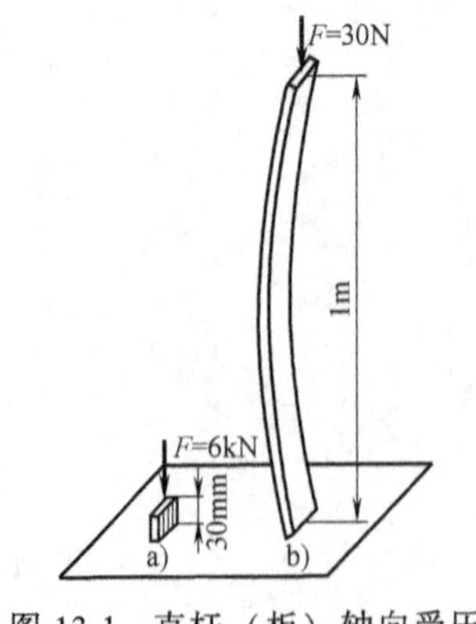

图 13-1 直杆（板）轴向受压

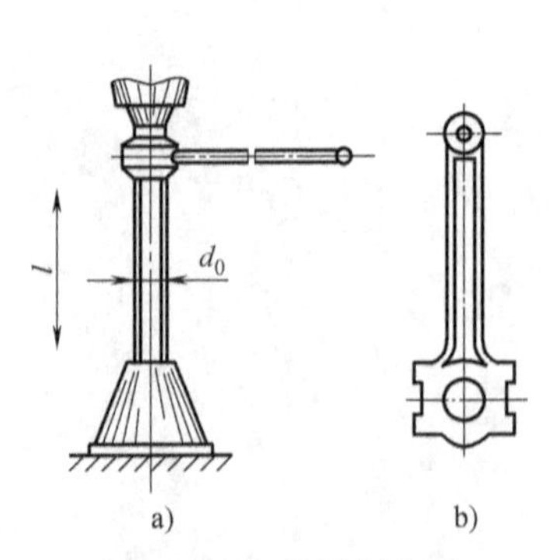

图 13-2 细长压杆实例

性，造成的事故往往会比较严重，特别是目前液压气压元件和大型桁架结构的广泛使用，压杆的稳定问题更为突出。可以说，稳定性计算已成为结构设计中极为重要的一部分，对细长压杆必须进行稳定性计算。

13.1.2　失稳分析

1. 压杆稳定性的概念

外力作用下，构件维持原有平衡状态的能力称为稳定性。

设想有一小球和小环，足够小心的情况下，可以把小球放在环的弧形底端内侧，也可以放到环的弧形顶端外侧，使之平衡静止。在底端内侧时，施加一个平面内的轻微扰动力，小球会以原有平衡位置为中心往复摆动，并最终回到原有平衡位置，这种平衡状态称为稳定平衡；而在顶端外侧静止时，施加一个平面内的轻微扰动力，小球会离开原有平衡位置，且无法回到原有平衡位置，这种平衡状态称为不稳定平衡。细长压杆的平衡稳定性也可以类比，现以图 13-3 所示两端铰支的细长压杆来呈现压弯过程。设压力与杆件轴线重合，当压力逐渐增加但小于某一极限值时，杆件一直保持直线形状的平衡，即使用微小的侧向干扰力使它暂时发生轻微弯曲（图 13-3a），但干扰力解除后，它仍将恢复直线形状（图 13-3b）。这种平衡状态类似于小球在底端内侧，是稳定的平衡。当压力逐渐增加到某一极限值时，用微小的侧向干扰力使它发生轻微弯曲，干扰力解除后，它将保持曲线形状的平衡，不能恢复原有的直线形状（图 13-3c），这种平衡状态类似于小球在顶端外侧，是不稳定的平衡。上述使压杆由稳定平衡过渡到不稳定平衡，所对应的压力极限值称为临界压力或临界力，记为 F_{cr}。

压杆失稳后，压力的微小增加会导致弯曲变形的显著加大，表明压杆已丧失了承载能力，可以引起与其连接的机器或结构的整体损坏，可见这种形式的失效并非强度不足，而是稳定性不够。同时也说明临界压力是压杆失稳对应的最小压力。

2. 其他形式构件的失稳现象

除了受压的杆件，其他结构也存在稳定性问题。例如，在内压作用下的薄壁圆筒，壁内应力为拉应力（锅炉和圆柱形压力容器就是这种情况），属于强度问题。但同样的薄壁圆筒如在均匀外压强作用下（图 13-4），壁内应力变为压应力，则当外压强达到临界值时，圆筒的圆形平衡就变得不稳定，会突然变成由细双点画线表示的椭圆形。又如板条或工字梁在最大抗弯刚度平面内弯曲时（图 13-5），会因载荷达到临界值而发生侧向弯曲，并伴随着扭

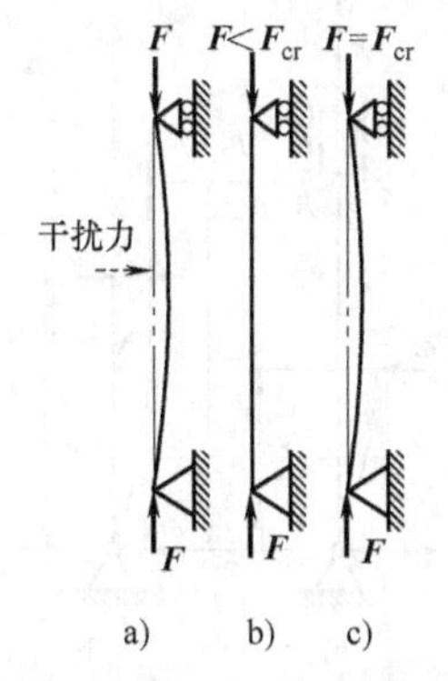

图 13-3　细长压杆的失稳

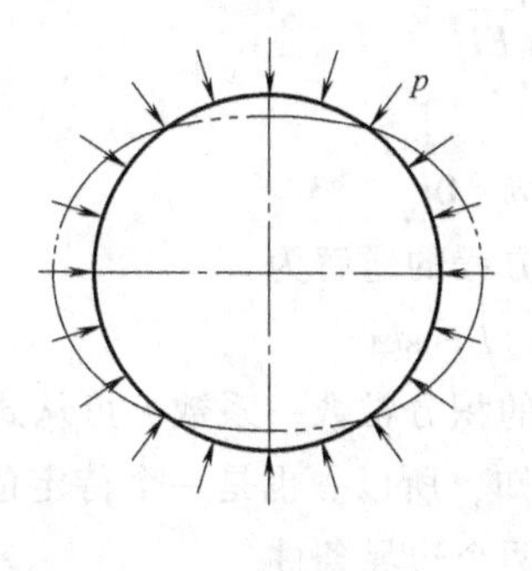

图 13-4　薄壁圆筒的失稳

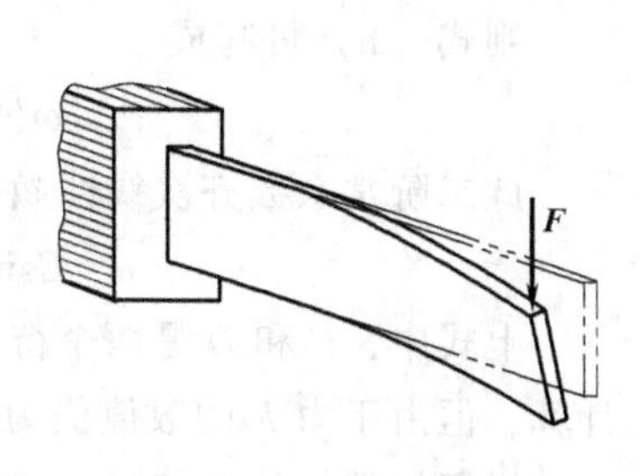

图 13-5　板条的失稳

转。对于薄壁结构，承受轴向压力时，也会出现载荷达到临界值时，局部褶皱的现象，如空易拉罐受挤压时的变形等。这些都是稳定性不足引起的失效。本章只讨论受压杆件，其他形式的稳定性问题不进行讨论。

13.2 临界压力

13.2.1 理想细长压杆的临界压力

如前所述，对特定的压杆来说，判断其是否会失稳，主要取决于压力是否达到了临界值。因此，确定相应的临界压力，是解决压杆稳定问题的关键。本节先讨论细长压杆临界压力。

为了研究方便，我们把实际细长压杆理想化成理想压杆，即杆由均质材料制成，轴线为直线（不存在初弯曲），外力的作用线与压杆轴线完全重合（不存在偏心）。

由于临界压力也可认为是压杆处于微弯平衡状态，当挠度趋向于零时承受的压力。因此，对一般截面形状、载荷及支座情况不复杂的细长压杆，可根据压杆处于微弯平衡状态下的挠曲线近似微分方程式进行求解，这一方法称为静力法。

压杆的临界压力与杆端的约束类型有关。不同杆端约束时细长压杆临界压力不同，因此需要分别讨论，先以两端铰支细长杆为例。

1. 两端铰支细长压杆的临界压力

如图 13-6a 所示，长度为 l 的两端铰支细长杆，受压力 F 达到临界值 F_{cr} 时，压杆由直线平衡形态转变为曲线平衡形态。临界压力是使压杆开始丧失稳定性，保持微弯平衡的最小压力。选取坐标系如图 13-6b 所示，设距原点为 x 的任意截面的挠度为 ω，则弯矩为

$$M(x)=-F\omega \tag{a}$$

采用与弯曲内力相同的做法，求弯矩时，先假设为正，结果与假设相反，则为负弯矩。可以列出其挠曲线近似微分方程为

$$EI\omega''=M(x)=-F\omega \tag{b}$$

若令

$$k=\sqrt{\frac{F}{EI}} \tag{c}$$

则式（b）可写成

$$\omega''+k^2\omega=0 \tag{d}$$

此二阶常系数齐次线性微分方程的通解为

$$\omega=C\sin kx+D\cos kx \tag{e}$$

上式中，C 和 D 是两个待定的积分常数；系数 k 可从式（c）计算，但由于力 F 的数值仍为未知，所以 k 也是一个待定值。

根据杆端的约束情况，存在两个边界条件

$$\omega(0)=0,\omega(l)=0$$

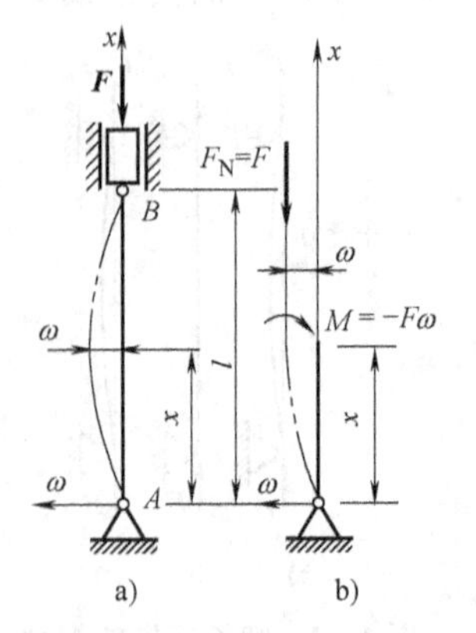

图 13-6 两端铰支的细长压杆

将第一个边界条件代入式（e），得

$$D=0$$

则式（e）可改写为

$$\omega=C\sin kx \tag{f}$$

上式表示挠曲线是一正弦曲线。再将第二个边界条件代入式（f），得

$$0=C\sin kl$$

若取 $C=0$，则由式（f）得 ω 恒等于零，即表明杆没有弯曲，一直保持直线形状的平衡形式，无意义。

因此，只可能 $\sin kl=0$，满足这一要求的 kl 值为

$$kl=n\pi \quad (n=0,1,2,3,\cdots)$$

代入式（c），得

$$k^2l^2=n^2\pi^2=\frac{F}{EI}l^2$$

故

$$F=\frac{n^2\pi^2EI}{l^2} \tag{g}$$

无论 n 取何正整值，都有与其对应的力 F。但在实用上应取最小值。若取 $n=0$，则 $F=0$，这与讨论情况不符。所以应取 $n=1$，相应的压力 F 即为所求的临界压力

$$F_{cr}=\frac{\pi^2EI}{l^2} \tag{13-1}$$

式中　E——压杆材料的弹性模量；

　　　I——压杆横截面对中性轴的惯性矩；

　　　l——压杆的长度。

式（13-1）简称为欧拉公式。此式表明压杆的临界压力与压杆的抗弯刚度成正比，与杆长的平方成反比，说明杆越细长，其临界压力越小，压杆越容易失稳。需要说明的是，由于压杆两端是球铰支座，它对端截面在任何方向的转角皆没有限制，因而杆件的微弯变形一定发生在抗弯能力最小的平面。这就是说，杆越细长，其临界压力越小，越容易丧失稳定。

应当注意，对于两端以球铰支承的压杆，式（13-1）中横截面的惯性矩，应取最小值 I_{min}。这是因为压杆失稳时，总是在抗弯能力为最小的纵向平面（即最小刚度平面）内弯曲。

2. 其他约束形式下细长压杆的临界压力

压杆除了两端铰支外，还有其他约束形式，当压杆的约束形式改变时，其挠曲线近似微分方程和挠曲线的边界条件也随之改变，因而临界压力的计算公式也不相同。仿照前面的方法，也可求得各种其他约束条件下压杆的临界压力公式，在此推导过程从略。

本节给出几种典型的理想约束条件下细长等截面中心受压直杆的临界压力表达式（表 13-1）。由表 13-1 看到，中心受压直杆的临界压力 F_{cr} 随杆端约束条件的变化而变化，杆端约束越强，可动自由度越少，杆的抗弯能力就越大，临界压力也就越大。对于不同的杆端约束，细长等截面中心受压直杆临界压力的欧拉公式可以写成统一的形式，即

$$F_{cr}=\frac{\pi^2 EI}{(\mu l)^2} \tag{13-2}$$

式中，μ 为压杆的长度系数或约束系数，与杆端的约束情况有关。l 为压杆的长度。二者乘积称为相当长度，其物理意义可用表 13-1 中各种杆端约束条件下细长压杆失稳时挠曲线形状说明：由于压杆失稳时挠曲线上拐点处的弯矩为零，可设想拐点处有一铰支，而将压杆在挠曲线两拐点间的一段视为两端铰支压杆，并利用式（13-1），得到原支承条件下压杆的临界力 F_{cr}。两拐点之间的长度，就是原压杆的相当长度。也就是说，相当长度就是各种支承条件下细长压杆失稳时，挠曲线中相当于半波正弦曲线的一段长度。

表 13-1　各种支承条件下等截面细长压杆的临界压力公式

支承情况	两端铰支	一端固定 一端自由	一端固定，一端可上、下移动（不能转动）	一端固定 一端铰支	一端固定，另一端可水平移动但不能转动
弹性曲线形状	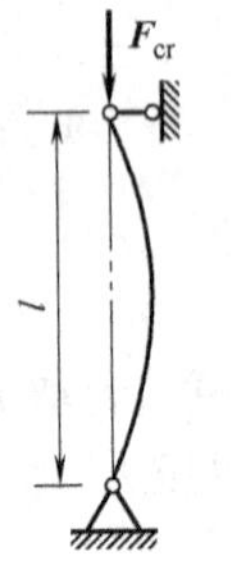	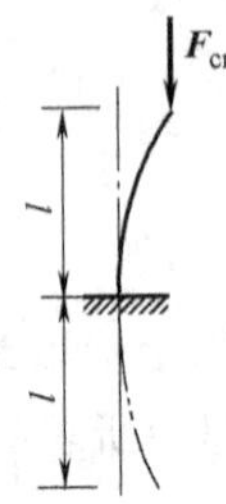	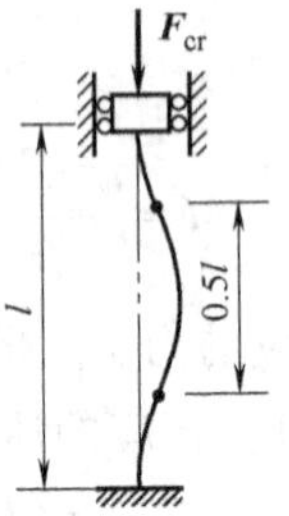	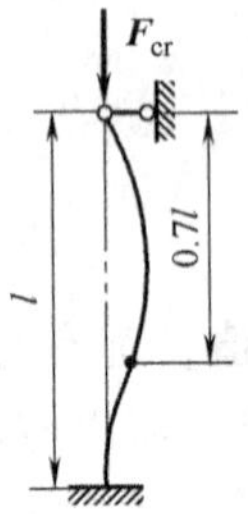	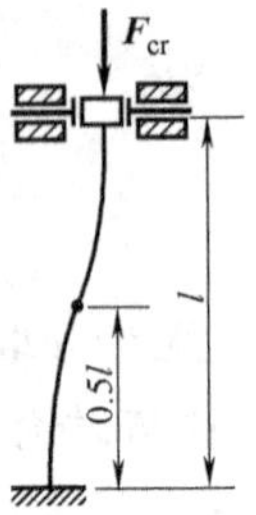
临界力公式	$F_{cr}=\frac{\pi^2 EI}{l^2}$	$F_{cr}=\frac{\pi^2 EI}{(2l)^2}$	$F_{cr}=\frac{\pi^2 EI}{(0.5l)^2}$	$F_{cr}=\frac{\pi^2 EI}{(0.7l)^2}$	$F_{cr}=\frac{\pi^2 EI}{l^2}$
相当长度	l	$2l$	$0.5l$	$0.7l$	l
长度系数	$\mu=1$	$\mu=2$	$\mu=0.5$	$\mu=0.7$	$\mu=1$

13.2.2　杆端约束形式的简化

应该指出，前文所列的杆端约束情况，是典型的理想约束。在工程实际中，杆端的约束情况是复杂的，有时很难简单地将其归结为某一种理想约束，应该根据实际情况进行具体分析，看其与哪种理想情况接近，从而确定近乎实际的长度系数。下面通过几个实例说明杆端约束情况的简化。

1. 柱形铰约束

如图 13-7 所示的连杆，两端为柱形铰连接。考虑连杆在大刚度平面（xy 面）内弯曲时，杆的两端可简化为铰支（图 13-7a），视为两端铰支压杆；考虑在小刚度平面（xz 面）内弯曲时（图 13-7b）则应根据两端的实际固结程度而定，如接头的刚性较好，使其不能转动，可简化为固定端；如仍可能有一定程度的转动，则将其简化为两端铰支。这样处理较为安全。

2. 焊接或铆接

对于杆端与支承处焊接或铆接的压杆，例如图 13-8 所示桁架腹杆 AC、EC 等及上弦杆

CD 的两端，可简化为铰支端。因为杆受力后连接处仍可能产生微小的转动，故不能将其简化为固定端。

3. 螺母和丝杠连接

图 13-9 所示连接的简化将随着支承套（螺母）长度 l_0 与支承套直径（螺母的螺纹平均直径）d_0 的比值 l_0/d_0 而定。当 $l_0/d_0<1.5$ 时，可简化为铰支端；当 $l_0/d_0>3$ 时，则简化为固定端；当 $1.5<l_0/d_0<3$ 时，则简化为非完全铰，若两端均为非完全铰，则取 $\mu=0.75$。

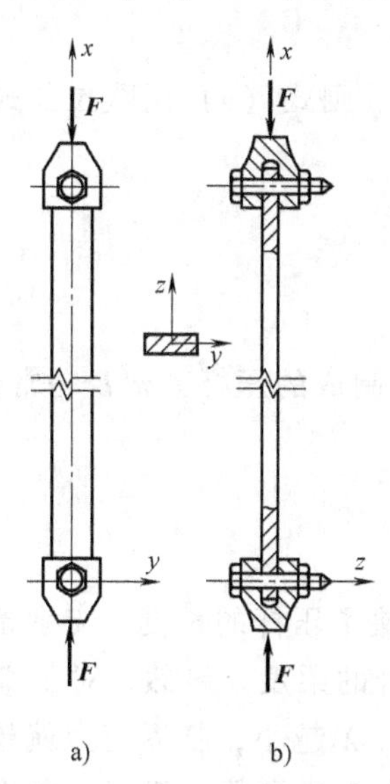

图 13-7　两端为柱形铰连接

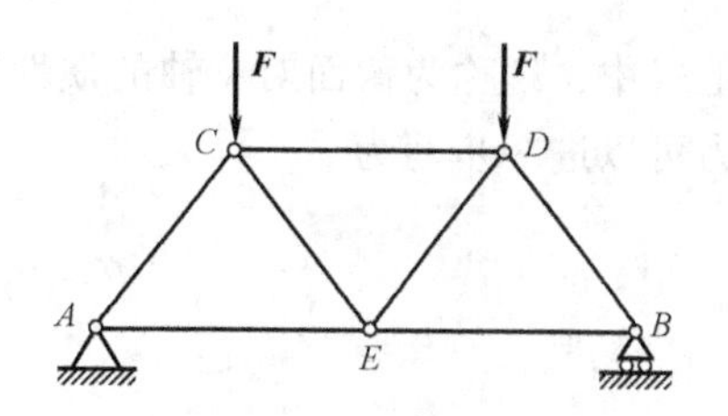

图 13-8　桁架腹杆

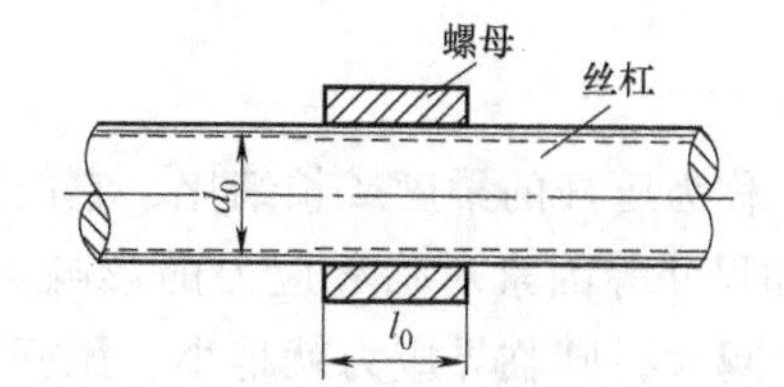

图 13-9　螺母和丝杠连接

4. 固定端

对于与坚实的基础固结成一体的柱脚，可简化为固定端，如浇注于混凝土基础中的钢柱柱脚。

总之，理想的固定端和铰支端约束是不常见的。实际杆端的连接情况，往往是介于固定端与铰支端之间。对应于各种实际的杆端约束情况，压杆的长度系数 μ 值，在有关的设计手册或规范中另有规定。在实际计算中，为了简单起见，有时将有一定固结程度的杆端简化为铰支端，这样简化是偏于安全的。

13.3　欧拉公式的适用范围与临界应力

欧拉公式推导过程中采用了挠曲线微分方程，而这个微分方程只有在材料服从胡克定律的条件下才成立。因此，杆内应力不超过材料的比例极限也是欧拉公式适用的前提。为便于研究，本节先介绍“临界应力”和“柔度”的概念，然后分析得出计算各类压杆临界应力的公式。

13.3.1　临界应力和柔度

理想压杆是轴向压缩，因此在临界压力作用下压杆横截面上的平均应力，依然可以用力

F_{cr} 除以横截面面积 A 来给出，称为压杆的临界应力，并以 σ_{cr} 来表示。即

$$\sigma_{cr}=\frac{F_{cr}}{A}=\frac{\pi^2EI}{(\mu l)^2A} \tag{a}$$

上式中的轴惯性矩 I 和横截面面积 A 都是与截面形状和尺寸相关的几何量，如将二者合并简记为

$$i_y^2=\frac{I}{A} \tag{13-3}$$

上式中，i_y 称为截面对 y 轴的惯性半径，量纲为长度。则式（a）用欧拉公式表示的临界应力可以进一步写为

$$\sigma_{cr}=\frac{\pi^2EI}{(\mu l)^2A}=\frac{\pi^2E}{\left(\frac{\mu l}{i}\right)^2}=\frac{\pi^2E}{\lambda^2} \tag{13-4}$$

式（13-4）称为临界应力的欧拉公式。对于一定材料制成的压杆，π^2E 是常数，σ_{cr} 与 λ^2 成反比。其中

$$\lambda=\frac{\mu l}{i} \tag{13-5}$$

λ 称为压杆的柔度或长细比，它的纲量为 1，综合反映了压杆的长度、支承条件、截面形状和尺寸等因素对临界应力的影响。每个压杆都有自身的柔度。显然，对于细长压杆来说，λ 越大，则临界应力就越小，压杆越容易失稳；反之，λ 越小，临界应力就越大，压杆就不太容易失稳。所以，柔度 λ 是压杆稳定计算中的一个重要参数。下一节中将采用柔度对压杆进行分类。

13.3.2 欧拉公式的适用范围

前面已述，只有压杆的应力不超过材料的比例极限 σ_p 时，欧拉公式才能适用。故欧拉公式的适用条件是

$$\sigma_{cr}=\frac{\pi^2E}{\lambda^2}\leqslant\sigma_p \tag{13-6}$$

上式取等号时，对应于比例极限的柔度值为

$$\lambda_1=\lambda_p=\sqrt{\frac{\pi^2E}{\sigma_p}}$$

欧拉公式的适用范围也可以写为

$$\lambda\geqslant\lambda_p \tag{13-7}$$

满足式（13-7）的压杆称为大柔度杆或细长杆。λ_p 为临界应力等于材料比例极限时的对应柔度，是允许应用欧拉公式的最小柔度值，有时用 λ_1 表示。材料一定，λ_p 则为常数。如 Q235 钢，其弹性模量 $E=200\text{GPa}$，比例极限 $\sigma_p=200\text{MPa}$，则 λ_p 值为

$$\lambda_p=\sqrt{\frac{\pi^2E}{\sigma_p}}=\sqrt{\frac{\pi^2\times200\times10^9}{200\times10^6}}\approx100$$

这意味着，对于 Q235 钢制成的压杆，只有当其柔度大于等于 100 时，才能使用欧拉公式进行临界压力或临界应力的计算。再如铝合金，弹性模量 $E=70\text{GPa}$，比例极限 $\sigma_p=175\text{MPa}$，于是 $\lambda_p=62.8$。可见，由铝合金制作的压杆，只有当其柔度大于等于 62.8 时，才可以应用欧拉公式。因此，在压杆设计计算时必须先判断能否使用欧拉公式。

几种常用材料的 λ_p 值见表 13-2。

表 13-2　常用材料的 λ_p 值

材料	a/MPa	b/MPa	λ_p	λ_s
Q235 钢	310	1.14	100	60
35 钢	469	2.62	100	60
45 钢	589	3.82	100	60
铸铁	338.7	1.483	80	—
松木	40	0.203	59	—

13.3.3　中、小柔度杆临界应力的计算

当压杆柔度小于 λ_p 时，欧拉公式不再适用，但临界应力计算仍有需要，对于此类压杆，需要进一步细分。工程中，引入 λ_s（有时用 λ_2 表示）把压杆分为中柔度和小柔度杆。

$$\lambda_2=\lambda_s=\frac{a-\sigma_s}{b}$$

上式中，a、b 为与压杆材料力学性能有关的常数，取值见表 13-2。

$\lambda_p>\lambda>\lambda_s$ 的压杆为中柔度杆或者中长杆，设计中多采用经验公式确定临界应力。常用的经验公式为直线公式（又称为雅辛斯基公式）。

$$\sigma_{cr}=a-b\lambda \tag{13-8}$$

式（13-8）显示出中长杆的临界应力与柔度成正比，且随柔度增加而减小。

$\lambda\leqslant\lambda_s$ 的压杆为小柔度杆或者短粗杆，其柔度比中长杆更小，实践中不管施加多大轴向力，杆件都不会发生失稳，也即不存在稳定性问题，其极限承载应力是 σ_s（塑性材料）或 σ_b（脆性材料）。例如压缩试验中，低碳钢制短圆柱试件，直到被压扁也不会失稳，此时只考虑压杆的强度问题即可。同样，铸铁制短圆柱试件，直到被压裂也不会失稳，此时也只需考虑强度问题。

当塑性材料制成的短粗压杆临界应力达到材料屈服极限 σ_s 时，压杆即失效，故有

$$\sigma_{cr}=\sigma_s \tag{13-9}$$

综上所述，按照柔度值可将压杆分为三类，采用不同公式计算临界应力：

1）当 $\lambda\leqslant\lambda_s$ 时，压杆为小柔度杆，按强度问题计算。

2）当 $\lambda_p>\lambda>\lambda_s$ 时，压杆为中柔度杆，按直线公式计算。

3）当 $\lambda\geqslant\lambda_p$ 时，压杆为大柔度杆，按欧拉公式计算。

13.3.4　临界应力总图

以临界应力 σ_{cr} 为纵坐标，以柔度 λ 为横坐标，将临界应力与柔度的关系曲线绘于图

中，即可得到不同种类压杆的临界应力随柔度 λ 变化的临界应力总图（图 13-10）。图中对应于 C 点的柔度即为 λ_p。对应于 D 点的柔度为 λ_s。柔度大于等于 λ_p 的范围都为大柔度杆或细长杆，在 λ_p 和 λ_s 之间的称为中柔度杆或中长杆。小于等于 λ_s 的是小柔度杆或粗短杆。曲线 AB，称为欧拉双曲线。曲线上的实线部分 BC，是欧拉公式的适用范围部分，并给出了欧拉公式的临界应力表达式；虚线部分 CA，由于应力已超过了比例极限，为无效部分。斜线 DC 对应中长杆临界应力的直线型公式，而水平段 DE 表示短粗杆只有强度问题，其临界应力就是屈服强度或者抗压强度。

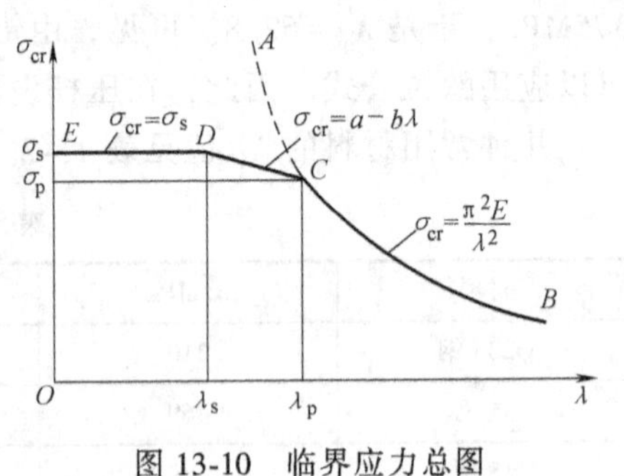

图 13-10　临界应力总图

例 13-1　图 13-11 所示，用 Q235 钢制成的三根压杆，两端均为铰链支承，横截面为圆形，直径 $d=50\text{mm}$，长度分别为 $l_1=2\text{m}$，$l_2=1\text{m}$，$l_3=0.5\text{m}$，材料的弹性模量 $E=200\text{GPa}$，屈服极限 $\sigma_s=235\text{MPa}$。求三根压杆的临界压力和临界应力。

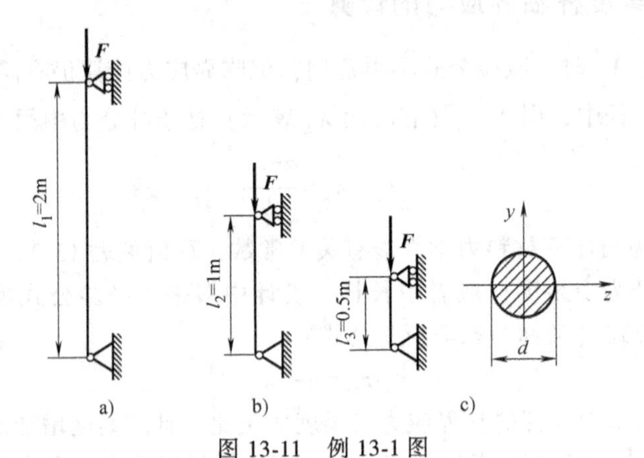

图 13-11　例 13-1 图

解： 1）计算各压杆的柔度。因压杆两端为铰支，查表 13-1 得长度系数 $\mu=1$。圆形截面对 y 轴和 z 轴的惯性矩相等，均为

$$I_y=I_z=\frac{\pi d^4}{64}$$

故圆形截面的惯性半径为

$$i=\sqrt{\frac{I}{A}}=\frac{d}{4}=12.5\text{mm}$$

由式（13-5）得各压杆的柔度分别为

$$\lambda_{11}=\frac{\mu l_1}{i}=\frac{1\times2000}{12.5}=160$$

$$\lambda_{22}=\frac{\mu l_2}{i}=\frac{1\times1000}{12.5}=80$$

$$\lambda_{33}=\frac{\mu l_3}{i}=\frac{1\times500}{12.5}=40$$

2）计算各压杆的临界应力和临界压力。查表 13-2，对于 Q235 钢，$\lambda_p=100$，$\lambda_s=60$。对比柔度值 $\lambda\geqslant\lambda_p$，可知压杆 1 为大柔度杆，临界应力用欧拉公式计算。

$$\sigma_{cr}=\frac{\pi^2E}{\lambda_{11}^2}=\frac{\pi^2\times200\times10^9}{160^2}=77.1\text{MPa}$$

临界压力为：$F_{cr}=\sigma_{cr}A=\sigma_{cr}\frac{\pi d^2}{4}=77.1\times\frac{\pi\times50^2}{4}\text{N}=1.51\times10^5\text{N}=151\text{kN}$

对于压杆 2，其柔度 $\lambda_2=80$，$\lambda_p>\lambda>\lambda_s$，所以为中柔度杆，其临界应力用经验公式计算。查表 13-2，对于 Q235 钢 $a=310\text{MPa}$，$b=1.14\text{MPa}$，故临界应力为

$$\sigma_{cr}=a-b\lambda=(310-1.14\times80)\text{MPa}=218.8\text{MPa}$$

临界压力为

$$F_{cr}=\sigma_{cr}A=\sigma_{cr}\frac{\pi d^2}{4}=218.8\times\frac{\pi\times50^2}{4}\text{N}=4.29\times10^5\text{N}=429\text{kN}$$

对于压杆 3，其柔度 $\lambda=40<\lambda_s=60$，所以为小柔度杆，又因为 Q235 钢为塑性材料，故其临界应力为

$$\sigma_{cr}=\sigma_s=235\text{MPa}$$

临界压力为

$$F_{cr}=\sigma_sA=\sigma_{cr}\frac{\pi d^2}{4}=235\times\frac{\pi\times50^2}{4}\text{N}=4.61\times10^5\text{N}=461\text{kN}$$

由本例题可以看出，在其他条件均相同的情况下，压杆的长度越小，则其临界应力和临界压力越大，压杆的稳定性越强。

例 13-2　如图 13-12 所示，一长度 $l=750\text{mm}$ 的压杆，两端固定，横截面为矩形，压杆的材料为 Q235 钢，其弹性模量 $E=200\text{GPa}$。计算压杆的临界应力和临界压力。

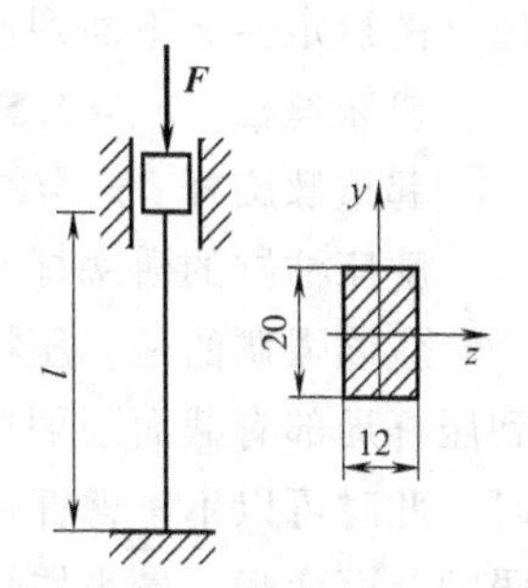

图 13-12　例 13-2 图

解：1）计算压杆的柔度。压杆两端固定，查表 13-1 得长度系数 $\mu=0.5$。矩形截面对 y 轴和 z 轴的惯性矩分别为

$$I_y=\frac{hb^3}{12}=\frac{20\times12^3}{12}\text{mm}^4=2880\text{mm}^4$$

$$I_z=\frac{bh^3}{12}=\frac{12\times20^3}{12}\text{mm}^4=8000\text{mm}^4$$

所以 $I_y<I_z$，因此压杆的横截面必定绕着 y 轴转动而失稳，将 I_y 代入式（13-3）中，得到截面对 y 轴的惯性半径为

$$i=\sqrt{\frac{I}{A}}=\sqrt{\frac{2880}{20\times12}}\text{mm}=3.46\text{mm}$$

由式（13-5）得，压杆的柔度为

$$\lambda=\frac{\mu l}{i}=\frac{0.5\times750}{3.46}=108.4$$

2）计算临界应力和临界压力。查表 13-2，对于 Q235 钢 $\lambda_p=100$，则 $\lambda>\lambda_p$，故临界应力可用欧拉公式计算。

$$\sigma_{cr}=\frac{\pi^2E}{\lambda^2}=\frac{\pi^2\times200\times10^9}{108.4^2}\text{MPa}=168\text{MPa}$$

临界压力为

$$F_{cr}=\sigma_{cr}A=168\times20\times12\text{N}=40.3\text{kN}$$

13.4 压杆的稳定性计算

对于大、中柔度的压杆需进行压杆稳定性计算，通常采用安全系数法。为了保证压杆不失稳，并具有一定的稳定储备，压杆的稳定条件可表示为

$$n=\frac{F_{cr}}{F}=\frac{\sigma_{cr}}{\sigma}\geqslant n_{st} \tag{13-10}$$

式中 F_{cr}——压杆的临界压力；

F——压杆的实际工作压力；

σ_{cr}——压杆的临界应力；

σ——压杆的工作压应力；

n——压杆工作安全系数；

n_{st}——规定的稳定安全系数，它表示要求受压杆件必须达到的稳定储备程度。

式（13-10）即为安全系数法表示的压杆的稳定条件。

一般规定稳定安全系数比强度安全系数要高。主要是考虑到一些难以预测的因素，如杆件的初弯曲、压力的偏心、材料的不均匀和支座的缺陷等，降低了杆件的临界压力，影响了压杆的稳定性。下面列出几种常用零件稳定安全系数的参考值：

机床丝杠 $n_{st}=2.5\sim4.0$　　低速发动机的挺杆 $n_{st}=4.0\sim6.0$

起重螺旋杆 $n_{st}=3.5\sim5.0$　　高速发动机的挺杆 $n_{st}=2.0\sim5.0$

磨床油缸的活塞杆 $n_{st}=4.0\sim6.0$

应该强调的是，压杆的临界压力取决于整个杆件的弯曲刚度。但在工程实际中，难免碰到压杆局部有截面削弱的情况，如铆钉孔、螺纹孔、油孔等，在确定临界压力或临界应力时，此时可以不考虑杆件局部截面削弱的影响，因为它对压杆稳定性的影响很小，仍按未削弱的截面面积、最小惯性矩和惯性半径等进行计算。但对这类杆件，还需对削弱的截面进行强度校核。

压杆的稳定性计算也可以解决类似强度计算的三类问题，即校核稳定性、设计截面和确定许可载荷。

***例 13-3** 图 13-13 所示为一根 Q235 钢制成的矩形截面压杆 AB，A、B 两端用柱销连接。设连接部分配合精密。已知 $l=2300\text{mm}$，$b=40\text{mm}$，$h=60\text{mm}$，

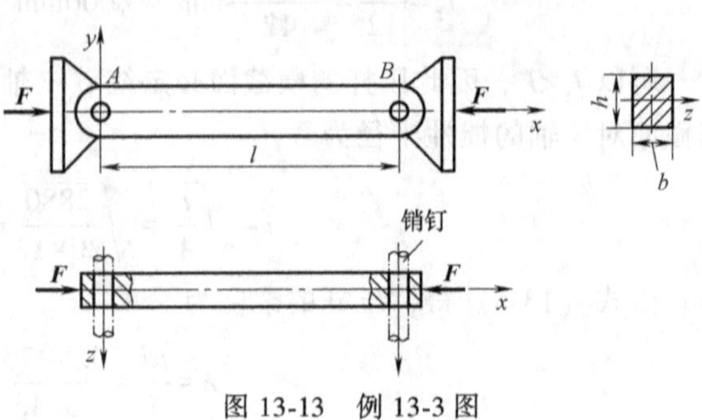

图 13-13 例 13-3 图

$E=206\text{GPa}$，$\lambda_p=100$，规定稳定安全系数 $n_{st}=4$，试确定该压杆的许用压力 F。

解：1）计算柔度 λ。在 xy 平面，压杆两端可简化为铰支 $\mu_{xy}=1$，则

$$i_z=\sqrt{\frac{I_z}{A}}=\sqrt{\frac{bh^3}{12bh}}=\frac{h}{\sqrt{12}}$$

$$\lambda_z=\frac{\mu_{xy}l}{i_z}=\frac{1\times2300\sqrt{12}}{60}=133>\lambda_p$$

在 xz 平面，压杆两端可简化为固定端，$\mu_{xz}=0.5$，则

$$i_y=\sqrt{\frac{I_y}{A}}=\sqrt{\frac{hb^3}{12bh}}=\frac{b}{\sqrt{12}}$$

$$\lambda_y=\frac{\mu_{xz}l}{i_y}=\frac{0.5\times2300\sqrt{12}}{40}=100$$

2）计算临界压力 F_{cr}。因为 $\lambda_z>\lambda_y$，故压杆最先在 xy 面内失稳。按 λ_z 计算临界应力，因 $\lambda_z>\lambda_p$，即压杆在 xy 面内是细长压杆，可用欧拉公式计算其临界压力，得

$$F_{cr}=\sigma_{cr}A=\frac{\pi^2E}{\lambda^2}bh=\frac{\pi^2\times206\times10^9}{133^2}\times40\times10^{-3}\times60\times10^{-3}\text{N}=276\text{kN}$$

3）确定该压杆的许用压力 F。由稳定条件可得压杆的许用压力 F 为

$$F\leqslant\frac{F_{cr}}{n_{st}}=\frac{276}{4}=69\text{kN}$$

例 13-4　图 13-14 所示结构中，梁 AB 为 14#普通热轧工字钢，CD 为圆截面直杆，其直径为 $d=20\text{mm}$，二者材料均为 Q235 钢，A、C、D 三处均为球铰约束，已知 $F_P=25\text{kN}$，$l_1=1.25\text{m}$，$l_2=0.55\text{m}$，$\sigma_s=235\text{MPa}$，强度安全系数为 $n_s=1.45$，稳定安全系数为 $n_{st}=1.8$。试校核结构是否安全？

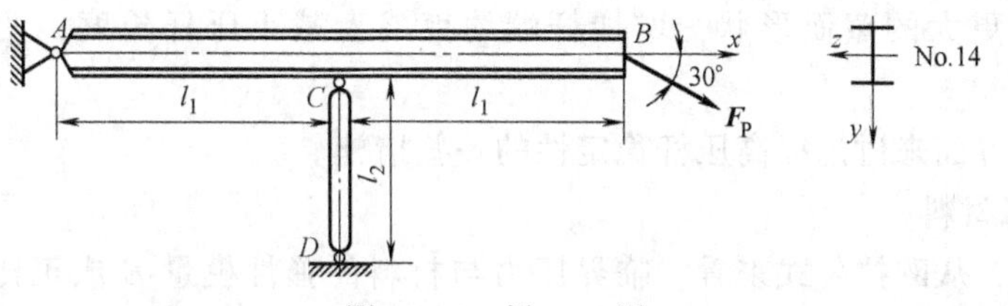

图 13-14　例 13-4 图

解：结构的安全要同时保证强度和稳定性均满足要求。对大梁 AB 做受力分析，可知其为拉伸和弯曲的组合变形，需要满足强度要求；直杆 CD 是受压的二力杆，需要满足稳定性要求。

1）大梁 AB 的强度校核。大梁 AB 相当于一端外伸梁上作用集中力，在支座 C 处弯矩图会有转折，取得最大值，为危险截面，该截面上的弯矩和轴力为

$$M_{max}=F_P\sin30°l_1=25\text{kN}\times0.5\times1.25=15.63\text{kN}\cdot\text{m}$$

$$F_N=F_P\cos30°=25\text{kN}\times\sqrt{3}/2=21.65\text{kN}$$

通过型钢表查得 14#普通热轧工字钢对应的截面数据，横截面积 $A=21.5\times10^2\text{mm}^2$，抗

弯截面系数 $W_z=102\times10^3\text{mm}^3$。则

$$\sigma_{\max}=\frac{F_N}{A}+\frac{M}{W_z}=\frac{21.65\text{kN}}{21.5\times10^2\times10^{-6}\text{m}^2}+\frac{15.63\text{kN}\cdot\text{m}}{102\times10^3\times10^{-9}\text{m}^3}=163.2\text{MPa}$$

Q235 钢的许用应力 $[\sigma]=\frac{\sigma_s}{n_s}=\frac{235}{1.45}=162\text{MPa}$，$\sigma_{\max}>[\sigma]$。

显然，最大应力超过了许用应力，但是超过的范围在 5%以内，工程上可以视为是安全的。

2）直杆 CD 的稳定性校核。由静力学平衡方程可求得直杆的轴向压力 $P_N=25\text{kN}$。

$$i=\sqrt{\frac{I}{A}}=\frac{d}{4}=5\text{mm},\ \mu=1$$

压杆柔度：$\lambda=\frac{\mu l}{i}=\frac{1\times550}{5}=110>\lambda_p=101$

判断杆件类型为细长杆，可以用欧拉公式计算临界压力：$F_{cr}=\frac{\pi^2 EI}{l^2}=52.7\text{kN}$。

压杆的工作安全系数：$n=\frac{F_{cr}}{F_N}=\frac{52.7}{25}=2.11>n_{st}=1.8$，压杆稳定性满足要求，安全。

以上计算结果表明，整体结构的强度和稳定性都是满足要求的，从工程角度可视为安全。

13.5 提高压杆稳定性的措施

根据细长压杆欧拉公式以及稳定性校核公式可知，要使压杆更加稳定，应该尽可能提高其临界压力，而要提高临界压力，从欧拉公式来看，相应的办法就是采用弹性模量更大的材料，采用惯性矩更大的截面形状，增加杆端约束或者减小压杆长度，尤其后者效果更为显著。

下面从这几方面来讨论提高压杆稳定性的一些措施。

1. 合理选择材料

对于细长杆，从欧拉公式来看，临界压力与材料的弹性模量 E 成正比，选 E 值大的材料可提高压杆的稳定性。例如，钢杆的临界压力大于同等条件下铁杆和铝杆的临界压力。但是，因为各种钢的 E 值相近，选用高强度钢，增加了成本，却不能有效地提高其稳定性。所以，对于细长杆，没有特殊要求时，宜选用普通钢材。

对于中长杆，临界应力 σ_{cr} 用经验公式计算。材料的强度高，临界应力就大。所以，选用高强度钢，可一定程度提高中长杆的稳定性。

对于短粗杆，本身只有强度问题，优质钢材的强度性能好于普通材料。

2. 选择合理的截面形状

由细长杆和中长杆的临界应力公式可知，两类压杆的临界应力的大小均与其柔度有关，柔度越小，则临界应力越高，压杆抵抗失稳的能力越强。从柔度的计算公式来看，压杆的长度和支承方式确定后，在横截面面积一定的前提下，应尽可能使材料远离截面形心，以加大

惯性矩，从而减小其柔度。如图 13-15 所示，相同面积下，采用空心截面比实心截面更为合理。但应注意，空心截面的壁厚不能太薄，以防止出现局部失稳屈曲现象。同时，压杆在任意纵向面内的柔度应尽可能相同或者相近，以保证不同面内相等概率的稳定性，可采用圆形或者环形。

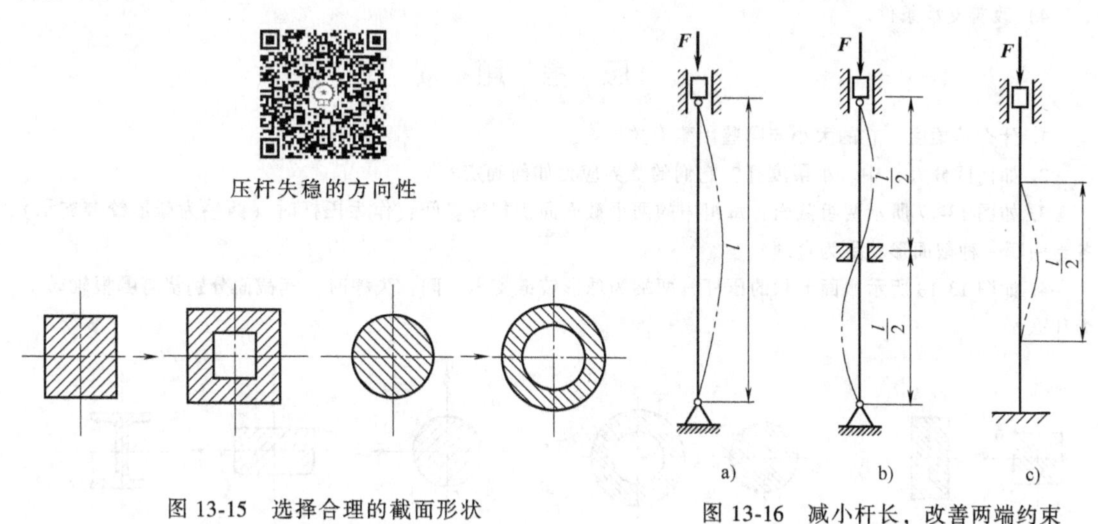

图 13-15　选择合理的截面形状

图 13-16　减小杆长，改善两端约束

3. 减小杆长，改善两端支承

由于柔度 λ 与 μl 的平方成正比，因此在工作条件允许的前提下，应尽量减小压杆的长度 l。还可以利用增加中间支座的办法来缩小跨度，提高压杆的稳定性。如图 13-16a 所示两端铰支的细长压杆，在压杆中点处增加一铰支座（图 13-16b），其柔度为原来的 $l/2$。

由表 13-1 可见，压杆两端的支承越牢固，自由度越少，则约束系数越小，柔度越小，临界应力越大。压杆的两端铰支约束加固为两端固定约束（图 13-16c），其柔度只有原来的 1/2。

无论是压杆增加中间支承，还是加固杆端约束，都是提高压杆稳定性的有效方法，这种方法还可以有效减少压杆弯曲变形。因此，压杆在与其他构件连接时，应尽可能制成刚性连接或采用较紧密的配合。

本章小结

本章主要介绍了压杆稳定的概念、细长压杆的临界压力、压杆稳定性校核和提高压杆稳定性的措施。

1. 临界压力

使压杆由稳定平衡过渡到不稳定平衡所对应的最小轴向压力，此时，受微小的外界干扰力，压杆保持在微弯的平衡状态，该压力称为临界压力，它是压杆即将失稳时的临界值。

2. 临界应力

临界压力 F_{cr} 除以横截面积 A，称为压杆的临界应力。

3. 压杆稳定性校核

压杆稳定性校核时常采用安全系数法。为保证压杆不失稳，并具有一定的稳定储备，压杆的稳定性条件可表达为

$$n=\frac{F_{cr}}{F}=\frac{\sigma_{cr}}{\sigma}\geqslant n_{st}$$

4. 提高压杆稳定性的措施

1）选择合理材料。

2）选择合理截面形状。

3）减小压杆长度。

4）改善支承条件。

思 考 题

1. 什么是柔度？它的大小与哪些因素有关？

2. 如何区分大、中、小柔度杆？它们的临界应力如何确定？

3. 如图 13-17 所示两组截面，每组中的两个截面面积相等。问：作为压杆时（两端为球形铰链支承），各组中哪一种截面形状更为合理？

4. 如图 13-18 所示截面形状的压杆，两端为球形铰链支承。问：失稳时，其截面分别绕着哪根轴转动？为什么？

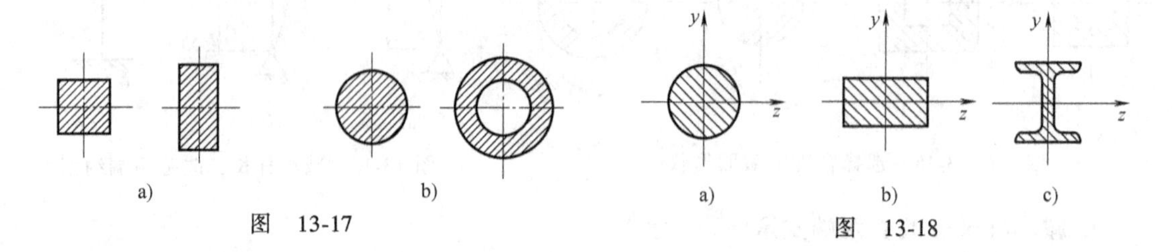

图 13-17　　图 13-18

5. 若用钢做成细长压杆，宜采用高强度钢还是普通钢？为什么？

习 题

13-1 如图 13-19 所示，压杆的材料为 Q235 钢，弹性模量 $E=200\text{GPa}$，横截面有四种不同的几何形状，其面积均为 3600mm^2。求各压杆的临界应力和临界压力。

13-2 如图 13-20 所示，压杆的材料为 Q235 钢，$E=210\text{GPa}$。在主视图（图 13-20a）的平面内，两端为铰支；在俯视图（图 13-20b）的平面内，两端认为固定。试求此杆的临界压力。

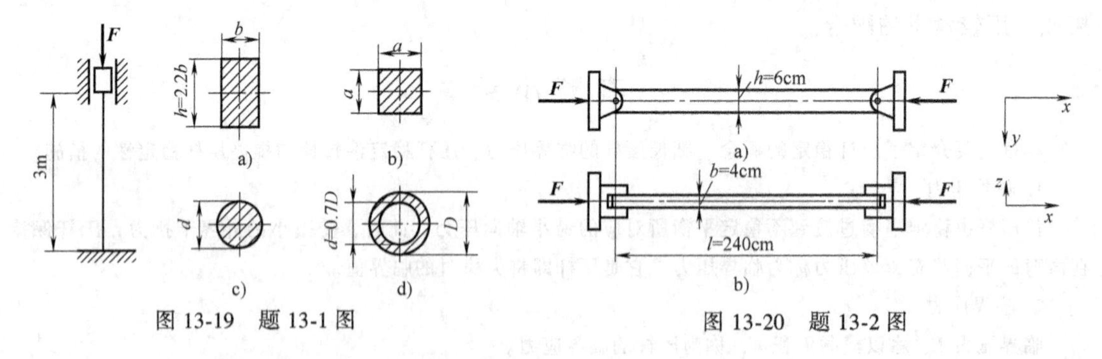

图 13-19 题 13-1 图　　图 13-20 题 13-2 图

13-3 如图 13-21 所示，螺旋千斤顶螺杆旋出的最大长度 $l=400\text{mm}$，螺纹小径 $d=40\text{mm}$，最大起重量 $F=80\text{kN}$，螺杆材料为 45 钢，$\lambda_p=100$，$\lambda_s=60$，规定稳定安全系数 $n_{st}=4$。试校核螺杆的稳定性（提示：设与螺母配合尺寸 h 很大，可视为固定端约束）。

13-4 如图 13-22 所示支架，$F=60\text{kN}$，AB 杆的直径 $d=40\text{mm}$，两端为铰链支承，材料为 45 钢，弹性模量 $E=200\text{GPa}$，稳定安全系数 $n_{st}=2$。校核 AB 杆的稳定性。

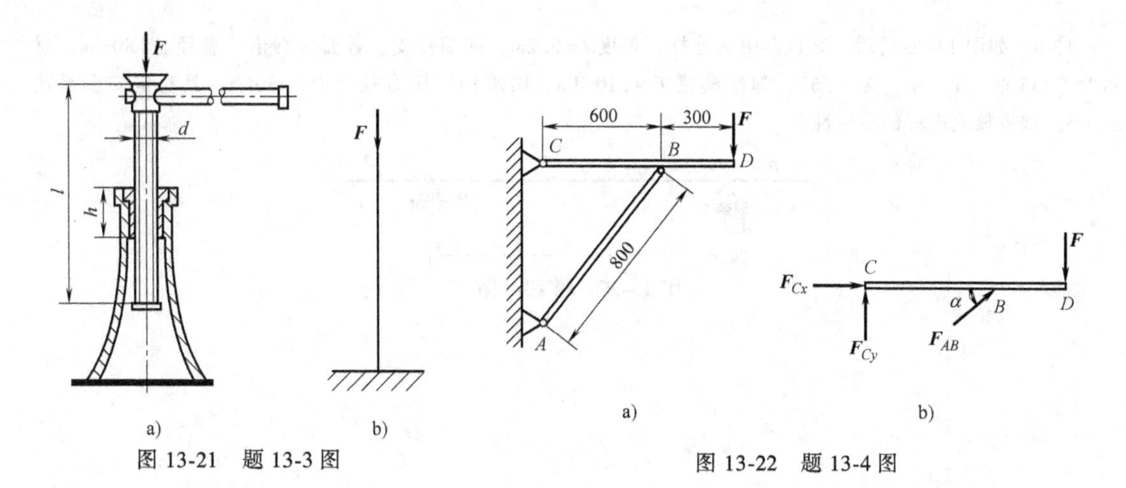

图 13-21　题 13-3 图　　　　图 13-22　题 13-4 图

13-5　如图 13-23 所示，结构由横梁 AB 与立柱 CD 组成。载荷 $F=10\text{kN}$，$l=60\text{cm}$，立柱的直径 $d=2\text{cm}$，两端铰支，材料是 Q235 钢，弹性模量 $E=200\text{GPa}$，规定稳定安全系数 $n_{st}=2$。1）试校核立柱的稳定性；2）已知许用应力 ［σ］ $=120\text{MPa}$，试选择横梁 AB 的工字钢号。

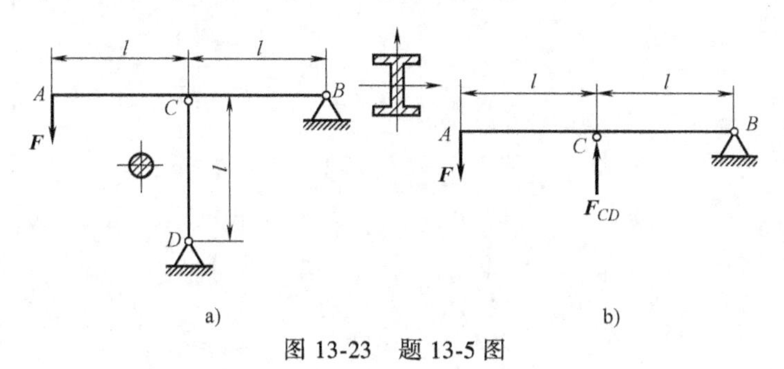

图 13-23　题 13-5 图

13-6　如图 13-24 所示，木制压杆长为 6m，若两端为铰接。试利用临界应力公式求所能支承的最大轴向力 F。

13-7　如图 13-25 所示，压杆由木材制成，其底部固定而顶部自由。若用其支承 $F=30\text{kN}$ 的轴向载荷，试计算杆件的最大许用长度。

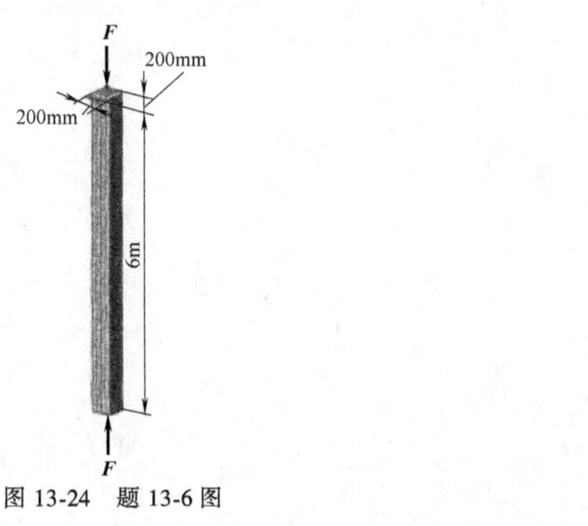

图 13-24　题 13-6 图

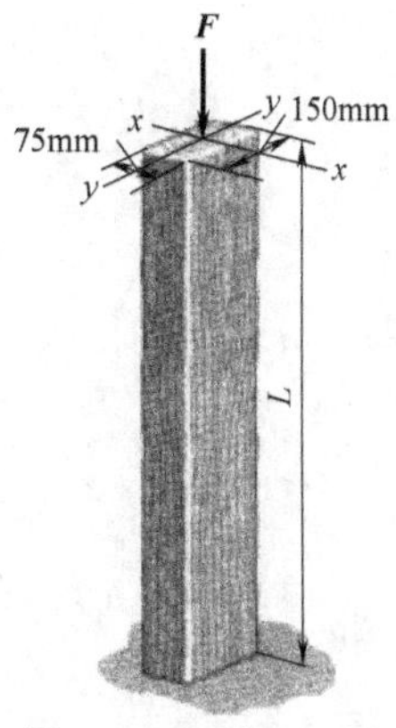

图 13-25　题 13-7 图

13-8 如图 13-26 所示，某机器中的连杆，长度 $l=2.2\text{m}$，两端铰支，截面为圆形，直径 $d=80\text{mm}$，材料为 Q235 钢（$\lambda_p=99$，$\lambda_s=56$），弹性模量 $E=210\text{GPa}$，两端作用压力载荷 $P=130\text{kN}$，其稳定安全系数 $n_{st}=5$。试校核此连杆的稳定性。

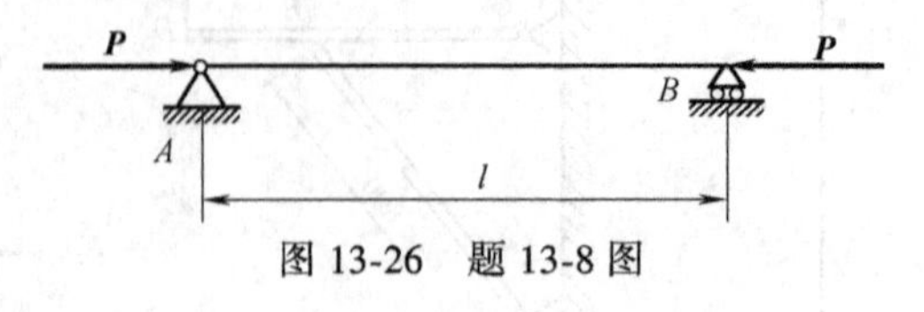

图 13-26 题 13-8 图

第3篇　运动学与动力学基础

静力学讨论了物体在平衡力系作用下平衡的规律。如果作用于物体上的力系不满足平衡条件，物体的运动状态将发生改变。本篇将研究物体在不平衡力系的作用下的运动规律，以及物体所受作用力与运动之间的关系——运动学与动力学。

1. 运动学的概述

运动学研究对象是“动点”（简称为“点”），或刚体运动的几何性质，而不涉及运动的原因（物体的质量、受力等）。

同一个物体的机械运动，在不同的参考物体（简称参考体）上观测，运动情况一般是不相同的。因此，为了描述运动，首先必须选定参考体，建立与其固连的参考坐标系（简称参考系）。参考系是参考体的抽象，是与参考体所固连的整个空间，它与参考体的运动形式是相同的。一般工程问题中，如无特别说明，参考系与地球相固连。描述物体相对参考系位置的参量就是坐标。

在描述物体的运动时，常用到瞬时和时间间隔这两个概念。瞬时是指某个确定的时刻，可抽象为时间坐标轴上的一个点，用 t 表示；时间间隔是指两个瞬时之间的一段时间，即时间坐标轴上的某个区间，用 Δt 表示，$\Delta t=t_2-t_1$。

2. 动力学的概述

动力学研究物体所受作用力与物体运动状态之间的关系，它建立了物体机械运动的普遍规律。

动力学中研究的对象是质点（具有一定质量而几何形状和尺寸可忽略不计的物体）、质点系（若干个有联系的质点组成的系统）、刚体。实际物体抽象成为哪一种并不是绝对的，而是取决于所研究的问题。随着问题性质的不同，同一个物体的简化结果也可能不相同。

工程实际中动力学问题很多，例如：机械设计中的平衡问题、振动问题、动反力问题以及结构物的振动问题等。工程力学中的动力学知识是研究较复杂动力学问题的基础。

第 14 章 点的运动与质点动力分析

14.1 点的运动分析

研究点的运动，就是研究点在所选平面参考系上的几何位置随时间变化的规律，具体来说，就是要确定点的平面运动方程、运动轨迹、速度和加速度。

点的运动可以采用不同的坐标系进行描述。作为点的运动基础，为简单起见，我们仅研究点做平面运动的情况。本书仅讨论自然法和直角坐标法。

14.1.1 用自然法求点的速度、加速度

1. 点的弧坐标运动方程

自然法是以点的运动轨迹作为自然坐标轴来确定点的位置的方法。因此，用自然法来描述点的运动规律必须已知点的运动轨迹。

点在参考系上的几何位置随时间变化的关系式称为点的运动方程。点在运动过程中所经过的路线称为点的运动轨迹。按照轨迹形状的不同，点的运动可分为直线运动和曲线运动。

如图 14-1 所示，设点 M 沿已知轨迹 AB 运动，选此轨迹为自然坐标轴，在轨迹上任取一点 O 作为坐标原点，并规定点 O 的一侧为正方向，另一侧为负方向。这样，点 M 在轨迹上的位置可用它到点 O 的弧长 s 来表示，弧长 s 称为点 M 在自然坐标轴上的弧坐标。弧坐标 s 是代数量，如果点 M 在轨迹的正方向上，则弧坐标为正值，反之为负值。

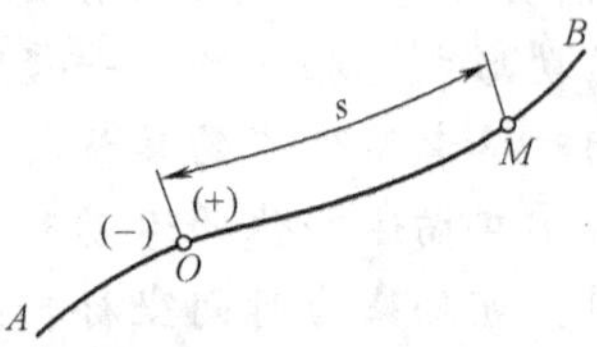

图 14-1　弧坐标

当点 M 沿轨迹运动时，弧坐标 s 随时间 t 而变化，即弧坐标是时间的函数，用数学表达式表示为

$$s=f(t) \tag{14-1}$$

式（14-1）称为用自然法表示的点沿已知轨迹的运动方程，又称为弧坐标运动方程。

2. 点的速度

点的速度是描述点运动快慢和方向的物理量。速度是矢量，用符号 $\boldsymbol{v}$ 表示，其单位为 m/s。

在中学物理中，速度等于位移除以时间，那里的速度指的是对应于一段时间间隔的平均速度，而这里所讲的速度是对应于某一时刻的瞬时速度。

理论推导可得，当点沿已知轨迹运动时，其瞬时速度的大小等于点的弧坐标对时间的一

阶导数，方向沿轨迹的切线方向，如图 14-2 所示，即

$$v=\frac{\mathrm{d}s}{\mathrm{d}t} \tag{14-2}$$

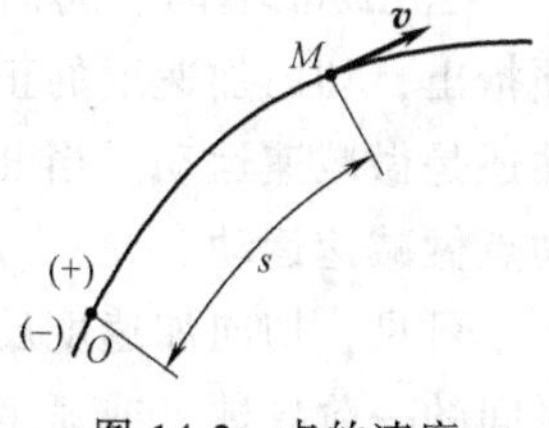

图 14-2　点的速度

如果 v 大于零，则瞬时速度指向轨迹的正方向，表明在该瞬时点沿轨迹的正方向运动；反之，则指向轨迹的负方向，表明在该瞬时点沿轨迹的负方向运动。

3. 点的加速度

点做平面曲线变速运动时，其速度的大小和方向都随时间而变化，加速度是表示速度的大小和方向变化快慢的物理量。加速度也是矢量，用符号 $\boldsymbol{a}$ 表示，其单位为 $\mathrm{m/s^2}$。同样，这里所讲的加速度也是对应于某一时刻的瞬时加速度。

为了便于研究速度矢量的改变，在过轨迹曲线和动点重合的点上建立一坐标系。以过该点的切线为坐标轴 $\boldsymbol{\tau}$，其正向指向轨迹正向；以过该点的与轴 $\boldsymbol{\tau}$ 正交的法线为坐标轴 $\boldsymbol{n}$，其正向指向轨迹曲线的曲率中心。这一在轨迹曲线上建立的平面坐标，称为自然坐标系，此二坐标轴称为自然轴。

设一动点沿已知的轨迹做平面曲线运动，在经时间间隔 Δt 后，动点的位置由 M 处运动到 M' 处，其速度由 $\boldsymbol{v}$ 变成了 $\boldsymbol{v}'$，如图 14-3 所示。此时动点速度矢量的改变量为 $\Delta\boldsymbol{v}$，在时间间隔 Δt 内的平均加速度 a' 即为

$$\boldsymbol{a}'=\frac{\Delta\boldsymbol{v}}{\Delta t}$$

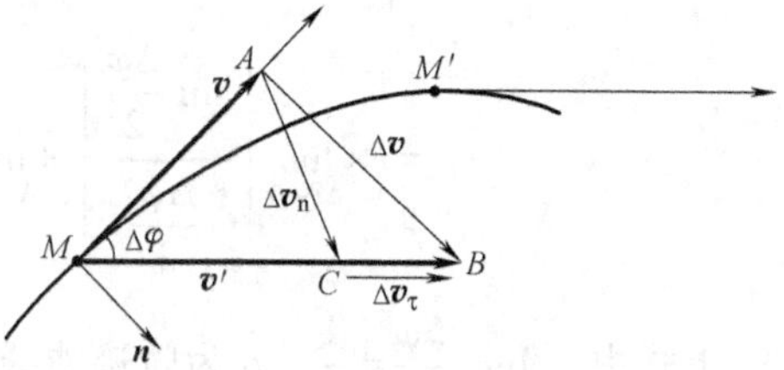

图 14-3　点的加速度

当时间间隔 $\Delta t\to 0$ 时，平均加速度 $\boldsymbol{a}'$ 的极限矢量，就是动点在瞬时 t 的加速度 $\boldsymbol{a}$，即

$$\boldsymbol{a}=\lim_{\Delta t\to 0}\boldsymbol{a}'=\lim_{\Delta t\to 0}\frac{\Delta\boldsymbol{v}}{\Delta t}$$

速度矢量的改变，包含速度大小和方向两方面的变化。为了清楚地看出这两方面的变化，可将速度矢量的改变量 $\Delta\boldsymbol{v}$ 分解为两个分量 $\Delta\boldsymbol{v}_{\tau}$ 和 $\Delta\boldsymbol{v}_{\mathrm{n}}$，它们分别表示速度大小和方向的改变量，也就是

$$\Delta\boldsymbol{v}=\Delta\boldsymbol{v}_{\tau}+\Delta\boldsymbol{v}_{\mathrm{n}}$$

这样，动点的加速度 $\boldsymbol{a}$ 即表示为

$$\boldsymbol{a}=\lim_{\Delta t\to 0}\frac{\Delta\boldsymbol{v}}{\Delta t}=\lim_{\Delta t\to 0}\frac{\Delta\boldsymbol{v}_{\tau}}{\Delta t}+\lim_{\Delta t\to 0}\frac{\Delta\boldsymbol{v}_{\mathrm{n}}}{\Delta t}=\boldsymbol{a}_{\tau}+\boldsymbol{a}_{\mathrm{n}} \tag{14-3}$$

上式表明，加速度 $\boldsymbol{a}$ 可分解为切向加速度 $\boldsymbol{a}_{\tau}$ 和法向加速度 $\boldsymbol{a}_{\mathrm{n}}$。前者反映速度大小的变化，后者反映速度方向的变化，现分别讨论这两个加速度的大小和方向。

（1）切向加速度 $\boldsymbol{a}_{\tau}$　切向加速度分量 $a_{\tau}=\lim|\Delta v_{\tau}/\Delta t|$，由图 14-3 可以看出，当 $\Delta t\to 0$ 时，$\Delta\boldsymbol{v}_{\tau}\to 0$，所以 $\Delta\boldsymbol{v}_{\tau}$ 的极限方向与动点轨迹曲线在 M 点的切线重合，这一切向加速度 $\boldsymbol{a}_{\tau}$ 显示了速度大小的改变，它的方向沿轨迹曲线的切线方向，它的大小为

$$a_{\tau}=\lim_{\Delta t\to 0}\left|\frac{\Delta v_{\tau}}{\Delta t}\right|=\frac{\mathrm{d}v}{\mathrm{d}t}=\frac{\mathrm{d}^2 s}{\mathrm{d}t^2} \tag{14-4}$$

当 $dv/dt>0$ 时，切向加速度 $\boldsymbol{a}_\tau$ 指向自然轴 $\boldsymbol{\tau}$ 的正方向；反之，指向自然轴 $\boldsymbol{\tau}$ 的负方向。须指出，切向加速度的正负号只说明了切向加速度矢量的方向，并不能说明动点是做加速运动还是做减速运动。当 dv/dt 的正负与速度 v 的正负一致时，动点才是做加速运动；反之，动点做减速运动。

可见，切向加速度反映的是动点速度值对时间的变化率，它的代数值等于速度代数值对时间的一阶导数，或弧坐标对时间的二阶导数，方向沿轨迹切线方向。

（2）法向加速度 $\boldsymbol{a}_n$　法向加速度分量 $a_n=\lim|\Delta v_n/\Delta t|$，由图 14-3 可以看出，在 $\triangle MAC$ 中 $\angle MAC=\frac{1}{2}(\pi-\Delta\varphi)$，当 $\Delta t\to0$ 时，$\Delta\varphi\to0$，$\angle MAC=\frac{\pi}{2}$。所以 $\Delta\boldsymbol{v}_n$ 的极限方向与速度矢量 $\Delta\boldsymbol{v}_\tau$ 垂直，这一法向加速度 $\boldsymbol{a}_n$ 显示了速度方向的改变，它的方向沿动点轨迹曲线在点 M 处的法线，并指向曲线内凹一侧的曲率中心，它的大小为

$$a_n=\lim_{\Delta t\to0}\left|\frac{\Delta v_n}{\Delta t}\right|=\lim_{\Delta t\to0}\left|\frac{2v\sin\frac{\Delta\varphi}{2}}{\Delta t}\right|=\lim_{\Delta t\to0}\left|v\times\frac{\sin\frac{\Delta\varphi}{2}}{\frac{\Delta\varphi}{2}}\times\frac{\Delta\varphi}{\Delta s}\times\frac{\Delta s}{\Delta t}\right|$$

$$=v\times\lim_{\Delta t\to0}\left|\frac{\sin\frac{\Delta\varphi}{2}}{\frac{\Delta\varphi}{2}}\right|\times\lim_{\Delta t\to0}\left|\frac{\Delta\varphi}{\Delta s}\right|\times\lim_{\Delta t\to0}\left|\frac{\Delta s}{\Delta t}\right|=v\times1\times\frac{1}{\rho}\times v=\frac{v^2}{\rho}\tag{14-5}$$

上式中，$\lim\limits_{\Delta t\to0}\frac{\Delta\varphi}{\Delta s}=\frac{1}{\rho}$，$\rho$ 为轨迹曲线在点 M 处的曲率半径，而曲率 $\frac{1}{\rho}$ 表示了轨迹曲线在点 M 处的弯曲程度。由式（14-5）也可以看出，法向加速度 $\boldsymbol{a}_n$ 的大小恒为正值。

于是得出结论，法向加速度反映点的速度方向改变的快慢程度，它的大小等于点的速度平方除以曲率半径，方向沿着法线指向曲率中心。

综上所述，动点做平面曲线运动时，加速度 $\boldsymbol{a}$ 由切向加速度 $\boldsymbol{a}_\tau$ 和法向加速度 $\boldsymbol{a}_n$ 两个分量组成（图 14-4）。由于加速度（或称全加速度）$\boldsymbol{a}$ 的这两个分量在每一瞬时总相互垂直，所以动点的全加速度的大小和方向为

$$a=\sqrt{a_\tau^2+a_n^2}=\sqrt{\left(\frac{dv}{dt}\right)^2+\left(\frac{v^2}{\rho}\right)^2}\tag{14-6}$$

$$\tan\alpha=\left|\frac{a_\tau}{a_n}\right|\tag{14-7}$$

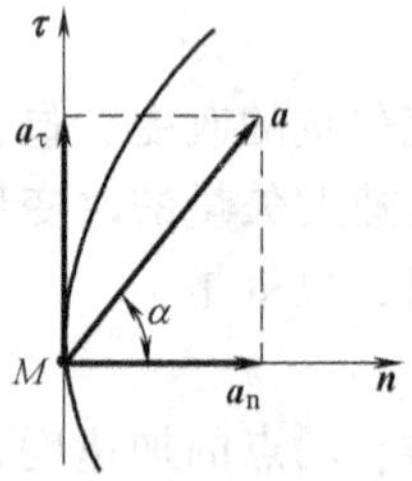

图 14-4　全加速度 $\boldsymbol{a}$ 的两个分量

式（14-7）中 α 是全加速度 $\boldsymbol{a}$ 与自然轴 $\boldsymbol{n}$ 的夹角（图 14-4）。

例 14-1　如图 14-5 所示，点 M 沿轨迹 OB 运动，其中 OA 一条直线，AB 为四分之一圆弧。在已知轨迹上建立自然坐标轴，设点 M 的运动方程为 $s=t^3-2.5t^2+t$（s 的单位为 m，t 的单位为 s），求 $t=1$s、3s 时，点 M 的速度和加速度的大小，并图示其方向。

解： 1）求点 M 的位置。由点 M 的运动方程得，当 $t=1$s、3s 时，点 M 的弧坐标分别为

$$s_1=(1^3-2.5\times1^2+1)\text{m}=-0.5\text{m}$$

$$s_2=(3^3-2.5\times3^2+3)\text{m}=7.5\text{m}$$

由图 14-5 中尺寸得，$t=1\text{s}$ 时，点 M 在直线部分，设其位于 M_1 点；$t=3\text{s}$ 时，点 M 在曲线 AB 部分，设其位于 M_3 点，如图 14-5 所示。

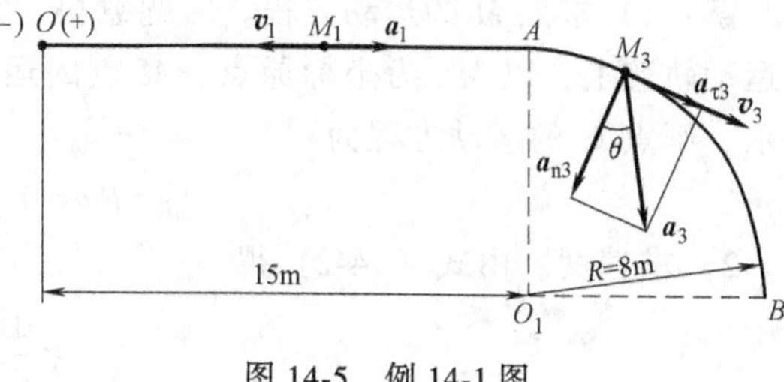

图 14-5　例 14-1 图

2）求速度。由式（14-2）得

$$v=\frac{\mathrm{d}s}{\mathrm{d}t}=3t^2-5t+1$$

将 $t=1\text{s}$ 和 $t=3\text{s}$ 代入上式，得

$$v_1=-1\text{m/s}$$
$$v_3=13\text{m/s}$$

其方向均沿轨迹切线方向，v 为负值指向轨迹负方向，v 为正值指向轨迹正方向，如图 14-5 所示。

3）求加速度。$t=1\text{s}$ 时，点 M 在直线部分，其法向加速度为零，故

$$a_1=a_{\tau1}=\frac{\mathrm{d}v}{\mathrm{d}t}=6t-5$$

当 $t=1\text{s}$ 时，$a_1=1\text{m/s}^2$，其方向沿轨迹切线方向，指向轨迹正方向，如图 14-5 所示。

当 $t=3\text{s}$ 时，点 M 在曲线 AB 部分，其加速度分为切向加速度和法向加速度两个分量，其中切向加速度为

$$a_{\tau3}=\frac{\mathrm{d}v}{\mathrm{d}t}=6t-5$$

$$a_{\tau3}=13\text{m/s}^2$$

法向加速度为

$$a_{n3}=\frac{v_3^2}{R}=\frac{13^2}{8}\text{m/s}^2=21.13\text{m/s}^2$$

故 $t=3\text{s}$ 时点的全加速度为

$$a_3=\sqrt{a_{\tau3}^2+a_{n3}^2}=\sqrt{13^2+21.13^2}\text{m/s}^2=24.81\text{m/s}^2$$

$$\tan\theta=\left|\frac{a_{\tau3}}{a_{n3}}\right|=\frac{13}{21.13}=0.615,\theta=31.59°$$

加速度的方向如图 14-5 所示。

比较同一瞬时速度和切向加速度的符号可知，当 $t=1\text{s}$ 时，点的速度和切向加速度的符号相反，故点做减速运动；当 $t=3\text{s}$ 时，点的速度和切向加速度的符号相同，故点做加速运动。

例 14-2　如图 14-6 所示，飞轮以 $\varphi=2t^2$ 的规律转动（φ 的单位为 rad，t 的单位为 s），其半径 $R=0.5\text{m}$。求 $t=1\text{s}$ 时飞轮边缘上点 M 的速度和加速度。

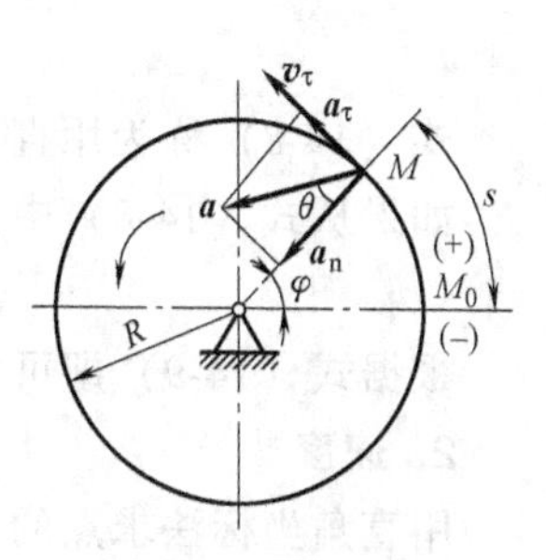

图 14-6　例 14-2 图

解：1）求点 M 的运动方程。由题意得，点 M 的运动轨迹是 $R=0.5\text{m}$ 的圆周。在点 M 的运动轨迹上，以 M_O 为坐标原点、M 点的运动方向为正方向建立自然坐标轴，如图 14-6 所示，则点 M 的运动方程为

$$s=R\varphi=0.5\times2t^2=t^2$$

2）求速度。由式（14-2）得

$$v=\frac{\mathrm{d}s}{\mathrm{d}t}=2t$$

当 $t=1\text{s}$ 时，$v=2\text{m/s}$，速度的方向沿轨迹的切线方向，指向轨迹正方向，如图 14-6 所示。

3）求加速度。因为点的轨迹为曲线，所以其加速度分为切向加速度和法向加速度两个分量，其中切向加速度为

$$a_\tau=\frac{\mathrm{d}v}{\mathrm{d}t}=2\text{m/s}^2$$

法向加速度为

$$a_\text{n}=\frac{v^2}{R}=\frac{2^2}{0.5}\text{m/s}^2=8\text{m/s}^2$$

由式（14-6）和式（14-7）得，$t=1\text{s}$ 时点 M 的全加速度为

$$a=\sqrt{a_\tau^2+a_\text{n}^2}=\sqrt{2^2+8^2}\ \text{m/s}^2=8.25\text{m/s}^2$$

$$\tan\theta=\left|\frac{a_\tau}{a_\text{n}}\right|=\frac{2}{8}=0.25,\theta=14.04°$$

速度及加速度的方向如图 14-6 所示。

14.1.2 用直角坐标法求点的速度、加速度

用自然法来描述点的运动规律必须已知点的运动轨迹。如果点的运动轨迹未知，则应采用直角坐标法。

1. 运动方程

如图 14-7 所示，设点 M 在平面内做曲线运动，建立直角坐标系 Oxy，点 M 在任一瞬时的位置可由坐标 x、y 来确定。当点 M 运动时，坐标 x、y 随时间而变化，即 x、y 是时间的函数，用数学表达式表示为

$$\left.\begin{aligned}x&=f_1(t)\\y&=f_2(t)\end{aligned}\right\}\tag{14-8}$$

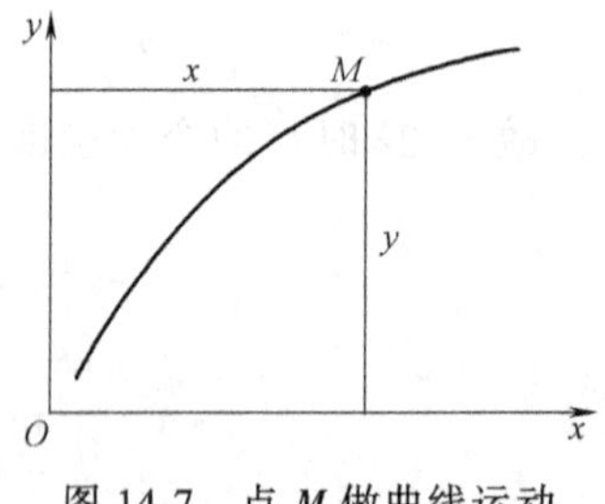

图 14-7 点 M 做曲线运动

式（14-8）称为用直角坐标法表示的点的运动方程。

如果从式（14-8）中消去参数 t，可以得到点的轨迹方程

$$y=f(x)\tag{14-9}$$

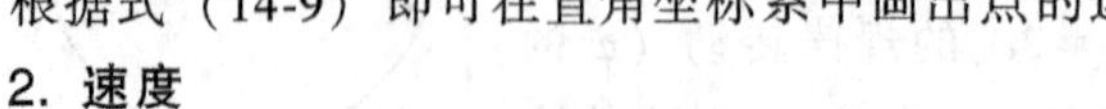
根据式（14-9）即可在直角坐标系中画出点的运动轨迹。

2. 速度

用直角坐标法求点的速度大小 v，可先求其沿直角坐标轴的两个分量 v_x 和 v_y，然后再将

其合成为速度。

理论推导可得，动点的速度沿直角坐标轴的两个分量的大小 v_x 和 v_y 分别等于 x 轴和 y 轴对时间的一阶导数，即

$$\left.\begin{aligned} v_x &= \frac{\mathrm{d}x}{\mathrm{d}t} \\ v_y &= \frac{\mathrm{d}y}{\mathrm{d}t} \end{aligned}\right\} \tag{14-10}$$

v_x 和 v_y 的方向分别平行于 x 轴和 y 轴，导数为正时，指向坐标轴的正方向；反之，则指向坐标轴的负方向。因此，若已知直角坐标形式的点的运动方程，即可求出 v_x 和 v_y，将 $\boldsymbol{v}_x$ 和 $\boldsymbol{v}_y$ 合成可以求出速度 $\boldsymbol{v}$，如图 14-8 所示。

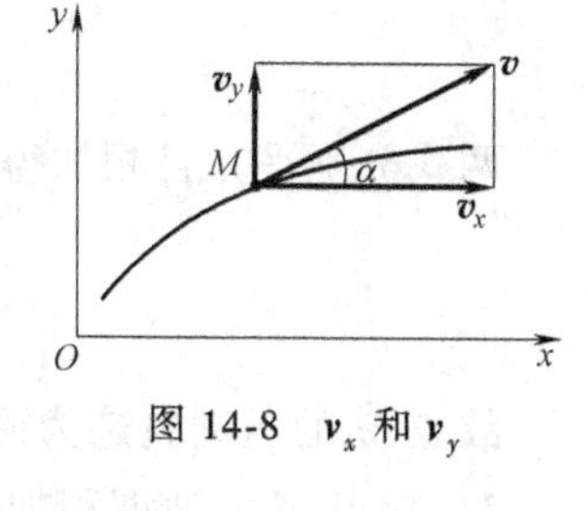

图 14-8　$\boldsymbol{v}_x$ 和 $\boldsymbol{v}_y$

$$\left.\begin{aligned} v &= \sqrt{v_x^2+v_y^2} = \sqrt{\left(\frac{\mathrm{d}x}{\mathrm{d}t}\right)^2+\left(\frac{\mathrm{d}y}{\mathrm{d}t}\right)^2} \\ \tan\alpha &= \left|\frac{v_y}{v_x}\right| \end{aligned}\right\} \tag{14-11}$$

上式中，α 为 $\boldsymbol{v}$ 与 x 轴之间所夹的锐角；$\boldsymbol{v}$ 的方向由 v_x 和 v_y 的正负号决定。

3. 加速度

同理，用直角坐标法求点的加速度大小 a，可先求其沿直角坐标轴的两个分量 $\boldsymbol{a}_x$ 和 $\boldsymbol{a}_y$，然后再将其合成为加速度 $\boldsymbol{a}$。

由理论推导可得，动点的加速度沿直角坐标轴的两个分量的大小 a_x 和 a_y，等于其相应的速度分量的大小对时间的一阶导数，等于其相应的坐标对时间的二阶导数，即

$$\left.\begin{aligned} a_x &= \frac{\mathrm{d}v_x}{\mathrm{d}t} = \frac{\mathrm{d}^2x}{\mathrm{d}t^2} \\ a_y &= \frac{\mathrm{d}v_y}{\mathrm{d}t} = \frac{\mathrm{d}^2y}{\mathrm{d}t^2} \end{aligned}\right\} \tag{14-12}$$

a_x 和 a_y 的方向分别平行于 x 轴和 y 轴，导数为正时，指向坐标轴的正方向；反之，则指向坐标轴的负方向。

同样，求出 a_x 和 a_y 后，将 $\boldsymbol{a}_x$ 和 $\boldsymbol{a}_y$ 合成可以求出加速度 $\boldsymbol{a}$，如图 14-9 所示。

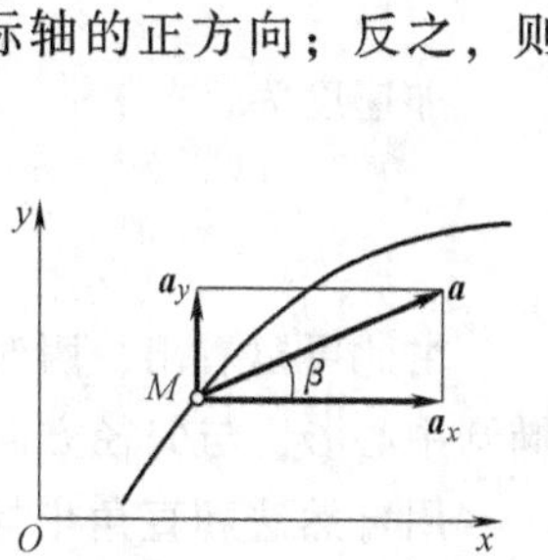

图 14-9　$\boldsymbol{a}_x$ 和 $\boldsymbol{a}_y$

$$\left.\begin{aligned} a &= \sqrt{a_x^2+a_y^2} = \sqrt{\left(\frac{\mathrm{d}v_x}{\mathrm{d}t}\right)^2+\left(\frac{\mathrm{d}v_y}{\mathrm{d}t}\right)^2} \\ \tan\beta &= \left|\frac{a_y}{a_x}\right| \end{aligned}\right\} \tag{14-13}$$

上式中，β 为 $\boldsymbol{a}$ 与 x 轴之间所夹的锐角；$\boldsymbol{a}$ 的方向由 a_x 和 a_y 的正负号决定。

例 14-3　动点 M 的运动方程由下式给定

$$\begin{cases} x(t)=a(\sin kt+\cos kt) \\ y(t)=b(\sin kt-\cos kt) \end{cases}$$

上式中 a、b、k 均为常量。试求点 M 的运动轨迹、速度和加速度。

解： 1）从动点 M 的运动方程可得点 M 的运动轨迹方程为

$$\begin{cases} \sin kt=\dfrac{1}{2}\left(\dfrac{x}{a}+\dfrac{y}{b}\right) \\ \cos kt=\dfrac{1}{2}\left(\dfrac{x}{a}-\dfrac{y}{b}\right) \end{cases}$$

两式分别平方且相加得

$$\sin^2 kt+\cos^2 kt=\frac{x^2}{2a^2}+\frac{y^2}{2b^2}=1$$

故点 M 的运动轨迹为椭圆。

2）求点 M 的速度和加速度。点 M 的速度为

$$v_x=x'(t)=[a(\sin kt+\cos kt)]'=ak(\cos kt-\sin kt)=-\frac{aky}{b}$$

$$v_y=y'(t)=bk(\cos kt+\sin kt)=-\frac{bkx}{a}$$

所以
$$v=\sqrt{v_x^2+v_y^2}=\sqrt{\left(\frac{-aky}{b}\right)^2+\left(\frac{-bkx}{a}\right)^2}=\frac{k}{ab}\sqrt{a^4y^2+b^4x^2}$$

$$\cos\alpha=\frac{v_x}{v}=\frac{-aky/b}{k/ab\sqrt{a^4y^2+b^4x^2}}=-\frac{a^2y}{\sqrt{a^4y^2+b^4x^2}}$$

点 M 的加速度为

$$\begin{cases} a_x=ak^2(\cos kt+\sin kt)=-k^2x \\ a_y=-bk^2(\cos kt-\sin kt)=-k^2y \end{cases}$$

加速度为
$$a=\sqrt{a_x^2+a_y^2}=k^2r$$

$$\cos\alpha_1=\frac{a_x}{a}=-\frac{x}{r},\quad \cos\beta_1=\frac{a_y}{a}=-\frac{y}{r}$$

由此可以看出，瞬时加速度的大小与该位置的矢径长短成正比，加速度 a 的方向恒指向椭圆中心 O，与矢径方向相反。

用自然法和直角坐标法表示点的运动规律参见表 14-1。

表 14-1 自然法和直角坐标法表示点的运动规律

方法	自然法	直角坐标法
运动方程	$s=f(t)$	$x=f_1(t)$ $y=f_2(t)$

（续）

方法	自然法	直角坐标法
速度	$v=\frac{ds}{dt}$	$v_x=\frac{dx}{dt},v_y=\frac{dy}{dt}$ $v=\sqrt{\left(\frac{dx}{dt}\right)^2+\left(\frac{dy}{dt}\right)^2}$
加速度	$a_\tau=\frac{dv}{dt}=\frac{d^2s}{dt^2},a_n=\frac{v^2}{\rho}$ $a=\sqrt{a_\tau^2+a_n^2}=\sqrt{\left(\frac{dv}{dt}\right)^2+\left(\frac{v^2}{\rho}\right)^2}$	$a_x=\frac{dv_x}{dt}=\frac{d^2x}{dt^2},a_y=\frac{dv_y}{dt}=\frac{d^2y}{dt^2}$ $a=\sqrt{a_x^2+a_y^2}=\sqrt{\left(\frac{dv_x}{dt}\right)^2+\left(\frac{dv_y}{dt}\right)^2}$

14.2　质点动力学的动力分析

14.2.1　质点动力学基本定律

动力学基本定律是在观察和实验的基础上建立起来的，由牛顿于 1687 年概括总结提出，所以通常称为牛顿运动三定律。它们是研究作用于物体上的力与物体运动之间的关系的基础，已被公认为宏观自然规律，并成为质点动力学的基础。

1. 第一定律（惯性定律）

不受力作用的质点，将永远保持静止或做匀速直线运动。应当说明，由于自然界根本不存在不受力的物体，所以此处所说的质点不受力的作用，是指的质点受到平衡力系的作用。

物体保持其运动状态（即速度的大小和方向）不变的性质，称为惯性。物体的匀速直线运动又称为惯性运动，所以这一定律又称为惯性定律。

惯性是物体的重要力学性质，一切物体在任何情况下都有惯性。当物体不受外力作用时，惯性表现为保持其原有的运动状态；当物体受到外力作用时，惯性表现为物体对迫使它改变运动状态具有反抗作用。

虽然任何物体都惯性，但不同的物体，其惯性大小不同。在相等的外力作用下，运动状态容易发生改变的物体惯性小，反之则惯性大。

该定律还说明力是改变物体运动状态的原因，如果要使物体改变其原有的运动状态，就必须对其施加外力。所以，第一定律定性地说明了力和物体运动状态改变的关系。

2. 第二定律（动力定律）

质点受力作用时所产生的加速度，其方向与力相同，其大小与力的大小成正比，而与质点的质量成反比。

上述定律可用矢量关系式表达为

$$\boldsymbol{F}=m\boldsymbol{a} \tag{14-14}$$

式中　$\boldsymbol{F}$——质点所受的合外力；

m——质点的质量；

a——质点在 **F** 力作用下所产生的加速度。

式（14-14）是解决动力学问题的基本依据，故称为动力学基本方程。它建立了质点的质量、力和加速度三者之间的关系。

第二定律同时也定量地表明了力和加速度的关系是瞬时关系。当有力作用时，质点才有加速度；当力改变时，加速度同时随之改变；当力不变时，加速度也不变；当力为零时，加速度也为零。力和加速度是同瞬时产生，同瞬时变化，同瞬时消失。

由第二定律还可以看出，在相同的外力作用下，不同质量的物体所产生的加速度各不相同：物体的质量越大，所产生的加速度就越小，即改变它的运动状态就越困难，其惯性就越大；物体的质量越小，所产生的加速度就越大，即改变它的运动状态就越容易，其惯性就越小。因而可以说，质量是质点惯性大小的度量。

由此可见，物体运动状态的改变，不仅取决于作用在物体上的力，还跟物体的惯性有关。

由自由落体的实验可知：地球表面的物体受到重力的作用时，会自由下落。设该物体的质量为 m，该物体所受到的重力为 $\boldsymbol{G}$，所产生的加速度为 $\boldsymbol{g}$。则根据第二定律有

$$\boldsymbol{G}=m\boldsymbol{g} \tag{14-15}$$

上式中的重力 $\boldsymbol{G}$，习惯上也称为重量，其国际单位为牛顿（N）。而由重力作用所产生的加速度，则通常称为重力加速度，其国际单位为米/秒^2（m/s^2）。要注意的是，随着物体在地球表面所处的位置不同，其重力加速度 $\boldsymbol{g}$ 是各不相同的。例如，在赤道平面处，$g=9.78m/s^2$，在两极的海平面上，$g=9.8311m/s^2$，在北京地区，$g=9.80122m/s^2$。计算时，常取 $g=9.80m/s^2$。

由式（14-15）可知，物体的质量和重量意义是完全不同的。质量是物体惯性的度量，是个常量；而重量则是地球对物体的吸引力，它随着物体在地球上所处位置的不同而改变，并且只有在地面附近的空间内才有意义。

3. 第三定律（作用与反作用定律）

两个物体间的作用力与反作用力总是大小相等、方向相反，沿着同一直线，且同时分别作用在这两个物体上。

这一定律不仅适用于平衡的物体，也适用于运动着的物体，对于互相接触或不直接接触的物体都同样适用。

14.2.2 质点运动微分方程

第二定律建立了质点的质量、力和加速度三者之间的关系，是解决动力学问题的基本依据，故称为动力学基本方程。但是，在应用该定律解决工程实际问题时，通常都需要根据已知条件建立质点运动微分方程。

质点 M 在合外力的作用下作平面曲线运动。设该质点质量为 m，合外力为 $\boldsymbol{F}$，其加速度为 $\boldsymbol{a}$，根据动力学基本方程，有

$$\boldsymbol{F}=m\boldsymbol{a} \tag{14-16}$$

在解题时，常把这个矢量等式投影到坐标轴上，这样应用起来就更加方便。根据所采用坐标的不同，一般有以下两种不同形式。

（1）质点运动微分方程的直角坐标形式　如图 14-10 所示，在质点的运动平面内建立一个直角坐标系 Oxy，并将式（14-16）中的合外力 $\boldsymbol{F}$ 及加速度 $\boldsymbol{a}$ 分别投影到两坐标轴上，则有

$$\left.\begin{aligned}F_x&=ma_x\\F_y&=ma_y\end{aligned}\right\}$$

因 $a_x=\dfrac{\mathrm{d}^2x}{\mathrm{d}t^2}$，$a_y=\dfrac{\mathrm{d}^2y}{\mathrm{d}t^2}$，故上式也可写成

$$\left.\begin{aligned}F_x&=m\frac{\mathrm{d}^2x}{\mathrm{d}t^2}\\F_y&=m\frac{\mathrm{d}^2y}{\mathrm{d}t^2}\end{aligned}\right\}\tag{14-17}$$

式（14-17）即为质点运动微分方程的直角坐标形式。其中 F_x、F_y 为合外力 $\boldsymbol{F}$ 在两坐标轴上的投影，而 x、y 则为质点在直角坐标系中的坐标。

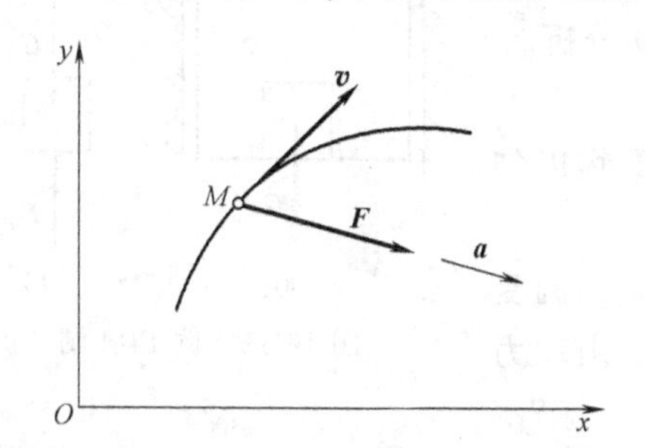

图 14-10　点的运动在直角坐标系中的描述

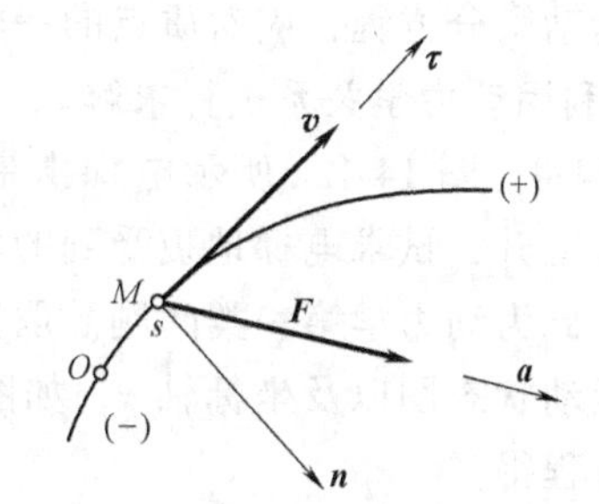

图 14-11　点的运动在自然坐标中的描述

（2）质点运动微分方程的自然坐标形式　在实际应用中，当质点的运动轨迹为已知时，取自然坐标系有时更方便。如图 14-11 所示，过点 M 作运动轨迹的切线和法线，轴 $\boldsymbol{\tau}$ 和轴 $\boldsymbol{n}$ 组成自然坐标系。把动力学基本方程式 $\boldsymbol{F}=m\boldsymbol{a}$ 中的 $\boldsymbol{F}$、$\boldsymbol{a}$ 向轴 $\boldsymbol{\tau}$ 和轴 $\boldsymbol{n}$ 分别进行投影，得

$$\left.\begin{aligned}F_\tau&=ma_\tau\\F_\mathrm{n}&=ma_\mathrm{n}\end{aligned}\right\}$$

因 $a_\tau=\dfrac{\mathrm{d}v}{\mathrm{d}t}=\dfrac{\mathrm{d}^2s}{\mathrm{d}t^2}$，$a_\mathrm{n}=\dfrac{v^2}{\rho}=\dfrac{1}{\rho}\left(\dfrac{\mathrm{d}s}{\mathrm{d}t}\right)^2$，故上式也可写成

$$\left.\begin{aligned}F_\tau&=m\frac{\mathrm{d}^2s}{\mathrm{d}t^2}\\F_\mathrm{n}&=\frac{m}{\rho}\left(\frac{\mathrm{d}s}{\mathrm{d}t}\right)^2\end{aligned}\right\}\tag{14-18}$$

式（14-18）即为质点运动微分方程的自然坐标形式。其中 F_τ、F_n 为合外力 $\boldsymbol{F}$ 在切向和法向的投影，s 为质点的弧坐标，ρ 为质点运动轨迹在点 M 处的曲率半径。

14.2.3　质点运动微分方程的应用——质点动力学的两类问题

1. 质点动力学的两类基本问题

质点动力学问题可分为两类：一类是已知质点的运动，求作用于质点的力；另一类是已知作用于质点的力，求质点的运动。这两类问题构成了质点动力学的两类基本问题。求解质点动力学第一类基本问题比较简单，因为已知质点的运动方程，所以只需求两次导数得到质点的加速度，代到质点运动微分方程中，得到一代数方程组，即可求解。求解质点动力学第二类基本问题相对比较复杂，因为求解质点的运动，一般包括质点的速度和质点的运动方程，在数学上归结为求解微分方程的定解问题。在用积分方法求解微分方程时应注意根据已知的初始条件确定积分常数。因此，求解第二类基本问题时，除了要知道作用于质点上的力，还应知道质点运动的初始条件。

2. 质点动力学的两类问题的一般解题步骤

1）根据题意选取某质点作为研究对象。

2）分析作用在质点上的主动力和约束反力。

3）根据质点的运动特征，建立适当的坐标系，如果需要建立运动微分方程，应对质点的一般位置做出运动分析。

4）利用动力学关系进行求解。

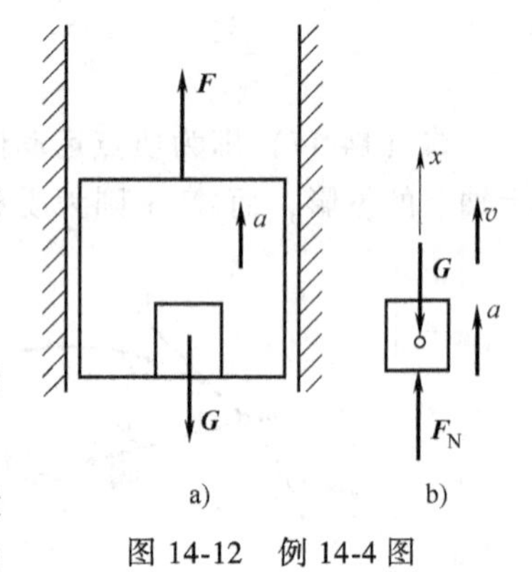

图 14-12　例 14-4 图

例 14-4　图 14-12a 所示电梯携带重量为 G 的重物以匀加速度 a 上升，试求电梯地板受到的压力。

解：此为动力学第一类问题。取重物为研究对象，画受力图和运动状态图以及坐标轴 x，如图 14-12b 所示。由动力学基本方程得

$$F_N - G = \frac{G}{g}a$$

$$F_N = G + \frac{G}{g}a = G\left(1 + \frac{a}{g}\right)$$

由计算结果知，重物对电梯地板的压力由两部分组成，一部分是重物的重量 G，它是电梯处于静止或匀速直线运动时的压力，一般称为静压力；另一部分是由于物体加速运动而附加产生的压力，称为附加动压力。全部压力 F_N 称为动压力。

若电梯加速上升时动压力大于静压力，这种现象称为超重。超重不仅使地板所受压力增大，而且也使物体内部压力增大。如人站在加速上升的电梯内，由于附加动压力使人体内部的压力增大，就会有沉重的感觉。飞机加速上升时，乘客因体内压力增大，就会感觉到头晕胸闷。

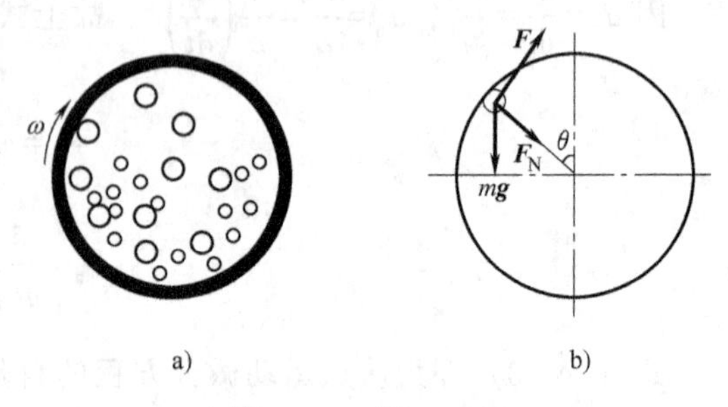

图 14-13　例 14-5 图

例 14-5　图 14-13a 所示为球磨机，工作原理是利用在旋转圆筒内的锰钢球对矿石或煤块的冲击，同时也靠运动时的磨削作用来

磨制矿石粉或煤粉。当圆筒匀速转动时，利用圆筒内壁与钢球之间的摩擦力带动钢球一起运动，待转至一定角度 θ 时，钢球即离开圆筒内壁并沿抛物线轨迹打击矿石。已知 $\theta=54°40'$ 时钢球脱离圆筒内壁，此时可得到最大的打击力。设圆筒内径 $D=3.2\text{m}$，求圆筒应有的转速。

解：此为动力学第二类问题。视钢球为质点，则钢球被旋转的圆筒带着沿圆筒向上运动，当运动至某一高度时，会脱离筒内壁沿抛物线轨迹下落。如图 14-13b 所示，设一钢球随筒壁达到图示位置时，钢球受到重力 mg、筒内壁的法向反力 $\boldsymbol{F}_N$ 和切向摩擦力 $\boldsymbol{F}$ 的共同作用。其质点运动微分方程沿主法线方向的投影式可表示为

$$m\frac{2v^2}{D}=F_N+mg\cos\theta$$

钢球在未离开筒壁前的速度应等于筒壁的速度，即

$$v=\frac{\pi n}{30}\frac{D}{2}$$

代入上式解得

$$n=\frac{30}{\pi}\left[\frac{2}{mD}(F_N+mg\cos\theta)\right]^{\frac{1}{2}}$$

当 $\theta=54°40'$时，钢球脱离筒壁，此时 $F_N=0$，故

$$n=9.549\sqrt{\frac{2g}{D}\cos54°40'}=18\text{r/min}$$

本章小结

1）求点的速度和加速度的常用方法有自然法和直角坐标法。

2）点的运动方程为动点在空间的位置随时间的变化规律。点的运动轨迹为动点运动时在空间所描画出的连续曲线，可由运动方程消去 t 得到。

3）自然法。

① 运动方程
$$s=f(t)$$

② 点的速度
$$v=\frac{\mathrm{d}s}{\mathrm{d}t}$$

③ 点的加速度
$$a_\tau=\frac{\mathrm{d}v}{\mathrm{d}t}=\frac{\mathrm{d}^2s}{\mathrm{d}t^2}$$

$$a_n=\frac{v^2}{\rho}$$

$$a=\sqrt{a_\tau^2+a_n^2}=\sqrt{\left(\frac{\mathrm{d}v}{\mathrm{d}t}\right)^2+\left(\frac{v^2}{\rho}\right)^2}$$

4）直角坐标法。

① 运动方程

$$\left.\begin{aligned}x&=f_1(t)\\y&=f_2(t)\end{aligned}\right\}$$

② 点的速度

$$\left.\begin{aligned} v_x &= \frac{\mathrm{d}x}{\mathrm{d}t} \\ v_y &= \frac{\mathrm{d}y}{\mathrm{d}t} \end{aligned}\right\}$$

$$\left.\begin{aligned} v &= \sqrt{v_x^2+v_y^2} = \sqrt{\left(\frac{\mathrm{d}x}{\mathrm{d}t}\right)^2+\left(\frac{\mathrm{d}y}{\mathrm{d}t}\right)^2} \\ \tan\alpha &= \left|\frac{v_y}{v_x}\right| \end{aligned}\right\}$$

③ 点的加速度

$$\left.\begin{aligned} a_x &= \frac{\mathrm{d}v_x}{\mathrm{d}t} = \frac{\mathrm{d}^2x}{\mathrm{d}t^2} \\ a_y &= \frac{\mathrm{d}v_y}{\mathrm{d}t} = \frac{\mathrm{d}^2y}{\mathrm{d}t^2} \end{aligned}\right\}$$

$$\left.\begin{aligned} a &= \sqrt{a_x^2+a_y^2} = \sqrt{\left(\frac{\mathrm{d}v_x}{\mathrm{d}t}\right)^2+\left(\frac{\mathrm{d}v_y}{\mathrm{d}t}\right)^2} \\ \tan\beta &= \left|\frac{a_y}{a_x}\right| \end{aligned}\right\}$$

5）动力学基本定律，即牛顿运动三定律，是动力学的理论基础。

第一定律（惯性定律）：不受力作用的质点，将永远保持静止或做匀速直线运动。

第二定律（动力定律）：质点受力作用时所产生的加速度，其方向与力相同，其大小与力的大小成正比，而与质点的质量成反比。

第三定律（作用与反作用定律）：两个物体间的作用力与反作用力总是大小相等、方向相反，沿着同一直线，且同时分别作用在这两个物体上。

6）动力学的基本方程式是 $F=ma$，它是力、质量与加速度之间的关系的基本定律。

7）质点运动微分方程有两种不同形式：直角坐标形式和自然坐标形式。

8）质点运动微分方程的直角坐标形式

$$\left.\begin{aligned} F_x &= m\frac{\mathrm{d}^2x}{\mathrm{d}t^2} \\ F_y &= m\frac{\mathrm{d}^2y}{\mathrm{d}t^2} \end{aligned}\right\}$$

9）质点运动微分方程的自然坐标形式

$$\left.\begin{aligned} F_\tau &= m\frac{\mathrm{d}^2s}{\mathrm{d}t^2} \\ F_\mathrm{n} &= \frac{m}{\rho}\left(\frac{\mathrm{d}s}{\mathrm{d}t}\right)^2 \end{aligned}\right\}$$

10）应用质点运动微分方程可解决两类基本问题：一是已知物体的运动，求作用于物体上的力（特别是约束反力）；一是已知作用于物体上的力，求物体的运动。

思 考 题

1. 点的运动方程与轨迹方程有什么区别？
2. 点做匀速运动时和点的速度为零时，其加速度是否必为零？试举例说明。

3. 点在运动时，若某瞬时 $a>0$，那么点是否一定在做加速运动？

4. 什么是切向加速度和法向加速度？它们的意义是什么？怎样的运动既无切向加速度又无法向加速度？怎样的运动只有切向加速度而无法向加速度？怎样的运动只有法向加速度而无切向加速度？怎样的运动既有切向加速度又有法向加速度？

5. 加速度 a 的方向是否表示点的运动方向？加速度的大小是否表示点的运动快慢程度？

6. 做曲线运动的物体能否不受任何力的作用？为什么？

7. 物体的速度越大越难停下来，是否说明物体的惯性越大？

8. 物体所受的力越大，则物体的运动速度是否也越大？

9. 下雨天，当旋转雨伞时，雨滴沿伞的边缘切向飞出去，这是为什么？

10. 质点的运动方向是否一定与质点所受合力方向相同？如果质点在某瞬时的速度越大，是否说明该瞬时质点所受的作用力也越大？

11. 刚体平动时是否可以用点的运动轨迹、速度和加速度来描述？为什么？试举出生活、生产中刚体平动、定轴转动的例子。

12. 刚体做定轴转动时，角速度为负，是否一定做减速转动？

习　题

14-1　已知动点 M 的运动方程 $x=a\cos^2 kt$，$y=a\sin^2 kt$。试求：1）动点 M 的轨迹；2）此点沿轨迹的运动方程。

14-2　花园中水管的喷嘴以 15m/s 的速度喷水，若喷嘴被固定在地面，倾角为 30°，求水柱达到的最大高度以及水柱所能达到的最远水平距离。

14-3　如图 14-14 所示，一动点沿曲线由 A 运动到 B 共用了 2s，又用了 4s 由 B 运动到 C，再用了 3s 由 C 运动到 D。求动点 A 到 D 的平均速率。

14-4　如图 14-15 所示，求消防队员使喷射的水能达到的最大高度，假设水喷出的速度为 $v_C=16\text{m/s}$。

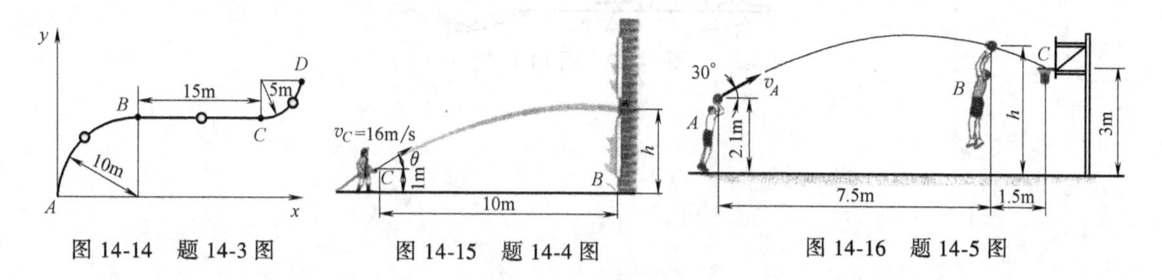

图 14-14　题 14-3 图　　图 14-15　题 14-4 图　　图 14-16　题 14-5 图

14-5　如图 14-16 所示，通过观看篮球比赛录像，分析投篮情况。球将要投进篮筐中时，球员 B 试图拦截篮球。忽略球的大小，求球的初始速度 v_A 的大小及队员 B 需要跳起的高度 h。

14-6　高尔夫球被击起，速度为 24m/s，如图 14-17 所示，求它落地时所经过的距离 d。

*14-7　已知火箭在 B 点处铅直发射，$\theta=kt$，如图 14-18 所示。求火箭的运动方程，以及在 $\theta=\pi/6$ 和 $\pi/3$ 时，火箭的速度和加速度。

14-8　列车（不连机车）质量为 200t，以等加速度沿水平轨道行驶，由静止开始经 60s 后达到 54km/h 的速度。设摩擦力等于车重的 0.005 倍；求机车与列车之间的拉力。

14-9　如图 14-19 所示，一山路表面的曲率半径 $\rho=100\text{m}$，一辆汽车沿该山路表面行驶，求汽车不离开地面的最低恒定速率是多少？忽略汽车的大小，汽车的重量为 17.5kN。

14-10　图 14-20 所示桥式起重机，已知重物的质量 $m=100\text{kg}$。求下列两种情况下吊索的拉力。1）重物匀速上升时；2）重物在上升过程中以 $a=2\text{m/s}^2$ 的加速度突然制动时。

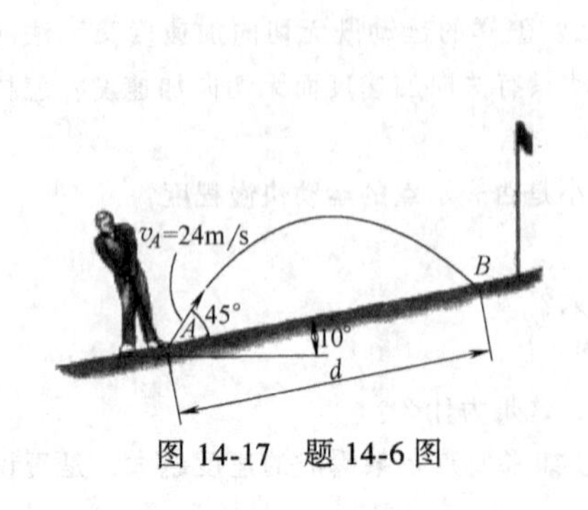

图 14-17 题 14-6 图

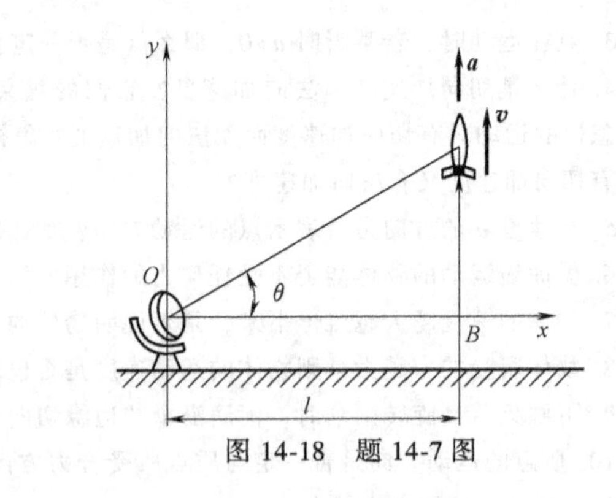

图 14-18 题 14-7 图

14-11 图 14-21 图所示载货的小车重 7kN，以 $v=1.6\text{m/s}$ 的速度沿轨道面下降。轨道的倾角 $\alpha=15°$，运动总阻力系数 $f=0.015$。1）求小车匀速下降时，小车缆绳的张力；2）又设小车制动的时间为 $t=4\text{s}$，求此时缆绳的张力（设制动时小车做匀速运动）。

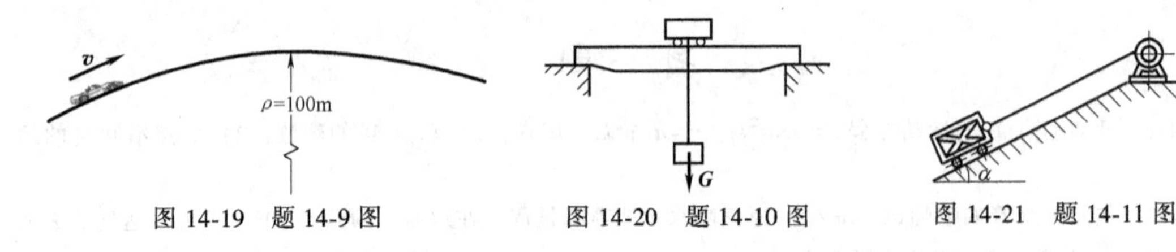

图 14-19 题 14-9 图　　图 14-20 题 14-10 图　　图 14-21 题 14-11 图

*14-12 如图 14-22 所示，质量 $m=2000\text{kg}$ 的汽车，以速度 $v=6\text{m/s}$ 先后驶过曲率半径为 $\rho=120\text{m}$ 的桥顶和凹坑时，分别求出桥顶和凹坑底面对汽车的约束反力。

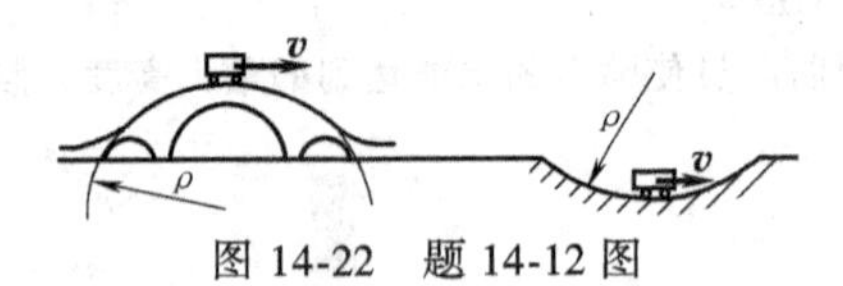

图 14-22 题 14-12 图

第 15 章

刚体基本运动时的运动与动力分析

15.1 刚体基本运动的运动分析

刚体的基本运动有平动和定轴转动。

15.1.1 刚体的平动

刚体在运动过程中，其上任一直线始终保持与初始位置平行，这种运动称为刚体的平动，也称为刚体平行移动。例如，直线轨道上行驶车辆的运动（图 15-1a），摆动式输送机送料槽的运动（图 15-1b）。

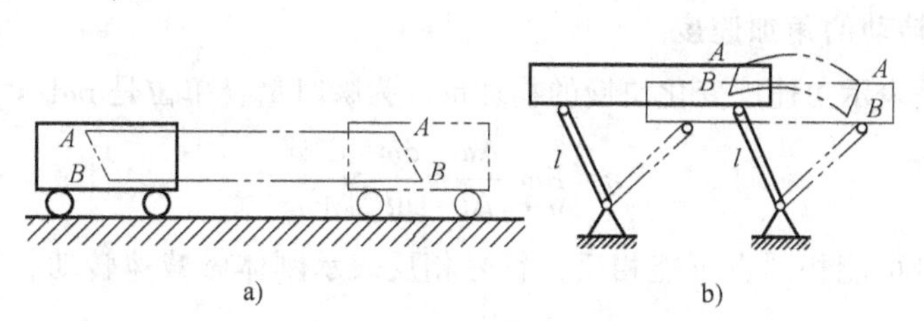

图 15-1 刚体平动的实例

由此可知，刚体平动的特征是：刚体做平动时，其上各点的运动轨迹相同，且彼此平行；每一瞬时，各点的速度、加速度均相等。

刚体平动的运动轨迹可以是直线运动，也可以是曲线运动，即直线平动和曲线平动。

由于做平动的刚体上各点的速度、加速度均相等，故刚体平动的运动学问题可归纳为点的运动学问题。

15.1.2 刚体的定轴转动

刚体运动时，其上（或其外）某一直线始终保持不动，这种运动称为刚体定轴转动。固定不动的直线称为转轴。

刚体定轴转动在工程实际中应用广泛，传动机构中的齿轮和带轮的转动、电动机转子旋转、飞轮转动等都是刚体转动的实例。

1. 刚体定轴转动的转动方程

为了确定转动刚体的位置，以过转轴的固定平面Ⅰ作为参考面，如图 15-2 所示，在刚

体上固连一个平面Ⅱ，当刚体转动时，刚体上固连的平面Ⅱ相对于参考面Ⅰ转过的角度是随着时间而变化的，即

$$\varphi=f(t) \tag{15-1}$$

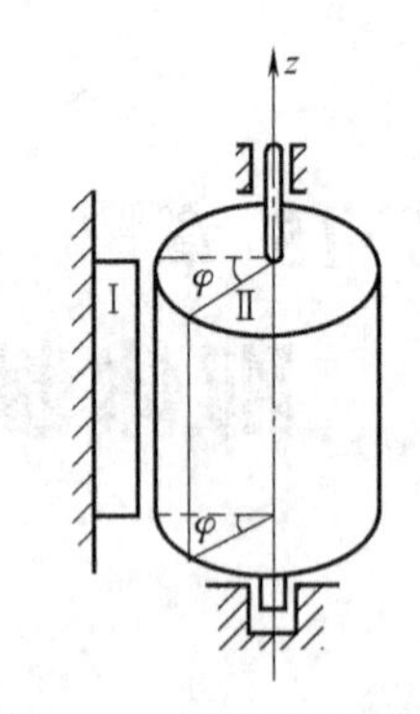

图 15-2　刚体定轴转动

式（15-1）为刚体的转动方程，它反映了转动刚体任一瞬时在空间的位置，即刚体转动的规律。转角 φ 是代数量，规定从转轴的正向看去，逆时针方向的转角为正，反之为负。转角 φ 的单位是弧度（rad）。

2. 刚体定轴转动的角速度

角速度是反映刚体转动快慢的物理量，设在瞬时 t 刚体的转角为 φ，经时间间隔 Δt，转角变为 $\varphi+\Delta\varphi$。$\Delta\varphi/\Delta t$ 称为刚体在 Δt 时间间隔内的平均角速度 ω^*，当 Δt 趋近于零时，即得刚体在 t 瞬时的角速度为

$$\omega=\lim_{\Delta t\to 0}\omega^*=\lim_{\Delta t\to 0}\frac{\Delta\varphi}{\Delta t}=\frac{\mathrm{d}\varphi}{\mathrm{d}t} \tag{15-2}$$

工程上常用每分钟转过的圈数表示刚体转动的快慢，称为转速，用符号 n 表示，单位是 r/min。转速 n 与角速度 ω 的关系为

$$\omega=\frac{2\pi n}{60}=\frac{\pi n}{30} \tag{15-3}$$

3. 刚体定轴转动的角加速度

角加速度 ε 是表示角速度变化快慢的物理量。为瞬时量，单位是 $\mathrm{rad/s^2}$。

$$\varepsilon=\lim_{\Delta t\to 0}\frac{\Delta\omega}{\Delta t}=\frac{\mathrm{d}\omega}{\mathrm{d}t}=\frac{\mathrm{d}^2\varphi}{\mathrm{d}^2 t} \tag{15-4}$$

ω 与 ε 的符号可能相同也可能相反，符号相反表示刚体做减速转动，符号相同则表示刚体做加速转动。

15.1.3　定轴转动刚体上点的速度和加速度

在工程实际中，不仅要知道刚体转动的角速度和角加速度，还要知道刚体转动时其上某点的速度和加速度。例如设计带轮时，要知道带轮转动时其边缘上点的速度；在车削工件时，要知道工件边缘上点的速度等。

1. 定轴转动刚体上点的速度

如图 15-3a 所示，一刚体绕轴 O 做定轴转动，在刚体上任取一点 M，在通过点 M 且垂直于转轴的平面内，点 M 到转轴的距离为 R，则点 M 的运动轨迹是以 O 为圆心，以 R 为半径的圆周。设初始时刻 $t=0$ 时，点 M 的位置为 M_0，在 t 瞬时，刚体的转角为 φ，点 M 到达图示位置。建立自然坐标轴，则点 M 的弧坐标 s 与转角 φ 之间的关系为

$$s=R\varphi$$

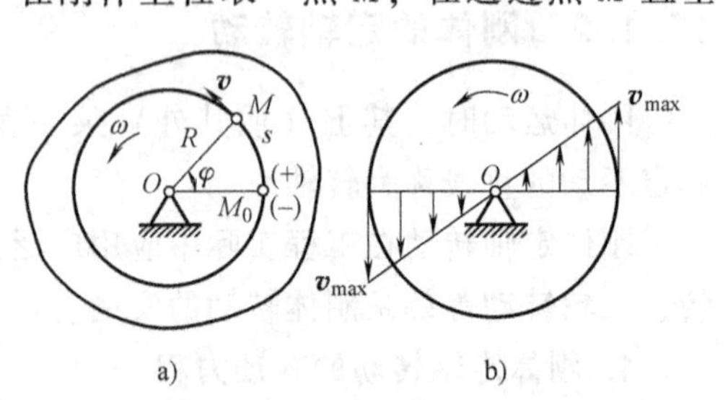

图 15-3　定轴转动刚体上点的速度

用自然法求得点 M 的速度为

$$v=\frac{\mathrm{d}s}{\mathrm{d}t}=R\frac{\mathrm{d}\varphi}{\mathrm{d}t}=R\omega \tag{15-5}$$

即刚体做定轴转动时，其上任意一点速度的大小等于该点到转轴的距离与刚体角速度的乘积，方向沿轨迹的切线方向（垂直于转动半径），指向与角速度 ω 的转向一致。

由式（15-5）可知，刚体做定轴转动时，其上各点的速度与其到转轴的距离成正比，同一瞬时，刚体上各点的速度分布规律如图 15-3b 所示，可以看出，点到转轴的距离越远，速度越大；点到转轴的距离越近，速度越小；转轴上各点的速度为零；所有到转轴距离相等的点，其速度大小相等。

工程中，有很多做定轴转动的物体，如传动中的齿轮和带轮、车削加工时回转的工件等，其圆周上点的速度称为圆周速度。若已知转速 n(r/min) 和直径 D(m)，则圆周速度 v (m/s) 的计算公式为

$$v=R\omega=\frac{D}{2}\frac{\pi n}{30}=\frac{\pi Dn}{60} \tag{15-6}$$

2. 定轴转动刚体上点的加速度

刚体做定轴转动时，其上任意一点 M 的运动轨迹为圆周，所以其加速度分为切向加速度和法向加速度两个分量。其中切向加速度的大小为

$$a_\tau=\frac{\mathrm{d}v}{\mathrm{d}t}=R\frac{\mathrm{d}\omega}{\mathrm{d}t}=R\varepsilon \tag{15-7}$$

法向加速度的大小为

$$a_\mathrm{n}=\frac{v^2}{R}=\frac{(R\omega)^2}{R}=R\omega^2 \tag{15-8}$$

即刚体做定轴转动时，其上任意一点切向加速度的大小等于该点到转轴的距离与刚体角加速度的乘积，方向沿轨迹的切线方向（垂直于转动半径），指向与角加速度的转向一致；法向加速度的大小等于该点到转轴的距离与刚体角速度平方的乘积，方向沿轨迹的法线方向，指向转动中心，如图 15-4 所示。点 M 的全加速度的大小和方向为

$$\left.\begin{aligned}a&=\sqrt{a_\tau^2+a_\mathrm{n}^2}=R\sqrt{\varepsilon^2+\omega^4}\\ \tan\theta&=\left|\frac{a_\tau}{a_\mathrm{n}}\right|=\left|\frac{\varepsilon}{\omega^2}\right|\end{aligned}\right\} \tag{15-9}$$

式中　θ——a 与 a_n 之间所夹的锐角。

由上述公式可知，刚体做定轴转动时，其上各点的加速度与其到转轴的距离成正比。同一瞬时，刚体上各点的加速度分布规律如图 15-5 所示，从图中可以看出，点到转轴的距离越远，加速度越大；点到转轴的距离越近，加速度越小；点在转轴上时，加速度为零。

综上所述，刚体做定轴转动时，其上各点（转轴除外）具有相同的转动方程，在同一瞬时具有相同的角速度和角加速度；但各点的速度不同，加速度也不同，其值随点到转轴距离的变化而变化。

刚体做定轴转动的基本公式与点做直线运动的基本公式，形式上非常相似，其对应关系见表 15-1。

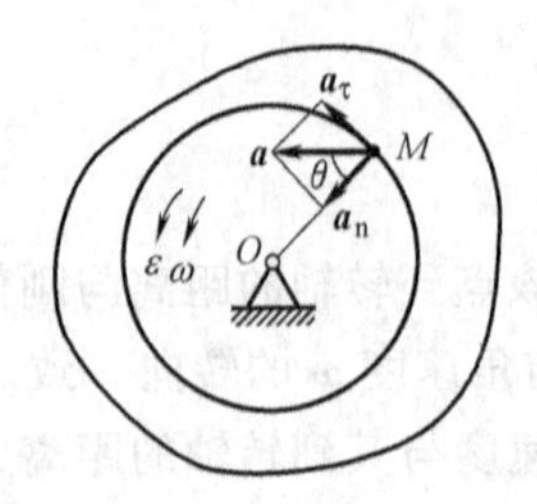

图 15-4 定轴转动刚体上点的加速度

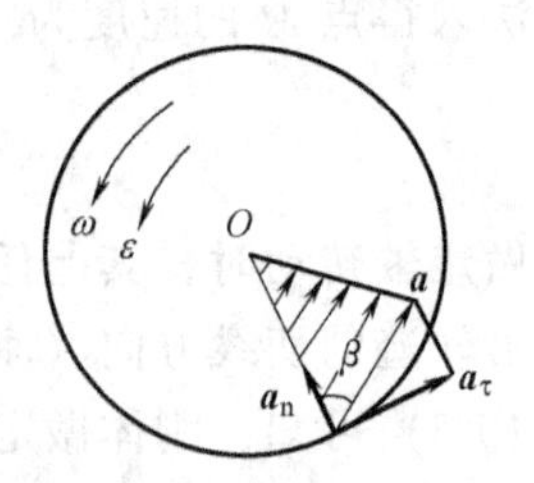

图 15-5 加速度分布规律

表 15-1 刚体做定轴转动与点做直线运动的基本公式的对应关系

点的直线运动	刚体的定轴转动
运动方程 $s=f(t)$	转动方程 $\varphi=f(t)$
速度 $v=\dfrac{ds}{dt}$	角速度 $\omega=\dfrac{d\varphi}{dt}$
加速度 $a=\dfrac{dv}{dt}$	角加速度 $\varepsilon=\dfrac{d\omega}{dt}$
匀速直线运动 $s=s_0+vt$	匀速转动 $\varphi=\varphi_0+\omega t$
匀变速直线运动($s_0=0$) $v=v_0+at$ $s=v_0t+\dfrac{1}{2}at^2$ $v^2-v_0^2=2as$	匀变速转动($\varphi_0=0$) $\omega=\omega_0t+\varepsilon t$ $\varphi=\omega_0t+\dfrac{1}{2}\varepsilon t^2$ $\omega^2-\omega_0^2=2\varepsilon\varphi$

例 15-1 发动机正常工作时其转子做匀速转动，已知转子的转速 $n_0=1200\text{r/min}$，在制动后做匀减速转动，从开始制动到停止转动转子共转过 80r。求发动机制动过程所需要的时间。

解： 制动开始时，转子的角速度为

$$\omega_0=\frac{\pi n_0}{30}=\frac{\pi\times1200}{30}\text{rad/s}=40\pi\text{rad/s}$$

制动结束时，转动的角速度 $\omega=0$，在制动过程中，转子转过的转角为

$$\varphi=2\pi n=2\pi\times80\text{rad}=160\pi\text{rad}$$

由表 15-1 得匀减速转动时角加速度为

$$\varepsilon=\frac{\omega^2-\omega_0^2}{2\varphi}=\frac{-(40\pi)^2}{2\times160\pi}\text{rad/s}^2=-5\pi\text{rad/s}^2$$

制动时间为

$$t=\frac{\omega-\omega_0}{\varepsilon}=\frac{-40\pi}{-5\pi}\text{s}=8\text{s}$$

例 15-2 曲柄导杆机构如图 15-6 所示，曲柄 OA 绕固定轴 O 转动，通过滑块 A 带动导杆 BC 在水平槽内做直线往复运动。已知 $OA=r$，$\varphi=\omega t$（ω 为常量），求导杆在任一瞬时的速

度和加速度。

解： 由于导杆在水平直线导槽内运动，所以其上任一直线始终与它的最初位置相平行，且其上各点的轨迹均为直线。因此，导杆做直线平动。导杆的运动可以用其上任一点的运动来表示。选取导杆上点 M 研究，点 M 沿 x 轴做直线运动，其运动方程为

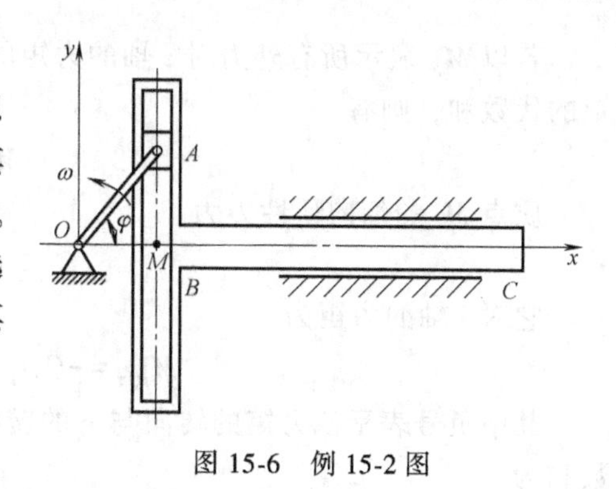

图 15-6　例 15-2 图

$$x_M = OA\cos\varphi = r\cos\omega t$$

则点 M 的速度和加速度分别为

$$v_M = \frac{\mathrm{d}x_M}{\mathrm{d}t} = -r\omega\sin\omega t$$

$$a_M = \frac{\mathrm{d}v_M}{\mathrm{d}t} = -r\omega^2\cos\omega t$$

15.2　刚体基本运动的动力分析

工程实际中，有大量绕定轴转动的刚体，其转动状态的改变与作用于其上的外力偶矩有着密切的联系。例如，机床起动时，主轴在电动机起动力矩作用下，将改变原有的静止状态，产生角加速度，越转越快；当关断电源后，主轴将在阻力矩作用下越转越慢，直至停止转动。

15.2.1　刚体绕定轴转动的动力分析基本方程

设有一个刚体，在外力系 $\boldsymbol{F}_1$、$\boldsymbol{F}_2$、…、$\boldsymbol{F}_n$ 作用下绕定轴 z 转动，如图 15-7 所示，某瞬时刚体转动的角速度为 ω，角加速度为 ε。

若把刚体看成是由无数个质点组成的，则根据刚体定轴转动的定义可知，除轴线上的各点外，刚体内的其他各点都做圆周运动。

在刚体上任取一质点 M_i，其质量为 m_i，转动半径为 r_i。则此质点的切向加速度为

$$a_{i\tau} = r_i\varepsilon$$

此质点的法向加速度为

$$a_{in} = r_i\omega^2$$

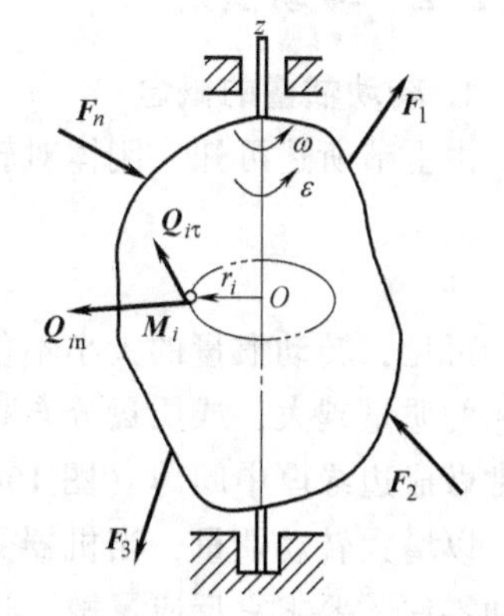

图 15-7　刚体在外力下绕定轴转动

假设各质点都有切向惯性力和法向惯性力，刚体在外力、内力和惯性力的作用下处于平衡。由力系的平衡条件可知，所有外力、内力和惯性力对 z 轴的力矩的代数和应为零。对刚体而言，其内力总是成对出现，所以它们对 z 轴的力矩的代数和必为零；而所有的法向惯性力都通过 z 轴，故它们对 z 轴的力矩的代数和也为零。因此，刚体平衡的条件就可简化为：所有外力与所有切向惯性力对 z 轴的力矩的代数和应为零。

若以 M_F 表示所有外力对 z 轴的力矩的代数和，以 $M_{Q\tau}$ 表示所有切向惯性力对 z 轴的力矩的代数和，则有

$$M_F+M_{Q\tau}=0$$

质点 M_i 的切向惯性力为

$$Q_\tau=m_ir_i\varepsilon$$

它对 z 轴的力矩为

$$M_{iQ\tau}=-Q_\tau r_i=-(m_ir_i\varepsilon)r_i=-m_ir_i^2\varepsilon$$

其中负号表示该力矩的转向与 ε 的转向相反。则所有质点的切向惯性力对 z 轴的力矩代数和为

$$M_{Q\tau}=-\sum m_ir_i^2\varepsilon=-\varepsilon\sum m_ir_i^2$$

令 $J_z=\sum m_ir_i^2$，则

$$M_{Q\tau}=-J_z\varepsilon \tag{15-10}$$

上式称为刚体绕定轴转动的动力分析基本方程，其中 J_z 称为刚体对 z 轴的转动惯量。式（15-10）表明，刚体绕定轴转动时，作用在刚体上的外力对转动轴的力矩的代数和，等于刚体对该轴的转动惯量与其加速度的乘积；角加速度的转向与转动力矩的转向相同。该式反映了刚体所受外力对转轴的合力矩与刚体角加速度的关系。

因为 $\varepsilon=\frac{\mathrm{d}\omega}{\mathrm{d}t}=\frac{\mathrm{d}^2\varphi}{\mathrm{d}t^2}$，所以式（15-10）可以写成如下形式

$$M_F=J_z\frac{\mathrm{d}\omega}{\mathrm{d}t}=J_z\frac{\mathrm{d}^2\varphi}{\mathrm{d}t^2} \tag{15-11}$$

式（15-11）称为刚体绕定轴转动的微分方程。

把刚体绕定轴转动的动力分析基本方程（$M_F=J_z\varepsilon$）与质点的动力分析的基本方程（$F=ma$）进行比较，可以看出，它们的形式完全相似。

15.2.2 转动惯量

1. 转动惯量的概念

由上节所述可知，刚体对转轴的转动惯量为

$$J_z=\sum_{i=1}^{n}m_ir_i^2 \tag{15-12}$$

可见，转动惯量的大小不仅与刚体质量的大小有关，而且与刚体质量的分布情况有关。刚体的质量越大，或质量分布离转轴越远，则转动惯量就越大；反之，则越小。机械中的飞轮常做成边缘厚中间薄（图 15-8），就是为了将飞轮大部分的质量分布在离转轴较远的地方，以增大转动惯量，当机器受到冲击时，角加速度减小，运转平稳。反之，对于仪表中的转动零件，要求它反应灵敏，这时就需要采用轻巧的结构和选用轻质材料，以减小它的转动惯量。可见，刚体的转动惯量是刚体绕某轴转动惯性大小的度量，它的大小表现了刚体转动状态改变的难易程度。转动惯性是恒为正的标量，它的常用单位是 $\mathrm{kg}\cdot\mathrm{m}^2$。

2. 规则形状、均质刚体的转动惯量

(1) 均质细直杆　设均质细直杆长度为 l，质量为 m，如图 15-9 所示。求此杆对通过杆

端 A 并与杆垂直的轴 z 的转动惯量 J_z。

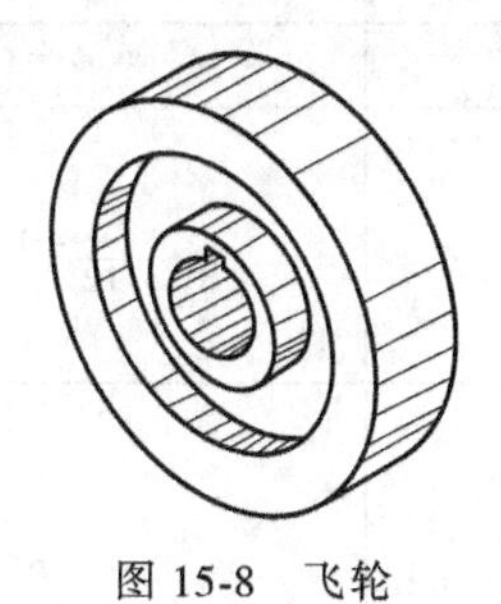

图 15-8　飞轮

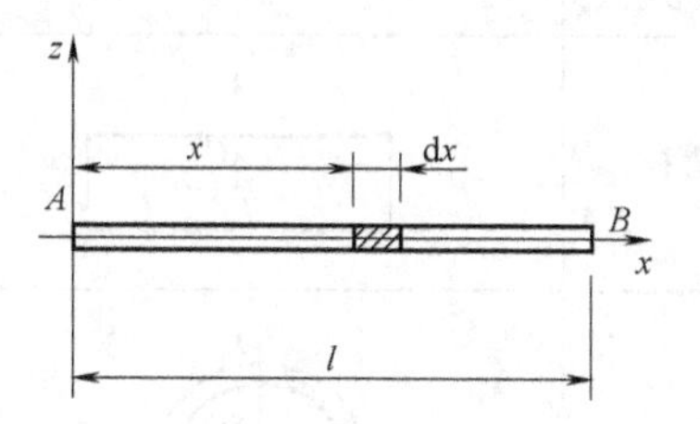

图 15-9　均质细直杆长的转动惯量

在杆上距端 A 的 x 处取长为 dx 的一微段元，其质量为 $dm=m dx/l$，则此杆对轴 z 的转动惯量为

$$J_z=\int_0^l x^2 dm=\int_0^l \frac{m}{l}x^2 dx=\frac{1}{3}ml^2 \tag{15-13}$$

（2）均质薄圆板　设均质薄圆板质量为 m，半径为 R，如图 15-10 所示。求此板对过圆心 O 且与圆板所在平面垂直的轴 z 的转动惯量 J_z。

将圆板分为许多同心的细圆环，其半径为 r，宽为 dr，则任一细圆环对轴 z 的转动惯量为

$$J_{zi}=r^2 dm=r^2\frac{m}{\pi R^2}\times 2\pi r dr=\frac{2m}{R^2}r^3 dr$$

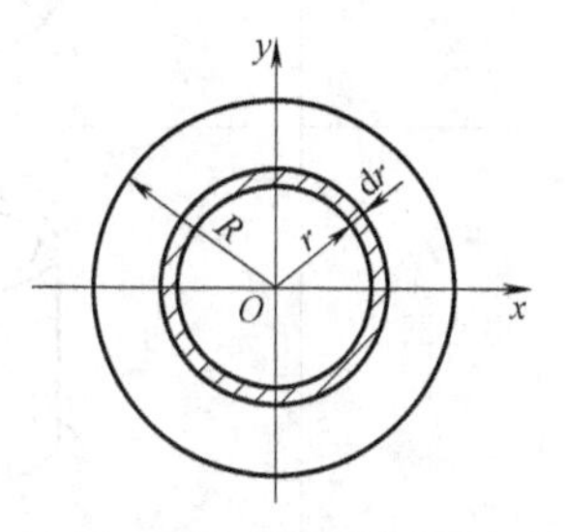

图 15-10　均质薄圆板

故整个圆板对轴 z 的转动惯量为

$$J_z=\int_0^R \frac{2m}{R^2}r^3 dr=\frac{1}{2}mR^2 \tag{15-14}$$

3. 惯性半径（回转半径）

设刚体的质量为 m，对轴 z 的转动惯量为 J_z，定义刚体对轴 z 的惯性半径（或回转半径）ρ_z 为

$$\rho_z=\sqrt{\frac{J_z}{m}} \tag{15-15}$$

ρ_z 的物理意义为：若把刚体的质量集中在某一点，仍保持原有的转动惯量不变，则 ρ_z 就是这个点到轴 z 的距离。ρ_z 的大小仅与刚体的几何形状和尺寸有关，与刚体的材质无关，它具有长度的单位。

若已知刚体的惯性半径 ρ_z，则刚体的转动惯量为

$$J_z=m\rho_z^2 \tag{15-16}$$

即刚体的转动惯量等于刚体的质量与惯性半径平方的乘积。

表 15-2 中给出了一些常见规则形状均质刚体的转动惯量及惯性半径的计算公式。

***4. 平行移轴定理**

工程手册中，一般只给出刚体对质心轴的转动惯量，但工程实际中，某些刚体的转轴并不过质心，而是与质心轴平行。这就需要应用平行轴定理计算刚体对转轴的转动惯量。

表 15-2 常见规则形状均质刚体的转动惯量和惯性半径

刚体形状	简图	转动惯量 J_x	回转半径 ρ_x
细直杆	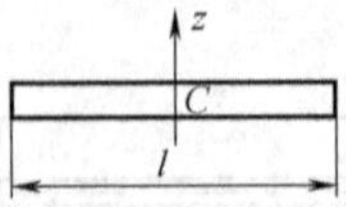	$\frac{1}{12}ml^2$	$\frac{l}{\sqrt{12}}=0.289l$
细圆环	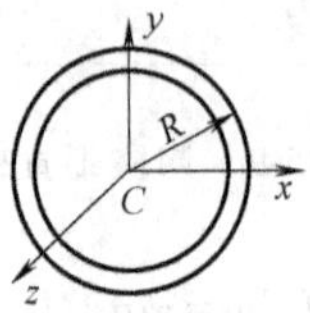	mR^2	R
薄圆盘	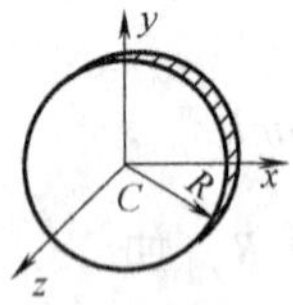	$\frac{1}{2}mR^2$	$\frac{R}{\sqrt{2}}=0.707R$
空心圆柱	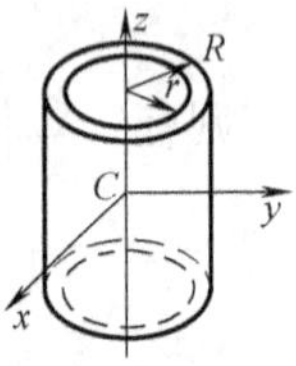	$\frac{1}{2}m(R^2+r^2)$	$\sqrt{\frac{R^2+r^2}{2}}=0.707R\sqrt{R^2+r^2}$
实心球	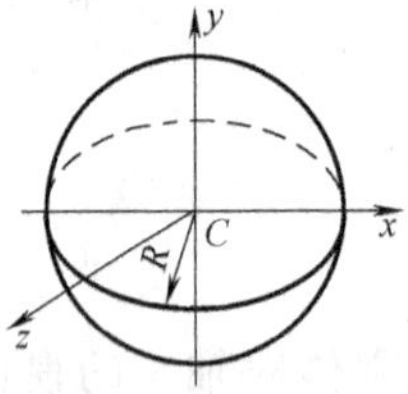	$\frac{2}{5}mR^2$	$0.632R$
矩形块	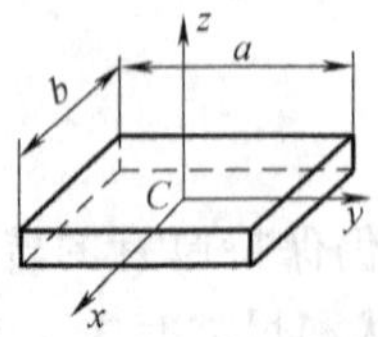	$\frac{1}{12}m(a^2+b^2)$	$0.289\sqrt{a^2+b^2}$

平行移轴定理刚体对任一轴的转动惯量，等于刚体对与该轴平行的质心轴的转动惯量，加上刚体的质量与两轴间的距离平方的乘积，即

$$J'_z=J_z+md^2 \tag{15-17}$$

式中 J'_z——刚体对与质心轴平行的任一轴 z' 的转动惯量；

J_z——刚体对质心轴 z 的转动惯量；

m——刚体的质量；

d——两轴之间的距离。

由平行移轴定理可知，在同一刚体的一组平行轴中，刚体对质心轴的转动惯量为最小。

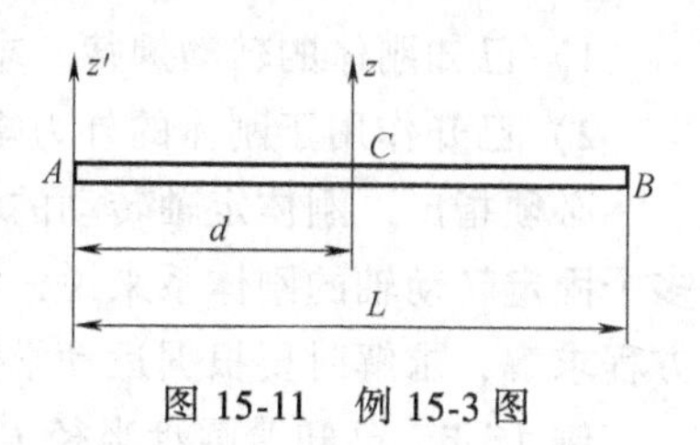

图 15-11　例 15-3 图

例 15-3　如图 15-11 所示均质杆，其杆长为 L，质量为 m，求均质杆对 z'轴的转动惯量。

解：均质杆对质心轴 z 的转动惯量可由表 15-2 中查得

$$J_z=\frac{1}{12}mL^2$$

由图中可知，z'轴与 z 轴之间的距离为

$$d=\frac{1}{2}L$$

则应用转动惯量的平行移轴定理，可得均质杆对 z'轴的转动惯量为

$$J_z'=J_z+md^2=\frac{1}{12}mL^2+m\left(\frac{1}{2}L\right)^2=\frac{1}{3}mL^2$$

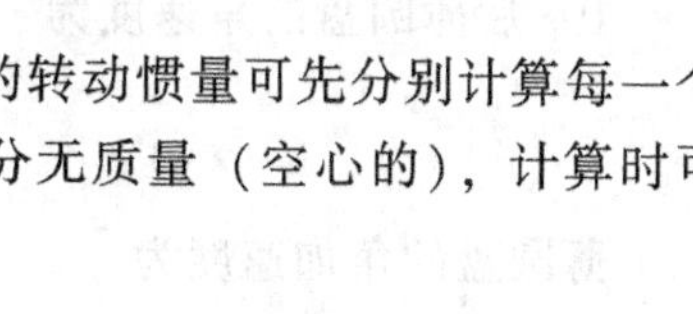

若一个刚体由几个几何形状简单的刚体组成，计算整体的转动惯量可先分别计算每一个组成刚体的转动惯量，然后再合起来。如果组成刚体的某部分无质量（空心的），计算时可把这部分质量取为负值。

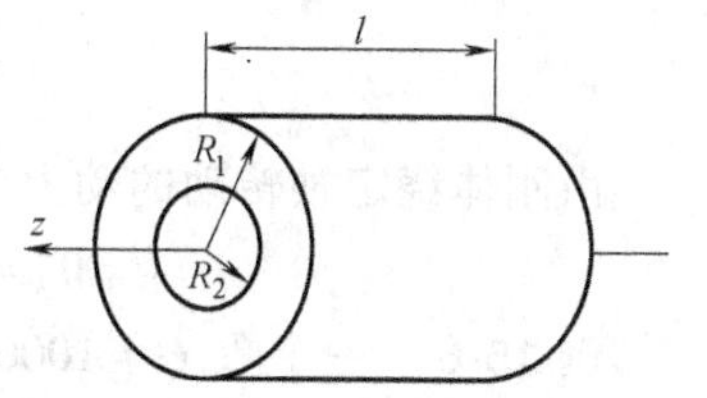

图 15-12　例 15-4 图

例 15-4　如图 15-12 所示，一均质空心圆柱体长为 l，外径为 R_1，内径为 R_2，求对中心轴 z 的转动惯量。

解：空心圆柱可看成是由两个实心圆柱体组成，内圆柱体的转动惯量取负值，即

$$J_z=J_{z1}-J_{z2}=\frac{1}{2}m_1R_1^2-\frac{1}{2}m_2R_2^2$$

$$=\frac{1}{2}(\pi R_1^2l_1\rho)R_1^2-\frac{1}{2}(\pi R_2^2l_2\rho)R_2^2$$

因为 $l_1=l_1=l$，故上式可写成

$$J_z=\frac{1}{2}\pi l\rho(R_1^4-R_2^4)$$

$$=\frac{1}{2}\pi l\rho(R_1^2-R_2^2)(R_1^2+R_2^2)$$

空心圆柱体的质量为

$$m=m_1-m_2=\pi l\rho(R_1^2-R_2^2)$$

故该转动惯量计算式可写成

$$J_z=\frac{1}{2}m(R_1^2+R_2^2)$$

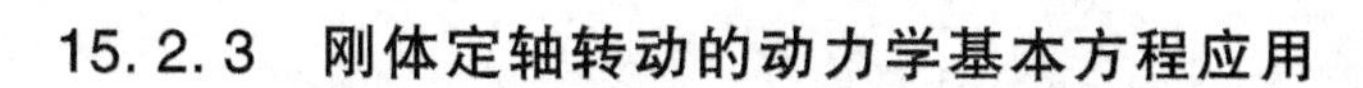

15.2.3　刚体定轴转动的动力学基本方程应用

刚体定轴转动的动力学基本方程，反映了绕定轴转动的刚体受到的外力矩与其转动状态改变之间的关系。与质点动力学基本方程一样，也可以解决定轴转动刚体动力学的两类问题：

1）已知刚体的转动规律，求作用于刚体上的外力矩。

2）已知作用于刚体的外力矩，求刚体的转动规律。

必须指出，刚体定轴转动的动力学基本方程只适用于选单个刚体为研究对象。对于具有多个固定转动轴的刚体系来说，需要将刚体系拆开，分别取各个刚体为研究对象，列出基本方程求解，求解时要根据运动学知识进行运动量的统一。

例 15-5 已知薄圆盘半径 $R=0.5\text{m}$，质量 $m=100\text{kg}$，在不变的力矩作用下，绕垂直于圆盘平面且过质心的 z 轴，由静止开始做匀加速转动，10s 后薄圆盘的转速为 $n=240\text{r/min}$。若不计轴承处摩擦，试求作用在薄圆盘上的转矩的大小。

解： 查表 15-2 可知薄圆盘的转动惯量

$$J_z=\frac{1}{2}mR^2=\frac{1}{2}\times100\times0.5^2\text{kg}\cdot\text{m}^2$$
$$=12.5\text{kg}\cdot\text{m}^2$$

10s 后薄圆盘的角速度为

$$\omega=\frac{n\pi}{30}=\frac{240\pi}{30}\text{rad/s}=25.12\text{rad/s}$$

薄圆盘的角加速度为

$$\varepsilon=\frac{\omega}{t}=\frac{25.12}{10}\text{rad/s}^2=2.51\text{rad/s}^2$$

由刚体绕定轴转动的动力分析基本方程，可得作用在薄圆盘上的转矩为

$$M_F=J_z\varepsilon=12.5\times2.51\text{N}\cdot\text{m}=31.38\text{N}\cdot\text{m}$$

例 15-6 一个重 $Q=1000\text{N}$、半径 $r=0.4\text{m}$ 的匀质圆轮绕质心 O 点铰支座做定轴转动，圆轮对转轴 O 的转动惯量 $J_O=8\text{kg}\cdot\text{m}^2$，轮上绕有绳索，下端挂有重 $G=10\text{kN}$ 的物块 A，如图 15-13a 所示。试求圆轮的角加速度。

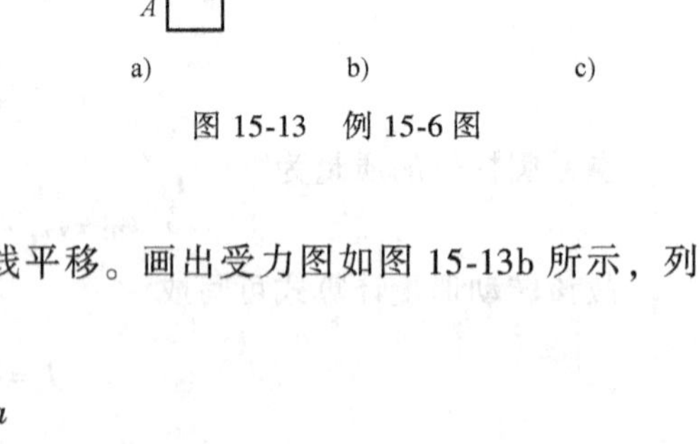

a)　b)　c)

图 15-13　例 15-6 图

解： 分别取圆轮和物块 A 为研究对象。

设滑块 A 有向下加速度 a，圆轮有角加速度。由运动学知 $a=r\varepsilon$，即

$$a=0.4\varepsilon \qquad \text{(a)}$$

取物块 A 为研究对象，其上作用力有重力 G、绳向上的拉力 T；物块以向下的加速度 a 做直线平移。画出受力图如图 15-13b 所示，列出动力学基本方程

$$G-T=\frac{G}{g}a$$

即

$$10\times10^3-T=\frac{10\times10^3}{9.8}a \qquad \text{(b)}$$

再取圆轮为研究对象，其上作用力有绳的拉力 T，自重 Q 及支座反力 N_{Ox} 和 N_{Oy}，如图 15-13c 所示。

列出刚体绕定轴转动的动力学基本方程 $Tr=J_O$，即 0.4T。　(c)

联立以上三式求解，可得圆轮的角加速度 23.4rad/s^2。

本章小结

1）刚体平动时，其上任一直线在每一瞬时的位置都彼此平行。刚体上各点的轨迹形状相同且平行，同一瞬时各点的速度和加速度相同。

2）刚体绕定轴转动时，其上或其延伸部分有一条直线始终固定不动，这条直线即为定轴。

3）刚体上定轴外的各点都绕该直线上的点做圆周运动。

4）刚体绕定轴转动的动力分析基本方程

$$M_F=J_z\varepsilon$$

5）刚体绕定轴转动的微分方程

$$M_F=J_z\frac{\mathrm{d}\omega}{\mathrm{d}t}=J_z\frac{\mathrm{d}^2\varphi}{\mathrm{d}t^2}$$

6）转动惯量的定义式

$$J_z=\sum m_i r_i^2$$

7）转动惯量的平行移轴定理

$$J_z'=J_z+md^2$$

8）刚体绕定轴转动的动力分析基本方程，可用于解决刚体转动时动力分析的两类问题：一类为已知刚体的转动规律，求作用于刚体上的外力矩或外力；另一类为已知作刚体上的外力矩，求转动规律。

思考题

1. 自行车直线行驶时，脚蹬板做什么运动？汽车在水平圆弧弯道上行驶时，车厢做什么运动？

2. 刚体平动时，刚体内各点的运动轨迹一定是直线；刚体绕定轴转动时，刚体内各点运动轨迹一定是圆。这种说法是否正确？

3. 刚体运动时，刚体内只要有一条直线在运动过程中与它原来的位置保持平行，这时的运动便是平动，对吗？为什么？试举例说明。

4. 飞轮匀速转动，若半径增大一倍，轮缘上点的速度、加速度是否都增加一倍？若转速增大一倍呢？

5. 刚体绕定轴转动，角加速度为正时，刚体加速转动；角加速度为负时，刚体减速转动。这种说法对吗？为什么？

6. 一圆环与一实心圆柱体材料相同，绕各自的质心做定轴转动，某一瞬时有相同的角加速度，作用在圆环和圆柱体上的外力矩是否相同？

7. 有一个圆柱体和一个圆筒，设它们的质量和半径都相同，同时从粗糙的斜面上滚下。哪个先滚到底？为什么？

8. 物体对各平行轴的转动惯量中，对哪个轴的转动惯量最小？为什么？

习题

15-1　刚体做定轴转动，其转动方程为 $\varphi=t^3$（φ 单位为 rad，t 单位为 s）。试求 $t=2\text{s}$ 时刚体转过的圈数、角速度和角加速度。

15-2　飞轮以 $n=240\text{r/min}$ 转动，截断电流后，飞轮做匀减速转动，经 250s 停止。试求飞轮的角加速度和停止之前所转过的转角。

15-3　图 15-14 所示为由电动机驱动的半径 $r=0.5\text{m}$ 平转盘，转盘的运动方程为 $\theta=(20t+4t^2)$ rad，t

单位为 s。求 $t=90\text{s}$ 时，转盘的转数以及转盘的角速度和角加速度。

15-4 图 15-15 所示为升降机装置，由半径 $R=50\text{cm}$ 的鼓轮带动。被升降物体的运动方程 $x=5t^2$，t 单位为 s，x 单位为 m。求鼓轮的角速度和角加速度，并求在任意瞬时鼓轮轮缘上一点的全加速度的大小。

15-5 图 15-16 所示为一搅拌机构，已知 $O_1A=O_2B=R$，O_1A 绕 O_1 转动，转速为 n。试分析 BAM 上一点 M 的轨迹及其速度和加速度。

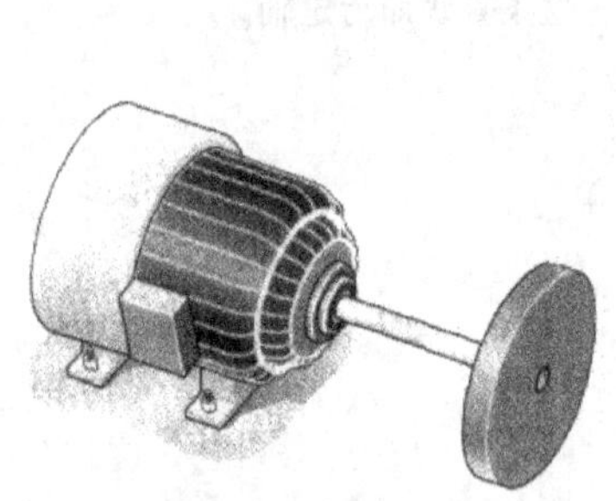

图 15-14 题 15-3 图

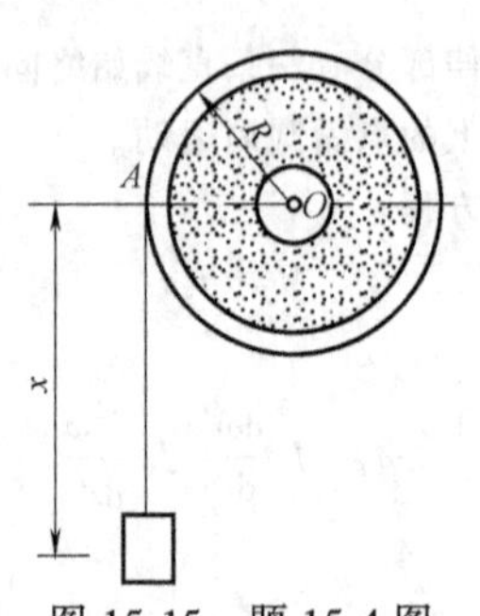

图 15-15 题 15-4 图

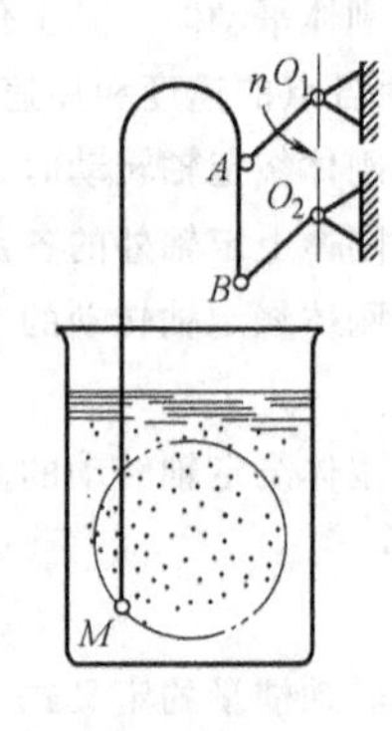

图 15-16 题 15-5 图

15-6 如图 15-17 所示，双曲柄机构的曲柄 AB 和 CD 分别绕 A、C 轴摆动，带动托架 DBE 运动使重物上升，某瞬时曲柄的角速度 $\omega=4\text{rad/s}$，角加速度 $\varepsilon=2\text{rad/s}^2$，曲柄长 $R=20\text{cm}$。求物体重心 G 的轨迹、速度和加速度。

15-7 如图 15-18 所示，一重 400N 的男孩悬挂在横杠上。如果横杠以：1）1m/s 的速度向上运动；2）速率 $v=1.2t^2\text{m/s}$ 向上运动。分别求这两种情况下，当 $t=2\text{s}$ 时，每只手臂上的力是多少？

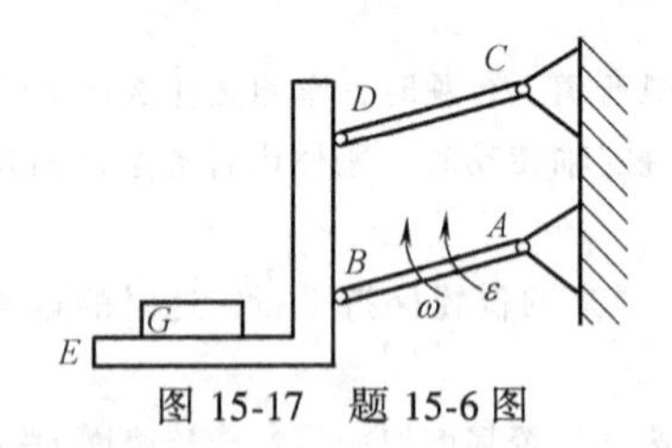

图 15-17 题 15-6 图

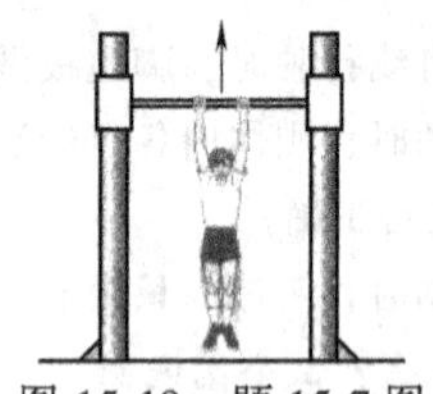

图 15-18 题 15-7 图

*第 16 章

点与刚体的复合运动分析基础

16.1 点的合成运动

采用不同的参考系来描述同一点的运动，其结果会不同，这就是运动描述的相对性。例如无风时，站在地面上的人，看到雨滴 M 是铅垂下落的，而坐在行驶车厢里的人（图 16-1）看到雨滴 M 却是向车后偏斜下落的（图中用虚线表示的方向）。产生不同结论的原因是：前者以静止的地面为参考系，而后者是以向前行驶的车厢为参考系。

如图 16-2 所示，起重行车起吊重物 M，重物相对于小车铅垂上升，小车相对于横梁水平直线平动，而重物相对于横梁的运动则是比较复杂的运动。但是，重物相对于小车的运动和小车相对于横梁的运动都是简单的直线运动。由此可知，一些复杂的运动，如能适当选取不同的坐标系，可以视为两个较为简单运动的合成，或者说把比较复杂的运动（也称为复合运动）分解成两个比较简单的运动。这种研究方法在工程实践和理论上都具有重要意义。

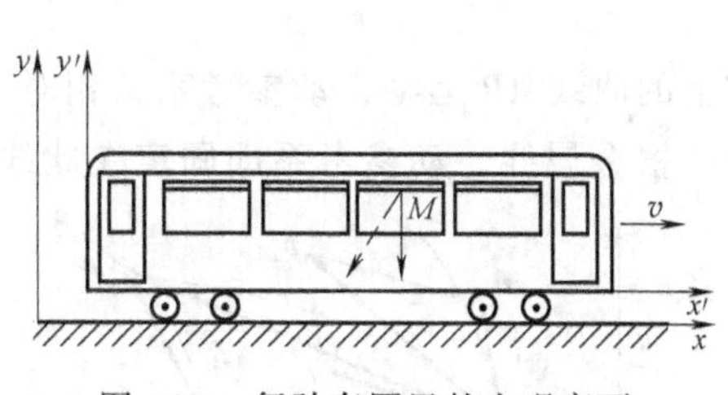

图 16-1 行驶车厢里的人观察雨

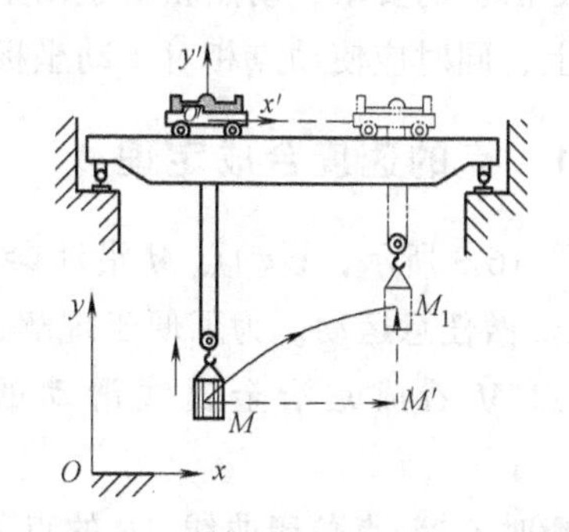

图 16-2 起重行车起吊重物 M 的运动

为了便于分析，把需要研究的点称为动点，把与地面或机架固连的参考系称为定坐标系（简称定系），以 Oxy 表示；把固连于运动物体（如行车梁）上的坐标系称为动坐标系（简称动系），以 $Ox'y'$表示。

由于选取了一个动点和两个参考系，因此存在三种运动：

1）绝对运动。动点相对定系的运动。动点在绝对运动中的轨迹、速度和加速度，分别称为动点的绝对轨迹、绝对速度 $\boldsymbol{v}_a$ 和绝对加速度 $\boldsymbol{a}_a$。

2）相对运动。动点相对动系的运动。动点在相对运动中的轨迹、速度和加速度，分别称为动点的相对轨迹、相对速度 $\boldsymbol{v}_r$ 和相对加速度 $\boldsymbol{a}_r$。

3）牵连运动。动系相对定系的运动。

由上述三种运动的定义可知，点的绝对运动、相对运动的主体是动点本身，其运动可能是直线运动或曲线运动；而牵连运动的主体却是动系所固连的刚体，其运动可能是平移、转动或其他较复杂的运动。

在任意瞬时，动系上与动点重合的那一点（牵连点）的速度和加速度，分别称为动点的牵连速度 $\boldsymbol{v}_e$ 和牵连加速度 $\boldsymbol{a}_e$。动系通常固连在某一刚体上，其运动形式与刚体的运动形式相同，而动点的牵连速度和牵连加速度必须根据某瞬时动系上与动点重合点的确切位置来确定。

如图 16-2 所示的起重行车起吊重物，在研究重物的运动时，以重物为动点，固连于地面的坐标系 Oxy 为定系，固连于小车的坐标系 $Ox'y'$ 为动系。这时重物相对于小车的铅垂向上运动就是动点的相对运动；小车相对于横梁的水平向右平移就是牵连运动；重物相对于地面的曲线运动就是动点的绝对运动。要想知道某一瞬时重物的绝对运动速度和加速度，必须研究动点在不同坐标系中各运动量之间的关系。

16.2 点的速度合成定理

本节讨论动点的相对速度、牵连速度与绝对速度三者之间的关系。由于点的速度是根据位移的概念导出的，因此首先分析动点的位移。

研究点的合成运动时，如何选择动点、动系是解决问题的关键。一般来讲，由于合成运动求解方法上的要求，动点相对于动坐标系应有相对运动，因而动点与动坐标系不能选在同一刚体上，同时应使动点相对于动坐标系的相对运动轨迹为已知。

16.2.1 点的速度合成定理

如图 16-3 所示，设动点 M 沿动参考系 $O'x'y'z'$ 上的曲线 AB 运动，动参考系又相对定参考系 $Oxyz$ 做任意运动。为了便于理解，设想 AB 为一根金属线，动参考系即固定在此线上，而将动点 M 看成是沿金属线滑动的一极小圆环。

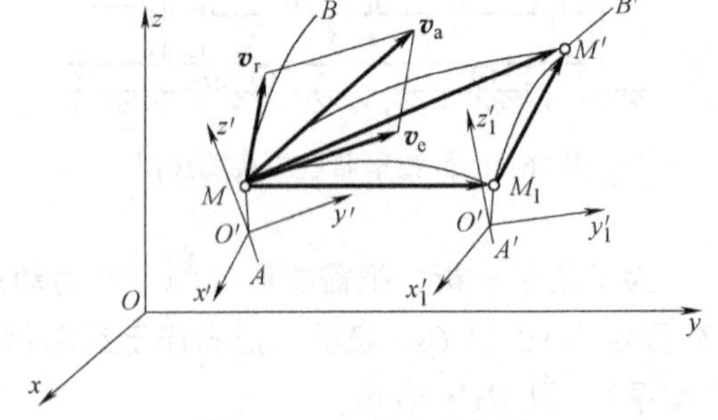

图 16-3 点的速度合成

在瞬时 t，动点位于曲线 AB 的点 M，经过极短的时间间隔 Δt 后，曲线 AB 运动到新的位置 $A'B'$；同时，动点 M 沿弧$\widehat{MM'}$运动到点 M'。此时，弧$\widehat{MM'}$为动点 M 的绝对轨迹，矢量 $\overrightarrow{MM'}$ 则称为动点 M 的绝对位移。如果动点 M 被固定在动参考系上，它将随着动参考系运动到 M_1 点，显然，弧$\widehat{MM_1}$ 是动点 M 的牵连轨迹，矢量 $\overrightarrow{MM'}$则称为动点 M 的牵连位移。事实上，在此时间间隔内，动点 M 不但随着动参考系一起运动，而且相对于动参考系也在运动，最

终到达 M' 点，故弧 $\overset{\frown}{M_1M'}$ 称为动点 M 的相对轨迹，矢量 $\overrightarrow{M_1M'}$ 则称为动点 M 的相对位移。

不难看出，图中各矢量关系为

$$\overrightarrow{MM'}=\overrightarrow{MM_1}+\overrightarrow{M_1M'} \tag{16-1}$$

式（16-1）表明，动点的绝对位移等于牵连位移与相对位移的矢量和。

将上式两边除以 Δt，并取 $\Delta t\to 0$ 的极限值，得

$$\lim_{\Delta t\to 0}\frac{\overrightarrow{MM'}}{\Delta t}=\lim_{\Delta t\to 0}\frac{\overrightarrow{MM_1}}{\Delta t}+\lim_{\Delta t\to 0}\frac{\overrightarrow{M_1M'}}{\Delta t}$$

式中 $\lim\limits_{\Delta t\to 0}\dfrac{\overrightarrow{MM'}}{\Delta t}$——动点在瞬时 t 的绝对速度 v_a，方向为弧 $\overset{\frown}{MM'}$ 在点 M 处的切向；

$\lim\limits_{\Delta t\to 0}\dfrac{\overrightarrow{MM_1}}{\Delta t}$——动点在瞬时 t 的牵连速度 v_e 方向为弧 $\overset{\frown}{MM_1}$ 在点 M 处的切向；

$\lim\limits_{\Delta t\to 0}\dfrac{\overrightarrow{M_1M'}}{\Delta t}$——动点在瞬时 t 的相对速度 v_r，方向为弧 $\overset{\frown}{M_1M'}$（即相对轨迹曲线 AB）在点 M 处的切向。

故上式又可写成

$$\boldsymbol{v}_a=\boldsymbol{v}_e+\boldsymbol{v}_r \tag{16-2}$$

这就是点的速度合成定理，即动点在某瞬时的绝对速度等于它在该瞬时的牵连速度和相对速度的矢量和。

例 16-1　如图 16-4 所示，汽车以速度 v_1 沿水平直线行驶，雨点 M 以速度 v_2 铅垂下落，求雨点相对于汽车的速度。

解：1）动点和参考系的选取：取雨点为动点，定系 xoy 固连于地面上，动系 $x'O'y'$ 固连于汽车上。

2）三种运动分析：

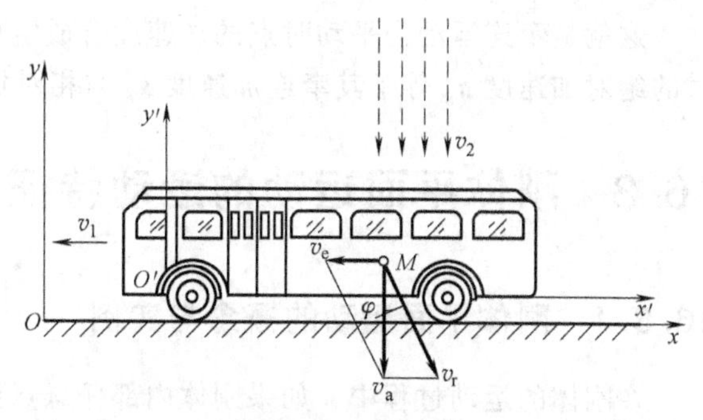

图 16-4　例 16-1 图

绝对运动——雨点对地面的铅垂向下直线运动。绝对速度 $|\boldsymbol{v}_a|=v_2$。

相对运动——雨点对汽车的运动。相对速度 v_r 的大小、方向未知。

牵连运动——汽车的水平直线平动。由于牵连运动为直线平动，故牵连点的速度（牵连速度）$|\boldsymbol{v}_e|=v_1$。

3）由上述分析可知，共有相对速度 $\boldsymbol{v}_r$ 的大小、方向两个未知量，可以应用速度合成定理，作速度平行四边形（图 16-4）。由图可得相对速度的大小为

$$v_r=\sqrt{v_e^2+v_a^2}=\sqrt{v_1^2+v_2^2}$$

其方向用 φ 表示，可由 v_a、v_r、v_e 的直角三角形关系算出。

例 16-2　如图 16-5 所示，半径为 R 的半圆柱形凸轮顶杆机构中，凸轮在机架上沿水平方向向右运动，使推杆 AB 沿铅垂导轨滑动，在 $\varphi=60°$ 时，凸轮的速度为 v，求该瞬时推杆 AB 的速度。

解：凸轮与推杆都做直线平动，且二者之间有相对运动。取推杆上与凸轮接触的 A 点为动点，动系与凸轮固连，定系与机架固连。相对运动为动点 A 相对凸轮轮廓的圆弧运动，牵连运动是凸轮相对于机架的水平直线平动，绝对运动为 A 点的铅垂往复直线运动。

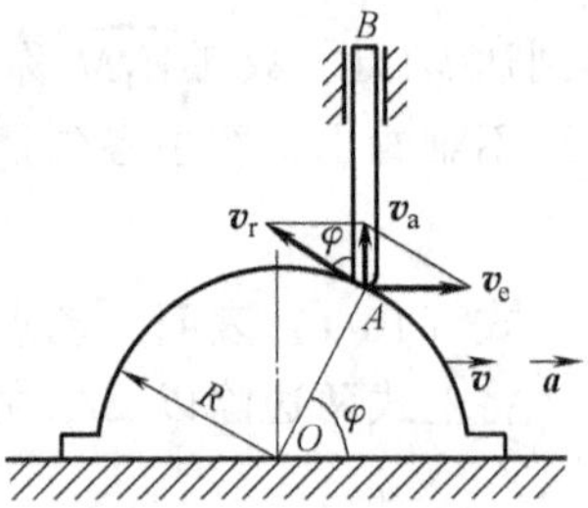

根据速度合成定理，画出速度平行四边形，如图 16-5 所示，由三角关系可知

图 16-5 例 16-2 图

$$v_a = v_e \cot\varphi = v\cot60° = \frac{\sqrt{3}}{3}v$$

所以，推杆 AB 的速度为 $0.577v$，还可求得相对速度，即

$$v_r = \frac{v_e}{\sin\varphi} = \frac{v}{\sin60°} = \frac{2}{\sqrt{3}}v$$

16.2.2 点的加速度合成定理

前面在推导点的速度合成定理时曾经指出，所得结论对于任何形式的牵连运动都是成立的，但对于加速度合成问题则不然，不同形式的牵连运动可以得到不同形式的加速度合成规律。本节主要讨论牵连运动为平动时的加速度合成定理。

与点的速度合成定理推导类似，可以得如下关系式

$$\boldsymbol{a}_a = \boldsymbol{a}_e + \boldsymbol{a}_r \tag{16-3}$$

这就是牵连运动为平动时点的加速度合成定理，即当牵连运动为平动时，动点在每一瞬时的绝对加速度 $\boldsymbol{a}_a$ 等于其牵连加速度 $\boldsymbol{a}_e$ 与相对加速度 $\boldsymbol{a}_r$ 的矢量和。

16.3 刚体平面运动的运动特征与运动分解

16.3.1 刚体平面运动的概念与实例

在刚体的运动过程中，如果刚体内部任意点到某固定的参考平面的距离始终保持不变，如图 16-6 所示，那么称此刚体的运动为平面运动。刚体的平面运动是工程上常见的一种运动，在图 16-7a 所示的曲柄连杆机构中，分析连杆 AB 的运动。由于点 A 做圆周运动，点 B 做直线运动，因此，杆 AB 的运动既不是平动也不是定轴转动，而是平面运动。又如在直道上滚动的汽车轮子的运动，如图 16-7b 所示，也是平面运动。

16.3.2 刚体平面运动的简化

根据刚体平面运动的特点，可以将刚体平面运动进行简化。在图 16-8 中，刚体做平面运动，取刚体内的任一点 M，该点至某一固定平面Ⅰ的距离始终保持不变。过点 M 作平面Ⅱ与平面Ⅰ平行，平面Ⅱ与此刚体相交截出一个平面图形 S。过点 M 再作垂直于平面Ⅱ的直线 A_1MA_2，那么，刚体运动时，平面图形 S 始终保持在平面Ⅱ内运动，而直线 A_1MA_2 则做平行移动。根据刚体平动的特征，在同一瞬时，直线 A_1MA_2 上各点具有相同的速度和加速

度。因此，可用平面图形上点 M 的运动来表示直线 A_1MA_2 上各点的运动。同理，可以用平面图形 S 上的其他点的运动来表示刚体内对应点的运动。于是，刚体的平面运动，可以简化为平面图形在其自身平面内的运动。因此，在研究平面运动刚体上各点的运动时，只需研究平面图形上各点的运动就可以了。

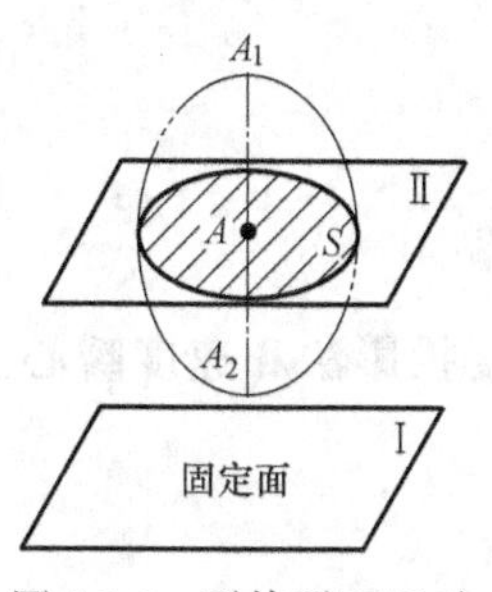

图 16-6　刚体平面运动

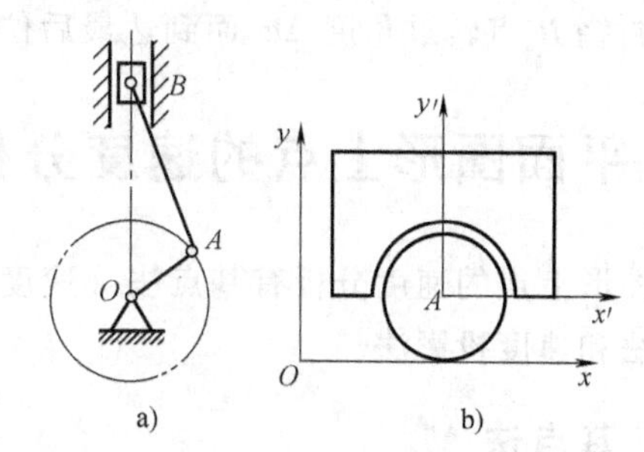

图 16-7　平面运动实例

16.3.3　刚体的平面运动方程

当平面图形 S 运动时，任选其上一已知运动情况的点 A 为基点，如图 16-9 所示。A 点的坐标 x_A、y_A 和角坐标 φ 都是时间 t 的单值连续函数，即

$$\left.\begin{aligned} x_A &= f_1(t) \\ y_A &= f_2(t) \\ \varphi &= f_3(t) \end{aligned}\right\} \tag{16-4}$$

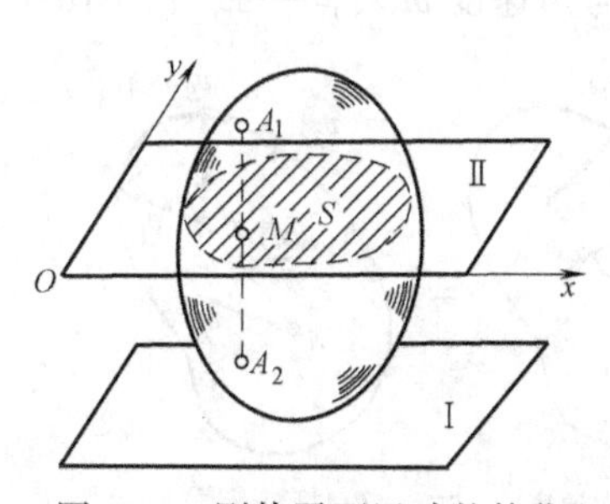

图 16-8　刚体平面运动的简化

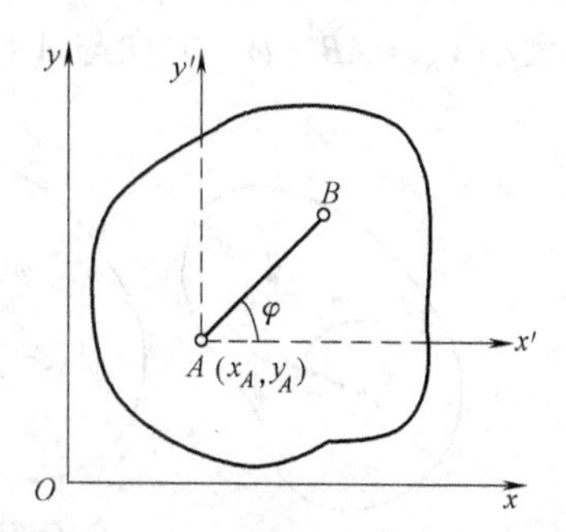

图 16-9　刚体的平面运动方程

式（16-4）即是平面图形 S 的运动方程，称为刚体的平面运动方程。它描述了平面运动刚体的运动。可以看出，如果平面图形 S 上 A 点固定不动，则刚体做定轴转动。如果平面图形的 φ 角保持不变，则刚体做平动。故刚体的平面运动可以看成是平动和转动的合成运动。在图 16-10 中，设瞬时 t 线段 AB 在位置 Ⅰ，经过时间间隔

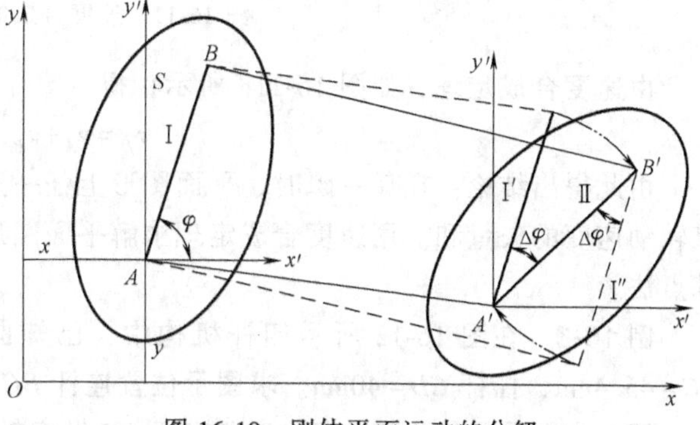

图 16-10　刚体平面运动的分解

Δt 后的瞬时（$t+\Delta t$），线段 AB 从位置Ⅰ到位置Ⅱ的整个过程，可按以下两种情况讨论：

1）若以 A 为基点，线段 AB 先随固连于基点 A 的动系 $Ax'y'$平动至位置Ⅰ′，然后再绕 A' 点转过角度 $\Delta\varphi$ 而到达位置Ⅱ。

2）若以 B 为基点，线段 AB 先随固连于 B 点的动系 $Bx'y'$（图中未画出）。平动至位置Ⅰ″，然后再绕 B'点转过角度 $\Delta\varphi'$而到达最后位置Ⅱ。

16.4 平面图形上点的速度分析

平面图形上点的速度分析有基点法（速度合成法）、速度投影法和速度瞬心法。本书仅介绍基点法和速度投影法。

16.4.1 基点法

从前节知道，刚体的平面运动可分解为随同基点的平动和绕基点的转动。随同基点的平动是牵连运动，绕基点的转动是相对运动。因而平面运动刚体上任一点的速度，可用速度合成定理来分析。

设一平面运动的图形如图 16-11a 所示，已知 A 点速度为 $\boldsymbol{v}_A$。瞬时平面角速度为 ω，求图形上任一点 B 的速度。

图形上 A 点的速度已知，所以选 A 点为基点，则图形的牵连运动是随同基点的平动，B 点的牵连速度 $\boldsymbol{v}_e$ 就等于基点 A 的速度 $\boldsymbol{v}_A$，即 $\boldsymbol{v}_e=\boldsymbol{v}_A$（图 16-11b）。图形的相对运动是绕基点 A 的转动，B 点的相对速度 $\boldsymbol{v}_r$，等于 B 点以 AB 为半径绕 A 点做圆周运动的速度 $\boldsymbol{v}_{BA}$，即 $\boldsymbol{v}_r=\boldsymbol{v}_{BA}$，其大小 $v_{BA}=AB\cdot\omega$，方向与 AB 连线垂直，指向与角速度 ω 转向一致（图 16-11c）。

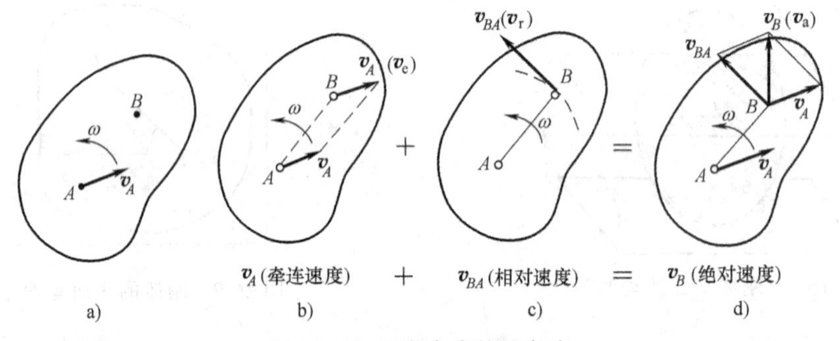

图 16-11 速度合成的基点法

由速度合成定理，如图 16-11d 所示，得

$$\boldsymbol{v}_B=\boldsymbol{v}_A+\boldsymbol{v}_{BA} \tag{16-5}$$

由此得出结论：在任一瞬时，平面图形上任一点的速度，等于随基点的速度与该点绕基点转动速度的矢量和。用速度合成定理求解平面图形上任一点速度的方法，称为速度合成的基点法。

例 16-3 在图 16-12 所示四杆机构中，已知曲柄 $AB=20\text{cm}$，转速 $n=50\text{r/min}$，连杆 $BC=45.4\text{cm}$，摇杆 $CD=40\text{cm}$。求图示位置连杆 BC 和摇杆 CD 的角速度。

解：在图示机构中，曲柄 AB 和摇杆 CD 做定轴转动，连杆 BC 做平面运动。取连杆 BC

为研究对象，B 点为基点，则 $\boldsymbol{v}_C=\boldsymbol{v}_B+\boldsymbol{v}_{CB}$，其中 $\boldsymbol{v}_B$ 大小为 $AB\cdot\omega$，方向垂直于 AB。在 C 点做速度合成图，由几何关系知

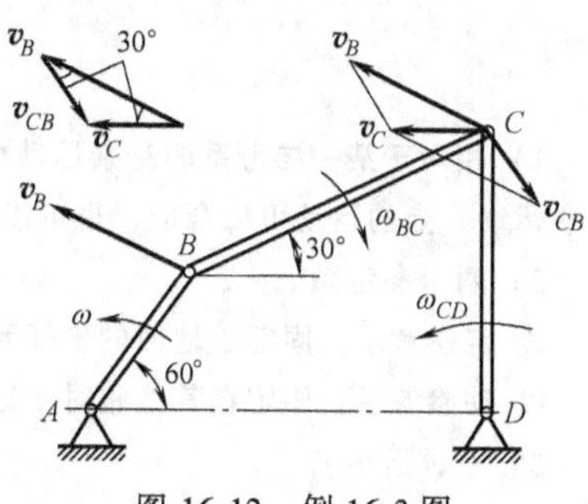

图 16-12　例 16-3 图

$$v_C=v_{CB}=\frac{v_B}{2\cos30°}=\frac{AB\cdot\omega}{2\cos30°}=60.4\text{cm/s}$$

连杆 BC 的角速度为

$$\omega_{BC}=\frac{v_{CB}}{BC}=\frac{60.4}{45.4}\text{rad/s}=1.33\text{rad/s}$$

根据 $\boldsymbol{v}_{CB}$ 的指向确定 ω_{BC} 为顺时针方向，摇杆 CD 角速度为

$$\omega_{CD}=v_C/CD=\frac{60.4}{40}\text{rad/s}=1.51\text{rad/s}$$

根据 $\boldsymbol{v}_C$ 的指向确定 ω_{CD} 为逆时针方向。

16.4.2　速度投影法

如果把式（16-5）所表示的各个矢量投影到 AB 向上（图 16-13），由于 $\boldsymbol{v}_{BA}$ 垂直于 AB，投影为零，因此得到

$$[\boldsymbol{v}_B]_{AB}=[\boldsymbol{v}_A]_{AB} \tag{16-6a}$$

或

$$v_A\cos\alpha=v_B\cos\beta \tag{16-6b}$$

上式中，α、β 分别表示 $\boldsymbol{v}_A$ 和 $\boldsymbol{v}_B$ 与 AB 的夹角。上式表明，平面图形上任意两点的速度在这两点的连线上的投影相等，这就是速度投影定理。利用速度投影定理求平面图形上某点速度的方法称为速度投影法。用速度投影定理求解点的速度极其简单。但是，仅用速度投影定理是不能求出 AB 杆的转动角速度 ω_{AB} 的。

例 16-4　在图 16-14 中的 AB 杆，A 端沿墙面下滑，B 端沿地面向右运动。在图示位置，杆与地面的夹角为 30°，这时 B 点的速度 $v_B=10\text{cm/s}$，试求该瞬时端点 A 的速度。

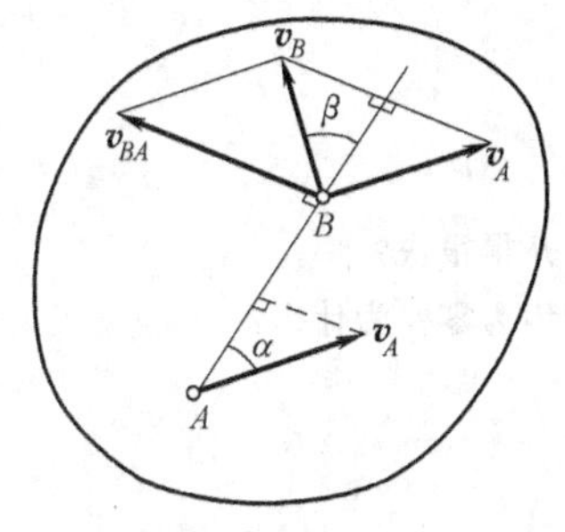

图 16-13　速度投影定理

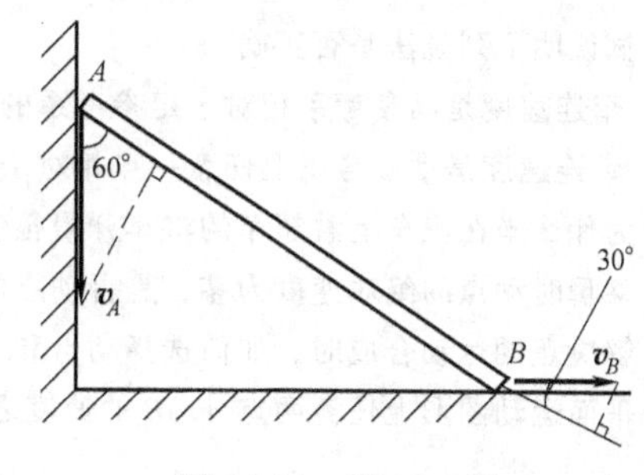

图 16-14　例 16-4 图

解： AB 杆做平面运动，根据速度投影定理有

$$v_A\cos60°=v_B\cos30°$$

$$v_A=\frac{\cos30°}{\cos60°}v_B=\sqrt{3}\times10\text{cm/s}=17.3\text{cm/s}$$

本章小结

1）相对于某一参考系的复杂运动可看成相对于其他参考系的几个简单运动组合而成，这种运动称为合成运动。点的运动可以合成，也可以分解。

2）两个参考系。

① 定参考系：固定于地面的坐标系，简称定系，以 $Oxyz$ 表示。

② 动参考系：固定在其他相对于地面运动的参考体上的坐标系，简称动系，以 $O'x'y'z'$表示。

3）三种运动。

① 绝对运动——动点相对于定系的运动。

② 相对运动——动点相对于动系的运动。

③ 牵连运动——动系相对于定系的运动。

4）动点的绝对运动是由动点的相对运动和牵连运动合成的。所以，这种运动称为点的合成运动或复合运动。

5）三种速度。

① 绝对速度——动点在绝对运动中的速度，也就是动点相对于定系的速度，用 v_a 表示。

② 相对速度——动点在相对运动中的速度，也就是动点相对于动系的速度，用 v_r 表示。

③ 牵连速度——动系上与动点相重合的那一点的速度，即牵连运动的速度，用 v_e 表示。

6）点的速度合成定理

$$\boldsymbol{v}_a=\boldsymbol{v}_e+\boldsymbol{v}_r$$

7）刚体的平面运动刚体在运动过程中，刚体内任意一点与某一固定平面始终保持相等的距离。刚体的这种运动称为平面运动。刚体的平面运动可分解为平动和转动。

8）平面图形上点的速度分析的基本法——基点法（速度合成法）

$$\boldsymbol{v}_B=\boldsymbol{v}_A+\boldsymbol{v}_{BA}$$

9）平面图形上点的速度分析的速度投影法

$$[\boldsymbol{v}_B]_{AB}=[\boldsymbol{v}_A]_{AB}$$

思考题

1. 试说明下列说法是否正确：

1）牵连速度是动参考系相对于定参考系的速度。

2）牵连速度是动参考系上任意一点相对于定参考系的速度。

2. 为什么坐在汽车上看超车的汽车开得很慢，而迎面而来的汽车开得很快？

3. 某瞬时动点的绝对速度为零，是否动点的相对速度及牵连速度均为零？为什么？

4. 解决点的运动合成时，如何选择动点和动参考系？

5. 平面运动图形上任意两点 A、B 的速度之间有何关系？

习题

16-1 试在图 16-15 所示机构中，选取动点、动系，并指出动点的相对运动及牵连运动。

16-2 图 16-16 所示车厢以匀速 $v_1=5\text{m/s}$ 水平行驶。途中遇雨，雨滴铅直下落。而在车厢中观察到的雨线却向后，与铅直线成夹角 30°。试求雨滴的绝对速度。

16-3 如图 16-17 所示，车床主轴的转速 $n=30\text{r/min}$，工件直径 $d=4\text{cm}$，如车刀横向走刀速度$v=1\text{cm/s}$。求车刀对工件的相对速度。

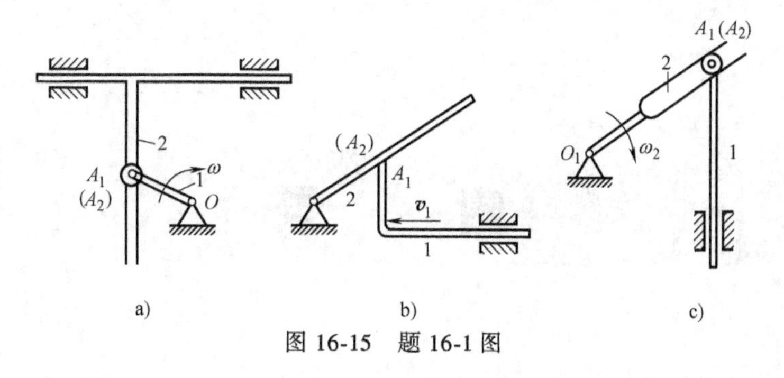

图 16-15　题 16-1 图

16-4　图 16-18 所示四连杆机构中，连杆 AB 上固连一块三角板 ABD，机构由曲柄 O_1A 带动。已知曲柄的角速度 $\omega_1=2\text{rad/s}$，曲柄 $O_1A=10\text{cm}$，水平距 $O_1O_2=5\text{cm}$，$AD=5\text{cm}$；当 O_1A 铅直时，AB 平行于 O_1O_2，且 AD 与 O_1A 在同一直线上；$\varphi=30°$。求三角板 ABD 的角速度和 D 点的速度。

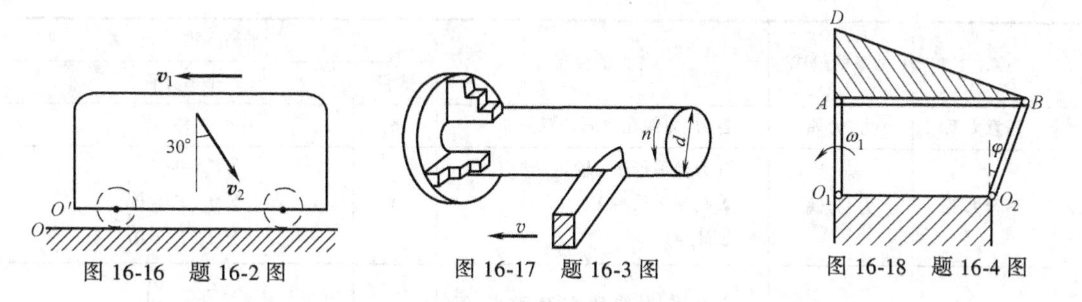

图 16-16　题 16-2 图　　图 16-17　题 16-3 图　　图 16-18　题 16-4 图

16-5　如图 16-19 所示，滚压机构的滚子沿水平面滚动而不滑动。已知曲柄 OA 长 $r=10\text{cm}$，以匀转速 $n=30\text{r/min}$ 转动。连杆 AB 长 $l=17.3\text{cm}$，滚子半径 $R=10\text{cm}$，求在图示位置时滚子的角速度及角加速度。

16-6　平面四连杆机构 $ABCD$ 的尺寸和位置如图 16-20 所示。如杆 AB 以等角速度 $\omega=1\text{rad/s}$ 绕 A 轴动，求杆 CD 的角速度。

16-7　在图 16-21 所示位置的曲柄滑块机构中，曲柄 OA 以匀角速度 $\omega=1.5\text{rad/s}$ 绕 O 轴转动，如 $OA=0.4\text{m}$，$AB=2\text{m}$，$OC=0.2\text{m}$，试分别求当曲柄在水平和铅直两位置时滑块 B 的速度。

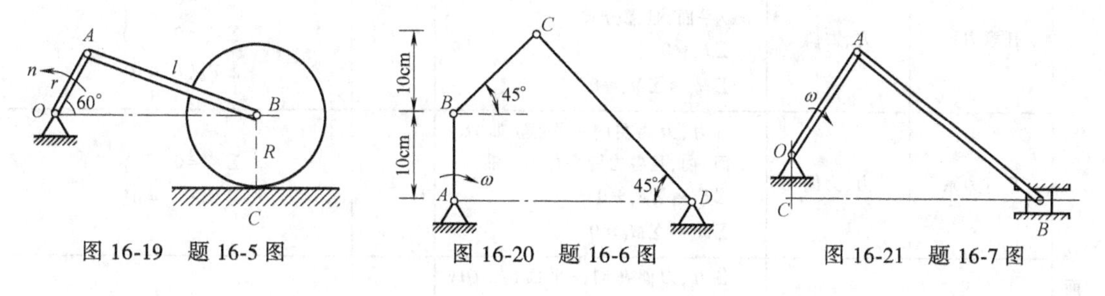

图 16-19　题 16-5 图　　图 16-20　题 16-6 图　　图 16-21　题 16-7 图

附　　录

附录 A　力系分类及平衡方程

力系		力系的组成	各力的分布	平衡方程	
				数目	平衡方程
空间	任意力系	力、力偶	各力、力偶在空间任意分布	6	略
空间	平行力系	力、力偶	各力皆平行于 z 轴： $\sum F_x \equiv \sum F_y \equiv 0$ $\sum M_z \equiv 0$	3	$\left.\begin{array}{l}\sum F_z=0\\ \sum M_x(F)=0\\ \sum M_y(F)=0\end{array}\right\}$
空间	汇交力系	力	各力作用线皆汇交于点 O：$\sum M_O \equiv 0$	3	$\left.\begin{array}{l}\sum F_x=0\\ \sum F_y=0\\ \sum F_z=0\end{array}\right\}$
空间	力偶系	力偶	各力偶在空间任意分布；$F'_R \equiv 0$	3	$\left.\begin{array}{l}\sum M_x=0\\ \sum M_y=0\\ \sum M_z=0\end{array}\right\}$
平面	任意力系	力、力偶	各力、力偶在同一平面内（如 Oxy 平面）任意分布： $\sum F_z \equiv 0$ $\sum M_x \equiv \sum M_y \equiv 0$	3	$\left.\begin{array}{l}\sum F_x=0\\ \sum F_y=0\\ \sum M_O(F)=0\end{array}\right\}$
平面	平行力系	力、力偶	各力、力偶在同一平面（如 Oxy 平面）内，且各力皆平行于 y 轴： $\sum F_x \equiv \sum F_z \equiv 0$ $\sum M_x \equiv \sum M_y \equiv 0$	2	$\left.\begin{array}{l}\sum F_y=0\\ \sum M_O(F)=0\end{array}\right\}$
平面	汇交力系	力	各力、力偶在同一平面（如 Oxy 平面）内，且各力作用线皆汇交于点 O： $\sum M_O \equiv 0$ $\sum F_z \equiv 0$	2	$\left.\begin{array}{l}\sum F_x=0\\ \sum F_y=0\end{array}\right\}$
平面	力偶系	力偶	各力、力偶在同一平面（如 Oxy 平面）内： $F'_R \equiv 0$ $\sum M_x \equiv \sum M_y \equiv 0$	1	$\sum M(F)=0$

附录 B 常用材料的力学性能

材料名称	E/GPa	ν
碳钢	196~216	0.24~0.28
合金钢	186~206	0.25~0.30
灰铸铁	78.5~157	0.23~0.27
铜及铜合金	72.6~128	0.31~0.42
铝合金	70~72	0.26~0.34
混凝土	15.2~36	0.16~0.18
木材(顺纹)	9~12	—

附录 C 常用力学性能指标名称和符号新旧标准对照表

GB/T 228.1—2010		GB/T 228—1987	
性能指标名称	符号	性能指标名称	符号
屈服强度	—	屈服点	σ_s
上屈服强度	R_{eH}	上屈服点	σ_{sU}
下屈服强度	R_{eL}	下屈服点	σ_{sL}
规定非比例延伸强度	R_p,如 $R_{p0.2}$	规定非比例伸长应力	σ_p,如 $\sigma_{p0.2}$
规定总延伸强度	R_t,如 $R_{t0.2}$	规定总伸长应力	σ_t,如 $\sigma_{t0.2}$
规定残余延伸强度	R_r,如 $R_{r0.2}$	规定残余伸长应力	σ_r,如 $\sigma_{r0.2}$
抗拉强度	R_m	抗拉强度	σ_b
断面收缩率	Z	断面收缩率	ψ
断后伸长率	A	断后伸长率	δ_5
	$A_{11.3}$		δ_{10}
屈服点延伸率	A_e	屈服点伸长率	δ_s
最大力总伸长率	A_{gt}	最大力下的总伸长率	δ_{gt}

注：1. 上、下屈服力判定的基本原则如下。

1）屈服前第一个极大力为上屈服力，不管其后的峰值力比它大或小。

2）屈服阶段中如呈现两个或两个以上的谷值力，舍去第一个谷值力（第一个极小值力），取其余谷值中力之最小者判为下屈服力。如只呈现一个下降谷值力，此谷值力判为下屈服力。

3）屈服阶段中如呈现屈服平台，平台力判为下屈服力。如呈现多个且后者高于前者的屈服平台，则判第一个平台力为下屈服力。

4）正确的判定结果应是下屈服力必定低于上屈服力。

2. 新标准已将旧标准中的屈服点性能 σ_s 归为下屈服强度 R_{eL}，所以新标准中不再有与旧标准中的屈服点性能（σ_s）相对应的性能定义，也就是说新标准定义的下屈服强度 R_{eL} 包含了 σ_s 和 σ_{sL} 两种性能。

附录 D 几种常见图形的几何性质

截面形状	惯性矩	抗弯截面系数
b, h, C, z, y	$I_z=\frac{bh^3}{12}$ $I_y=\frac{hb^3}{12}$	$W_z=\frac{bh^2}{6}$
B, b, H, h, C, z, y	$I_z=\frac{BH^3-bh^3}{12}$ $I_y=\frac{HB^3-hb^3}{12}$	$W_z=\frac{BH^3-bh^3}{6H}$
$b/2$, $b/2$, h, C, H, z, B, y	$I_z=\frac{BH^3-bh^3}{12}$	$W_z=\frac{BH^3-bh^3}{6H}$
d, C, z, y	$I_z=I_y=\frac{\pi d^4}{64}$	$W_z=\frac{\pi d^3}{32}$
d, C, D, z, y	$I_z=I_y=\frac{\pi D^4}{64}(1-\alpha^4)$	$W_z=\frac{\pi D^3}{32}(1-\alpha^4)$

附录 E 型钢表

1. 热轧等边角钢（GB/T 706—2008）

符号意义：

b——边宽度；

d——边厚度；

r——内圆弧半径；

r_1——边端圆弧半径；

I——惯性矩；

i——惯性半径；

W——截面系数；

z_0——重心距离。

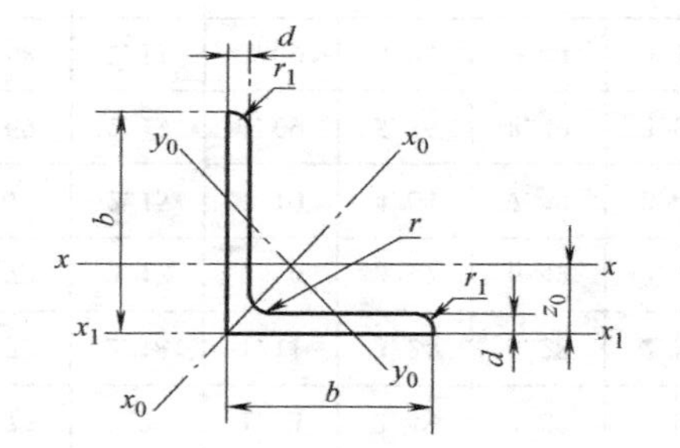

型号	截面尺寸/mm			截面面积/cm²	理论重量/(kg/m)	外表面积/(m²/m)	惯性矩/cm⁴				惯性半径/cm			截面系数/cm³			重心距离/cm
	b	d	r				I_x	I_{x1}	I_{x0}	I_{y0}	i_x	i_{x0}	i_{y0}	W_x	W_{x0}	W_{y0}	z_0
2	20	3	3.5	1.132	0.889	0.078	0.40	0.81	0.63	0.17	0.59	0.75	0.39	0.29	0.45	0.20	0.60
		4		1.459	1.145	0.077	0.50	1.09	0.78	0.22	0.58	0.73	0.38	0.36	0.55	0.24	0.64
2.5	25	3		1.432	1.124	0.098	0.82	1.57	1.29	0.34	0.76	0.95	0.49	0.46	0.73	0.33	0.73
		4		1.859	1.459	0.097	1.03	2.11	1.62	0.43	0.74	0.93	0.48	0.59	0.92	0.40	0.76
3.0	30	3	4.5	1.749	1.373	0.117	1.46	2.71	2.31	0.61	0.91	1.15	0.59	0.68	1.09	0.51	0.85
		4		2.276	1.786	0.117	1.84	3.63	2.92	0.77	0.90	1.13	0.58	0.87	1.37	0.62	0.89
3.6	36	3		2.109	1.656	0.141	2.58	4.68	4.09	1.07	1.11	1.39	0.71	0.99	1.61	0.76	1.00
		4		2.756	2.163	0.141	3.29	6.25	5.22	1.37	1.09	1.38	0.70	1.28	2.05	0.93	1.04
		5		3.382	2.654	0.141	3.95	7.84	6.24	1.65	1.08	1.36	0.70	1.56	2.45	1.00	1.07

（续）

型号	截面尺寸/mm			截面面积/cm^2	理论重量/(kg/m)	外表面积/(m^2/m)	惯性矩/cm^4				惯性半径/cm			截面系数/cm^3			重心距离/cm
	b	d	r				I_x	I_{x1}	I_{x0}	I_{y0}	i_x	i_{x0}	i_{y0}	W_x	W_{x0}	W_{y0}	z_0
4	40	3	5	2.359	1.852	0.157	3.59	6.41	5.69	1.49	1.23	1.55	0.79	1.23	2.01	0.96	1.09
		4		3.086	2.422	0.157	4.60	8.56	7.29	1.91	1.22	1.54	0.79	1.60	2.58	1.19	1.13
		5		3.791	2.976	0.156	5.53	10.74	8.76	2.30	1.21	1.52	0.78	1.96	3.10	1.39	1.17
4.5	45	3		2.659	2.088	0.177	5.17	9.12	8.20	2.14	1.40	1.76	0.89	1.58	2.58	1.24	1.22
		4		3.486	2.736	0.177	6.65	12.18	10.56	2.75	1.38	1.74	0.89	2.05	3.32	1.54	1.26
		5		4.292	3.369	0.176	8.04	15.2	12.74	3.33	1.37	1.72	0.88	2.51	4.00	1.81	1.30
		6		5.076	3.985	0.176	9.33	18.36	14.76	3.89	1.36	1.70	0.8	2.95	4.64	2.06	1.33
5	50	3	5.5	2.971	2.332	0.197	7.18	12.5	11.37	2.98	1.55	1.96	1.00	1.96	3.22	1.57	1.34
		4		3.897	3.059	0.197	9.26	16.69	14.70	3.82	1.54	1.94	0.99	2.56	4.16	1.96	1.38
		5		4.803	3.770	0.196	11.21	20.90	17.79	4.64	1.53	1.92	0.98	3.13	5.03	2.31	1.42
		6		5.688	4.465	0.196	13.05	25.14	20.68	5.42	1.52	1.91	0.98	3.68	5.85	2.63	1.46
5.6	56	3	6	3.343	2.624	0.221	10.19	17.56	16.14	4.24	1.75	2.20	1.13	2.48	4.08	2.02	1.48
		4		4.390	3.446	0.220	13.18	23.43	20.92	5.46	1.73	2.18	1.11	3.24	5.28	2.52	1.53
		5		5.415	4.251	0.220	16.02	29.33	25.42	6.61	1.72	2.17	1.10	3.97	6.42	2.98	1.57
		6		6.420	5.040	0.220	18.69	35.26	29.66	7.73	1.71	2.15	1.10	4.68	7.49	3.40	1.61
		7		7.404	5.812	0.219	21.23	41.23	33.63	8.82	1.69	2.13	1.09	5.36	8.49	3.80	1.64
		8		8.367	6.568	0.219	23.63	47.24	37.37	9.89	1.68	2.11	1.09	6.03	9.44	4.16	1.68
6	60	5	6.5	5.829	4.576	0.236	19.89	36.05	31.57	8.21	1.85	2.33	1.19	4.59	7.44	3.48	1.67
		6		6.914	5.427	0.235	23.25	43.33	36.89	9.60	1.83	2.31	1.18	5.41	8.70	3.98	1.70
		7		7.977	6.262	0.235	26.44	50.65	41.92	10.96	1.82	2.29	1.17	6.21	9.88	4.45	1.74
		8		9.020	7.081	0.235	29.47	58.02	46.66	12.28	1.81	2.27	1.17	6.98	11.00	4.88	1.78

6.3	63	4	7	4.978	3.907	0.248	19.03	33.35	30.17	7.89	1.96	2.46	1.26	4.13	6.78	3.29	1.70
		5		6.143	4.822	0.248	23.17	41.73	36.77	9.57	1.94	2.45	1.25	5.08	8.25	3.90	1.74
		6		7.288	5.721	0.247	27.12	50.14	43.03	11.20	1.93	2.43	1.24	6.00	9.66	4.46	1.78
		7		8.412	6.603	0.247	30.87	58.60	48.96	12.79	1.92	2.41	1.23	6.88	10.99	4.98	1.82
		8		9.515	7.469	0.247	34.46	67.11	54.56	14.33	1.90	2.40	1.23	7.75	12.25	5.47	1.85
		10		11.657	9.151	0.246	41.09	84.31	64.85	17.33	1.88	2.36	1.22	9.39	14.56	6.36	1.93
7	70	4	8	5.570	4.372	0.275	26.39	45.74	41.80	10.99	2.18	2.74	1.40	5.14	8.44	4.17	1.86
		5		6.875	5.397	0.275	32.21	57.21	51.08	13.31	2.16	2.73	1.39	6.32	10.32	4.95	1.91
		6		8.160	6.406	0.275	37.77	68.73	59.93	15.61	2.15	2.71	1.38	7.48	12.11	5.67	1.95
		7		9.424	7.398	0.275	43.09	80.29	68.35	17.82	2.14	2.69	1.38	8.59	13.81	6.34	1.99
		8		10.667	8.373	0.274	48.17	91.92	76.37	19.98	2.12	2.68	1.37	9.68	15.43	6.98	2.03
7.5	75	5	9	7.412	5.818	0.295	39.97	70.56	63.30	16.63	2.33	2.92	1.50	7.32	11.94	5.77	2.04
		6		8.797	6.905	0.294	46.95	84.55	74.38	19.51	2.31	2.90	1.49	8.64	14.02	6.67	2.07
		7		10.160	7.976	0.294	53.57	98.71	84.96	22.18	2.30	2.89	1.48	9.93	16.02	7.44	2.11
		8		11.503	9.030	0.294	59.96	112.97	95.07	24.86	2.28	2.88	1.47	11.20	17.93	8.19	2.15
		9		12.825	10.068	0.294	66.10	127.30	104.71	27.48	2.27	2.86	1.46	12.43	19.75	8.89	2.18
		10		14.126	11.089	0.293	71.98	141.71	113.92	30.05	2.26	2.84	1.46	13.64	21.48	9.56	2.22
8	80	5		7.912	6.211	0.315	48.79	85.36	77.33	20.25	2.48	3.13	1.60	8.34	13.67	6.66	2.15
		6		9.397	7.376	0.314	57.35	102.50	90.98	23.72	2.47	3.11	1.59	9.87	16.08	7.65	2.19
		7		10.860	8.525	0.314	65.58	119.70	104.07	27.09	2.46	3.10	1.58	11.37	18.40	8.58	2.23
		8		12.303	9.658	0.314	73.49	136.97	116.60	30.39	2.44	3.08	1.57	12.83	20.61	9.46	2.27
		9		13.725	10.774	0.314	81.11	154.31	128.60	33.61	2.43	3.06	1.56	14.25	22.73	10.29	2.31
		10		15.126	11.874	0.313	88.43	171.74	140.09	36.77	2.42	3.04	1.56	15.64	24.76	11.08	2.35

（续）

型号	截面尺寸/mm			截面面积/cm^2	理论重量/(kg/m)	外表面积/(m^2/m)	惯性矩/cm^4				惯性半径/cm			截面系数/cm^3			重心距离/cm
	b	d	r				I_x	I_{x1}	I_{x0}	I_{y0}	i_x	i_{x0}	i_{y0}	W_x	W_{x0}	W_{y0}	z_0
9	90	6	10	10.637	8.350	0.354	82.77	145.87	131.26	34.28	2.79	3.51	1.80	12.61	20.63	9.95	2.44
		7		12.301	9.656	0.354	94.83	170.30	150.47	39.18	2.78	3.50	1.78	14.54	23.64	11.19	2.48
		8		13.944	10.946	0.353	106.47	194.80	168.97	43.97	2.76	3.48	1.78	16.42	26.55	12.35	2.52
		9		15.566	12.219	0.353	117.72	219.39	186.77	48.66	2.75	3.46	1.77	18.27	29.35	13.46	2.56
		10		17.167	13.476	0.353	128.58	244.07	203.90	53.26	2.74	3.45	1.76	20.07	32.04	14.52	2.59
		12		20.306	15.940	0.352	149.22	293.76	236.21	62.22	2.71	3.41	1.75	23.57	37.12	16.49	2.67
10	100	6	12	11.932	9.366	0.393	114.95	200.07	181.98	47.92	3.10	3.90	2.00	15.68	25.74	12.69	2.67
		7		13.796	10.830	0.393	131.86	233.54	208.97	54.74	3.09	3.89	1.99	18.10	29.55	14.26	2.71
		8		15.638	12.276	0.393	148.24	267.09	235.07	61.41	3.08	3.88	1.98	20.47	33.24	15.75	2.76
		9		17.462	13.708	0.392	164.12	300.73	260.30	67.95	3.07	3.86	1.97	22.79	36.81	17.18	2.80
		10		19.261	15.120	0.392	179.51	334.48	284.68	74.35	3.05	3.84	1.96	25.06	40.26	18.54	2.84
		12		22.800	17.898	0.391	208.90	402.34	330.95	86.84	3.03	3.81	1.95	29.48	46.80	21.08	2.91
		14		26.256	20.611	0.391	236.53	470.75	374.06	99.00	3.00	3.77	1.94	33.73	52.90	23.44	2.99
		16		29.627	23.257	0.390	262.53	539.80	414.16	110.89	2.98	3.74	1.94	37.82	58.57	25.63	3.06

注：截面图中的 $r_1=d/3$ 及表中 r 的数据用于孔型设计，不做交货条件。

2. 热轧工字钢（GB/T 706—2008）

符号意义：

h——高度；

b——腿宽度；

d——腰厚度；

t——平均腿厚度；

r——内圆弧半径；

r_1——腿端圆弧半径；

I——惯性矩；

W——截面系数；

i——惯性半径。

y
r_1
r
1:16
d
h
x
x
$\frac{b-d}{4}$
t
y
b

型号	截面尺寸/mm						截面面积 /cm^2	理论重量 /(kg/m)	惯性矩/cm^4		惯性半径/cm		截面系数/cm^3	
	h	b	d	t	r	r_1			I_x	I_y	i_x	i_y	W_x	W_y
10	100	68	4.5	7.6	6.5	3.3	14.345	11.261	245	33.0	4.14	1.52	49.0	9.72
12	120	74	5.0	8.4	7.0	3.5	17.818	13.987	436	46.9	4.95	1.62	72.7	12.7
12.6	126	74	5.0	8.4	7.0	3.5	18.118	14.223	488	46.9	5.20	1.61	77.5	12.7
14	140	80	5.5	9.1	7.5	3.8	21.516	16.890	712	64.4	5.76	1.73	102	16.1
16	160	88	6.0	9.9	8.0	4.0	26.131	20.513	1130	93.1	6.58	1.89	141	21.2
18	180	94	6.5	10.7	8.5	4.3	30.756	24.143	1660	122	7.36	2.00	185	26.0
20a	200	100	7.0	11.4	9.0	4.5	35.578	27.929	2370	158	8.15	2.12	237	31.5
20b		102	9.0				39.578	31.069	2500	169	7.96	2.06	250	33.1
22a	220	110	7.5	12.3	9.5	4.8	42.128	33.070	3400	225	8.99	2.31	309	40.9
22b		112	9.5				46.528	36.524	3570	239	8.78	2.27	325	42.7
24a	240	116	8.0	13.0	10.0	5.0	47.741	37.477	4570	280	9.77	2.42	381	48.4
24b		118	10.0				52.541	41.245	4800	297	9.57	2.38	400	50.4
25a	250	116	8.0				48.541	38.105	5020	280	10.2	2.40	402	48.3
25b		118	10.0				53.541	42.030	5280	309	9.94	2.40	423	52.4
27a	270	122	8.5	13.7	10.5	5.3	54.554	42.825	6550	345	10.9	2.51	485	56.6
27b		124	10.5				59.954	47.064	6870	366	10.7	2.47	509	58.9
28a	280	122	8.5				55.404	43.492	7110	345	11.3	2.50	508	56.6
28b		124	10.5				61.004	47.888	7480	379	11.1	2.49	534	61.2
30a	300	126	9.0	14.4	11.0	5.5	61.254	48.084	8950	400	12.1	2.55	597	63.5
30b		128	11.0				67.254	52.794	9400	422	11.8	2.50	627	65.9
30c		130	13.0				73.254	57.504	9850	445	11.6	2.46	657	68.5
32a	320	130	9.5	15.0	11.5	5.8	67.156	52.717	11100	460	12.8	2.62	692	70.8
32b		132	11.5				73.556	57.741	11600	502	12.6	2.61	726	76.0
32c		134	13.5				79.956	62.765	12200	544	12.3	2.61	760	81.2

（续）

型号	截面尺寸/mm						截面面积/cm^2	理论重量/(kg/m)	惯性矩/cm^4		惯性半径/cm		截面系数/cm^3	
	h	b	d	t	r	r_1			I_x	I_y	i_x	i_y	W_x	W_y
36a		136	10.0				76.480	60.037	15800	552	14.4	2.69	875	81.2
36b	360	138	12.0	15.8	12.0	6.0	83.680	65.689	16500	582	14.1	2.64	919	84.3
36c		140	14.0				90.880	71.341	17300	612	13.8	2.60	962	87.4
40a		142	10.5				86.112	67.598	21700	660	15.9	2.77	1090	93.2
40b	400	144	12.5	16.5	12.5	6.3	94.112	73.878	22800	692	15.6	2.71	1140	96.2
40c		146	14.5				102.112	80.158	23900	727	15.2	2.65	1190	99.6
45a		150	11.5				102.446	80.420	32200	855	17.7	2.89	1430	114
45b	450	152	13.5	18.0	13.5	6.8	111.446	87.485	33800	894	17.4	2.84	1500	118
45c		154	15.5				120.446	94.550	35300	938	17.1	2.79	1570	122
50a		158	12.0				119.304	93.654	46500	1120	19.7	3.07	1860	142
50b	500	160	14.0	20.0	14.0	7.0	129.304	101.504	48600	1170	19.4	3.01	1940	146
50c		162	16.0				139.304	109.354	50600	1220	19.0	2.96	2080	151
55a		166	12.5				134.185	105.335	62900	1370	21.6	3.19	2290	164
55b	550	168	14.5				145.185	113.970	65600	1420	21.2	3.14	2390	170
55c		170	16.5	21.0	14.5	7.3	156.185	122.605	68400	1480	20.9	3.08	2490	175
56a		166	12.5				135.435	106.316	65600	1370	22.0	3.18	2340	165
56b	560	168	14.5				146.635	115.108	68500	1490	21.6	3.16	2450	174
56c		170	16.5				157.835	123.900	71400	1560	21.3	3.16	2550	183
63a		176	13.0				154.658	121.407	93900	1700	24.5	3.31	2980	193
63b	630	178	15.0	22.0	15.0	7.5	167.258	131.298	98100	1810	24.2	3.29	3160	204
63c		180	17.0				179.858	141.189	102000	1920	23.8	3.27	3300	214

注：表中 r、r_1 的数据用于孔型设计，不做交货条件。

3. 热轧槽钢(GB/T 706—2008)

符号意义：

h—高度；

b—腿宽度；

d—腰厚度；

t—平均腿厚度；

r—内圆弧半径；

r_1—腿端圆弧半径；

I—惯性矩；

W—截面系数；

i—惯性半径；

z_0—重心距离。

型号	截面尺寸 /mm						截面面积 /cm²	理论重量 /(kg/m)	惯性矩 /cm⁴			惯性半径 /cm		截面系数 /cm³		重心距离 /cm
	h	b	d	t	r	r_1			I_x	I_y	I_{y1}	i_x	i_y	W_x	W_y	z_0
5	50	37	4.5	7.0	7.0	3.5	6.928	5.438	26.0	8.30	20.9	1.94	1.10	10.4	3.55	1.35
6.3	63	40	4.8	7.5	7.5	3.8	8.451	6.634	50.8	11.9	28.4	2.45	1.19	16.1	4.50	1.36
6.5	65	40	4.3	7.5	7.5	3.8	8.547	6.709	55.2	12.0	28.3	2.54	1.19	17.0	4.59	1.38
8	80	43	5.0	8.0	8.0	4.0	10.248	8.045	101	16.6	37.4	3.15	1.27	25.3	5.79	1.43
10	100	48	5.3	8.5	8.5	4.2	12.748	10.007	198	25.6	54.9	3.95	1.41	39.7	7.80	1.52
12	120	53	5.5	9.0	9.0	4.5	15.362	12.059	346	37.4	77.7	4.75	1.56	57.7	10.2	1.62
12.6	126	53	5.5	9.0	9.0	4.5	15.692	12.318	391	38.0	77.1	4.95	1.57	62.1	10.2	1.59
14a	140	58	6.0	9.5	9.5	4.8	18.516	14.535	564	53.2	107	5.52	1.70	80.5	13.0	1.71
14b		60	8.0				21.316	16.733	609	61.1	121	5.35	1.69	87.1	14.1	1.67

（续）

型号	截面尺寸/mm						截面面积/cm^2	理论重量/(kg/m)	惯性矩/cm^4			惯性半径/cm		截面系数/cm^3		重心距离/cm
	h	b	d	t	r	r_1			I_x	I_y	I_{y1}	i_x	i_y	W_x	W_y	z_0
16a	160	63	6.5	10.0	10.0	5.0	21.962	17.24	866	73.3	144	6.28	1.83	108	16.3	1.80
16b		65	8.5				25.162	19.752	935	83.4	161	6.10	1.82	117	17.6	1.75
18a	180	68	7.0	10.5	10.5	5.2	25.699	20.174	1270	98.6	190	7.04	1.96	141	20.0	1.88
18b		70	9.0				29.299	23.000	1370	111	210	6.84	1.95	152	21.5	1.84
20a	200	73	7.0	11.0	11.0	5.5	28.837	22.637	1780	128	244	7.86	2.11	178	24.2	2.01
20b		75	9.0				32.837	25.777	1910	144	268	7.64	2.09	191	25.9	1.95
22a	220	77	7.0	11.5	11.5	5.8	31.846	24.999	2390	158	298	8.67	2.23	218	28.2	2.10
22b		79	9.0				36.246	28.453	2570	176	326	8.42	2.21	234	30.1	2.03
24a	240	78	7.0	12.0	12.0	6.0	34.217	26.860	3050	174	325	9.45	2.25	254	30.5	2.10
24b		80	9.0				39.017	30.628	3280	194	355	9.17	2.23	274	32.5	2.03
24c		82	11.0				43.817	34.396	3510	213	388	8.96	2.21	293	34.4	2.00
25a	250	78	7.0				34.917	27.410	3370	176	322	9.82	2.24	270	30.6	2.07
25b		80	9.0				39.917	31.335	3530	196	353	9.41	2.22	282	32.7	1.98
25c		82	11.0				44.917	35.260	3690	218	384	9.07	2.21	295	35.9	1.92

27a		82	7.5				39.284	30.838	4360	216	393	10.5	2.34	323	35.5	2.13
27b	270	84	9.5				44.684	35.077	4690	239	428	10.3	2.31	347	37.7	2.06
27c		86	11.5	12.5	12.5	6.2	50.084	39.316	5020	261	467	10.1	2.28	372	39.8	2.03
28a		82	7.5				40.034	31.427	4760	218	388	10.9	2.33	340	35.7	2.10
28b	280	84	9.5				45.634	35.823	5130	242	428	10.6	2.30	366	37.9	2.02
28c		86	11.5				51.234	40.219	5500	268	463	10.4	2.29	393	40.3	1.95
30a		85	7.5				43.902	34.463	6050	260	467	11.7	2.43	403	41.1	2.17
30b	300	87	9.5	13.5	13.5	6.8	49.902	39.173	6500	289	515	11.4	2.41	433	44.0	2.13
30c		89	11.5				55.902	43.883	6950	316	560	11.2	2.38	463	46.4	2.09
32a		88	8.0				48.513	38.083	7600	305	552	12.5	2.50	475	46.5	2.24
32b	320	90	10.0	14.0	14.0	7.0	54.913	43.107	8140	336	593	12.2	2.47	509	49.2	2.16
32c		92	12.0				61.313	48.131	8690	374	643	11.9	2.47	543	52.6	2.09
36a		96	9.0				60.910	47.814	11900	455	818	14.0	2.73	660	63.5	2.44
36b	360	98	11.0	16.0	16.0	8.0	68.110	53.466	12700	497	880	13.6	2.70	703	66.9	2.37
36c		100	13.0				75.310	59.118	13400	536	948	13.4	2.67	746	70.0	2.34
40a		100	10.5				75.068	58.928	17600	592	1070	15.3	2.81	879	78.8	2.49
40b	400	102	12.5	18.0	18.0	9.0	83.068	65.208	18600	640	114	15.0	2.78	932	82.5	2.44
40c		104	14.5				91.068	71.488	19700	688	1220	14.7	2.75	986	86.2	2.42

注：表中 r、r_1 的数据用于孔型设计，不做交货条件。

参考文献

[1] 刘鸿文. 材料力学［M］. 6版. 北京：高等教育出版社，2017.

[2] 孟庆东. 理论力学简明教程［M］. 北京：机械工业出版社，2012.

[3] 孟庆东. 材料力学简明教程［M］. 北京：机械工业出版社，2011.

[4] 孟庆东，王长连. 大学教材全解——理论力学［M］. 北京：现代教育出版社，2015.

[5] 王长连，孟庆东. 材料力学（导教·导学·导考）［M］. 西安：西北工业大学出版社，2014.

[6] 孟庆东，张则荣，周克斌. 机械设计简明教程［M］. 西安：西北工业大学出版社，2014.

[7] 周建波. 工程力学［M］. 重庆：重庆大学出版社，2019.

[8] 严圣平，马占国. 工程力学［M］. 北京：高等教育出版社，2019.